本书由总装备部装备科技译著出版基金资助出版

阻燃聚合物纳米复合材料

Flame Retardant Polymer Nanocomposites

[美] A. B. Morgan & C. A. Wilkie

欧育湘　李建军　叶南飚
赵　毅　郎柳春　孙晓丽　译

国防工业出版社

· 北京 ·

著作权合同登记　图字:军-2010-056

图书在版编目(CIP)数据

阻燃聚合物纳米复合材料/(美)摩根(Morgan, A. B.),(美)威克(Wilkic, C. A.)著;欧育湘,李建军,叶南飙译. —北京:国防工业出版社,2011.2
书名原文:Flame Retardant Polymer Nanocomposites
ISBN 978-7-118-07116-0

Ⅰ.①阻…　Ⅱ.①摩…　②威…　③欧…　④李…　⑤叶…
Ⅲ.①高分子材料:防火材料:纳米材料　Ⅳ.①TB383

中国版本图书馆 CIP 数据核字(2011)第 008686 号

※

国防工业出版社 出版发行

(北京市海淀区紫竹院南路 23 号　邮政编码 100048)
北京嘉恒彩色印刷有限责任公司
新华书店经售
*
开本 710×960　1/16　印张 21½　字数 392 千字
2011 年 2 月第 1 版第 1 次印刷　印数 1—4000 册　定价 65.00 元

(本书如有印装错误,我社负责调换)

国防书店:(010)68428422　　　发行邮购:(010)68414474
发行传真:(010)68411535　　　发行业务:(010)68472764

序

（原书主编为中译本写的序）

首先,向中国从事聚合物纳米复合材料及阻燃研究的同仁问好! 我们非常高兴你们将我们主编的专著译成中文出版。我们希望,中国同仁会发现本专著对你们研发新阻燃材料是很有裨益的。

当 2007 年 4 月本专著问世时,它是第一本全面论述阻燃聚合物纳米复合材料的著作;而且直至今天,它仍然可能是此领域内的唯一专著。当然,现在已有一些综述性论文和某些著作中的章节,论述了这一领域的研究进展,但仍仅有本书内容涵盖了阻燃聚合物纳米材料的所有方面,如材料的合成、性能及检测等。

自本书出版以来,阻燃聚合物纳米材料的研发已有一些新的进展,但这并不影响本书的完整性和全面性,而仅深化了本书的个别部分。上述的新进展之一是在聚合物中采用新的纳米材料以使基材获得阻燃性,这类新填料包括层状双羟基化合物(LDH)、碳纳米管(CNT)、石墨烯、有机改性磷酸酯(和有关材料)、层状氧化物、硫化物及其他等。

美国及中国都已研究过 LDH 的应用,LDH 的优点是它与多种聚合物优良的粘着力,且人们能通过改变阴离子的用量和价态,获得调整材料配方的很大空间。LDH 的缺点是,要使 LDH 在聚合物中良好分散,似乎比 MMT 难得多,但 LDH 即使在聚合物中分散欠佳,也能赋予基材阻燃性。

CNT 已为 Takashi Kashiwagi 广泛研究(他是这方面的领军人物),他的研究结果表明,对单层碳纳米管(SWCNT),即使聚合物中的含量低至 0.1%,也具有阻燃作用。当撰写这篇前言时,石墨烯正被媒体广为报道,因为石墨烯的杰出研究者之一已被授予了本年度诺贝尔奖金。据我们所知,还没有人采用石墨烯作为聚合物的阻燃剂,但随石墨烯的研究进展,这只是时间早晚的问题。其他用做聚合物阻燃剂的碳纳米材料还有碳纳米纤维、富勒烯和氧化石墨。

中国科学技术大学的胡源曾采用过层状磷酸锆作为聚合物阻燃剂,此填料的优点之一是,因为它是合成的,所以可通过改变制备工艺以获得不同长径比的材料,因而可探求某些结构—性能的关系。

此外,还有一些新材料,如层状氧化物和硫化物,如果它们对阻燃有效,到时也会被采用。值得庆幸的是,尽管在聚合物中加入上述新纳米填料还没有研发出什么产品,但人们采用的第一个纳米材料 MMT,已经取得了重要的成果。而且我们深信,未来必将有越来越多的产品应用上述新的纳米填料。

尽管上述新纳米填料已在阻燃领域内为人研究,但自本书于 2007 年出版以来,关于阻燃聚合物纳米材料研究的主流仍未改变。对于 MMT,为了发挥它的阻燃效率,必须令 MMT 的纳米质点在基材中分散良好,以形成真正的纳米复合材料结构。这种结构一旦形成,就会降低材料燃烧时的质量损失速率,并从而降低释热速率。但如上文所提及的,对于某些新的纳米填料,则不一定要形成纳米复合材料,也能提高材料的阻燃性。

本书已使读者受益良多,且即使现在,本书不仅对新入门者,而且对于业内专家,仍然是纳米复合材料领域内一本获得基础知识和深入了解的优良著作和读本。

当然,自本书问世以来,阻燃聚合物纳米复合材料方面又取得了一些新的重要进展,当我们为本书再版时,我们肯定会在书中补充所有新进展。最后,我们希望,阅读本书的很多中国读者也将在纳米复合材料领域中有所创新,我们怀着愉快的心情,等待着在新的一年中能看到你们的成果。

感谢出版社购买本书的版权,感谢译者将本书译成中文出版。希望在不久的将来,在国际阻燃会议上再次见到你们。

Alexander B. Morgan
Charles A. Wilkie
2010 年 11 月

欧育湘译
2010 年 12 月

译 者 前 言

由美国 A. B. Morgan 教授及 C. A. Wilkie 教授主编 Wiley 出版社出版的《阻燃聚合物纳米复合材料》(Flame Retardant Polymer Nanocomposites)是系统论述聚合物纳米复合材料阻燃性及阻燃机理的专著。全书可分为三部分。第一部分是阻燃聚合物纳米复合材料的基础理论和原理,论述燃烧及阻燃机理、聚合物纳米复合材料的原理及阻燃性、火灾条件下高聚物纳米复合材料的热降解模型、特定高聚物纳米复合材料的燃烧行为、测定材料性能的新技术及分子模型等。第二部分是具体的阻燃聚合物纳米复合材料,包括热塑性的及热固性的,特别是评述了膨胀型的及含有多种新型纳米粒子(如碳纳米管)的材料。第三部分是阻燃聚合物纳米复合材料目前的应用领域及未来研究方向。这部分不仅对阻燃聚合物纳米复合材料进行了极富前瞻性的述评,详细阐明了该领域一些亟待解决的理论及技术关键问题,并预示了解决这些问题的方法与途径。

本书是国内外第一本阻燃聚合物纳米复合材料的专著,其中有关的部分内容只散见于国内外近期发表的论文,但就系统性、全面性、深入性而言,均远不能与本书相比。本书中有很多关于阻燃机理的理论阐释都出自著者个人的独创性见解,很多测试阻燃性的新技术,更是以前文献未报道过的。一些新型纳米粒子材料(如多面体低聚倍半硅氧烷、碳纳米管、氧化石墨等)也都是在书中首次系统而全面地论述。

此两位主编均系阻燃材料领域内享誉国际的学者,近十几年来致力于阻燃聚合物纳米复合材料的研究(这类材料在 1997 年才开始为人瞩目),Wilkie 教授曾三次受聘来中国讲学及主持国际阻燃会议(2007 年、2008 年和 2010 年)。参与该书撰写的有近 20 名全球知名的阻燃专家,如其中的 J. W. Gilman 博士(美国国家技术及标准研究院),是阻燃聚合物纳米复合材料方面公认的权威,T. Kashiwagi 是新型粒子阻燃聚合物纳米复合材料的杰出科学家,提出过一些该类材料阻燃机理新观点。编撰者们根据多年的实践经验,加上雄厚的专业基础理论,以及他们拥有的广博的信息量,使本书既有对基础理论精湛而严谨的论述,又反映了编撰者多年专业研究的实践成果,给读者描绘了阻燃纳米复合材料的现代全貌及未来前景,是一本有价值的阻燃专著。

V

为推动我国阻燃聚合物纳米复合材料的发展及扩大和加强与国外同行学者的技术交流，在总装备部"国防科技图书出版基金"和金发科技股份有限公司的资助下，在国防工业出版社的指导、帮助和支持下，经 Wiley 出版公司的许可和授权，我们组织翻译了此书，现以中文版简体字出版。我们希望读者能从书中领略阻燃聚合物纳米复合材料的精彩世界，并从中获益。

在此，对中译本还有几点说明：① 文中涉及某物质的用量及浓度时，所言百分数均系质量百分数（有注明者除外）；② 采用法定计量单位及相应的表示法；③ 文中涉及的通用高聚物和阻燃剂及阻燃术语名称，在绝大多数情况下均用缩写字及首字母缩写词，其全称见书前附录。

本书由欧育湘、李建军、叶南飚主译和审校，译者还有赵毅、郎柳春和孙晓丽。

值此本书中译本出版之际，我们要感谢本书的译者，感谢他们两年来所付出的艰辛劳动和坚持不懈的努力；还要特别感谢金发科技股份有限公司，该公司一贯致力于阻燃高分子材料的研发和生产，对本书中译本的出版始终表现了很大的热情，给予了充分的关注、指导和帮助（包括财政资助），有利地促进了本书如期付梓。

限于译者的水平，加上书中涉及的知识面广而新，译文中不妥之处实难避免，恳请读者斧正。

欧育湘　李建军　叶南飚
2010 年 12 月于北京

原书前言

自 20 世纪 90 年代初,有关聚合物纳米复合材料的研究即明显增多,现在已成为高分子材料研究的主要领域之一。据人们所知,高聚物纳米复合材料早在 90 年代初正式获得此命名前就已经有所应用。事实上,早在 1961 年便有有关著作出版,而专利则可以追溯到 20 世纪 40 年代。这些著作和专利表明,少量的层状硅酸盐(或黏土)可以与高聚物复配,从而形成性能大为改善的复合新材料。但直到 20 世纪 90 年代的出版物才恰当地将添加黏土的聚合物称之为聚合物纳米复合材料,并激起了当今广泛对其研究的热潮。有人可能认为高聚物纳米复合材料只是纳米技术发展的一部分,但事实并非仅此而已。我们需要从根本上了解为什么纳米量级复配的材料与以宏观尺度复配的材料在性能上具有如此巨大的差别。因此,有关聚合物纳米复合材料的研究并不是猎取新奇和赶时髦的纳米科技,而是要系统研究结构与性能之间的关系以及分子量级和大分子量级的界面科学。

现在已知,将黏土或其他纳米粒子添加到高聚物中形成的高聚物纳米复合材料,具有许多潜在的应用。第一个广为人知的工业应用是 Toyota 研发的应用于汽车工业的聚酰胺 6[聚(己内酰胺)或尼龙 6]复合材料。由于纳米复合材料有较高的热变形温度而可应用于发动机,这可降低汽车的重量。早期的其他应用包括提高气体阻隔性(饮料和食品包装)、提高电磁材料的导电性、提高工程材料的机械强度和韧性。高聚物/黏土纳米复合材料在阻燃方面的应用则发现得稍晚,且只是在最近才找到其工业应用的途径。由于纳米复合材料较传统阻燃材料不仅能提高阻燃性能,也能改善其他性能(如力学性能),因此高聚物纳米复合材料在阻燃方面的应用前景是很诱人的,并且可能成为真正意义上的多功能材料。

多功能材料,即一种材料具有多种功能,因而由于它们多方面的应用而可有效地简化材料科学与工程,所以极有发展前景。例如,对应用于电子设备外壳的塑料有多种性能要求:力学性能(如模量、冲击强度)、热性能(如正常使用条件下不能熔化或松弛)、阻燃性(符合火灾安全规范)和电磁性(如频率屏蔽性)。此外,工业化产品还要考虑其成本、密度、颜色和可循环性。因此,很难找到一种材料能同时满足如此多的要求。例如,聚碳酸酯可以满足力学和热性能要求,并且添加少量的添加剂即能使其阻燃性、密度和颜色也令人满意。而为了降低成本,通常将聚碳酸酯与丙烯腈 - 丁二烯 - 苯乙烯(ABS)共聚物共混,而这种共混物用作电子设备外壳时就达不到所要求的电磁屏蔽性;而为了满足产品(如电脑)应用需求须使用特种涂料,这显而易见增加了成本,且限制了颜色的选择,并导致回收困难。通常在研发领域,很难找到普遍适用的材料配方,而工程师力所能及的是采取折中方案,而这往往又带来其他问题。如果一种材料便能满足所有要求,零部件和商品的制造将变得简单化,成本可能会有所降低,并且提供更多的创新机会。而最有可能使材料有效多功能化的便是高聚物纳米复合材料。

众所周知,高聚物纳米复合材料较传统复合材料具有更优异的力学性能、热性能、气体阻隔性、导电性、阻燃性、电磁屏蔽性等,这已引起人们对其广泛而深入的研究。至今,已有数本重要的专著和文献将高聚物纳米复合材料作为一个整体或是针对其特殊性能予以阐述,但是还没有著作是侧重于纳米复合体系阻燃性能的。如前所述,人们最近才获知纳米复合材料的结构是材料性能,尤其是阻燃性能得到改善的主要原因。所以直到现在,出版关于高聚物纳米复合材料阻燃性能的专著才有足够的研究成果支撑。目前,火安全法规的重大变化和人们对现有阻燃剂的认识,促进了人们对高分子材料阻燃的重视。而且,在提高材料阻燃性能的同时,还要顾及到终端产品的环境友好性,及材料前述各性能之间的平衡,这是特别困难的。因为高聚物纳米复合材料与传统材料相比可提高体系的阻燃性、力学性能、热性能及其他性能,因而人们可满怀希望,高聚物纳米复合材料不仅能满足而且能超越现有的阻燃要求,可用来制造大量既防火又改善了其他性能的消费品。

本书的研究重点是高聚物纳米复合材料在阻燃方面的应用,并提供了关于这方面的一些重要的理论与实践支撑。根据特定的研究主题将本书分成三部分:理论和基础研究、具体的阻燃体系、目前的应用和未来展望,以利于阻燃及纳米复合材料领域的新入门者阅读。

关于理论和基础方面,本书有五章内容:可燃性基础、纳米复合材料原理、纳米复合材料对阻燃性的影响、火条件下的热降解模型以及某些高聚物的可燃性。

关于具体阻燃体系的章节旨在提供详细的信息来源,以便于读者查找相关阻燃高聚物体系的基本情况。由于阻燃方案的确定与被阻燃聚合物及其应用领域或相应的测试规范有关,故很难囊括所有相关阻燃复合体系的信息。本书是根据阻燃剂的类别进行论述的,且每类都有纳米复合材料与传统阻燃剂复配的详细讨论。各章分别阐述纳米复合材料与膨胀体系、无机添加剂、卤系和磷系阻燃剂的复配应用;这部分的最后一章讨论阻燃热固性纳米复合材料,而该章与其他章分开撰编的原因是:热固性塑料的制备方法与热塑性塑料的制备方法大有不同,而且于火条件下的燃烧行为也是大相径庭的。

本书的最后一部分阐述了阻燃聚合物纳米材料领域的最新研究进展,并且汇总了纳米复合材料在阻燃方面的应用,同时展望了该领域的未来动向。由于高聚物纳米复合材料依然是较为新颖的研究课题,今后将不断有新的研究成果发表,包括新型的纳米量级材料。本书的大部分研究系基于高聚物层状硅酸盐(黏土)纳米复合材料,但第10章综述了碳纳米管、纳米纤维和无机胶体粒子改善高聚物的阻燃性能的研究成果。第11章主要是讨论高聚物纳米复合材料在特定领域的应用、优势与不足。最后一章则是当今阻燃聚合物纳米材料研究工作的概述,并指明了该领域的未来发展方向。本章也可看作是对未来该领域应深入研究内容的一个前瞻性陈述,详细阐述了一些未知的和亟待人们探索的技术与原理问题,并且预示了解决这些问题以发展阻燃聚合物纳米材料的方法与路径。

十分感谢各章作者为提供阻燃纳米复合材料研究领域的最新研究成果所付出的努力。我们坚信,本书将会为在全球范围内增进人们对阻燃聚合物纳米复合材料的了解作出贡献。衷心感谢 UDRI 的 Don Klosterman 和 Lynn Bowman 分别在整理纳米增强复合材料和纳米粒子健康与安全性资料方面所提供的帮助;感谢 Dow 化学公司的 Anteneh Worku 博士在参考文献和综述方面所提供的帮助;最后,感谢我们二人的妻子 Julie Ann Morgan 与 Nancy Wilkie,感谢他们一贯的与不知疲倦的支持。

ALEXANDER B. MORGAN

CHARLES A. WILKIE

原书主编及各章作者

主 编

Alexander B. Morgan

美国 Dayton 大学研究院(UDRI)
非金属材料部
Dayton, 300 College Park
OH 45429, USA

Charles A. Wilkie

Marquette 大学
化学系
Milwaukee, WI 53201, USA

各章作者

Günter Beyer

Kabelwerk Eupen AG
Malmedyer Strasse 9
B-4700 Eupen, Belgium
(第 7 章)

Jeffrey W. Gilman

美国国家标准及技术研究院(NIST)
Gaithersburg, MD 20899-8665, USA
(第 3 章)

Serge Bourbigot

功能涂层设计制造实验室
LSPES UMR/ CNRS 8008
国立 Lille 高等化学学院
F-59652 Villeneuve d'Ascq Cedex, France
(第 6 章)

M. J. Heidecker

Pennsylvania 州立大学
材料科学与工程系
University Park, PA 16802, USA
(第 2 章)

Sophie Duquesne

功能涂层设计制造实验室
LSPES UMR/ CNRS 8008
国立 Lille 高等化学学院
F-59652 Villeneuve d'Ascq Cedex, France
(第 6 章)

A. Richard Horrocks

Bolton 大学
材料研究与创新中心
阻燃材料实验室
BL3 5 AB Bolton, UK
(第 11 章)

Yuan Hu

中国科学技术大学
火科学国家重点实验室
合肥,230026 安徽,中国
(第8章)

Baljinder K. Kandola

Bolton 大学
材料研究与创新中心
阻燃材料实验室
BL3 5AB Bolton, UK
(第11章)

Takashi Kashiwagi

美国国家标准及技术研究院(NIST)
火研究部
Gaithersburg, MD 20878-8665, USA
(第10章)

Sergei V. Levchik

美国 Supresta 有限公司,LLC
Ardsley,430 Saw Mill River Road
NY 10502, USA
(第1章)

E. Manias

Pennsylvania 州立大学
材料科学与工程系
University Park, PA 16802, USA
(第2章)

Alexander B. Morgan

美国 Dayton 大学研究院(UDRI)
非金属材料部
Dayton,300 College Park
OH 45429, USA
(第12章)

H. Nakajima

Pennsylvania 州立大学
材料科学与工程系
University Park
PA 16802, USA
(第2章)

Marc R. Nyden

美国国家标准及技术研究院(NIST)
Gaithersburg, MD 20899-8665, USA
(第4章)

G. Polizos

Pennsylvania 州立大学
材料科学与工程系
University Park, PA 16802, USA
(第2章)

Bernhard Schartel

德国联邦材料研究与测试研究所
材料研究与测试联邦委员会(BAM)
Unter den Eichen 87
12205 Berlin, Germany
(第5章)

Lei Song

中国科学技术大学
火科学国家重点实验室
合肥,230026 安徽,中国
(第 8 章)

Stanislav I. Stoliarov

SRA 国际公司
Egg Harbor Township, NJ 08234, USA
(第 4 章)

Charles A. Wilkie

Marquette 大学
化学系
Milwaukee, WI 53201, USA
(第 12 章)

Mauro Zammarano

美国国家标准及技术研究院(NIST)
建筑与火研究实验室
Gaithersburg, MD 20899-8665, USA
NIST 客座研究员,原单位:
Cim 工艺实验室
34012 Trieste, Italy
(第 9 章)

目　录

缩 写 词

缩写	英文名称	中文名称

一、聚合物

缩写	英文名称	中文名称
ABS	acrylonitrile-butadiene-styrene copolymer	丙烯腈—丁二烯—苯乙烯共聚物
EVA	ethylene-vinyl acetate copolymer	乙烯—乙烯醋酸酯共聚物
DGEBA	bisphenol A diglycidyl ether	双酚 A 二缩水甘油醚
HDPE	high-density polyethylene	高密度聚乙烯
LDPE	low-density polyethylene	低密度聚乙烯
PA6	polyamide 6	聚酰胺 6
PA66	polyamide 66	聚酰胺 66
PA12	polyamide 12	聚酰胺 12
PAN	polyacrylonitrile	聚丙烯腈
PBT	polybutylene terephthalate	聚对苯二甲酸丁二醇酯
PC	polycarbonate	聚碳酸酯
PCL	polycaprolactone	聚己内酯
PDMS	polydimethylsiloxane	聚二甲基硅氧烷
PE	polyethylene	聚乙烯
PE-g-MA	polyethylene-graft-maleic anhydride	马来酸酐接枝聚乙烯
PET	polyethylene terephthalate	聚对苯二甲酸乙二醇酯
PLA	polylactic acid	聚乳酸
PMMA	polymethyl methacrylate	聚甲基丙烯酸甲酯
POM	polyoxymethylene	聚甲醛
PP	polypropylene	聚丙烯

缩写	英文名称	中文名称
PP-g-MA	polypropylene-graft-maleic anhydride	马来酸酐接枝聚丙烯
PS	polystyrene	聚苯乙烯
PTFE	polytetrafluoroethylene	聚四氟乙烯
PU	polyurethane	聚氨酯
PVC	polyvinyl chloride	聚氯乙烯
SAN	styrene-acrylonitrile copolymer	苯乙烯—丙烯腈共聚物
SBS	styrene-butadiene-styrene copolymer	苯乙烯—丁二烯—苯乙烯共聚物
TPU	thermoplastic polyurethane	热塑性聚氨酯

二、阻燃剂

AO	antimony oxide	三氧化二锑
APP	ammonium polyphosphate	聚磷酸铵
ATH	aluminum hydroxide (also known as alumina trihydrate)	氢氧化铝(三水合氧化铝)
BFR	bromine-containing flame retardant	含溴阻燃剂
CPW	chlorinated paraffin wax	氯化石蜡
DB	decabromodiphenyl oxide	十溴二苯醚
DOPO	9,10-dihydro-9-oxa-10-phosphaphenanthrene-10-oxide	9,10-二氢-9-氧杂-10-磷杂菲-10-氧化物
MCA	melamine cyanurate	三聚氰胺氰尿酸盐
MH	magnesium hydroxide	氢氧化镁
MPP	melamine polyphosphate	聚磷酸三聚氰胺
NFR	nitrogen-containing flame retardant	含氮阻燃剂
PER	pentaerythritol	季戊四醇
PFR	phosphorus-containing flame retardant	含磷阻燃剂
RDP	resorcinol diphosphate	间苯二酚双(二苯基磷酸酯)
TCP	tricresyl phosphate	磷酸三(甲苯)酯
TPP	tripheny lphosphate	磷酸三苯酯
TXP	trixylyl phosphate	磷酸三(二甲苯)酯

缩写	英文名称	中文名称

三、锥形量热仪/可燃性测试

FIGRA	fire growth rate	燃烧增长速率
HRR/RHR	heat release rate/rate of heat release	热释放速率
LOI	limiting oxygen index	极限氧指数
MLR	mass loss rate	质量损失速率
SEA	specific extinction area	比消光面积
THR/THE	total heat release/total heat evolved	总释热量
Tign/TTI/tig	time to ignition	点燃时间
UL-94	Underwriter's laboratory test#94	(美国)保险业实验室 UL94 测试
VSP	volume of smoke production	产烟量

四、纳米复合材料分析技术

AFM	atomic force microscopy	原子力显微镜
CP-MAS-NMR	cross-polarization-magic angle spinning-nuclear magnetic resonance	固态交叉极化魔角旋转核磁共振
DMA	dynamic mechanical analysis	动态力学分析
DSC	differential scanning calorimetry	差示扫描量热法
DTA	differential thermal analysis(derivative of TGA curve)	差热分析(TGA 微分曲线)
NMR	nuclear magnetic resonance	核磁共振
SEM	scanning electron microscopy	扫描电子显微镜
TEM	transmission electron microscopy	透射电子显微镜
TGA	thermogravimetric analysis	热失重分析
XRD	X-ray diffraction	X 射线衍射

五、纳米粒子/纳米复合材料术语

CNF/VGNCF	carbon nanofiber/vapor grown carbon nanofiber	纳米碳纤维/气相生长纳米碳纤维
CNT	carbon nanotubes	碳纳米管
FSM	fluorinated synthetic mica	氟化合成云母
GO	graphite oxide	氧化石墨

缩写	英文名称	中文名称
LDH	layered double hydroxide	层状双氢氧(羟基)化物
MMT	montmorillonite	蒙脱土
MWNT/MWCNT	multiwall carbon nanotubes	多层碳纳米管
o-MMT/OMMT	organically modified montmorillonite	有机改性蒙脱土
PLS/PLSN	polymer layered-silicate/polymer-layered silicate nanocomposite	聚合物/层状硅酸盐纳米复合材料
POSS	polyhedral oligomeric silsesquioxanes	多面体低聚倍半硅氧烷
SWNT/SWCNT	single-wall carbon nanotubes	单层碳纳米管

1. 阻燃性与聚合物可燃性导论

Sergei V. Levchik

Supresta U. S. LLC, Ardsley, New York

1.1 引言

在现代,合成高分子材料给人类的日常生活带来了诸多方便。但是,很多高聚物材料都有一个致命的缺点:它们的高可燃性。高分子材料不仅被用于制成较大的零部件,还可用于制作薄膜、纤维、涂料、泡沫体等材料,这些薄壁材料比体积较大的模塑零件更加易燃。

火灾危害性是一系列因素共同作用的结果,包括材料的点燃性、自熄性、挥发产物的易燃性、燃烧时的释热量及释热速率(HRR)、火焰传播、烟气灰暗度、烟毒性以及火灾现场情况等[1-3]。据报道,火灾所导致的伤亡主要是由其所产生的有毒气体导致的。通常,真实火灾大气中实测的 CO 浓度可达7500ppm[4],这完全可以在 4min 内使停留其中的人丧失知觉[3]。火灾中的其他有毒气体还有氰化氢(浓度 5ppm～75ppm)、刺激性气体氯化氢(浓度 1ppm～280ppm)和丙烯醛(浓度 0.3ppm～15ppm),这些气体在致人死命方面居于次要的地位。

最近一项涉及约 5000 名火灾伤亡人员的统计表明,剧毒气体 CO 是火灾中致死最主要的元凶,火灾大气中 CO 的致死浓度比人们预测的要低很多[5]。而且,该研究还指出,火灾伤亡人员血液中的 CO 载量,并未因新型合成高聚物的使用而有明显改变。大火中 CO 的产量(并非浓度)与燃烧材料的化学组成基本无关[6]。有证据表明,火灾大气对人体的健康可能在较长时间内仍有影响,而对此人们却尚未充分了解。

据统计,在美国、欧洲、俄罗斯和中国每年有超过 1200 万起火灾,造成约 16.6万人死亡以及数十万人受伤。虽然全世界范围内火灾所造成的直接经济损失难以计算,但通过对一些国家数据的统计得知,该数额至少为 5 亿美元[8]。尽管合成高分子材料的用量以及美国的总人口数都在不断增加,美国国内的住宅火灾死亡人数仍从 1977 年的 6000 人直线下降到了 1993 年的 3500 人[9]。虽然美国的火灾问题已明显减轻,但其火灾伤亡人员数仍高于其他许多发达国家[10]。火灾伤亡率的降低是许多因素共同作用的结果,包括电气用具、电子设备、汽车、加热设备、房屋等的优化设计以及人们习惯的改变,例如烟民数量的减少。此外,阻燃聚合物材料也发挥着举足轻重的作用。

1988 年,美国国家标准及技术研究院(NIST)对用于印制电路板、电视机和工业机械外壳、电缆和家居装潢的塑料进行了室内可燃性测试,以对比阻燃与未阻燃塑料的燃烧性能[11]。结果表明,阻燃材料可提供给人们 15 倍于未阻燃材料的逃逸时间,降低了 75% 的释热量、大量的烟尘以及有毒气体浓度。阻燃剂降低了火灾的毒性,这主要归功于燃烧材料的减少[1]。

统计分析表明,英国的火灾致死率远低于美国。在美国,火灾通常是由于家居装潢材料被点燃而引起的。英国火灾安全法规在家具装潢业实施的前十年,人均火灾次数就有十分明显的下降,且仍在继续降低。而在美国,同类型火灾的致死率却下降缓慢[12]。目前,美国消费品安全委员会(CPSC)即将推出有关家居装潢和床垫材料的联邦标准,这可将美国住宅房屋的火安全性提高至英国的水平。

1998 年,欧洲化学工业理事会组织了一个阻燃材料专家组,测试研究了多个国家生产的电视机和计算机显示器的火安全性。该测试使用了多种类型的点火源,如日用蜡烛及装满纸张的垃圾袋。结果表明,即使极小的点火源也极易引燃在德国和北欧国家购买的电视机。通常情况下,制造这些电视机所用的高聚物材料不含任何阻燃剂,为的是使产品获得"绿色"标志;而有时,为通过欧洲 IEC 60065 测试,这些材料也仅含有极少量阻燃剂。与此相反,在美国与日本购买的为通过 UL-1410 或 UL-1950(类似于 IEC60950)测试而设计生产的电视机,即使暴露于强点火源时也可自熄。

由此可见,对经常暴露于一些点火源(如电子电气产品)、易燃源(如家居装潢材料)以及应用于疏散人群时火灾快速传播将导致严重事故的聚合物材料(如建筑材料和交通运输材料),这些聚合物材料的阻燃设计是十分重要的。本章将简要介绍聚合物的燃烧原理及几种主要的工业化阻燃剂的作用机制。本章对新接触阻燃领域的学者将十分有用,业界专家也可从中得到一些新的信息。

1.2　聚合物燃烧与测试

在许多方面,聚合物材料的燃烧类似于许多其他固体材料;然而,由于许多聚合物材料在燃烧时都会产生熔融滴落,则其火焰传播性能是极为关键的。可见,测试高聚物产品在最终应用条件下或与其他材料共同使用时的燃烧性能是十分重要的。例如,火焰传播性可通过垂直燃烧和水平燃烧两种方法来测试,但对大多数塑料而言,垂直燃烧比水平燃烧更为剧烈[11]。

1.2.1　可燃性的实验室测试

聚合物的可燃性主要从易燃性、火焰传播性、释热性这三个方面进行评估。根据聚合物材料的实际用途,需对材料进行相应测试以从上述一个或多个方面评价材料的可燃性。许多可燃性测试可用试样或最终产品进行,在规模上分为小型、中型及大型测试。尽管小型与大型两种测试在对材料进行分级时具有相同的趋势,但一般来说两种测试之间并无直接关联。

人们已制定了多种材料可燃性测试的国际与国家标准,详见文献[13]。一些相对简单且经济的实验室测试方法已得到了广泛的应用,这些测试主要用于产品研发或质量控制时的材料筛选,以及学术界对聚合物可燃性的研究。本章将介绍几种常用的实验室测试方法。

美国保险业实验室制定了 UL94 测试法来评估设备及电气用具塑料零件的燃烧性能,该法可测试暴露于小火时聚合物材料的可燃性与火焰传播性。该测试已被多国作为标准测试法,且业已国际化。该法把材料的阻燃性能分为 5 个等级,本书只介绍阻燃学术界最为常用的 V-0、V-1 和 V-2 三个等级。试验时,在顶端夹紧尺寸为 120mm×13mm 的棒状试样,使其垂直悬空。根据材料的用途,试样厚度可为 3.2mm、1.6mm 或 0.8mm,通常试样越薄越易燃烧。在试样下方 300mm 处放置脱脂棉,测定材料融滴的引燃性。使用本生灯(焰高约 19mm;校准高度)两次点燃(每次 10s)试样,记录每次点燃后试样的持续燃烧时间。第一次点燃后如发生自熄就迅速再次点燃。UL94 法 V-0 级评定标准:每次点燃后 10s 内即发生自熄,5 个试样(10 次点燃)的平均燃烧时间不超过 5s,无具有引燃性的熔融滴落。V-1 级评定标准:试样最长的燃烧时间小于 30s,平均燃烧时间小于 25s,无具有引燃性的熔融滴落。V-2 级评定标准:符合 V-1 级标准的燃烧时间限制,允许具有引燃性的熔融滴落。

极限氧指数法(LOI)也是一种常用的实验室测试方法,该法已规范为国家与国际标准(如 ASTM D2863 和 ISO 4589)。LOI 试样的尺寸与形状无严格要求,但在测试硬质塑料时通常使用 100mm×6.5mm×3mm 的棒状试样。试验方法:将试样垂直放入玻璃筒,从底端固定试样,筒内不断通入氮气与氧气的混合气体。使用本生灯从顶部点燃试样的上表面,直至整个上表面都被引燃。如果 30s 后试样仍未被引燃,则增加氧气浓度。理想情况下,试样应该像蜡烛一样稳定燃烧。如果在移去点火源后试样持续燃烧超过 3min 或者燃烧长度超过 5cm,则需要在较低氧气浓度下更换试样重新测试。如果材料在 3min 内发生自熄且燃烧长度小于 5cm,则筒内混合气的氧气浓度就是材料的 LOI 值。虽然 LOI 法仅能测试实验室条件而非真实火情下材料的易燃性,但其可提供较详实的数据而非不连贯的等级划分(如

V-0、V-1 及 V-2),是一个较好的材料筛选工具。

锥形量热仪(Cone)测试法是美国国家标准及技术研究院(NIST)[14]制定与规范的一个中等规模实验室测试法,它很快就得到了学术界的普遍认可,并为其制定了相关标准(如 ISO 5660-1、ASTM E-1354)。因该法所得数据与大规模测试所得数据具有一定的相关性,故它也是研究火安全防护工程的重要方法。Cone 法可测试面积为 100mm × 100mm、厚度不超过 50mm 试样的燃烧耗氧量,并由耗氧量计得样品的释热量。Cone 法测试中,圆锥状的热辐照源可使样品暴露于一定热流并模拟多种火情,燃烧由一个小型电火花点火器点燃样品热分解产生的气体引发。除可计得释热速率以外,Cone 仪器还可测得材料的点燃时间、燃烧时样品的失重、生烟速率以及 CO、CO_2 的量(也可选择性地测定一些腐蚀性气体,如 HCl、HBr)。

1.2.2 聚合物的燃烧

所有聚合物的燃烧都是从一个"点燃事件"开始的,即热源引燃聚合物热分解产生的可燃物。随后一系列的可燃性降解产物相继被引燃,这些可燃物可与空气中的氧气反应放出热量,其中一部分热量反馈到可燃物表面,维持着可燃性挥发降解产物的生成量[3]。降低聚合物的易燃性是提高材料阻燃性的首要方法;尽管所有聚合物都可燃,但燃点越高其安全性就越好。大多数聚合物的燃点为 275℃ ~ 475℃。材料的易燃性可通过点燃时间或点燃所需的最少热量来评估,其中任何一个的提高都将改善材料的阻燃性能[1,15]。

材料的易燃性在很大程度上取决于材料表面温度上升到燃点的速度。人们异常关注熔融温度低于热降解温度的聚合物。通常暴露于较小热源时,如果材料在被点燃之前为熔融态,则可通过流动和产生融滴来降低表面热量。这十分有益于非成炭类聚合物的阻燃。相反,暴露于较大热源时,材料在可为熔融流动态之前即被点燃,该类聚合物则相对易燃。

高聚物泡沫体材料的易燃性和火焰传播性较为特殊。研究表明,发泡聚合物表面积的差异性和小尺寸效应比密度或化学结构差异性对材料可燃性的影响更大[16]。当然,化学结构决定了发泡材料的表面积或多孔性。例如,阴燃的香烟即可引燃软质聚氨酯(PU)泡沫体材料。如果通常用于包装泡沫体材料的纺织材料(常见于家居装潢和床垫材料)未经适当的阻燃改性,实际则会起"助燃"作用。

聚合物材料的自熄性取决于其热降解机理,其易燃性则主要相关于其热降解的初始温度,稳定燃烧与其成炭性相关,成炭性越好,可燃挥发性产物则越少。因此,成炭量是影响稳定燃烧的主要因素。早期的研究表明,材料的 LOI 与成炭率有着极大的相关性[17]。实际上,炭层既可为从火焰辐射到聚合物表面的热流提供物理屏障,也可作为可燃气体进入燃烧区的扩散屏障[18]。因此,炭层在材料燃烧时发挥的作用远不止减少可燃气体的量。

对聚合物的热降解而言,以下四个机理十分重要:① 无规断链,聚合物主链随机断裂为链段碎片;② 链端断裂,聚合物从链端开始裂解;③ 无主链破坏的端基消除;④ 交联[19]。大多数情况下,聚合物的热降解遵循两种或两种以上上述机理,极少数只遵循其中单个机理。例如,聚乙烯(PE)和聚丙烯(PP)主要通过无规断链的方式裂解,但 PE 的裂解同时还伴随一些交联反应的发生;聚甲基丙烯酸甲酯(PMMA)和聚苯乙烯(PS)受热时将发生解聚反应;聚氯乙烯(PVC)主要发生端基消除反应(脱氯化氢);聚丙烯腈(PAN)热分解时则发生交联。对可燃性而言,热分解时发生无规断链和解聚的聚合物通常比发生交联或端基消除的聚合物更加易燃。交联[20]可促进成炭,从而降低可燃性。端基消除导致形成双键,可促进发生交联或芳构化。

一般而言,主链上含芳环或杂环基团的聚合物比脂肪族聚合物更为难燃[21]。芳环间较短的柔性键可发生交联并成炭,此类聚合物往往具有较好的热稳定性和阻燃性。例如在 UL94 测试中,双酚 A 型聚碳酸酯、苯酚甲醛树脂、聚酰亚胺都可自熄并达到 V-2 或 V-1 级。但是,含有较长柔性键(脂肪链)的聚合物,虽主链上有芳环却仍相对易燃;例如,聚对苯二甲酸乙二醇酯(PET)、聚对苯二甲酸丁二醇酯(PBT)、PU、双酚 A 型环氧树脂。

聚合物的成炭分为多个步骤,依次为:① 交联;② 芳构化;③ 芳族稠环化;④ 石墨化[18]。聚合物的成炭性主要取决于其结构,但同时也可通过使用阻燃剂来获得提高,这将在后续章节讨论。尽管多种聚合物在热分解初始阶段就趋于交联,但这并不足以导致成炭。炭层的形成条件是:热分解过程中,交联聚合物含有芳环碎片及/或共轭双键,并趋于芳构化[20]。

炭层中的芳香族稠环趋于形成小型堆叠结构,称为石墨化前体。这些前体嵌于无定形化炭层中形成"无规炭层",该结构通常于聚合物表面温度为 600℃ ~900℃间时形成。炭层中含有的石墨化前体越多,其热氧稳定性就越好,因此似乎也较难燃尽,并降低聚合物表面暴露于火焰热流中的概率。但另一方面,高度石墨化的炭层十分坚硬且可能存在裂缝,导致无法有效阻止可燃材料暴露于火焰。因此,性能最为优异的炭层应是含有适量石墨化前体的无定形无裂缝炭层。

1.3 阻燃

1.3.1 一般阻燃作用机理

尽管各种阻燃剂的化学结构不同,但通用的作用机理是可适用于多种阻燃剂的。通常根据作用机理,可将其分为气相作用阻燃剂和凝聚相作用阻燃剂两大类。气相作用阻燃剂主要通过捕捉燃烧的链支化反应所需的活性自由基发挥作用,这是其化学作用机理。另一类阻燃剂可产生大量的不可燃气体以稀释可燃气体,有时也可通过吸热来降低材料表面温度。这有效降低了材料的可燃性,也可致其自熄。这是阻燃剂于气相中的物理作用机理。

凝聚相作用机理比气相作用机理更为常见。前面简要讨论过的成炭是最为常见的凝聚相作用机理。提高材料的成炭性有多种途径:聚合物和阻燃剂的反应型成炭、聚合物在凝聚相滞留成炭及催化或氧化脱氢成炭。

有些阻燃剂几乎是通过单一的物理作用机理阻燃的,例如氢氧化铝(ATH)和氢氧化镁(MH)。然而,没有一种阻燃剂是可通过单一的化学作用机制而阻燃的。化学作用机理通常伴随着一种或多种物理机理(如吸收热量或稀释可燃气体)发挥阻燃效用。多种阻燃机理配合发挥效用,称之为协效阻燃。

1.3.2　各类阻燃机理

1.3.2.1　卤系阻燃剂

卤系阻燃剂指代品种繁多的一类阻燃剂[22]。简言之,卤系阻燃剂即是可在聚合物降解温度范围内或低于降解温度时释放出卤素自由基或卤化物的阻燃剂[23,24]。理论上说,含氟、氯、溴或碘的化合物都可作为卤系阻燃剂使用。含氟有机物通常比任何聚合物都稳定,极难释放出氟自由基或氟化氢。不过,现已有一些与所有其他卤系阻燃剂的作用机理截然不同的工业化氟系阻燃剂,这将在下面讨论。与氟化物不同的是,含碘有机物的热稳定性极差,不能与大多数工业聚合物一起加工。再者,氟或碘比溴或氯价格昂贵,这也极大限制了氟系与碘系阻燃剂的发展。

氯系芳香族化合物的热稳定性相对较好,因此并不十分高效,但氯系脂肪族和脂环族阻燃剂则是效果较好的两种阻燃剂。一些氯化石蜡的含氯量达70%,可用于聚烯烃和高抗冲聚苯乙烯(HIPS)[25]的阻燃。很多种溴系阻燃剂都是可工业化应用的。溴系阻燃剂可保持材料较好的物理性能,例如良好的抗冲击性、拉伸强度与较高的热变形温度。这些阻燃剂通常可用于许多种塑料,现主要用于工程塑料和环氧树脂[26,27]。在这方面,研究重点是芳香族卤系阻燃剂。尽管溴系脂肪族阻燃剂通常比溴系芳香族阻燃剂更为高效,但它们仅适用于特定的聚合物[28]。溴系阻燃剂结构相近时,含溴量越高其热稳定性越好。完全溴化的芳环化合物具有较好的热稳定性,可用于加工温度相对较高的工程塑料。溴系芳香族低聚物阻燃剂也应用广泛,除具备优良的热稳定性以外,还表现出了良好的物理性能。许多溴系芳香族阻燃剂的主要缺点是抗紫外线性能较差;不过现已开发出了经特殊设计的抗紫外线性能优良的工业化溴系阻燃剂。

图1.1对比了溴系脂肪族和溴系芳香族两种阻燃剂的阻燃性能。因溴系脂肪族阻燃剂的热降解初始温度低于PP的热降解温度,故表现出了较好的阻燃效果。

相反,溴系芳香族阻燃剂的热稳定性较好,在 PP 发生热降解时未生成可发挥气相阻燃作用的溴自由基,因而阻燃效果较差。

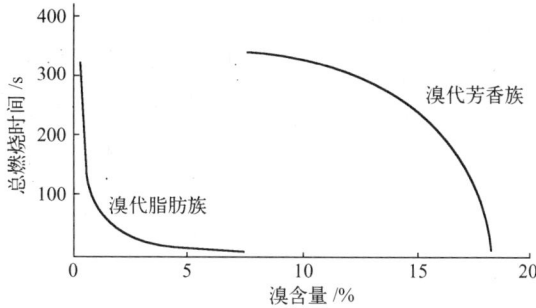

图 1.1　溴系脂肪族和溴系芳香族两种阻燃剂应用于 PP 时,总燃烧时间随溴含量的变化(UL94 法)[23]

人们普遍认为,卤系阻燃剂的主要作用方式为气相作用,且主要为化学作用。首先,作用始于阻燃剂受热分解放出卤自由基,自由基可迅速捕获阻燃剂或聚合物热分解放出的 $\dot{H}$。式(1.1)~式(1.3)为溴系阻燃剂作用于脂肪族聚合物时的机理:

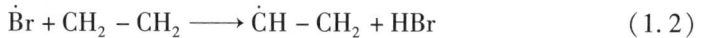

$$R - Br \longrightarrow \dot{R} + \dot{B}r \tag{1.1}$$

$$\dot{B}r + CH_2 - CH_2 \longrightarrow \dot{C}H - CH_2 + HBr \tag{1.2}$$

$$\dot{C}H - CH_2 \xrightarrow{-\dot{H}} CH = CH \tag{1.3}$$

若不添加协效剂,HX 将挥发至火焰中,并迅速与 $\dot{H}$ 或 $\dot{O}H$ 反应重新生成 $\dot{X}$,见式(1.4)及式(1.5)。此后,在气相中 $\dot{X}$ 将与烯烃类聚合物反应重新生成 HX,该反应将循环往复地进行,直至耗尽火焰中的 $\dot{X}$,见式(1.6)。

$\dot{H}$ 与 $\dot{O}H$ 对维持燃烧起着至关重要的作用。研究表明,$\dot{H}$ 主导了火焰中的链支化自由基反应,见式(1.7);而 $\dot{O}H$ 则可氧化 CO 生成 CO_2,这是一个放热量极大的反应,燃烧产生的大部分热量即来源于此,见式(1.8)。

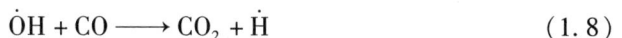

$$HBr + \dot{H} \longrightarrow H_2 + \dot{B}r \tag{1.4}$$

$$HBr + \dot{O}H \longrightarrow H_2O + \dot{B}r \tag{1.5}$$

$$\dot{B}r + R'H \longrightarrow HBr + \dot{R} \tag{1.6}$$

$$\dot{H} + O_2 \longrightarrow \dot{O}H + O \tag{1.7}$$

$$\dot{O}H + CO \longrightarrow CO_2 + \dot{H} \tag{1.8}$$

在一些其他反应中,活性较强的自由基(如 $\dot{H}$、$\dot{O}H$、$\dot{C}H_3$)可被活性较弱的 $\dot{B}r$ 取代[29]，而Ḃr 又可与其他分子中的Ḣ重新生成 HBr。光谱学研究表明，添加卤系阻燃剂可明显降低火焰中 Ḣ、ȮH、HĊO 自由基的数量，但却增加了双自由基 Ċ₂ 和烟炱的量。火焰温度将随阻燃剂的添加量增大而降低，添加少量（百分之几（摩尔））卤系阻燃剂即可使材料的火焰传播速度降至原来的 1/10，并有效降低易燃性，但卤系阻燃剂的不足之处是提高了烟炱的量。

研究证明，Sb_2O_3 可与卤系阻燃剂产生协效作用，因其可促进气相中卤自由基生成，并可延长其在火焰中的作用时间，从而可使其捕获更多燃烧所需的活性自由基。在凝聚相中，Sb_2O_3 可与 HCl 或 HBr 反应生成挥发性的 $SbCl_3$ 或 $SbBr_3$，二者挥发温度分别为 223℃ 与 288℃。Sb_2O_3 在卤化过程中可生成大量的可作用于气相的 $Sb_nO_mX_p$ 卤氧化锑中间体[30]。研究表明，Sb_2O_3 还可催化卤系阻燃剂脱卤[31]，使卤素自由基在较低温度下即可参与阻燃。燃烧反应中，三卤化锑（如 SbBr₃）可逐步脱卤生成金属锑（式(1.9)），而后者可被氧（式(1.10)）或 ȮH 氧化（式(1.11)）。

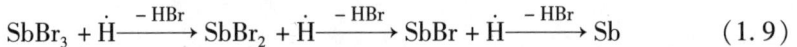

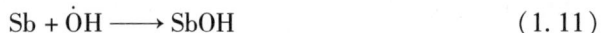

$$SbBr_3 + \dot{H} \xrightarrow{-HBr} SbBr_2 + \dot{H} \xrightarrow{-HBr} SbBr + \dot{H} \xrightarrow{-HBr} Sb \quad (1.9)$$

$$Sb + O \longrightarrow SbO \quad (1.10)$$

$$Sb + \dot{O}H \longrightarrow SbOH \quad (1.11)$$

妨碍卤—锑反应将影响聚合物的阻燃性[32]。例如，着色剂或惰性填料（如碳酸钙或滑石粉）中的金属离子可与卤素形成稳定的金属卤化物，阻碍卤素与锑氧化物的反应，结果导致卤和锑都不能进入气相发挥阻燃作用。另外，含硅化合物对卤系阻燃剂的阻燃作用也存在负面影响。

人们认为，卤化氢较大的热容和对火焰的稀释作用可有效降低可燃气体的浓度与火焰温度[33]。卤化氢的物理作用机理类似于惰性气体、CO_2 和水蒸气。自由基捕获机理与物理作用机理并不相悖，反而是相辅相成的。每种机理的作用都取决于阻燃剂和聚合物的热分解温度。

如前所述，在凝聚相中卤系阻燃剂释放的卤自由基可与聚合物中的氢原子反应生成卤化氢，并形成不饱和键（式(1.2)及式(1.3)），不饱和键可通过交联或芳构化成炭[18]。如果卤自由基与芳环上的氢原子发生反应，所形成的不饱和芳环就可与其他芳环形成多芳环结构，这就是炭层中主要的石墨化前体的来源。该成炭作用是常被人们所忽视的卤系阻燃剂在凝聚相中的阻燃作用。

脂肪族溴系阻燃剂具备一种特有的凝聚相作用方式，该作用与成炭作用原理相反。较低温度时，聚合物熔体中的溴自由基可诱发碳链上叔碳原子处的链断裂[35,36]；此机理适用的聚合物基体包括 PS（泡沫体）和 PP（尤其为片材、薄膜及纤维）。分子量的降低（式(1.12)）导致热聚合物快速的熔融滴落，降低了火焰的温度并可致其自熄。

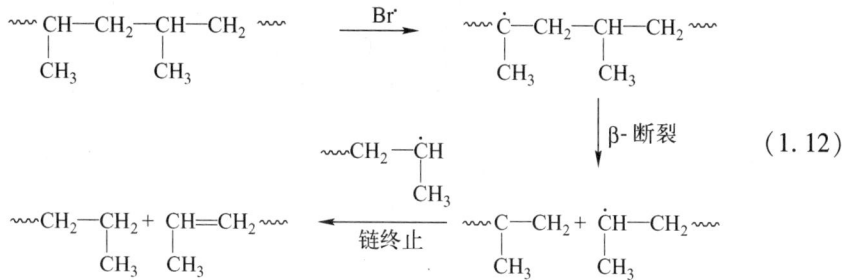

$$
\text{~~~CH-CH}_2\text{-CH-CH}_2\text{~~~} \quad \xrightarrow{\text{Br·}} \quad \text{~~~}\overset{\cdot}{\text{C}}\text{-CH}_2\text{-CH-CH}_2\text{~~~}
$$

（1.12）

极少量(0.01% ~0.5%)的聚四氟乙烯(PTFE)复配其他阻燃剂可有效抑制聚合物的熔融滴落。PTFE 的阻燃作用机理与氟或氟卤化物的所有化学作用都无关。在聚合物加工温度(200℃ ~300℃)下,PTFE 微粒会发生软化,挤出成型时的螺杆剪切作用力可将该软化微粒拉长至原来的 5 倍,形成微纤维。燃烧时,聚合物熔体中的微纤维将发生回缩,形成一个可抑制熔融滴落的类网状结构。PTFE 这种阻燃作用为物理作用机理。

聚碳酸酯(PC)中添加少量(0.05% ~0.2%)全氟丁基磺酸钾时,材料仍可保持良好的透明性,并可使 PC 的阻燃性达到 UL94 V-0 级[37]。磺酸盐发挥了主要的阻燃作用,电负性较强的全氟丁基基团可增强磺酸盐的酸性。对全氟丁基磺酸钾而言,氟化氢并没有参与阻燃作用。

1.3.2.2 磷系阻燃剂

现在,磷系阻燃剂是仅次于卤系阻燃剂的、应用最为广泛的一类阻燃剂。目前,新型阻燃剂的研发重点已转向磷系阻燃剂与其他无卤体系。磷系阻燃剂分为:① 红磷;② 无机磷系;③ 许多有机磷系化合物;④ 氯化有机磷酸酯。尽管许多磷系阻燃剂表现出通用的阻燃作用机理,但上述四种都是各有特性的。

研究表明,磷系阻燃剂应用于含氧或含氮聚合物(可为杂链或端基基团中含有氧或氮元素的聚合物)时特别高效。对于特定的聚合物基体,磷系阻燃剂比卤系阻燃剂更为高效。这与磷系阻燃剂的凝聚相作用方式有关,它可与聚合物发生反应并参与成炭[21]。

有关纤维素阻燃的研究已十分详尽,较好地阐释了磷系阻燃剂与含羟基聚合物的相互作用[38]。磷系阻燃剂可通过磷酸铵盐或磷酸酯分解产生酸源,后者可与纤维素的羟基发生酯化或酯交换反应[39]。通过进一步加热,磷酸化纤维素将发生热分解,未被磷酸化的纤维素分解生成的可燃性挥发产物减少,大量的炭层形成。一些含氮化合物(如尿素、双氰胺、三聚氰胺等)可与含磷化合物反应生成 P-N 中间体,后者可促进纤维素磷酸化[40]。研究表明,P-N 阻燃体系的协效作用取决于磷系及氮系阻燃剂和聚合物的结构。

类似于纤维素,磷酸酯也可与其他聚合物发生酯交换反应。例如,热分解过程中 PC 可发生重排形成酚羟基,后者可与芳环磷酸酯发生反应[41](式(1.13)),进而磷可接枝到聚合物链上,该磷接枝聚合物发生热分解即可成炭。该磷酰化同样可适用于聚苯醚(PPE 或 PPE/HIPS 共混物),因其在加热时也可发生重排而形成酚羟基[42]。

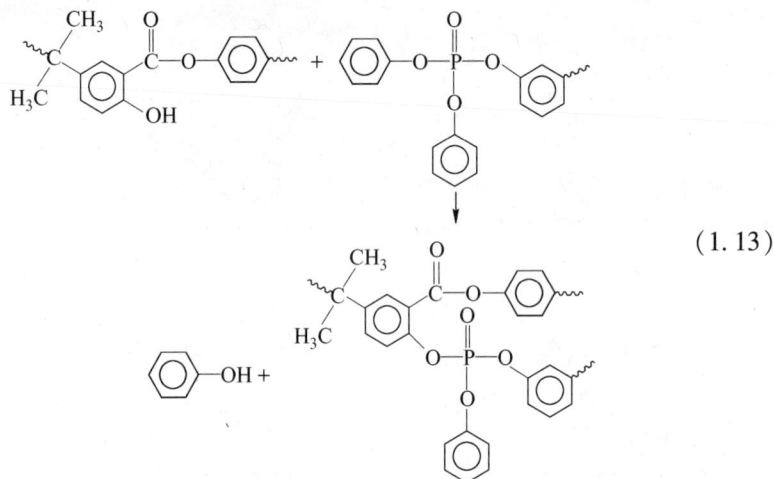

$$(1.13)$$

若聚合物因缺少反应型基团而难于成炭,则可使用高效成炭剂与磷系阻燃剂复配。该成炭剂通常为多元醇,它们可发生类似于纤维素磷酸化的反应。季戊四醇就是一种典型的此类多元醇。添加三聚氰胺可组成协效的阻燃系统,该系统因可在聚合物表面形成黏性膨胀熔体炭层而得名"膨胀阻燃系统";该炭层可在聚合物表面形成隔热层,并有效地阻止挥发性可燃气体扩散至火焰。该系统主要为物理作用阻燃,因聚合物本身并未参与成炭,但其分解产生的挥发性可燃产物则可被有效"阻挡"。Bourbigot 等人对适用于多种聚合物的膨胀阻燃系统作了详细的综述[43,44],Camino 等人详细探讨了该膨胀炭层的形成机理[45,46]。

磷系阻燃剂可通过两种方式发挥阻燃作用:第一种是在凝聚相中促进成炭;第二种是在气相中作为 $\dot{H}$ 或 $\dot{O}H$ 自由基的强力捕获剂。气相作用磷系阻燃剂是一种十分高效的阻燃剂。近来有研究表明[47],在相同添加量时,磷系阻燃剂的阻燃效率平均是溴系阻燃剂的 5 倍以及氯系阻燃剂的 10 倍。20 世纪 80 年代,Hastie 与 Bonnell 提出了磷系阻燃剂的自由基捕获机理[48],燃烧时火焰中发挥作用的自由基主要依次为 $HP\dot{O}_2$、$P\dot{O}$、$P\dot{O}_2$ 及 $HP\dot{O}$。一些 $HP\dot{O}_2$ 和 $P\dot{O}$ 作为自由基捕获剂时的例子见式(1.14)~式(1.18)。而当反应中存在 $P\dot{O}$ 自由基时,需借助于反应体。

$$HP\dot{O}_2 + \dot{H} \longrightarrow PO + H_2O \qquad (1.14)$$

$$HP\dot{O}_2 + \dot{H} \longrightarrow PO_2 + H_2 \qquad (1.15)$$

$$HP\dot{O}_2 + \dot{O}H \longrightarrow PO_2 + H_2O \qquad (1.16)$$

10

$$\dot{PO} + \dot{H} + M \longrightarrow HPO + M \qquad\qquad (1.17)$$

$$\dot{PO} + \dot{OH} + M \longrightarrow HPO_2 + M \qquad\qquad (1.18)$$

特定条件下,在气相中磷系阻燃剂可挥发或被氧化生成活性自由基,或者可在凝聚相中与聚合物发生反应或被氧化生成磷酸。后者即为磷系阻燃剂主要的凝聚相作用机理。现在,研发在较低温度下可挥发生成自由基捕获剂,但同时在聚合物加工过程中不发生降解的磷系阻燃剂仍是一个难题。

红磷是一种极为重要的磷系阻燃剂。实际上,在一些聚合物(如热塑性聚酯或尼龙)中它是十分高效的,添加量少于10%即可使聚合物达到UL94 V-0级。尽管红磷化学成分单一,但人们仍尚未完全了解其阻燃机理。多数学者较为赞同的观点是[49,50],在含氧或含氮聚合物中,红磷可与聚合物发生反应促进成炭。尽管有学者认为,红磷在与聚合物反应前会发生氧化或水解[51,52],但同时也有强有力的证据表明红磷可在干燥的[54]惰性气氛[50,53]中直接与聚酯或PA发生反应。也有一些研究表明[50],PA6中的红磷为自由基作用机理的阻燃。红磷在烯烃类聚合物(如聚烯烃、PS)中的阻燃效果不佳。学者们认为[55],这是因为红磷在烯烃类聚合物中将降解为白磷(P_4),后者可挥发而作用于气相。

氯烷基磷酸酯(如磷酸三(1,3-二氯异丙基)酯、磷酸三(2-氯异丙基)酯及二氯新戊基四(2-氯乙基)双磷酸酯)主要用于聚氨酯泡沫体材料。理论上说,氯和磷可同时发挥阻燃作用;然而实际应用时,这要视具体情况而定(如UL94测试为垂直位置或水平位置)。氯烷基磷酸酯挥发性较强,加热时极易挥发;在向下垂直燃烧试验中,该化合物除挥发之外,还可与聚合物发生反应并在其表面生成油状残留物[56];而向上垂直燃烧时,该化合物则迅速挥发,在材料表面形成高浓度的不可燃阻燃气体隔热层而导致自熄[57]。

1.3.2.3 三聚氰胺阻燃剂

三聚氰胺(MA)是一种独特的化合物,含氮量高达67%且具有相当优异的热稳定性,也可与强酸反应生成热稳定性很好的盐。三聚氰胺、三聚氰胺氰尿酸盐、三聚氰胺磷酸盐、三聚氰胺焦磷酸盐及三聚氰胺聚磷酸盐均可作为具有多种阻燃应用的工业阻燃剂。MA的阻燃作用机理不同于MA盐类,也可认为前者是后者的一部分。此外,三聚氰胺磷酸盐因含磷而具有独特、优异的性能。

MA最常见的用途是与氯烷基磷酸酯复配用于聚氨酯泡沫体材料,或与聚磷酸铵(APP)和季戊四醇复配用于膨胀涂料。Weil和Choudhary[58]已对有关MA应用于热塑性塑料及弹性体的大量专利做了综述,较好地阐释了MA的阻燃作用机理。MA不熔,但可于约350℃时升华(实际于较低温度时已开始挥发)。升华过程可吸收大量的热,这有效降低了聚合物的表面温度,该过程对于热稳定性较差的聚氨酯泡沫体而言尤为重要。在火焰中,MA可进一步分解生成氨基氰,该过程同时吸收了大量的热[58,59]。

升温时,MA 极难升华,可发生"氨解"并在凝聚相形成热稳定性很好的产物(蜜白胺、蜜勒胺、氰尿酰胺)[60]。该反应与其挥发背道而驰,挥发越少(如炭层阻碍挥发时),则该反应效果越明显。成炭作用是 MA 的凝聚相作用机理,而"氨解"作用可生成难燃气体从而有效发挥气相阻燃作用。

升温时,三聚氰胺盐可热解并重新生成 MA,后者可类似于单一 MA 而挥发。然而相对于纯 MA,三聚氰胺盐热解生成的 MA 成炭率更高[61];因此,MA 盐类主要发挥凝聚相作用。若与含磷阻燃剂复配使用,后者生成的磷酸也可使聚合物磷酸化,从而发挥与其他典型含磷阻燃剂相同的阻燃作用(见上述)。当高于 600℃时,MA 凝聚相产物可与磷酸发生反应,三嗪环开环并交联形成(PON)$_x$ 型结构的含磷氮氧化合物[62],后者热稳定性极好,在一些聚合物中可发挥凝聚相阻燃作用[63]。

现在,MC 主要应用于未填充聚酰胺[64]。热分解时 MA 部分挥发,氰尿酸可催化 PA 发生链断裂。这导致 PA 的熔体黏度降低,促进了熔融滴落,从而有效带走热量并致其自熄[65,66]。挥发性的 MA 可有效抑制融滴的产生。玻璃纤维对熔体的流动有阻碍作用[67],故 MC 应用于玻纤增强 PA 时其阻燃效率大打折扣。

1.3.2.4 无机氢氧化物阻燃剂

在高于 200℃ 时,无机氢氧化物或碱类与无机盐的混合物可发生脱水反应,二者可作为多种聚合物的阻燃剂使用。该类阻燃剂中,最常用的是氢氧化铝(ATH)和氢氧化镁(MH)。目前,ATH 是产量最大的阻燃剂之一,主要应用于电线电缆的绝缘层、弹性体产品、人造大理石和玛瑙、地毯背面乳胶涂料、酚醛树脂、环氧树脂及不饱和聚酯[68]。Horn 已出版了有关 ATH 与其他无机物制造、性能及应用的专著[69];而有关无机填料的阻燃作用机理和对聚合物性能的影响,可参见 Hornsby 和 Rothon 所作综述[70]。

研究表明,ATH 和 MH 分别在 220℃ 和 330℃ 左右时脱水,吸热量分别为 1.17kJ/g 与 1.356kJ/g。图 1.2 与图 1.3 分别为升温时 ATH 与 MH 的热失重曲线与差示扫描量热曲线。据研究,无机氢氧化物的阻燃作用机理不仅有脱水吸热及水蒸气的隔热与稀释效应,还可催化一些聚合物发生酸化脱水而助于成炭[38]。因为无水氧化铝与氧化镁粉体的耐火性能极佳,故当积聚于聚合物表面时,二者也可发挥隔热层的作用。

现在,ATH 与 MH 主要应用于 PVC、PE 和弹性体制成的电线电缆材料,MH 在 PA6 中也有少量的应用。为通过阻燃性测试,金属氢氧化物的添加量需达到 35% ~ 65%。降低金属氢氧化物的添加量可有效改善聚合物的物理性能,尤其是低温时的韧性;因此,人们正在研究[72]无机氢氧化物与红磷、硅化合物[69]、硼化合物、纳米黏土[71](改性蒙脱土)、成炭剂的复配使用。对金属氢氧化物表面改性可助于改善物理性能,有时候也由于促进良好分散而可提高阻燃效率。

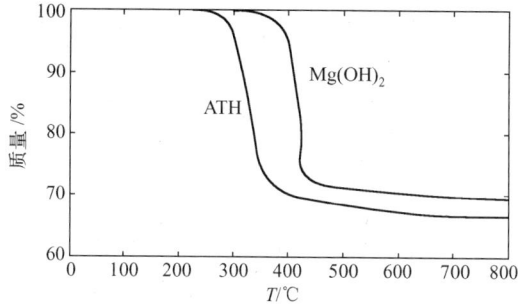

图 1.2　ATH 与 MH 的热失重曲线[69]

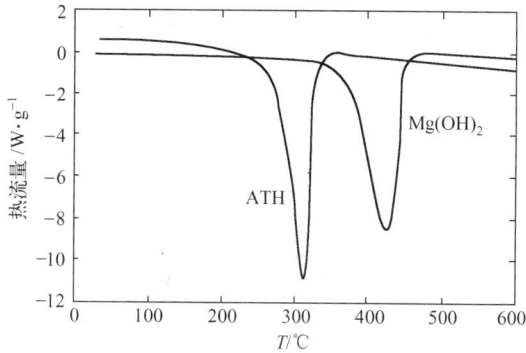

图 1.3　ATH 与 MH 的差示扫描量热曲线[69]

1.3.2.5　硼酸盐阻燃剂

　　长期以来,水溶性硼酸盐(如硼酸钠(硼砂)、硼酸)常被用于阻燃纤维素材料(如纸张、木制品、工业纺织品);而水不溶性且热稳定性较好的硼酸锌常被用于热塑性塑料。这两类硼酸盐的阻燃作用机理是截然不同的。

　　类似于磷系阻燃剂的作用,水溶性硼酸盐可与纤维素的-OH 发生酯化反应并促进成炭。例如,对比五硼酸铵(分解释放硼酸)和 APP(释放聚磷酸)的作用机理发现,二者之间存在着一定的相似之处[73]。另外,硼酸盐和硼酸也可释放一定量的水,起到热阻隔的作用。硼酸钠与硼酸、硼酸酐或其混合物熔点较低;一定温度时,它们可形成黏性玻璃化熔体,分解释放出的气体(主要为水蒸气)可致其发生膨胀,使它们可覆盖于裂解聚合物或炭层的表面以"修补"炭层裂缝,并阻止热量与裂解可燃性产物的释放。

　　许多种硼酸锌(脱水量不同)都是可进行工业化应用的。尽管硼酸盐的化学表达式为水合物,但实际上硼酸盐是一种结构复杂的盐[74]。加热时,硼酸锌发生脱水吸热反应,水蒸气可吸热并稀释氧气与可燃气体[75]。例如,牌号为 Firebrake ZB(美国硼砂)的硼酸锌化学式为 $2ZnO \cdot 3B_2O_3 \cdot 3.5H_2O$,290℃升温至 450℃ 的过程中可脱去 13.5% 的水,吸热量为 503J/g。图 1.4 为三种工业硼酸锌的热失重曲线。硼酸锌通常用于卤系阻燃系统,最常用于 PVC,因燃烧时硼酸锌可显著提高 PVC 的成炭量。硼酸锌可与 PVC 的热分解产物 HCl 反应生成 $ZnCl$,后者可催化 PVC 脱除卤化氢并促进交联,从而提高 PVC 的成炭率,而更为重要的是有效降低了生烟量。在足够高的温度下,硼酸锌可在聚合物表面形成熔体层,但这通常在小火中难以发生。相反,结块硼酸锌可提高炭层的隔热性并有效地抑制阴燃。

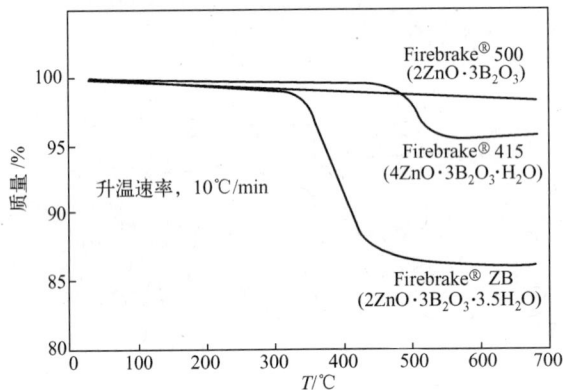

图 1.4　三种工业化硼酸锌的热失重曲线[76]

研究表明,硼酸锌也可改变无卤聚合物的热氧降解方式,但尚未确定是硼氧化物对烯烃聚合物[75]或炭层中石墨化结构[38]发生氧化的抑制作用所引起的,或单单是由于形成了具有热阻隔性的结块层。同 ATH 复配使用时,硼酸锌可形成多孔的类陶瓷残留物,这比单一的无水氧化铝隔热性更佳。研究发现[77],硼酸锌可加速 MH 的脱水,并与无水 MgO 形成类陶瓷结构。

1.3.2.6　硅系阻燃剂

此处是指所有的含硅化合物。长期以来,含硅化合物被认为是一种有效的阻燃协效剂,但尤其是近期将其用于 PC 阻燃的研究使含硅化合物作为阻燃剂而备受人们关注。有关硅系阻燃剂的综述详见 Kashiwagi 和 Gilman 的著作[78]。

滑石粉是一种天然的硅酸镁盐类,作为聚烯烃的填料已有着广泛的应用。实际上,滑石粉的阻燃效果一般,但因其价格低廉而可作为价格较贵阻燃剂的部分替代品使用。对用于电子设备封装的环氧树脂,需添加高达 80% ~ 90% 的气相二氧化硅填料。因该体系仅含较少量的可燃性树脂,故再添加少量传统阻燃剂即可达到阻燃要求。二氧化硅是否有除热稀释以外的其他阻燃作用机理尚无定论。本书所讨论的主题——纳米分散黏土是一种铝硅酸盐,其阻燃作用机理将在其他章节进行讨论。

磺化二苯基砜钾复配八苯基环四硅氧烷阻燃剂已工业应用于 PC,而对 PC 而言制品的透明性是十分重要的。近来,研究发现一些支化甲基苯基硅氧烷系阻燃剂用于 PC 及 PC/ABS 合金(低含量 ABS)时十分高效[79,80]。人们认为,由于硅氧烷中存在芳环基团,使其与 PC 的相容性比聚二甲基硅氧烷更好而更易于分散。研究表明,聚合物燃烧时硅氧烷可从 PC 内部迁移至表面并很快积聚,这是由高温时硅氧烷与 PC 的黏度差与溶度差引起的。支化甲基苯基硅氧烷比线性二甲基硅氧烷具备更加优异的热稳定性和成炭性。相反,Nishihara 等[81]研究发现,在 PC 中线性聚硅氧烷比支化聚硅氧烷具备更优异的阻燃性,因前者在聚合物熔体中具有更好的流动性。

1.3.2.7 协效作用

协效作用常用于优化设计阻燃配方,然而其概念却常被人们所曲解。按照定义,"协效作用"是指在相同添加量时,由两种或两种以上组分构成体系的性能提高优于由两种组分各自单一作用时的性能提高之和。Weil 已对阻燃协效作用和一般的协效作用做了全面的综述[40,82]。

卤—锑与磷—氮阻燃协效体系是两个最为常见协效作用体系,对此前面章节已作讨论。研究表明,卤系阻燃剂也可与除 Sb_2O_3 之外的 Bi_2O_3、SnO_2、MoO_3、Fe_2O_3 及 ZnO 等其他金属氧化物产生协效作用;在一些配方中,这些金属氧化物可以部分或全部替代 Sb_2O_3 协效剂。此外,ZB 或硫酸锌也可部分替代 Sb_2O_3。有研究发现,这些金属氧化物也可发挥一定的抑烟作用。

Levchik 等[83-86]研究发现,特定配比时 APP 与无机矿物、盐类及氧化物间存在高效的协同作用。随后,Lewin 等[87-89]发现 APP 与沸石之间也存在同样高效的协效作用[90,91]。有学者曾提出过两种理论机理,分别为催化成炭(如沸石)或热氧化成炭作用(如二氧化锰),但实际上这两种机理都作用甚微。该协效体系主要的作用机理是 APP 热分解生成的聚磷酸与金属化合物之间的作用。因为只有两价与高价的金属氧化物具备上述协效性,故有理由相信是金属阳离子促进了聚磷酸的交联而提高了后者的黏度,从而形成了隔热性更佳的类炭层结构。如添加大量的金属氧化物,可形成结晶磷酸盐,这将导致形成炭层裂缝以及隔热性的降低。这同时也是该协效系统只能在特定配比时才能发挥协效作用的原因。

近年来,人们对无卤阻燃系统的关注热度在逐渐升温,同时也在致力于改善 ATH 与 MH 需极大添加量才能发挥阻燃作用的现状。有趣的是,ATH 与 MH 简单混合即可发挥协同作用[40],这可能与复合物脱水温度范围的延长有关。Cone 研究表明[77],乙烯—乙烯醋酸酯共聚物(EVA)中,MH 与 ZB 可发挥协效阻燃作用,ZB 可催化 MH 脱水。此外在凝聚相中,ZB 可促进 MgO 微粒结块形成隔热层并最终成炭。在纳米黏土和低熔玻纤改性的 EVA 中,添加 MH 与 ZB 组成的协效阻燃体系可使材料达到 UL94 V-0 级[72]。

1.3.3 阻燃剂的选择标准

通常,选用阻燃剂时应考虑以下四个条件:
(1) 阻燃剂对聚合物的阻燃效率;
(2) 阻燃聚合物的加工工艺;
(3) 阻燃剂与基体的相容性以及对基体物理性能的影响;
(4) 性价比权衡。

如前所述,由于卤系阻燃剂的气相阻燃作用十分高效且与大多数聚合物都有较好的相容性,故其比磷系阻燃剂更为通用。然而,上述其他选择标准就要求对不同的聚合物,应根据具体情况使用不同种类的卤系阻燃剂。例如,由于热稳定性较差,脂肪族卤系阻燃剂主要用于热塑性树脂或发泡 PS。与 PS 相容的阻燃剂不一定适用于 HIPS,因为较好的相容性会致其发生塑化而导致热变形温度降低。与此相反,相容性相对较差的阻燃剂(如十溴二苯醚)则十分适用于 HIPS,因其可保持HIPS 较高的热变形温度与较好的抗冲击性。尽管 ABS 与 HIPS 结构相近,但其却更为适用与 PS 相容的阻燃剂(如四溴双酚 A 或溴化环氧树脂)。这是因为 ABS的橡胶含量高于 HIPS,使用不相容添加剂将导致材料的韧性降低。

一般而言,磷系阻燃剂较适用于工程塑料,因为相比于日用品用高聚物,工程塑料可自成炭。在某些塑料中(如 PC-ABS 合金、PPO-HIPS 共混物等),含磷阻燃剂比卤系阻燃剂更为高效。这是因为卤系阻燃系统中的协效剂 Sb_2O_3 是一种路易斯酸,可破坏一些聚合物的炭层。此外,Sb_2O_3 粉体将对工程塑料的抗冲击性带来不利影响。

无机氢氧化物作为阻燃添加剂时,添加量极大。添加如此大量的填料后,仅有某些聚合物(如聚烯烃)仍能保持较好的物理性能。再者,相对较差的热稳定性(尤其是 ATH)严重限制了无机氢氧化物的应用。目前,ATH 主要应用于 PVC、不饱和聚酯、PA 背涂胶乳及聚酯地毯类材料。

1.3.4 高分散阻燃剂

学者们通常对较小粒径的阻燃剂十分感兴趣。如前所述,具备阻燃作用的气相二氧化硅已广泛应用于环氧树脂(如电子元器件封装材料)。此外,粒径为 $0.1\mu m \sim 2.0\mu m$ 的 Sb_2O_3,不仅可提高 PVC 的阻燃性,还可使其具有较好的着色性[92]。而五氧化二锑胶粒($0.03\mu m$)相对于 Sb_2O_3 有极低的折射率,因此可用于透明 PVC[93]。在透明 PC 中,通常以极少量(0.02% 左右)的亚微米级[94]卤系磺酸盐作为阻燃剂。极细的金属氧化物微粒也可用于阻燃 PC[95],但至今尚未工业化。对阻燃 PU 发泡材料,可采用分散于多元醇的大量微米与亚微米级 MA[96]。

就阻燃效率而言,长期以来人们认为亚微米级阻燃剂要高于普通阻燃剂(微米及微米以上)。实践证明,该"规律"只在某些特定条件下适用,这主要取决于阻燃剂的类型与所选用的阻燃性测试法。例如,一些磷酸酯和溴系阻燃剂可以很均匀地分散于聚合物基体,对任何固体阻燃剂而言,如此良好的分散是不可能达到的,然而前者良好的分散却并未比后者表现出更高的阻燃效率。事实上,许多种阻燃剂在与聚合物发生作用而发挥阻燃效用之前为熔融态。很明显,该类超细阻燃剂并不十分高效,同样现象在与聚合物作用之前即发生热分解甚至全部裂解的阻燃剂中可见。

大量文献表明,高分散 ATH[97,98]、MH[99] 的阻燃性能优异。通过特殊方法制备的这些氢氧化物纳米填料,其平均粒径为 100nm ~ 300nm。通常,这些纳米填料在 LOI 与 UL94 测试中表现平平,但在 Cone 测试中却表现突出。在一项使用气相二氧化硅阻燃 PMMA 的研究中[97],即使添加量相当高,LOI 值却仅稍微提高。而通常在 Cone 测试中,纳米填料(包括纳米黏土,其他章节将详细讨论)可有效降低材料的 HRR。当前,有关纳米复合材料阻燃机理的研究已取得了许多进展,一个人们普遍认同的观点是:由于纳米填料的"小尺寸效应",纳米微粒可在聚合物表面结块形成一个有效的隔热层,即类陶瓷—碳焦化层。由于 LOI 与 UL94 测试都为小型火焰,不能为纳米微粒的结块提供足够的热量,因此在小型火测试中纳米微粒很难发生结块。

人们常常忽视微米或纳米粒子的另一物理作用机理,该机理与纳米粒子对聚合物熔体流变性能的影响有关,即极少量的纳米粒子也将大大降低聚合物的熔体流动性。纳米粒子对聚合物熔体黏度的这一影响并不能有助于材料通过阻燃性能测试,但复配其他阻燃剂协效使用则是提高阻燃性能的一个有效方法。例如,添加小于 1% 的纳米填料,即可使 UL94 V-2 级的阻燃材料通过 V-1 级甚至于 V-0 级。纳米填料对材料 LOI 值的影响可能是负面的也可能是正面的。熔体流动性越好,其 LOI 值就越高,因为添加纳米填料后材料流动性将变差,相应的 LOI 值将降低。这是常见于相关文献的争论焦点之一,也是时常会导致得出错误结论的原因之一。

1.4 结论与展望

毫无疑问,大型火灾氛围中存在许多具有高毒性的化学物质,这其中包括阻燃材料的分解产物[100]。但是,如果人们有机会逃出火灾,则这些有毒物质将变得无关紧要;如果无法逃出,无论阻燃材料分解产物的相对毒性如何,他们都将成为受害者。由此看来,最为关键的是火灾中阻燃材料延迟火焰传播的性能,而非在火氛围中其分解产物的相对毒性。最近一项使用"生命周期评估模型"研究火灾中家具材料释放气体的研究表明[101],未阻燃家具材料燃烧释放产物中污染最为严重的是多芳环烃类(PAH),这是一种致癌物质。与 PAH 相比,氯化或溴化二噁英的释放对环境的污染则要小得多。许多研究证明[19],阻燃和未阻燃材料燃烧释放的烟气毒性并无多大差异,主要的差异是浓度不同。因为阻燃材料的燃烧速度很慢且易自熄,故其有毒气体释放量较少。由此看来,似乎只有通过减少火灾的发生次数或扼制其规模才是保护环境的唯一途径。

近年来,阻燃学术界最为热门的话题就是一些含卤材料引发的环境问题[102],以及为卤系阻燃剂寻找合适的替代品。在欧洲和远东地区有学者认为,燃烧时卤系阻燃剂将释放少量的二噁英或二苯并呋喃,这同时也是含卤系阻燃剂的塑料无法回收或销毁的重要原因。由于目前还缺乏卤系阻燃剂的替代品,且欧洲和日本已全面禁用卤系阻燃剂。这导致一些生产商出于对"环境问题"和成本问题的考虑,已停止使用阻燃剂。因此,生产商这种为降低成本与"响应环保法规"的做法已导致严重的火安全隐患。这使得极小的点火源即可引起未阻燃电视机的火烧不止,这已导致多人丧生。随后,欧洲颁布了有关电子电气设备废物的处理规范,规定卤系废物需进行特殊处理,这一方面推广了无卤阻燃剂的使用,但同时也可能成为对阻燃剂的全面禁令。

现在,大力发展环境友好型(无卤)与易回收的阻燃塑料势在必行。然而,这却与另一环保主题背道而驰,这就是材料的生物降解性。一般情况下,热稳定性和抗水解性优异的材料都需进行多步回收,它们在自然条件下极其稳定。因此,就阻燃剂的设计方向而言,严格区分一次性短期使用的生物降解材料与长期使用的稳定性优异的可回收材料是十分重要的。然而,无论热稳定性和抗水解性多么优异的阻燃剂,采用可控的高温分解或化学降解法都必须是可破坏的。新开发的阻燃剂应达到这些要求。

参考文献

1. Hirschler, M. Fire performance of organic polymers, thermal decomposition, and chemical composition, in: G.L. Nelson and C.A. Wilkie, Eds. *Fire and Polymers: Materials and Solutions for Hazard Prevention*. ACS Symposium Series, Vol. 797. American Chemical Society, Washington, DC, 2001, pp. 293–306.

2. Purser, D.A. Toxic product yields and hazard assessment for fully enclosed design fires. *Polym. Int.* **2000**, 49, 1232–1255.

3. Irvine, D.J.; McCluskey, J.A.; Robinson, I.M. Fire hazards and some common polymers. *Polym. Degrad. Stab.* **2000**, 67, 383–396.

4. Troitzsch, J.H. Fire gas toxicity and pollutants in fires: the role of flame retardants, in: *Flame Retardants 2000*. Interscience Communications, London, 2000, pp. 177–184.

5. Hirschler, M.M. Fire retardance, smoke toxicity and fire hazard, in: *Flame Retardants '94*. Interscience Communications, London, 1994, pp. 225–238.

6. Hirschler, M.M. Fire hazard and smoke toxicity: post-flashover fire issues or Incapacitation via Irritancy, in: *Flame Retardants 2000*. Interscience Communications, London, 2000, pp. 193–204.

7. Stevenson, G.C. Countervailing risks and benefits in the use of flame retardants, in: *Flame Retardants 2000*. Interscience Communications, London, 2000, pp. 131–145.

8. Manor-Orit, G.-P. Flame retardants and the environment. *Spec. Chem.*, **2005**, 25(7), 36(4).

9. Green, J. 25 years of flame retarding plastics, in: *Proceedings of the 7th Conference on Recent Advances in Flame Retardancy of Polymeric Materials*, Stamford, CT, 1996.

10. Nelson, G.L. The changing nature of fire retardancy in polymers, in: A.F. Grand and C.A. Wilkie, Eds., *Fire Retardancy of Polymeric Materials*. Marcel Dekker, New York, 2000, pp. 1–26.

11. Babrauskas, V.; Harris, R.H., Jr.; Gann, R.G.; Levin, B.C.; Lee, B.T.; Peacock, R.D.; Paabo, M.; Twilley, W.; Yoklavich, M.F.; Clark, H.M. *Fire Hazard Comparison of Fire-Retarded and Non-Fire-Retarded Products*. NBS Special Publication 749. National Bureau of Standards, Gaithersburg, MD, 1988.

12. Hirschler, M.M. Residential upholstered furniture in the United States and fire hazard, in: *Proceedings of the 15th Conference on Recent Advances in Flame Retardancy of Polymeric Materials*, Stamford, CT, 2004.

13. Troitzsch, J., Ed. *Plastics Flammability Handbook: Principles, Regulations, Testing, and Approval*, 3rd ed. Carl Hanser Verlag, Munich, Germany, 2004.

14. Babrauskas, V. Burning rates, in: *SFPE Handbook of Fire Protection Engineering*, 2nd ed. National Fire Protection Association, Quincy, MA, 1996, pp. 3–53.

15. Babrauskas, V. *Ignition Handbook*. Fire Science Publishers, Issaquah, WA, 2003.

16. Williams, M.K.; Nelson, G.L.; Brenner, J.R.; Weiser, E.S.; Clair, T.L. Cell surface area and foam flammability, in: *Proceedings of the 12th Conference on Recent Advances in Flame Retardancy of Polymeric Materials*, Stamford, CT, 2001.

17. Van Klevelen, D.W. Some basic aspects of flame resistance of polymeric materials. *Polymer*, **1975**, 16, 615–620.

18. Levchik, S.; Wilkie, C.A. Char formation, in: A.F. Grand and C.A. Wilkie, Eds., *Fire Retardancy of Polymeric Materials*. Marcel Dekker, New York, 2000, pp. 171–215.

19. Hirschler, M.M. Chemical aspects of thermal decomposition, in: A.F. Grand and C.A. Wilkie, Eds., *Fire Retardancy of Polymeric Materials*. Marcel Dekker, New York, 2000, pp. 27–79.

20. Wilkie, C.A.; Levchik S.V.; Levchik G.F. Is there a correlation between crosslinking and thermal stability? in: S. Al-Malaika, A. Golovoy, and C.A. Wilkie, Eds., *Specialty Polymer Additives: Principles and Application*. Blackwell Science, Oxford, England, 2001, pp. 359–374.

21. Aseeva, R.M.; Zaikov, G.E. *Combustion of Polymer Materials*. Carl Hanser Verlag, Munich, Germany, 1986, p. 149.

22. Georlette, P.; Simons, J.; Costa, L. Halogen-containing fire-retardant compounds, in: A.F. Grand and C.A. Wilkie, Eds., *Fire Retardancy of Polymeric Materials*. Marcel Dekker, New York, 2000, pp. 245–284.

23. Georlette, P. Applications of halogen flame retardants, in: A.R. Horrocks and D. Price, Eds., *Fire Retardant Materials*. Woodhead Publishing, Cambridge, England, 2001, pp. 264–292.

24. Murphy, J. Flame retardants: trends and new developments. *Plast. Add. Compound.* **2001**, Apr., pp. 16–20.

25. Stevenson, D.; Lee, V.; Stein, D.; Shah, T. Flame retardant formulations for HIPS and polyolefins using chlorinated paraffins, in: *Proceedings of the Spring FRCA Conference*, San Antonio, TX, 2002, pp. 79–90.

26. Bie, F. The crucial question in fire protection. *Eng. Plast.* **2002**, 92(2), 27–29.

27. Litzenburger, A. Criteria for, and examples of optimal choice of flame retardants. *Polym. Polym. Compos.* **2000**, 8, 581–592.

28. Finberg, I.; Bar Yaakov, Y.; Georlette, P.; Squires, G.; Geran, T. Fire retardant efficiency and properties of aliphatic bromine compounds in styrenic copolymers, in: *Proceedings of the 12th Conference on Recent Advances in Flame Retardancy of Polymeric Materials*, Stamford, CT, 2001.

29. Boryniec, S.; Przygocki, W. Polymer combustion processes, 3: Flame retardants for polymeric materials. *Prog. Rubber Plast. Technol.* **2001**, 17, 127–148.

30. Pitts, J.J.; Scott, P.H.; Powell, D.G. Thermal decomposition of antimony oxychloride and mode in flame retardancy. *J. Cell. Plast.* **1970**, 6, 35–37.

31. Starnes, W.H., Jr. Kang, Y.M.; Payne, L.B. Reductive dechlorination of a cycloaliphatic fire retardant by antimony trioxide and nylon 6,6: implications for the synergism of antimony and chlorine, in: G.L. Nelson and C.A. Wilkie, Eds., *Fire and Polymers: Materials and Solutions for Hazard Prevention*. ACS Symposium Series, Vol. 797. American Clinical Society, Washington, DC, 2001, pp. 228–239.

32. Green, J. Mechanisms for flame retardancy and smoke suppression: a review. *J. Fire Sci.* **1996**, 14, 426–442.

33. Lewin, M. Physical and chemical mechanisms of flame retarding of polymers, in: M. Le Bras, G. Camino, S. Bourbigot, and R. Delobel, Eds., *Fire Retardancy of Polymers: The Use of Intumescence*. Royal Society of Chemistry, London, 1998, pp. 3–32.

34. Pearce, E.M.;. Shalaby, S.W.; Barker, R.H. Retarding combustion of polyamides, in: M. Lewin, S.M. Atlas, and E.M. Pearce, Eds., *Flame-Retardant Polymeric Materials*, Vol. 1. Plenum Press, New York, 1975, pp. 239–290.

35. Kaspersma, J.H. FR mechanism aspects of bromine and phosphorus compounds, in: *Proceedings of the 13th Conference on Recent Advances in Flame Retardancy of Polymeric Materials*, Stamford, CT, 2002.

36. Prins, A.-M.; Doumer, C.; Kaspersma, J. Glow wire and V-2 performance of brominated flame retardants in polypropylene, in: *Flame Retardants 2000*. Interscience Communications, London, 2000, pp. 77–85.

37. Tanaka, A.; Kanai, T. Thermal decomposition behavior and flame retardancy of polycarbonate containing organic metal salts: effect of salt composition. *J. Appl. Polym. Sci.* **2004**, 94, 2131–2139.

38. Lewin, M.; Weil, E.D. Mechanisms and modes of action in flame retardancy of polymers, in: A.R. Horrocks and D. Price, Eds., *Fire Retardant Materials*. Woodhead Publishing, Cambridge, England, 2001, pp. 31–68.

39. Kandola, B.K.; Horrocks, A.R.; Price, D.; Coleman, G.V. Flame retardant treatments of cellulose and their influence on cellulose pyrolysis. *J. Macromol. Sci. Rev. Macromol. Chem. Phys.* **1996**, C36, 721–794.

40. Weil, E.D. Synergists, adjuvants and antagonists in flame retardant systems, in:

A.F. Grand and C.A. Wilkie, Eds., *Fire Retardancy of Polymeric Materials*. Marcel Dekker, New York, 1999, pp. 115–145.

41. Murashko, E.A.; Levchik, G.F.; Levchik, S.V.; Bright, D.A.; Dashevsky, S. Fire retardant action of resorcinol bis(diphenyl phosphate) in PC–ABS blend, II: Reactions in the condensed phase. *J. Appl. Polym. Sci.* **1999**, 71, 1863–1872.

42. Murashko, E.A.; Levchik, G.F.; Levchik, S.V.; Bright, D.A.; Dashevsky, S. Fire retardant action of resorcinol bis(diphenyl phosphate) in a PPO/HIPS blend. *J. Fire Sci.* **1998**, 16, 233–249.

43. Bourbigot, S.; Le Bras, M.; Duquesne, S.; Rochery, M. Recent advances for intumescent polymers. *Macromol. Mater. Eng.* **2004**, 289, 499–511.

44. Bourbigot, S.; Le Bras, M. Flame retardants, in: J. Troitzsch, Ed., *Plastics Flammability Handbook*. Carl Hanser Verlag, Munich, Germany, 2004, pp. 133–157.

45. Camino, G.; Delobel, R. Intumescence, in: A.F. Grand and C.A. Wilkie, Eds., *Fire Retardancy of Polymeric Materials*. Marcel Dekker, New York, 2000, pp. 217–243.

46. Camino, G.; Lomakin, S. Intumescent materials, in: A.R. Horrocks and D. Price, Eds., *Fire Retardant Materials*. Woodhead Publishing, Cambridge, England, 2001, pp. 318–336.

47. Babushok, V.; Tsang, W. Inhibitor rankings for alkane combustion. *Combust. Flame*, **2000**, 124, 488–506.

48. Hastie, J.W.; Bonnell, D.W. *Molecular Basis of Inhibited Combustion Systems*. NBS Research Report NBSIR 80–2169. National Bureau of Standards, Gaithersburg, MD, 1980.

49. Alfonso, G.C.; Costa, G.; Pasolini, M.; Russo, S.; Ballistreri, A.; Montaudo, G.; Puglisi, C. Flame-resistant polycaproamide by anionic polymerization of ε-caprolactam in the presence of suitable flame-retardant agents. *J. Appl. Polym. Sci.* **1986**, 31, 1373–1382.

50. Levchik, G.F.; Levchik, S.V.; Camino, G.; Weil, E.D. Fire retardant action of red phosphorus in nylon 6, in: M. Le Bras, G. Camino, S. Bourbigot, and R. Delobel, Eds., *Fire Retardancy of Polymers: The Use of Intumescence*. Royal Society of Chemistry London, 1998, pp. 304–315.

51. Ballistreri, A.; Foti, S.; Montaudo G.; Scamporino, E.; Arnesano, A.; Calgari, S. Thermal decomposition of flame retardant acrylonitrile polymers, 2: Effect of red phosphorus. *Makromol. Chem.* **1981**, 182, 1301–1306.

52. Ballistreri, A.; Montaudo, G.; Puglisi, C.; Scamporino, E.; Vitalini, D.; Calgari, S. Mechanism of flame retardant action of red phosphorus in polyacrylonitrile. *J. Polym. Sci. Polym. Chem.* **1983**, 21, 679–689.

53. Kuper, G.; Hormes, J.; Sommer, K. In situ x-ray absorption spectroscopy at the K-edge of red phosphorus in polyamide 6,6 during a thermo-oxidative degradation. *Makromol. Chem. Phys.* **1994**, 195, 1741–1753.

54. Levchik, G.F.; Vorobyova, S.A.; Gorbarenko, V.V.; Levchik, S.V.; Weil, E.D. Some mechanistic aspects of the fire retardant action of red phosphorus in aliphatic nylons. *J. Fire Sci.* **2000**, 18, 172–182.

55. Braun, U.; Schartel, B. Fire retardancy mechanisms of red phosphorus in thermoplastics, in: *Proceedings of the Additives 2003 Conference*, San Francisco, CA, 2003.

56. Ravey, M.; Keidar, I.; Weil, E.D.; Pearce, E.M. Flexible polyurethane foam, II: Fire retardation by tris(1,3-dichloro-2-propyl) phosphate, A: Examination of the vapor phase (the flame). *J. Appl. Polym. Sci.* **1998**, 68, 217–229.

57. Ravey, M.; Weil, E.D.; Keidar, I.; Pearce, E.M. Flexible polyurethane foam, II: Fire retardation by tris(1,3-dichloro-2-propyl) phosphate, B: Examination of the condensed phase (the pyrolysis zone). *J. Appl. Polym. Sci.* **1998**, 68, 231–254.

58. Weil, E.D.; Choudhary, V. Flame-retarding plastics and elastomers with melamine. *J. Fire Sci.* **1995**, 13, 104–126.

59. Weil, E.D.; Zhu, W. Some practical and theoretical aspects of melamine as a flame retardant, in: G.L. Gordon, Ed., *Fire and Polymers II: Materials and Tests for Hazard Prevention*. ACS Symposium Series, Vol. 599. American Chemical Society, Washington, DC, 1994, pp. 199–220.

60. Bann, B.; Miller, S.A. Melamine and derivatives of melamine. *Chem. Rev.* **1958**, 58, 131–172.

61. Costa, L.; Camino, G.; Luda di Cortemiglia, M.P. Mechanism of thermal degradation of fire-retardant melamine salts, in: G.L. Nelson, Ed., *Fire and Polymers: Hazard Identification and Prevention*. ACS Symposium Series, Vol. 425. American Chemical Society, Washington, DC, 1990, pp. 211–238.

62. Weil, E.D. Melamine phosphate flame retardants. *Plast. Compound.* **1994**, May–June, pp. 31–39.

63. Levchik, S.V.; Levchik, G.F.; Balabanovich, A.I.; Weil, E.D.; Klatt, M. Phosphorus oxynitride, a thermally stable fire retardant additive for polyamide 6 and polybutylene terephthalate. *Angew. Makromol. Chem.* **1999**, 264, 48–55.

64. Kaprinidis, N.; Zingg, J. Overview of flame retardant compositions UV stable flame retardant systems and antimony free flame retardant products for polyolefins: halogen-free melamine based flame retardants for polyamides, in: *Proceedings of the Spring FRCA Conference*, New Orleans, LA, 2003, pp. 168–175.

65. Levchik, S.V.; Balabanovich, A.I.; Levchik, G.F.; Costa, L. Effect of melamine and its salts on combustion and thermal decomposition of polyamide 6. *Fire Mater.* **1997**, 21, 75–83.

66. Endtner, J.M. Development of new halogen-free flame retardant engineering plastics by application of automated optical investigation methods, in: *Proceedings of the 16th Conference on Recent Advances in Flame Retardancy of Polymeric Materials*, Stamford, CT, 2005.

67. Casu, A.; Camino, G.; De Giorgi, M.; Flath, D.; Morone, V.; Zenoni, R. Fire-retardant mechanistic aspects of melamine cyanurate in polyamide copolymer. *Polym. Degrad. Stab.* **1997**, 58, 297–302.

68. Fink, U. The market situation, in: J. Troitzsch, Ed., *Plastics Flammability Handbook*. Carl Hanser Verlag, Munich, Germany, 2004, pp. 8–32.

69. Horn, W.E., Jr. Inorganic hydroxides and hydroxycarbonates: their function and use as flame retardant additives, in: A.F. Grand and C.A. Wilkie, Eds., *Fire Retardancy of Polymeric Materials*. Marcel Dekker, New York, 2000, pp. 285–352.

70. Hornsby, P.R.; Rothon, R.N. Fire retardant fillers for polymers, in: M. Le Bras, C.A. Wilkie, S. Bourbigot, S. Duquesne, and C. Jama, Eds., *Fire Retardancy of Polymers: New Applications of Mineral Fillers*. Royal Society of Chemistry, London, 2005, pp. 19–41.

71. Beyer, G. Nanocomposites: a new concept for flame retardant polymers: *Polym. News* **2001**, 26, 370–378.

72. Weil, E.D.; Lewin, M.; Rao, D. A search for an interactive flame retardant system for

ethylene–vinyl acetate, in: *Proceedings of the 15th Conference on Recent Advances in Flame Retardancy of Polymeric Materials*, Stamford, CT, 2004.

73. Levchik, G.F.; Levchik, S.V.; Selevich, A.F.; Lesnikovich, A.I. The effect of ammonium pentaborate on combustion and thermal decomposition of polyamide 6. *Vesti Akad. Nauk. Belarusi Ser. Khim. Nauk*, **1995**, 3, 34–39.

74. Shen, K.K.; Griffin, T.S. Zinc borate as a flame retardant, smoke suppressant, and afterglow suppressant in polymers, in: G.L. Nelson, Eds., *Fire and Materials: Hazards Identification and Prevention*. ACS Symposium Series, Vol. 425. American Chemical Society, Washington, DC, 1990, pp. 157–177.

75. Yang, Y.; Shi, X.; Zhao, R. Flame retardancy behavior of zinc borate. *J. Fire Sci.* **1999**, 17, 355–361.

76. Shen, K.K. Zinc borates: 30 years of successful development as multifunctional fire retardants, in: G.L. Nelson and C.A. Wilkie, Eds., *Fire and Polymers: Materials and Solutions for Hazard Prevention*. ACS Symposium Series, Vol. 797. American Chemical Society, Washington, DC, 2001 pp. 228–239.

77. Bourbigot, S.; Carpentier, F.; Le Bras, M.; Fernandez, C. Mode of action of zinc borates in flame-retardant EVA–metal hydroxide systems, in: S. Al-Malaika, A. Golovoy, and C.A. Wilkie, Eds., *Specialty Polymer Additives: Principles and Applications*. Blackwell Science, Oxford, England, 2001, pp. 271–292.

78. Kashiwagi, T.; Gilman, J.W. Silicon-based flame retardants, in: S. Al-Malaika, A. Golovoy, and C.A. Wilkie, Eds., *Specialty Polymer Additives: Principles and Applications*. Blackwell Science, Oxford, England, 2001, pp. 353–389.

79. Iji, M.; Serizawa, S. Silicone derivatives as new flame retardants for aromatic thermoplastics used in electronic devices. *Polym. Adv. Technol.* **1998**, 9, 543–600.

80. Iji, M.; Serizawa, S. New silicone flame retardant for polycarbonate and its derivatives, in: S. Al-Malaika, A. Golovoy, and C.A. Wilkie, Eds., *Specialty Polymer Additives. Principles and Applications*. Blackwell Science, Oxford, England, 2001, pp. 293–302.

81. Nishihara, H.; Suda, Y.; Sakuma, T. Halogen- and phosphorus-free flame retardant PC plastic with excellent moldability and recyclability. *J. Fire Sci.* **2003**, 21, 451–464.

82. Weil, E. Additivity, synergism and antagonism in flame retardancy, in: W.C. Kuryla and A.J. Papa, Eds., *Flame Retardancy of Polymeric Materials*, Vol. 3. Marcel Dekker, New York, 1975, pp. 185–243.

83. Levchik, S.V; Levchik, G.F.; Selevich, A.F.; Camino, G.; Costa, L. Effect of talc on nylon 6 fire retarded with ammonium polyphosphate, in: *Proceedings of the 2nd Beijing International Symposium/Exhibition on Flame Retardants*, Beijing, China, 1993, pp. 197–202.

84. Levchik, S.V.; Levchik, G.F.; Camino, G.; Costa, L. Mechanism of action of phosphorus-based flame retardants in nylon 6, II: Ammonium polyphosphate/talc. *J. Fire Sci.* **1995**, 13, 43–58.

85. Levchik, S.V.; Levchik, G.F.; Camino, G.; Costa, L.; Lesnikovich, A.I. Mechanism of action of phosphorus-based flame retardants in nylon 6, III: Ammonium polyphosphate/manganese dioxide. *Fire Mater.* **1996**, 20, 183–190.

86. Levchik, G.F.; Levchik, S.V.; Lesnikovich, A.I. Mechanisms of action in flame retardant reinforced nylon 6. *Polym. Degrad. Stab.* **1996**, 54, 361–363.

87. Endo, M.; Lewin, M. Flame retardancy of polypropylene by phosphorus-based additives, in: *Proceedings of the 4th Conference on Recent Advances in Flame Retardancy of Polymeric Materials*, Stamford, CT, 1993.

88. Lewin, M.; Endo, M. Intumescent systems for flame retarding of polypropylene, in: G.L. Nelson, Ed., *Fire and Polymers, II: Materials and Tests for Hazard Prevention*. ACS Symposium Series, Vol. 599. American Chemical Society, Washington, DC, 1995, pp. 91–108.

89. Lewin, M.; Endo, M. Catalysis of intumescent flame retardancy of polypropylene by metallic compounds. *Polym. Adv. Technol.* **2003**, 14, 3–11.

90. Bourbigot, S.; Le Bras, M. Synergy in intumescence: overview of the use of zeolites, in: M. Le Bras, G. Camino, S. Bourbigot, and R. Delobel, Eds., *Fire Retardancy of Polymers: The Use of Intumescence*. Royal Society of Chemistry, London, 1998, pp. 222–235.

91. Le Bras, M.; Bourbigot, S. Fire retarded intumescent thermoplastic formulations, synergy and synergistic agents: review, in: M. Le Bras, G. Camino, S. Bourbigot, and R. Delobel, Eds., *Fire Retardancy of Polymers: The Use of Intumescence*. Royal Society of Chemistry, London, 1998, pp. 64–75.

92. Morley, J.C. Flame retardants and smoke suppressants, in: E.J. Wickson, Ed., *Handbook of Polyvinyl Chloride Formulating*. Wiley, New York, 1993, pp. 551–577.

93. Myszak, E.A., Jr. Use of submicron inorganic flame retardants in polymeric systems, in: *Proceedings of the 4th Conference on Recent Advances in Flame Retardancy of Polymeric Materials*, Stamford, CT, 1993.

94. Innes, J.; Innes, A. Char forming flame retardants for polycarbonate, presented at the Fall Meeting of the American Fire Safety Counsel, Las Vegas, NV, 2004.

95. Pan, W.-H. (General Electric). U.S. Patent 5274017, 1993.

96. Stern, G.; Horacek, H. Nitrogen-containing compounds: a forgotten, newly reestablished group of halogen-free flame retardants, in: *Proceedings of the 3rd Conference on Recent Advances in Flame Retardancy of Polymeric Materials*, Stamford, CT, 1992.

97. Myszak, E.D., Jr.; Sobus, M.T. New generation of inorganic colloids for flame retardancy and UV stabilization of polymers, in: *Proceedings of the 7th Conference on Recent Advances in Flame Retardancy of Polymeric Materials*, Stamford, CT, 1996.

98. Okoshi, M.; Nishizawa, H. Flame retardancy of nanocomposites. *Fire Mater.* **2004**, 28, 423–429.

99. Zhang, Q.; Tian, M.; Wu, Y.; Lin, G.; Zhang, L. Effect of particle size on the properties of $Mg(OH)_2$-filled rubber composites. *J. Appl. Polym. Sci.* **2004**, 94, 2341–2346.

100. Smith, T.H.F. An overview of the toxicological aspects of flame retardant chemicals, in: *Proceedings of the 2nd Conference on Recent Advances in Flame Retardancy of Polymeric Materials*, Stamford, CT, 1991.

101. Landry, S.; Tange, L.; Blomqvist, P.; Rosell, L.; Simonson, M.; Anderson, P. Fire-LCA model: furniture including polyurethane and textile as case study, in: *Proceedings of API EXPO2004*, Las Vegas, NV, 2004, pp. 133–143.

102. Markarin, J. Flame retardants: higher performance and wider product choice. *Plast. Add. Compound.* **2003**, Nov.–Dec. pp. 32–36.

2. 聚合物纳米复合材料技术基础

E. Manias, G. Polizos, H. Nakajima, and M. J. Heidecker
Pennsylvania State University, *University Park*, *Pennsylvania*

2.1 引言

　　"纳米复合材料"一词被广泛用于描述一种范围极广的材料,这种材料至少有一个组分的尺寸为亚微米级。作者认为,对真正的纳米复合材料而言一个更好且更严格的定义应是"本质新材料"(杂化体),其中纳米级组分或结构可赋予材料本质的新性能,而该性能是非纳米复合材料和单组分材料所不具备的。定义"本质新材料"的必要条件是:纳米结构的尺寸小于材料某一物理性能的特征尺寸。例如,对导体或半导体的电子特性而言,该尺寸与电子的德布罗意波长相关(从金属的几个纳米到半导体的数百纳米);对聚合物的力学性能而言,该尺寸与聚合物链段或晶体的尺寸相关(几个纳米到数百纳米);高聚物玻璃体的热力学性能相关于其协同长度(几个纳米)。

　　本章将讨论聚合物/无机纳米复合材料,其中聚合物为典型的热塑性聚合物,无机组分为一种高长径比的纳米填料。将重点讨论适用于假二维层状无机填料(如2:1铝硅酸盐[1-9](大多数例子来源于此)及层状双氢氧化物[10])的原理,其次是假一维填料(如碳纳米管[11])。这些体系相比于单一聚合物,多项性能(力学性能、热稳定性、热力学性能,此外还有一些新性能如阻隔性、阻燃性及生物降解性)同时获得了提高。因此,纳米复合材料更宜称为"杂化体"(指多种材料性能的大幅改变),而非聚合物复合材料(习惯上仅与一种或两种主要性能获得提高有关的定义[12-14])。

　　对纳米复合材料而言,本质的新性能主要源自于邻近填料表面聚合物特性的改变,如聚合物吸附于填料表面或限制于填料片层之间,同时也主要取决于填料的有效作用面积(如完全分散时单个填料或典型填料簇的表面积)。因此,只有在填料添加量相当低且接近高长径比填料的渗流阈值(典型层状硅酸盐[15]小于3%(体积百分比),单壁碳纳米管[16]小于1%(体积百分比))时,并达到良好分散才能形成真正的纳米复合材料。但现在,除填料的分散以外,这些填料的纳米结构与超高表面积都未被充分研究与利用,这就导致由许多纳米级无机填料形成的复合材料沦为传统复合材料。

长期以来,人们认为经过适当的改性后,纳米级层状无机填料就可高效分散于聚合物基体中[1,2]。近来,该领域的研究获得了重要的进展,这主要源自于开创这类材料复兴的两个主要发现:① Unitika 与 Toyota 的研究人员发现[17,18],少量的无机填料即可使尼龙 6/MMT 纳米复合材料的热性能和力学性能同时获得显著提高;② Giannelis 等[19]发现,聚合物与未经有机改性的黏土可进行熔融共混。自那以后,工业应用的高度期望激发了研究的热潮,这些研究表明[10,20-23]多种良好分散的纳米级层状无机填料可显著提高聚合物的多项性能。实际上,这些性能提高源自于纳米结构,且通常是适用于大多数聚合物的[6,10]。

与此相反,碳纳米管是最近才被人们发现的,第一个发现它的是 Lijima[24],此后碳纳米管就成为了研究热点。这种假一维结构的碳具有优异的物理性能(如结构可调的电性能、超高热导率)及无与伦比的力学性能(如刚度、强度及弹性)。这些优异的特性,再加上近来多层及单层碳纳米管的产量逐年增高,都将给超高性能碳纳米管增强纳米复合材料的发展带来巨大的机遇[11]。

在此需要提及的是,本章的初衷不是给读者提供聚合物纳米复合材料研究领域的详尽综述,对此感兴趣的读者可参阅大量的相关专著[1-5]、许多相关研讨会与会议录的合集以及最新的评论文章[6-8,10,11]。本章只是对下述章节将要讨论的材料的基本原理做简要的概述。

2.2 聚合物纳米复合材料原理

2.2.1 纳米填料分散性的热力学分析

类似于聚合物复合材料,聚合物与纳米填料的共混热力学可通过熵与焓的平衡来研究,后者决定了经过或未经改性的填料是否可均匀地分散于聚合物基材[25-27]。尤其是对纳米粒子而言,体系必须为共混热力学有利条件,因为这些超细粒子间存在超强的吸引力而极易在溶液或聚合物中发生团聚(式(2.3)),此时单单的机械共混方法已很难奏效。此外,过大的比表面积也易导致熵减而引起吸附、物理附着或大分子夹层,此时纳米填料的分散需有足够的有利焓作用以克服熵减。

例如,根据 van Oss-Chaudhury-Good(OCG)表面张力理论[28],两个无机填料片层(如层状硅酸盐(s))被一个有机片层(如烷基表面活性剂片层(a)或插层聚合物片层)分开时,这些片层将被界面黏结能(式(2.1))黏合在一起。

$$\Delta F_{sas} = -2\gamma_{sa} = -2\left(\sqrt{\gamma_s^{LW}} - \sqrt{\gamma_a^{LW}}\right)^2 - 4\left(\sqrt{\gamma_s^+} - \sqrt{\gamma_a^+}\right)\left(\sqrt{\gamma_s^-} - \sqrt{\gamma_a^-}\right) \quad (2.1)$$

假设非极性(Lifschitz-van der Waals(LW))和极性(电子供体—受体或 Lewis 酸—碱(AB))的相互作用为可加和项[28],由标准几何加和法则得

$$\gamma_{ij} = \gamma_{ij}^{LW} + \gamma_{ij}^{AB} \quad \text{with} \begin{cases} \gamma_{ij}^{LW} \approx (\sqrt{\gamma_i^{LW}} - \sqrt{\gamma_j^{LW}})^2 \\ \gamma_{ij}^{AB} \approx 2(\sqrt{\gamma_i^+} - \sqrt{\gamma_j^+})(\sqrt{\gamma_i^-} - \sqrt{\gamma_j^-}) \end{cases} \tag{2.2}$$

下标 i 和 j 分别对应体系中的不同组分(层状硅酸盐(s),烷基表面活性剂片层(a),聚合物片层(p)),上标 LW 和 AB 指作用方式(非极性(LW)、极性(AB))。设 $\gamma_i^{LW} = A_i/24\pi l_0^2$ ($l_0 = 1.58\ \text{Å}$①),则上述关系可由 Hamaker 常量公式表示。如对烷基表面活性剂改性的 2:1 铝硅酸盐而言,式(2.1)中的黏结能可对应平行片层间的界面黏结力 P(参数如图 2.1 所示):

$$P = \frac{A}{6\pi d^3} = \frac{-12\pi l_0^2 \Delta F_{\text{sas}}'}{6\pi d^3} \tag{2.3}$$

材 料	γ^{LW}	γ^+	γ^-
水[29]	21.8	25.5	25.5
MMT[26]	66	0.7	36
烷烃[29] (C_{12}-C_{18})	26	0	0
PP[29]	26	0	0
PE[29]	33	0	0
PS[29]	42	0	1.1
PMMA[29]	40.6	0	12
CNT*[30]	18.4	12	12
PET[31]	43.5	0.01	6.8
PA66[29]	36.4	0.02	21.6

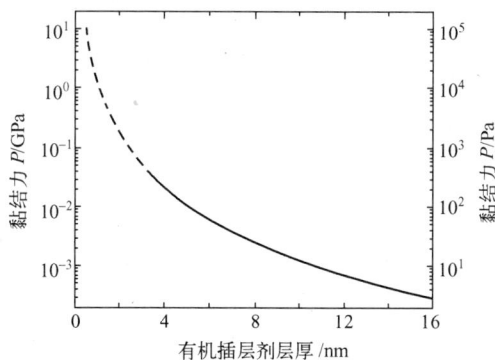

图 2.1 上表表示:本文所涉及材料的表面张力值 γ(mJ/m²)(*$\gamma^{AB} \approx 24$mJ/m² 时,设 $\gamma^+/\gamma^- = 1$)。本图表示:根据式(2.3),对被一个非极性表面活性剂片层(如烯烃类)分开的两个 MMT 片层,界面黏结力随插层剂片层厚度的变化。当片层厚度很小时(<2.5nm～3nm),式(2.3)是不成立的;此时,界面黏结力具有不连续的稳定极大值(远大于虚线值),这相应于单体片层的整数[32]

---

① 1Å = 0.1nm。

式中:d 指有机插层剂的片层厚度。鉴于典型烷基类有机表面活性剂(丁基 ~ 双十八烷基季铵盐)的层厚为 0.5nm ~ 1nm,相应的连续硅酸盐片层间的黏结力至少为 10^4bar ~ 10^5bar[①][32](图 2.1)。因此,有利焓作用对纳米填料的均匀分散和纳米体系的成型是至关重要的。

对聚合物/有机改性层状硅酸盐纳米复合材料,Vaia 等提出了一个计算熵作用与焓作用对共混自由能[25]影响的简便方法,并使用该法预测了 PS/烷基铵改性硅酸盐(蒙脱土和含氟锂蒙脱石)[26]复合体系的可混性。根据该计算模型,熵作用为不利作用且相当小;特别地,当黏土片层间距达 0.7nm 且良好分散时,由表面活性剂引起的构象自由度的增加可补偿由聚合物受限所导致的构象熵减,当层间距更大时熵的不利作用将更小(见文献[25]图 4)。因此,单个单体的有利焓作用可促进纳米填料在聚合物中的均匀分散,从而促成纳米复合材料。这些有利焓作用是一种额外焓,类似于 Flory -Huggins 理论中的 χ 参数。对聚合物与有机改性层状硅酸盐形成纳米复合材料而言,单位面积的额外焓作用可通过公式 $\Delta H \sim \varepsilon_{\mathrm{ps}} + \varepsilon_{\mathrm{pa}} - (\varepsilon_{\mathrm{aa}} + \varepsilon_{\mathrm{as}})$ 估算[25],其中 ε_{ij} 为测得组分 i 与 j 之间的相互作用力(该值可通过原子间相互作用参数、黏合能密度、溶度参数或界面张力(Hamaker 常量)公式进行计算[29,32])。对大多数聚合物与表面活性剂而言,都符合 $\varepsilon_{\mathrm{pa}} - \varepsilon_{\mathrm{aa}} \ll \varepsilon_{\mathrm{ps}} - \varepsilon_{\mathrm{as}}$;故初步估算聚合物/有机改性无机填料纳米复合材料,当聚合物—无机填料间的相互作用大于表面活性剂—无机填料间的相互作用时,体系存在共混有利焓作用。

据前所述,填料粒子的分散将导致共混过程中形成不利作用能,对应于界面张力差($\gamma_{\mathrm{as}} - \gamma_{\mathrm{ps}}$)的增大。对非极性($\gamma_{\mathrm{a}}^{\pm} \approx 0$)烷基类表面活性剂(例如十二 ~ 十九烷基类季铵盐[29],$\gamma_{\mathrm{a}}^{\mathrm{LW}} \approx 26\mathrm{mJ/m}^2$)改性典型层状硅酸盐(如 MMT[26],$\gamma_{\mathrm{s}}^{\mathrm{LW}} \approx 66\mathrm{mJ/m}^2$,$\gamma_{\mathrm{s}}^{+} \approx 0.7\mathrm{mJ/m}^2$,$\gamma_{\mathrm{s}}^{-} \approx 36\mathrm{mJ/m}^2$)体系而言,可通过式(2.4)估算其与任意一种聚合物的可混性(额外焓):

$$\gamma_{\mathrm{excess}}^{\mathrm{total}} = (\sqrt{\gamma_{\mathrm{p}}^{\mathrm{LW}}} - \sqrt{66})^2 + 2(\sqrt{\gamma_{\mathrm{p}}^{+}} - \sqrt{0.7})(\sqrt{\gamma_{\mathrm{p}}^{-}} - \sqrt{36}) - 9.1\mathrm{mJ/m}^2 < 0 \quad (2.4)$$

式(2.4)可适用于除全氟化聚合物和大部分聚烯烃(如 PP、聚异丁烯等)外的大多数聚合物(见文献[29]表 XIII -5)。研究表明,对符合 $26\mathrm{mJ/m}^2 < \gamma_{\mathrm{p}}^{\mathrm{LW}} < 125\mathrm{mJ/m}^2$ 的所有非极性聚合物($\gamma_{\mathrm{p}}^{\pm} \approx 0$),以及符合 $\gamma_{\mathrm{ps}}^{\mathrm{LW}} \approx 26\mathrm{mJ/m}^2$、$\gamma_{\mathrm{ps}}^{\mathrm{AB}} < 0$ 的极性聚合物(如文献[26],$\gamma_{\mathrm{p}}^{+} > 0.7\mathrm{mJ/m}^2$,$\gamma_{\mathrm{p}}^{-} < 36\mathrm{mJ/m}^2$ 或 $\gamma_{\mathrm{p}}^{+} < 0.7\mathrm{mJ/m}^2$,$\gamma_{\mathrm{p}}^{-} > 36\mathrm{mJ/m}^2$),可混性也可获得提高。因此对大多数聚合物而言,常用的烷基阳离子表面活性剂已可为聚合物/MMT 复合体系提供足够的额外焓作用以促成纳米复合材料的成型。

另一个方法中[27],一种较长链的大分子表面活性剂可使片层间距达 5nm ~

---

① 1bar = 0.1MPa。

10nm,此时片层间的黏结力缩小了近1000倍,从而体系成型所需的有利熵作用随即大大降低。该理论预测已被有关PP体系的研究所验证[33],该体系无额外熵作用($\gamma_{PP}^{LW} = 26\text{mJ/m}^2 \approx \gamma_a^{LW}$,$\gamma^{\pm} = 0$,由式(2.4)所得$\gamma_{excess}^{total} \approx 0$);这表明,对短链表面活性剂而言,PP片层间的物理吸附所导致的熵减将阻碍其自发可混,而长链表面活性剂所提供的熵增可有效地提高体系的可混性[27]。由此,可得以下三个结论。

(1) 诚然,单体的自由能大小无法计算,但体系或单位体积的自由能是可以计得的。因此,所忽略的几个重要参数[26](如聚合物和表面活性剂的单体体积、填料的表面活性剂接枝率——对硅酸盐而言,该值与其阳离子交换容量(CEC)成比例)必须计算在内。当聚合物和表面活性剂与填料表面都有足够的接触面积时,上述结论(式(2.4))是可用的;例如,以2:1铝硅酸盐为例,其阳离子交换容量为$0.65\text{meq/g} < \text{CEC} < 1.7\text{meq/g}$(或等价于表面活性剂单体单位面积的接枝密度),此时仅能得到估计值。有关这方面的详尽研究见文献[26]。

(2) 对PP/烷基类表面活性剂改性硅酸盐复合材料而言,该体系无额外熵作用(由式(2.4)[29],$\gamma_{PP}^{LW} = 25.7\text{mJ/m}^2 \approx \gamma_a^{LW}$,$\gamma_{PP}^{\pm} \approx 0$,故$\gamma_{excess}^{total} \approx 0$);这意味着此时不利熵作用虽小,但将阻碍体系的自发可混。

(3) 如不考虑熵作用,结合上述估计值和假设可得,单位面积聚合物和硅酸盐的界面黏合能为[28]

$$\Delta F_{ps}^{total} = \Delta F_{ps}^{LW} + \Delta F_{ps}^{AB} = (\gamma_{ps}^{LW} - \gamma_p^{LW} - \gamma_s^{LW}) + (\gamma_{ps}^{AB} - \gamma_p^{AB} - \gamma_s^{AB}) \qquad (2.5)$$

代入式(2.2)中的γ_{ps}^{LW}与γ_{ps}^{AB},可得

$$\Delta F_{ps}^{total} = -2\sqrt{\gamma_p^{LW}\gamma_s^{LW}} - 2(\sqrt{\gamma_p^+\gamma_s^-} + \sqrt{\gamma_p^-\gamma_s^+}) \qquad (2.6)$$

对严格意义上的非极性聚合物,可得

$$\Delta F_{ps}^{total} = -2\sqrt{\gamma_p^{LW}\gamma_s^{LW}}$$

2.2.2 纳米复合材料的制备方法

对传统的复合材料而言,填料必须均匀且热力学稳定地分散于基体中,才能赋予复合体系高性能。因此,两个亟待解决的问题是:① 填料团聚体的解聚(因粒子间的超强作用力[32],数十、数百甚至数以百万计的填料粒子通常团聚为填料簇);② 加强聚合物与填料间的物理耦合作用力,以使聚合物与填料间的界面作用力足够强。对聚合物纳米复合材料,不仅这些问题的解决是至关重要的,根据纳米填料的不同,纳米体系的成型还存在着一些新的难题亟待攻克。例如,二维纳米填料间纳米级限制对聚合物所导致的熵效应(详见2.2.1小节);一维纳米填料团聚体的解聚,如碳纳米管束或绳;纳米填料极为快速(相比于胶状微米级填料)的二次团聚。

如2.2.1小节针对热力学问题所作的讨论,我们将尝试以聚合物/层状无机填

料纳米复合体系为例,通过对纳米体系常用的成型制备方法的详细研究,以阐释现今面临的一些难题。本章虽大多以层状硅酸盐填料为例,但结论可适用于大多数纳米填料,也可将其作为研究其他纳米填料复合体系成型方法的借鉴。

2.2.2.1 溶液辅助分散与强力熔融加工法

大多数情况下,对不具备纳米体系成型所需有利热力学条件的聚合物/无机填料体系而言,通过溶剂浇铸法、超声分散法或高剪切速率/高温加工方法,体系仅能形成"分散抑制型"结构(甚至剥离)。该"分散抑制型"体系易得①,但其通常为热力学不稳定的且极难进行二次加工。例如,图2.2为PP与OMMT(有机改性蒙脱土)于三氯苯溶液中通过共悬浮法制得的PP/OMMT共沉淀复合物的XRD图谱(通过强力熔融加工法也可得到相同结构,例如高剪切速率挤出法[34-37]或动态注塑模塑[38])。

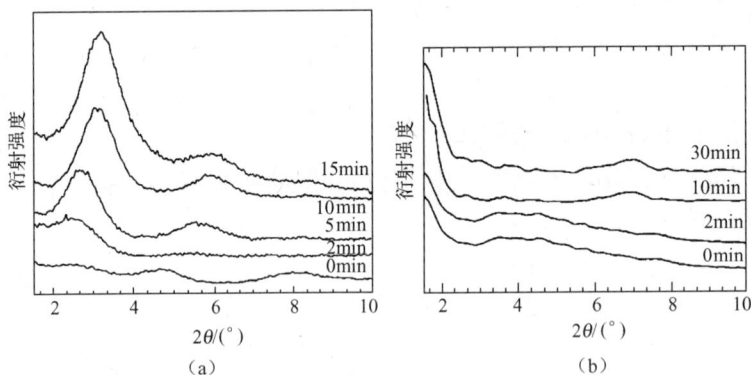

图2.2 纳米复合材料结构稳定性的动态变化:(a)PP/2C18-MMT体系;(b)PP-g-MA/2C18-MMT "分散抑制型"体系。XRD测试所用样品为模压法制得。分析可得,PP/2C18-MMT体系迅速崩陷为插层型不可混结构;而对PP-g-MA/2C18-MMT而言,即使施加持续时间很长的高温,该"分散抑制型"结构也未发生改变。这表明,MA基团与无机填料片层间存在足够强的作用力,可有效防止聚合物片层从无机填料片层中间滑移出去[49]

然而,对这些复合物进行二次加工(如模压成型(180℃、15t))时,聚合物熔体和"分散抑制型"结构将趋于松弛为热力学有利态。如果OMMT为热力学不利态分散,高温加工时结构将崩陷为低d-层间距平行叠层(如PP/2C18-MMT体系,如图2.2(a)所示),导致形成传统的"非纳米"复合材料。然而,当加工时聚合物/OMMT体系存在共混有利自由能时,则剥离型填料结构就不会被破坏(如PP-g-MA/2C18-MMT体系,如图2.2(b)所示)。特别地,只有当聚合物与蒙脱土片层间

---

① 对层状无机填料而言,只有侧向尺寸相对较小的填料才较易通过强力熔融加工法得到该结构,因为这类填料粒子间存在极强的黏结力(单位面积)。

存在强相互作用时(如聚合物与硅酸盐片层间形成氢键时,如 PVA[39]、PU[40,41]、PA6[42-44]),通过该法才可制得稳定分散的纳米体系。令人吃惊的是,PP 基体中仅0.5%(物质的量百分比)的 MA 即可达到相同效果。正如所预期的,机械剪切作用可大大降低体系的结构松弛时间,而经 8min 熔融共混(180℃挤出)后图 2.2(b)的结构仍保持良好(图 2.2(b));相反,图 2.2(a)结构在经过 1min ~ 3min(180℃挤出)的熔融共混后,则崩陷为不可混或插层的叠层结构,XRD 峰更为宽泛,d - 层间距由 1.8nm 扩大到了 2.7nm(图 2.2(a))。同样条件下,若以超声波辅助分散法代替强力熔融加工法,将观察到同样的现象,即当存在共混有利作用时,良好分散的结构可得以保持(如 PS/咪唑锜盐-MMT 体系[45])。一般地,对于制备聚合物/CNT 纳米复合材料而言,超声波辅助分散法的应用是十分成功的,因为该法可高效地将纳米管束"解束"溶于溶剂并分散于聚合物基体。尽管超声波可能导致 CNT 的结构被破坏,但该法仍是十分常用的制备方法。

该法与"溶胀剂法"在本质上有着相似之处,例如 Wolf 等[46]的研究。"溶胀剂法",系将有机溶胀剂(如乙二醇、石脑油、正庚烷(沸点均低于聚合物的加工或挤出温度))插入烷基铵盐改性 MMT 片层间,然后将该溶胀有机改性 MMT 与 PP 的混合物在双螺杆挤出机(温度为 250℃)中熔融加工。在此温度下溶胀剂将挥发,从而可制得无 XRD 特征峰的纳米复合材料。理论上,该法类似于溶液插层法,后者的共混介质是溶剂,而溶剂挥发后即可形成部分剥离型纳米结构。对于不能使用接枝表面活性剂进行表面改性的填料(如石墨)而言,"溶胀剂法"应是制备良好分散纳米体系最为高效的方法。

在上述情况下,如聚合物未发生交联或存在有利热力学条件以保持良好分散结构(通过溶剂法、机械剪切/振动法、溶胀剂法等),则在进一步加工时填料极易发生二次团聚,导致所形成的纳米结构带来的高性能尽失。

2.2.2.2 静态熔融插层法

该法分为两步:第一步为将有机改性填料与聚合物机械共混;第二步为对所得复合物进行高于聚合物熔点的高温处理[19]。研究表明[26],该法是测定各个热力学因素对纳米体系成型的影响以及制备适于基础研究的特定体系的最佳方法。然而,由于该法为静态加工条件(无外部剪切作用力)而无法为填料的分散提供机械作用力,故插层—剥离结构成型极慢[47,48],导致该法效率极低,因此工业化应用严重受限。

关于该法,仅举 PP/OMMT 纳米体系一例,以阐释测试共混热力学的方法[33,49]。对 PP 复合体系而言,最重要的是使 PP-MMT 间作用力大于表面活性剂-MMT 间作用力。如前所述,对 PP/烷基表面活性剂改性 MMT 体系而言,体系不存在利于共混的额外熔作用($\gamma_{excess}^{total} \approx 0$),换句话说就是 PP-MMT 之间的作用力等于表面活性剂-MMT 间的作用力。与上述热力学参数一致的是,微量(0.5% ~ 1%(物质的量百分比))的无规极化或可极化($\gamma^{AB} \neq 0$)官能团(如甲基苯乙烯、羟基、马来酸酐)都可提高静态熔融插层时 PP/OMMT 体系的可混性[49]。此外,添加少量(1% ~5%(物质的量百分比))的 PMMA,也可有效提高体系的可混性(此时,$\gamma_{PMMA}^{AB} = 0, \gamma_{PMMA}^{LW} \approx 40 > \gamma_a^{LW} \approx 26 mJ/m^2$)。这是因为引入 PMMA 的有利热力学条件可抵消阻碍 PP 插层的熵阻。即使在极端情况下,即上述可混性短链"短至"单个基团,只要该基团仍与填料片层具有足够强的作用力(如铵基基团[33]),该体系仍是可混的[33]。另一方面,如若 PP 未经改性,则应选用与填料间作用力较弱于与PP 间作用力的表面活性剂(如 $\gamma^{AB} = 0, \gamma^{LW} < \gamma^{PP} \approx 26 mJ/m^2$);如全氟化或半氟化烷基类表面活性剂($\gamma_{FE}^{LW} \approx 18 mJ/m^2$)。该理论已经得到了实验验证[49]。

2.2.2.3 熔融加工法

熔融加工法是一种十分常用的复合材料加工方法[6,8,16],该法将聚合物与填料(通常为有机改性填料)通过传统的聚合物加工方法进行共混,较为常用的有挤出法、混炼法及较为少见的注塑模塑法。该法与静态熔融插层法引入共混有利热力学条件的原理,都是通过对聚合物进行功能化改性或选用合适的填料表面活性剂。除所有热力学作用以外,机械剪切作用也可促进填料在聚合物基体中的进一步分散,并大大加快填料的分散;对聚合物与黏土片层间存在极强作用力的体系而言,后者作用尤为重要,因为该体系在静态熔融插层的条件下通常是不可混的[48]。大多数情况下,聚合物/纳米复合材料的生产商们极不情愿将纳米填料(超细粉体)的添加直接纳入到他们现行的加工工艺中,而较青睐于浓缩法或母粒法等二步法。母粒法是首先制备相当高填料量(约25%)的聚合物基纳米填料母粒,后者是可以像普通聚合物树脂一样加工的;而后,将所得母粒与单一聚合物进行共混,以"稀释"(如降低)制得一定填料量的聚合物纳米复合材料。

2.2.2.4 母粒法

将纳米粒子的添加直接纳入加工工艺,除了受限于工业应用以外,使用浓缩法或母粒法等二步法在某些情况下是十分科学合理的。例如,第一批制备 PP/OM-MT 纳米体系的研究中[34-37,46,50],首先将 MA 或羟基改性 PP 低聚物与十八烷基铵盐改性 MMT 进行共混制备高填料量的 OMMT 母粒,而后通常辅以挤出机或混炼机的强剪切作用与单一 PP 进行熔融共混制得纳米复合材料。通过该法,OMMT首先分散于 PP-g-MA 中,得到热力学有利条件;而后,PP 与 PP-g-MA 基 OMMT 母粒在有利熵作用下,通过强力挤出制得纳米复合材料(参考可混聚合物复合材料形态学)。乍一看来,该法与前面的"强力法"有几分相似,但母粒法引入了有利共混的热力学条件,这不仅可促进更为高效的分散,还提高了良好分散纳米复合材料的结构稳定性。然而,纳米体系的结构和性能仍主要由加工条件决定,以 PP 纳米体系为例,该体系表现为一般分散时的性能提升[34,36,37,46,50]与良好分散时的高性能[35]。显而易见,极少量 MA 改性 PP 不能促进纳米体系的成型[36],而过多 MA 则将导致 OMMT 母粒与单一 PP 的相容性较差而难以共混[34,37]。此外,PP-g-MA 对

PP 的结晶性的影响较大,将导致力学性能严重下降,尤其是当 PP-g-MA 的分子量或全同立构规整度比 PP 基体低时,或支化度高于 PP 基体时。由此看来,根据用途研制不同基体的功能母粒(各种特性的功能化聚合物基体:例如,不同分子量 PP-g-MA 的 PP 基母粒,各种微观结构(HDPE、LDPE、LLDPE 等)的 PE 基母粒)势在必行,这取决于聚合物基体的特性。

2.2.2.5　原位聚合法

1993 年,Toyota 的研究人员通过原位聚合法将 PA6 聚合并接枝于 MMT 片层表面,成功制备了 PA6/OMMT 纳米复合材料[17,18],该研究被誉为聚合物/层状硅酸盐纳米复合材料研究领域的奠基石之一以及最为重要的开创性研究。此后,原位聚合法通常被用于将多种聚合物单体与无机填料制备聚合物/无机纳米复合材料,有将和未将聚合物接枝于填料表面的,也有通过不同聚合反应方式的,以及多种多样的聚合物与无机填料(详见参考文献[8])。大多情况下,原位聚合法制得的复合体系为“分散抑制型”的(参见前述“溶液法”)。一般而言,因为原位聚合法需要聚合物单体在反应前就已充分将无机填料预分散其中,故所得结构为热力学有利态,再加工(例如模压或注塑模塑法)时仍可保持良好的填料分散态。然而,如果再加工时添加的单一聚合物过多(参见原位聚合法制得复合材料用作母粒的试验),复合体系的剥离度将有所降低,分散程度将受到影响。例如,通过 PA6 与 PA6/MMT 纳米复合母粒[17]制备 PA6/MMT 复合体系,或以聚 ε - 己内酯为原料使用原位聚合法制备聚 ε - 己内酯/MMT 复合体系[51,52]的研究表明,原母粒的剥离型结构已大多被破坏。特别地,添加均聚物后该良好分散的剥离型结构将转化为插层型,此时聚合物双分子层(层厚约为两个单体的厚度)插入于无机填料的平行片层之间。

2.2.2.6　其他填料纳米复合材料的制备

上述理论与方法也可扩展用于其他高长径比的纳米填料,但具体情况则视填料的特性而异。上述理论大部分是可适用于其他二维或假二维层状填料的(如层状双氢氧化物(LDH)[10]或石墨),但具体应用时应考虑到该填料与层状硅铝酸盐不同;例如,应使用阴离子表面活性剂对 LDH 进行改性,石墨则不能以表面接枝改性而只能使用插层溶胀剂改性(参见母粒法或溶液法)。

然而对一维纳米填料体系而言,不同成型方法的纳米体系差异较大。例如,制备聚合物/碳纳米管(CNT)复合体系可使用前述的各种方法,但效力与各法的重要性则与制备聚合物/层状无机填料纳米复合材料时十分不同。这是因为,CNT 的分散不仅受到其单体间超强引力的影响,而且该引力极易使其团聚成纳米管束或绳。实际上,团聚现象在 CNT(尤其是单层 CNT)的合成过程中是经常发生的,要将其分散于聚合物基体就需先对其进行“解束”处理。但同时,CNT 表面活性剂的活性键可能通过多重化学作用[53,54]导致碳纳米管优异物理性能的大幅降低

(SWCNT 较 MWCNT 更为严重),特别是其热导与电导系数,及其刚度与强度①。

综上所述,并结合前面对聚合物/层状无机填料复合体系的研究讨论,易知依赖于热力学有利条件(如熔融共混法)或强力机械共混的纳米体系制备方法应用极为有限,相对而言溶液共混法和原位聚合法则更为高效[11,56]。实际上,制备聚合物/CNT 复合材料最常用的方法是:首先,在溶剂中对 CNT 团聚体"解束"(常辅以超声分散、抗物理吸附表面活性剂及离心分散);而后,使用溶液辅助分散法将其分散于聚合物基体。溶液辅助分散法可使 CNT 在溶剂挥发后仍保持其良好的分散态[57,58]。据研究,除表面改性法和两步溶液辅助分散法之外,聚合物/CNT 纳米体系的成型还可使用一步溶液加工法(类似于制备聚合物/硅酸盐体系,该法是将聚合物与 CNT 共同溶解于同一种溶剂中),可用的共溶剂有 PVA[59] 及 PS[16]。同样地(如使用"溶剂"对 CNT 团聚体进行"解束"),原位聚合法也被证明是制备良好分散纳米体系的一种高效方法;该法的一个典型例子就是使用溶液辅助分散的 CNT 与 PMMA 进行原位聚合,可制得高分子量且具有极佳纳米形态的纳米复合材料[60-62]。

总地说来,不同于聚合物/层状硅酸盐纳米体系,熔融共混法不适用于聚合物/CNT 纳米体系的成型。这是因为,熔融共混法依赖的是机械剪切作用力与热力学有利条件对 CNT 团聚体进行"解束",再将其进一步分散于聚合物基体中。因为这两种作用对聚合物与 CNT 而言都是无效的,故通过该法制得的复合体系中通常会存在大量的 CNT 团聚体而且性能较差(如通过熔融共混法制得的 HDPE、PP、PA6/ABS-CNT 复合体系[63-65])。对聚合物/CNT 纳米体系而言,直接熔融共混法对 CNT 的分散固有低效,因此该法也极难用于制备具有价格优势且 CNT 分散良好的聚合物/CNT 纳米复合母粒。

2.2.3　分散特征:测定分散性的通用技术及其局限性

由于良好的易用性与实用性,简便的 Bragg 反射粉末 X 射线衍射法(XRD)通常用于探究纳米体系的结构,尤其是对聚合物/层状无机填料体系而言,其基础反射 d_{001} 即可直接用于表征片层间距。然而,XRD 法仅可测定有序片层间的距离,而无法对无序(束状或层间非平行材料)或剥离型层状体系进行测试,甚至有时 d-层间距较大(大于 50nm)的材料也不能进行粉末 XRD 表征。一般而言,中等横向尺寸(1μm 左右,如天然黏土片层)的无机片层,即使为共混热力学有利条件,其也是剥离型、插层型及无序层状结构的共存体系。因此,XRD 将"隐藏"该无序体系的大量结构信息,其插层特征峰将不能表征体系的剥离度。这种情况下,决定纳米体系性能的主要结构特征将不能通过 XRD 进行表征,因此如单以 XRD 作为对纳米

---

① 此处并不是说各种纳米体系分别因其性能衰减的不同而产生的特征性。例如,当功能化改性 CNT 在聚合物间良好分散且/或产生共价键合时,纳米体系力学性能的提高则是十分显著的[55]。

体系结构或填料分散态进行表征的唯一工具将是很难得出正确的结论的。尽管在小 2θ 角区域,XRD 法可进行定量分析[66],再加上精心的制样及使用参比样,可得到大量的有关纳米体系结构的信息[66],但仅此却不足以表征纳米体系的结构。此外,当聚合物/层状硅酸盐体系的填料不是二维结构时(不存在可供测量的基础层间距,例如 CNT 以及球形或椭圆形的纳米粒子),XRD 对研究纳米体系结构或分散情况是毫无价值可言的。

现在,小角度 X 射线散射法(SAXS)应是表征纳米复合体系结构的信息量最大且应用范围最广的方法之一。当前,该法面临的最大难题是怎样将由所测 k 值得到的信息转化为可表征体系结构与形态的参数。例如,对聚合物/层状无机填料体系而言,学者们已提出简单的[67]与较为真实的[68]应用于有机基体的圆散射模型,这些模型可将散射数据转化为结构参数。较为简单的方法中[67],通过对散射数据的简单分析,可得对复合结构定量分析有价值的结构信息。如要对体系的结构进行更全面的表征,则需更加精心的设计与进行散射学研究以及更为全面的数据分析[68]。虽然学者们已针对特定结构建立了模型,并已提出了初步的实验与分析方法(例如层状无机纳米粒子[68]),但若要使 SAXS 法成为通用且广泛应用的纳米体系形态学研究表征方法,就需先补充完善其在纳米体系中的研究应用实例。

在纳米结构研究领域,透射电子显微镜(TEM)最简单的明视场模式有着十分广泛的应用,它是可直接观测纳米体系结构的有效方法。这是因为在聚合物未着色时,电子对聚合物基体和大多数填料(无机粒子、碳纳米管或石墨中的碳以及大多数氧化物)的透射存在足够的对比性差异。特殊情况下,通过高分辨率 TEM[69]甚至可得到无机填料晶体结构的定性照片,也可结合点电子衍射法对特定聚合物或填料区域内的晶体结构进行鉴定。尽管在对纳米体系进行结构表征时,TEM 法不存在与 XRD 法同样的缺陷(样品必须为平行层状结构),可直接对纳米填料进行观测,但该法仍存在其他局限性。首先,TEM 法很难获得与纳米体系形态有关的任何特征参数的定量信息,而只能通过对大量单独的 TEM 照片进行筛选与比较,再进行特征性统计才能获得体系的典型结构。其次,根本而言 TEM 是一种投射法,故很难鉴定大表面积填料的特征结构;例如,几乎所有已发表的著作中有关聚合物/层状硅酸盐纳米体系的 TEM 照片都会单独附上硅酸盐片层的照片,这是因为在投影时平行或倾斜于样品表面的硅酸盐片层极易导致在 TEM 照片中产生延伸暗域。尽管存在着一些局限性,但我们认为至少 TEM 法所提供的信息可与 XRD 法或其他形态学研究法良好的互补。即使单单采用 TEM 法,也可对复合体系的层级结构作不同长度级的定性分析。特别地,当体系结构无 XRD 特征性时,TEM 法所提供的结构信息是至关重要的,如无基础反射的聚合物/层状纳米填料体系(通常误认为剥离型结构)、聚合物/CNT 体系以及聚合物/纳米粒子体系。

最后,材料的微观形态信息也可间接地通过与其相关的宏观性能获得。本书中涉及该方法的两个例子是:流变法与锥形量热仪法。这两种方法都可精确探测聚合物基体中的良好分散纳米填料以及填料是否为纳米级分散,并可将其与同样基体的传统复合材料区分。对此将不深入讨论,有兴趣的读者可参考后续章节对锥形量热仪法的讨论,以及流变法的一些代表性研究[7,16,70]。

当须提供表征纳米复合材料形貌的完整参数时,人们就会发现前述测定技术的局限性。因为即使表征聚合物/层状硅酸盐的形貌,也需要很多特性参数(图2.3)。即使在这种情况下,实际上通过 XRD 法可得的,仅为基础层间距的分布(平行片层间的距离);此外,通过仿真模型与分析[68],SAXS 法[67]可得到一些额外的参数(如每个叠层的平均片层数以及片层的"投影"横向尺寸),对于其他重要参数仅可得到其估算值(图2.3)。在大多数情况下,可通过 TEM 法得到纳米体系的典型结构信息(除 XRD 或 SAXS 特征之外),这可对结构进行定性鉴定;而 TEM 法在定量分析多种形态学参数时是存在缺陷的(因为 TEM 法为定位观测,即使大量照片也难以囊括体系所有的特征形态)。

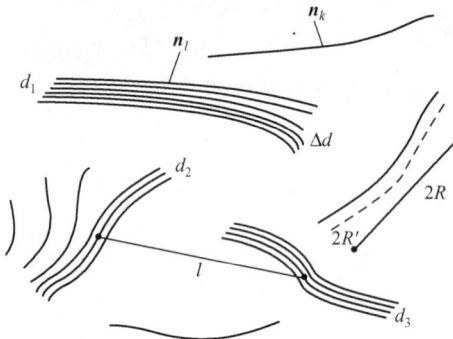

图2.3 表征聚合物/层状硅酸盐纳米体系形态的相关参数。片层参数:片层厚度(H),横向实际长度($2R'$)及其投影长度($2R$)。叠层参数:叠层中的不同层间距分布($d_{001}:d_1,d_2,d_3$),单个堆叠的层间距变化量(Δd)以及每个叠层的平均片层数(N)。片层分布参数:叠层质心间距(I),相对粒子取向($\phi(n_i,n_k)$)及仅含一个片层的堆积体所占比例(χ)(见文献[68])

2.3 纳米填料对材料性能的影响

2.3.1 对聚合物结晶性的影响

2.3.1.1 聚合物特殊效应

人们预计,添加纳米填料将对半结晶性聚合物的结晶行为产生较大的影响。根据聚合物/填料间的不同作用方式,纳米填料对聚合物的结晶行为可产生三种作用。

(1)形成新的晶体结构。当聚合物与填料间存在强相互作用时,填料表面将会形成一种新的晶体结构,该结构通常不同于单一聚合物在一般结晶条件下形成的晶体结构。关于该作用最佳的例子是 PA6/MMT 纳米复合材料,体系中填料表面形成了 PA6 的 γ 晶相[42-44],这是因为 PA6 的酰胺基团与硅酸盐(SiO_x)形成了强氢键相互作用。此外,同样的现象也可见有关 PVA/MMT 的报道[39,71]。较少情况下,当可形成小型晶相的聚合物链段平行对齐于填料表面时,纳米填料也可促成新的晶体结构;例如,聚偏氟乙烯(PVDF)[72]与间同立构聚苯乙烯(sPS)[73]纳米体系。当无机填料表面形成新的晶相时,纳米体系的力学性能和热性能将获得提升,这是因为该表面成核晶体较聚合物原晶具备更优异的力学性能与热性能。当填料的表面积足够大时,该填料引发性能提高的效果可最大化;对此,PA6/MMT 纳米复合材料性能的显著提升较好地验证了该推论。

(2)无定型化。极少数情况下,如对聚氧化乙烯(PEO)/Na^+ – MMT 复合体系而言,聚合物/Na^+ 间相互作用有利于共混,但却不利于结晶性的提升[74]。特别地,PEO/碱基阳离子型填料体系的结晶性能有所下降,表现为球晶生长速率和结晶温度的降低。尽管总结晶速率随硅酸盐的添加量成正比增大(填料量增大,聚合物的成核区域扩大,即扩大至距离硅酸盐片层表面较远的区域),此时填料片层表面的 PEO 是高度无定型化的。究其原因,这是由 PEO 与 Na^+ – MMT 间的特殊作用方式引起的,两者间较强的相互作用促成了非晶(冠醚)PEO 构象。

(3)异相成核作用。对绝大多数聚合物来说,纳米填料对聚合物结晶行为的影响仅相关于两点:① 填料的晶核化作用(典型地,与单个填料簇的数量成正比);② 填料对结晶动力学的影响(典型地,降低 2 倍~4 倍的晶体线增长速率)。这种情况下,当填料量低于 10% 时,纳米体系的平衡熔点(T_m^0)不变。例如图 2.4,依据 Hoffman-Weeks 法估算 PP-g-MA、PET、PEO 纳米体系与其单一聚合物的 T_m^0,发现中等填料量时(低于 10%)体系的 T_m^0 不变(T_m^0(PP-g-MA) = 183℃,T_m^0(PET) = 260℃,T_m^0(PEO) = 69.7℃)。该结果与先前文献报道的结果一致[8]。这样一来就可采用等温结晶法对比研究单一聚合物与其纳米体系的结晶动力学。为进一步探究 MMT 对聚合物结晶动力学的影响,对同等结晶条件下的晶体,可采用等温结晶法(差示扫描量热仪(DSC))与微晶观测(正交偏振光学显微镜与原子力显微镜(AFM))相结合进行研究(图 2.4)。对三维生长且微晶完好的晶体,其结晶动力学可表示为

$$V_f^c = \frac{4}{3}\pi\rho_n G_R^3 t^3 \tag{2.7}$$

式中:V_f^c 为总的晶体体积(结晶率);ρ_n 为晶核密度;G_R 为晶体线增长速率;t 为结晶时间。当 $V_f^c = 0.5$ 时,此时的结晶时间 t 定义为 $\frac{1}{2}$ 结晶时间($t_{1/2}$),指在等温 DSC

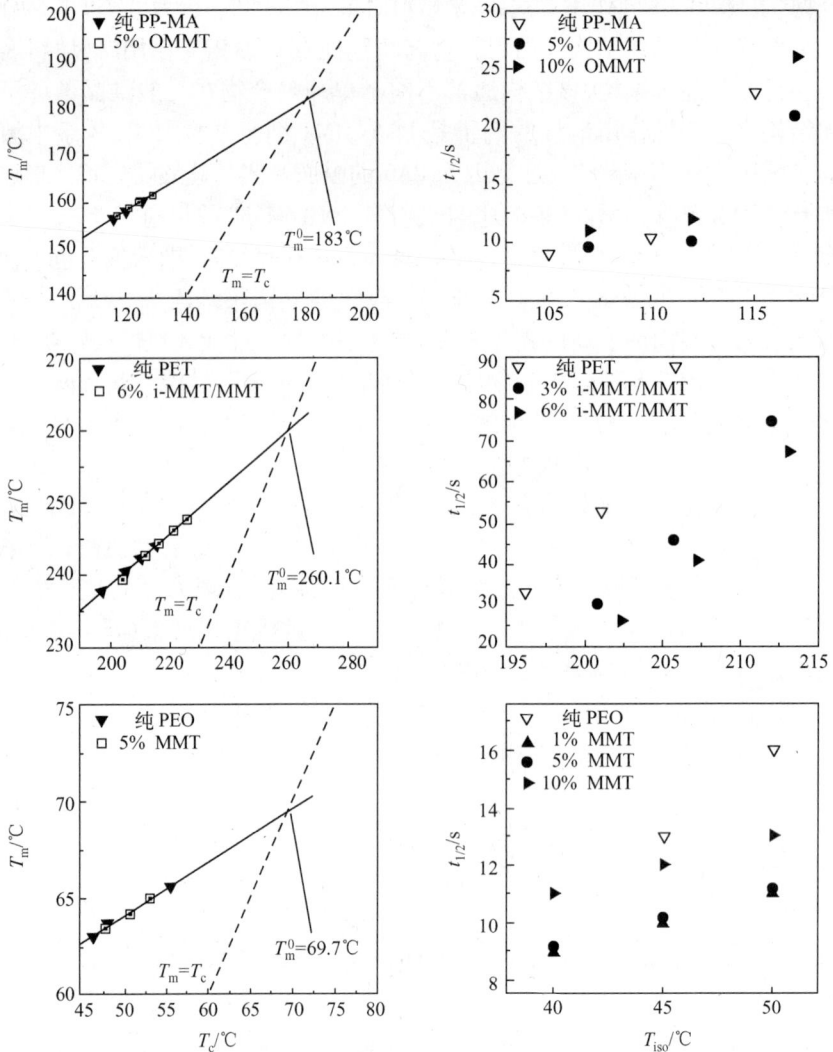

图 2.4　左图:依据 Hoffman-Weeks 法,单一聚合物与其纳米体系的 T_m^0 对比曲线,表明纳米体系成型前后体系的 T_m^0 不变。右图:相应的聚合物与其纳米体系的 $\frac{1}{2}$ 结晶时间;添加无机纳米填料后,PET 与 PEO 体系的总结晶速率降低了,而 PP-g-MA 体系则不受影响。由图可见,所有体系的线增长速率 G_R 都有所降低,这可解释纳米填料对晶核密度的影响。图中,上:PP-g-MA;中:PET;下:PEO

条件下熔变达到总结晶熔 50% 所需的时间(图 2.4)。通过正交偏振光学显微镜结合/或 AFM 法测得晶核密度 ρ_n 之后,可推算晶体线增长速率。由图 2.4 中右图可得,不同温度等温结晶条件下单一聚合物与其纳米体系的 $t_{1/2}$。正如预期,总结晶速率与填料量成正比,例如添加纳米填料后 $t_{1/2}$ 将降低(对 PP-g-MA 体系该作用甚微)。然而,由于引入了黏土所有体系的晶体线增长速率都有所降低,这较好地解释了纳米体系晶核密度的提高;例如,PP-g-MA 体系中添加 5% ~10% 的 OMMT 时,其 ρ_n 提高 6 倍 ~8 倍,3% ~6% 的 OMMT 可使 PET 体系的 ρ_n 提高 500 倍以上,5% ~10% 的 MMT 可使 PEO 体系的 ρ_n 提高 20 倍 ~50 倍。尽管 PEO、PP、PET/MMT 纳米体系结晶性的本质与 $t_{1/2}$ 都不相同,但所有体系的晶体线增长速率 G_R 都表现出了 0.25 倍 ~0.5 倍的降低(例如相比于单一聚合物,PP 纳米体系的 G_R 为未填充时的 0.5 倍;PET 为 0.25 倍;PEO 则为 0.33 倍),同时晶核密度都得到了提高。由不同体系得到的相同结论表明,MMT 填料对纳米体系的几何限制作用导致了晶体线增长速率 G_R 的降低,而非聚合物/填料的相互作用所致。如果是后者作用的话,PET 与 PP 体系将与 PEO 体系存在本质上的区别,且 PET 与 PP 体系也将在一定程度上存在较大的差别。所有这些效应都可在 DSC 研究中得到验证,特别是将单一聚合物(未填充)与其纳米体系进行对比时(图 2.5)。

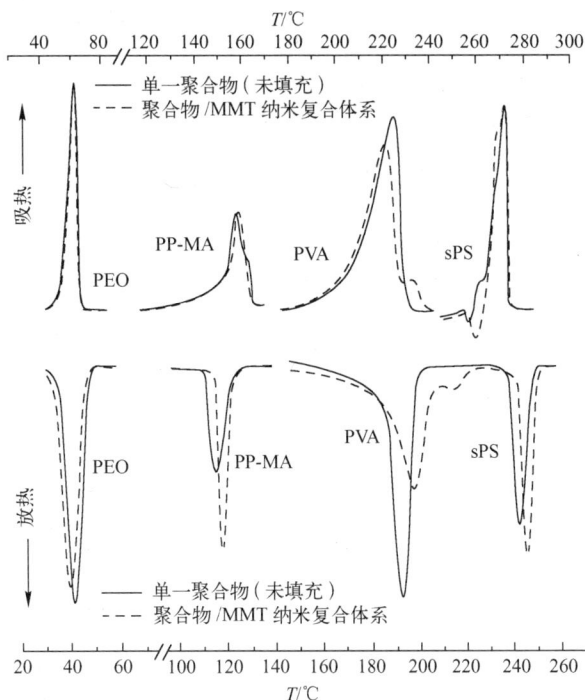

图 2.5 单一聚合物与其 MMT 纳米体系的 DSC 曲线对比。上半部升温段:因为填料的添加未对晶体结构(如晶体单胞)产生影响,故晶体熔点几乎不变。但例外的是,对一些可在填料表面形成新的晶体结构的聚合物,如 PVA、sPS 以及 PA(未示于此),熔点将发生变化。下半部降温段:无论是异相成核作用(PP,sPS,PVA)、形成新的晶体结构(PVA)或填料阻碍结晶(PEO)的各种体系,添加填料后其结晶温度均发生了较大程度的改变

2.3.1.2 纳米填料对聚合物的一般效应

尽管由于聚合物与填料间的作用方式不同,导致纳米填料对聚合物结晶性的影响十分多样化,但与此同时纳米结构对结晶性的影响也存在着重要的一般效应,其中最重要的效应应是纳米体系形成后聚合物微晶尺寸的降低。例如,图2.6对比了单一聚合物与其含3% MMT纳米体系的球晶照片。与填料对成核和/或结晶动力学的作用无关,所有体系的球晶尺寸都较大幅度地降低。这是因为无机填料导致体系内的空间不连续,迫使聚合物球晶为进入填料空隙而缩减尺寸,这与单一聚合物的球晶尺寸无关。此外,该效应也与纳米填料对聚合物结晶性的影响无关,如均相成核(PEO)、异相成核(PP,sPS)、阻碍结晶(PEO)、促成新的晶体结构(sPS)或仅作为异相成核剂(PP)。

图2.6 单一聚合物(上半部)与其含3% MMT纳米体系(下半部)的交叉偏振光学显微镜的对比照片。左:PEO;中:PP-g-MA;右:sPS

2.3.1.3 一维纳米填料效应

类似于层状无机填料,碳纳米管也可对聚合物基体的结晶性产生影响,但并没有层状硅酸盐填料的影响多样化。在大量的文献报道中,CNT在结晶性聚合物纳米体系中的作用仅是异相成核剂[11,56,64,75-78]。例如,不同CNT添加量PP体系的结晶温度和结晶速率都有所提高[79,80],但晶体结构或熔点都未发生变化。此外,PP的微晶尺寸有一定程度的减小[64,75,76],这与层状无机纳米填料的一般效应一致。

当CNT与聚合物基体间的相互作用较强时(如共轭和带电聚合物),聚合物的结晶性将发生变化,即形成高度有序的结构且结晶度会有所提高[79,80]。然而,聚合物/CNT纳米体系中不存在前述层状硅酸盐作用于聚合物结晶性的多种效应

40

(如 PEO 体系中聚合物与碱基阳离子的配位作用或 PA 中氢键所引发的作用)。这就是说,PEO/CNT 体系中 CNT 附近未形成无定形化区域,其结晶性未受影响,甚至当 CNT 添加量为 7% 时,其结晶度、结晶温度、熔点均未发生变化[81]。同样地,添加 CNT 之后 PA6 与 PA12 的结晶性亦未受到影响[78,82]。

总地说来,一维 CNT 可十分有效地增加体系成核及单晶沿纳米管生长的可控性。例如,PA66 和 PE/CNT 体系的溶液结晶研究,可良好地控制结晶周期与分子结构[83]。CNT 这一独特的功能可用于加强相互作用(参见加强界面耦合作用的论述),也可用于在特定基体中控制分散,这都将有力推动该特殊"功能化"CNT 的发展。

2.3.2 对力学性能的影响

许多有关聚合物/黏土纳米复合材料的研究表明,体系的拉伸性能随 MMT 添加量(ϕ_{MMT})变化。例如,图 2.7 对比了 PP/OMMT 与 PP-g-MA/OMMT 纳米体系的拉伸模量。由图 2.7 可知,聚合物/层状无机填料纳米体系具有一些特点[6,8]。这就是,添加极少量的无机填料($\phi_{OMMT} < 4\%$),即可使体系的弹性模量显著提高;当 $\phi_{OMMT} \geq 5\%$ 时,提高效果不再明显。随 ϕ_{MMT} 的增加,复合体系的屈服应力值未发生明显改变,最大应力值稍有降低。而当同样的填料(如 2C18-MMT)通过传统方法(即未达到纳米级分散)加入 PP 体系中时,拉伸模量并无明显提高(图 2.7(a))。

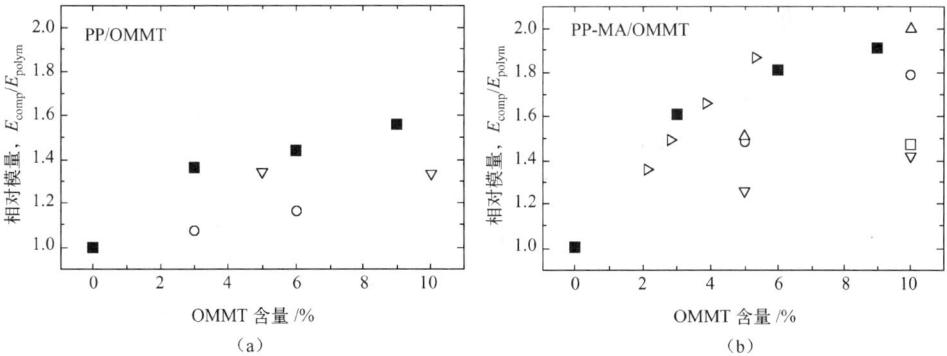

图 2.7 多种 PP/MMT 纳米复合材料的拉伸模量(相对于单一聚合物)。(a)PP 与不同改性 MMT 体系[f-MMT(■[49])、C18-MMT(▽[35])及 2C18-MMT(○[49])]。体系不存在有利热力学条件时,加工工艺决定了分散情况与力学性能。(b)熔融共混法制备的 PP-g-MA/2C18-MMT 纳米体系(■[49])、各种预处理 OMMT 母粒与 PP-g-MA 形成的体系[C18-MMT(▷[34])、C18-MMT(○,△[35])]。共混热力学有利条件下,不同体系与不同研究团队所得的分散情况与力学性能变化不大。即使细微的热力学条件变化(如 C8-MMT(▽,□[35])),也将导致模量发生变化[49]

纳米蒙脱土的力学性能增强作用是人们所预期的，乍一看来并不新奇，尤其是考虑到蒙脱土填料片层具有极高的固有刚度（拉伸模量为 140GPa～180GPa）。然而，可以从中得出几点结论：热力学稳定体系的拉伸性能不受加工条件的影响（因为纳米体系结构未发生变化）；而当不存在共混热力学有利条件时，加工条件决定了纳米体系的结构与拉伸性能（图 2.7(b)）。其他层状粒子填料对体系的力学性能也有相同的提高作用，但却需要极大的添加量（如滑石粉或云母石添加量为 30%～60%[14]），因为该类填料不能获得良好的分散，且有效填料作用表面积非常小。PP/OMMT 体系相比于单一聚合物，模量的提高并不显著（仅为 PP 的 160% 及 PP-g-MA 的 200%）。而在其他体系中，同样的 OMMT 填料却可提高 400%～1200% 的弹性模量（如弹性体或 PE）。究其原因，主要有以下两点。

(1) 聚烯烃与 OMMT 的作用相对较弱（见式(2.6)；界面黏结能约为 83mJ/m²；也可参考 11.2 节[32]）。因聚合物—无机填料的界面黏结能获得了提高（如接枝 MA 基团后），机械承载作用力可有效地从聚合物基体传递给无机填料，宏观表现即为弹性模量的提高（图 2.7(b)）。

(2) 聚合物基体的模量相对较高（如 PP 模量为 0.6GPa～1.3GPa）。对同样的填料而言，当将其用于基体模量不同的体系中时，该反差更加明显；如对 PP 而言，将其与弹性体或 PE（模量 0.1GPa～0.3GPa）进行对比，模量提高的效果就不如固有模量较低的聚合物明显。

为进一步证实上述推断，下面以 PA/MMT 体系的拉伸模量为例（图 2.8(a)），其力学性能获得了大幅提高。这是因为 PA 固有刚度相对较高，且基体与无机填料间形成的氢键作用可高效地将机械承载力由基体传递给无机填料。由此看来，无论 PA6 基体的固有性能如何，以及纳米体系的成型方法是原位聚合法或熔融共混法[17,18,42-44,84]，PA6/MMT 纳米体系的拉伸模量都将得到提高，这是不同研究者通过各种制备方法及各种原料得到的一致结论。据推测，这是由于 PA6/MMT 间存在较强的界面黏结力（PA 的酰胺基团可与硅酸盐片层形成氢键作用）。实际上，聚合物/MMT 间的相互作用决定了体系的界面结合强度和界面最大剪应力，而后者与加工条件、分散情况、聚合物基体特性与/或填料刚度等因素都是无关的。

即使上述讨论十分简短，有关聚合物/无机纳米填料体系力学性能的研究也囊括在内，而且至今为止此类纳米体系的设计仍依赖于"爱迪生法"，即尝试法。研究表明，未经改进的"传统复合材料"力学性能预测模型（如 Halpin-Tsai 模型[86] 与 Mori-Tanaka 模型[87]）不能直接用于纳米复合体系，因为这些模型中缺少大量必不可少的用于描述聚合物/无机纳米体系力学行为的参数。对聚合物/层状硅酸盐纳米体系而言，近来的理论模型都尝试着解释填料的高长径比对体系性能的影响；例如，一项改进 Halpin-Tsai 模型的研究，计入了填料片层曲率、分散系数、非双轴面内填料粒子取向等变量[88]。尽管该改进增加了模型复杂度，但在预测多种聚合物基体层状硅酸盐纳米体系的力学性能方面并不十分成功[88]。先前研究的主要缺陷是：缺乏纳米粒子对其周围聚合物链段或片层的"作用区域"的建模。研究表明，该"作用区域"内的聚合物与聚合物基体在性能和形态上都存在差异。然而，模型中引入"作用区域"之后（如对 Mori-Tanaka 模型的改进[89,90]），应用于多种聚合物基体时仍预测能力有限，且该模型针对每种纳米体系都必须做相应的参数调整[90]。即使在最具针对性的方法中，即描述特定聚合物/无机纳米体系的力学模型[91]（计入了由填料量引起的不同分散程度导致的不完全界面耦合作用、有效长径比及填料体积分数等参数），也必须计算体系的界面结合强度参数（即界面剪应力，例如聚二甲基硅氧烷（PDMS）/MMT 体系为 2MPa～8MPa[91]）。

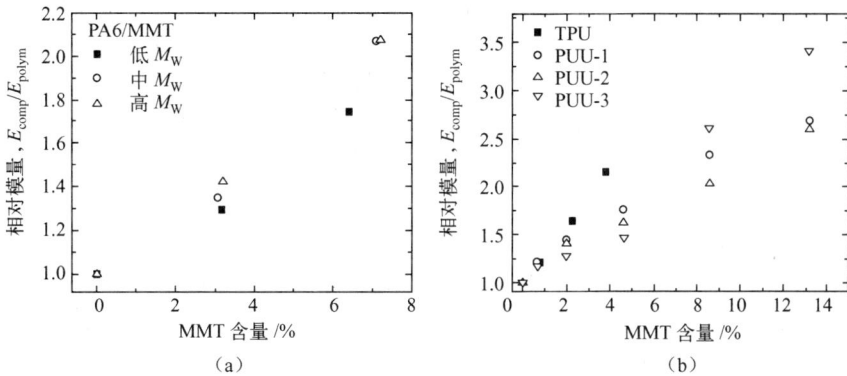

图 2.8　几种纳米体系的相对拉伸模量（相对于聚合物基体）：(a) PA6/MMT 纳米体系，

分别由低、中、高三种分子量的聚合物基体制备[84]；表明通过高效的应力承载转移

（由聚合物转移至填料）可有效提高体系的力学性能；(b) PU/MMT 及 PU

共聚物/MMT 纳米体系；表明固有模量较低的基体所形成纳米体系的

力学性能显著提高（■[85]，▽[40]，○，△[41]）

尽管存在一些缺陷与不准确性，但这些理论模型的相关研究仍为纳米体系力学性能模型的参数设计提供了十分有价值的理论阐释。尤其是以下三点结论。

（1）当纳米体系为不完全分散时[88,91]，有效填料长径比与有效填料体积分数决定了力学性能，而非填料的绝对长径比与绝对添加量。

（2）填料特有的变形与断裂特性对纳米体系的力学性能有着相当重要的影响[88]。

（3）欲正确评价复合材料力学性能，准确计算界面结合强度十分重要[90,91]，相对于填料模量，它对填料的增强效果有着更为显著的影响。

特别地，对于最后一点结论，目前很难直接通过实验测得聚合物/填料间的界面结合强度。例如，使用原子力显微镜将 CNT 从 PET 基体中"抽出"，根据 CNT 半径的不同，其界面结合强度为 10MPa～90MPa[92,93]。如前所述（式（2.6）），这些实验测得的界面结合强度值与其计算值有着很好的相关性[30]。因此，人们期望用于预测聚合物与层状填料可混性的方法也许会对估算界面结合强度有一定的帮助。鉴于这些计算中存在许多连续性参数与假设，以及材料组分表面张力的近似计算值，该法仅能得出聚合物与多种填料界面结合强度的初级估值。尽管存在许多不准确性，但由于通过实验方法是极难测得界面结合强度的，所以这些理论值对于纳米体系力学性能模型的参数设计是有着重要意义的。

以下为式(2.6)应用于聚合物/层状无机纳米复合材料的一些例子。

(1) 对于 PP/MMT 纳米体系而言，忽略所有的必要功能化改性可产生的约 83mJ/m^2 的界面黏结能，相当于约 10MPa 的界面结合强度(参考，实验测得拉伸强度为 3MPa ~ 7MPa[49])。

(2) 对 PDMS/MMT 纳米体系而言，同样的方法可产生约 91mJ/m^2 的界面黏结能，相当于约 11MPa 的界面结合强度(参考，理论模型预测为 2MPa ~ 8MPa[91])。

(3) 对 PA/MMT 纳米体系而言，忽略硅酸盐填料引起的晶相变化[42-44]，该体系界面黏结能约为 107mJ/m^2，相当于约 14MPa 的界面结合强度。

(4) PP/CNT 纳米体系的界面黏结能约为 49mJ/m^2 (参考，AFM 法测得 $47\text{mJ/m}^{2[92]}$)，界面结合强度①约为 6.2MPa(参考，MWCNT 为 20MPa ~ 40MPa[93]，模拟计算值为 2MPa[94])。

在上述条件下，结合实验数据，表明通过形成纳米体系确可有效地提高力学性能。特别地：

(1) 对于一种特定的聚合物(即 γ^{LW} 与 $\gamma^{\pm}$ 为定值)，良好分散情况下力学性能的提高程度取决于聚合物/无机填料间的界面结合强度。例如，对 PE 和 PP($\gamma^{\text{LW}} \approx 26\text{mJ/m}^2$ 且 $\gamma^{\pm} = 0$)与硅酸盐形成的纳米体系，通过纳米体系成型所能提高的最大拉伸模量通常最大为 2GPa ~ 4GPa，这与实验结果相吻合(图 2.7)，PE 与 PP 体系的最大拉伸模量提升值与此相近(软质 LDPE 可有 400% ~ 1200% 的提高，相应的硬质 i-PP 仅能提高 60% ~ 100%)。

(2) 添加少量的功能基团(如 MA 接枝改性 PP)可在一定程度上提高界面黏结能，从而可一定程度地提高拉伸模量(图 2.7(b))。

(3) 在聚合物链上添加大量的可与填料形成强相互作用的基团(如聚合物主链上的密集氢键)，可较大程度地提高体系的力学性能(图 2.8)，但仍低于由界面结合强度决定的上限值(此处援引的 PA6 体系的例子稍显牵强，因为体系中形成了 γ 晶相[42-44];

---

① 式(2.6)与微观结构无关；但当对界面结合强度进行估算时，必须考虑填料的几何结构(即切触几何)(参考 Israelachvili 所著 11.1 节[32]或 Van Oss 所著 Ⅵ.1 节[29])。这里所指的 PE/CNT 体系的界面结合强度(6.2MPa)，系两个半无限平面的相互作用。经计算，柱面与半无限平面间的界面结合强度为 4.6MPa，聚合物与柱面的界面结合强度值应界于此二值之间。

然而,PA6 体系与氨基甲酸酯—尿素体系的性能对比则可较好地验证该观点)。

（4）最后,尽管在聚合物与填料间引入强键合作用是加强聚合物/填料间界面作用的有效方法,但若引入聚合物链段上的这些共价键作用密度不足,则界面作用仅能获得十分有限的提高,相应的力学性能提高也将十分有限。这已得到反应性（通过交联反应基团）分散层状硅酸盐交联体系的验证[95]。

2.3.3　对阻隔性的影响

研究表明,渗透剂分子在聚合物基体中的渗透性取决于其在基体中的可溶性与扩散性,以及不同样品厚度时均方位移（总运行路径）的不同。据推测,填料的添加将影响渗透剂分子的可溶性与扩散性,尤其是在填料作用区域内（如填料—聚合物界面区和距离填料表面一个聚合物 R_g 的区域内）。而且,填料将直接（渗透剂分子被迫"绕过"不可渗透填料）或间接（填料诱发聚合物的链重排或晶体结构的改变）的影响路径曲折度（即渗透剂分子的均方位移）①。

计算纳米体系阻隔性的理论方法中,填料系不可渗透、不可叠复的粒子,且假设聚合物基体的渗透性不变[97-100]。实际上,这就意味着纳米体系的阻隔性优于聚合物基体（未填充聚合物）,因为复合体系的路径曲折度增大了（假设渗透剂分子不能穿越任何填料粒子）。对整规排列的填料粒子（所有填料表面积较大的一面平行于填料片层表面,但填料质心为无规分布）,Nielsen[97] 计算出了其路径曲折度;而对复合材料的渗透性,可得

$$\frac{P_{\text{comp}}}{P_{\text{poly}}} = \frac{1 - \phi}{1 + a\phi} \quad (2.8)$$

式中:a 为填料长径比（对于长/宽为 L 和厚度为 W 的方形填料,$a = L/2W$）;ϕ 为填料体积分数。

Bharadwaj[100] 在式(2.8)中引入了填料分布规整度参数 S,使式子可适用于非规整填料体系:

$$\frac{P_{\text{comp}}}{P_{\text{poly}}} = \frac{1 - \phi}{1 + a\phi \frac{2}{3}\left(S + \frac{1}{2}\right)} \quad \text{其中} \quad S = \frac{1}{2}\langle 3\cos^2\theta - 1 \rangle = \begin{cases} 1 & \parallel \text{表面} \\ 0 & \text{随机} \\ -\frac{1}{2} & \perp \text{表面} \end{cases} \quad (2.9)$$

对完全规整填料,$S = 1$,式(2.9)可简化为 Nielsen 式。在一个更为详尽的算法中,Friedrickson 与 Bicerano[99] 针对径厚比为 $a = R/2W$ 的圆形填料（半径为 R,厚

---

① 第一个机理,聚合物的链重排（链重排及其所引起的渗透剂分子各向异性扩散）对体系渗透性的影响相对较弱[96];第二个机理,与聚合物的微晶变化及晶体形态改变有关,对体系渗透性的影响较强,且常用于改善应变硬化半结晶性聚合物的阻隔性应用。

度为$2W$),对式(2.9)进行了改进:

$$\frac{P_{\text{comp}}}{P_{\text{poly}}} = \frac{1}{4}\left(\frac{1}{1+a\phi\beta_1} + \frac{1}{1+a\phi\beta_2}\right)^2 \quad 其中 \begin{cases} \beta_1 = (\pi/\ln a)(2-\sqrt{2})/4 \\ \beta_2 = (\pi/\ln a)(2+\sqrt{2})/4 \end{cases} \quad (2.10)$$

相比于改进 Nielsen 式与改进 Cussler-Aris 式(同样为圆形填料设计[99]),式(2.11)可计算更大范围ϕ的体系(从完好分散到不完全分散):

$$\frac{P_{\text{comp}}}{P_{\text{poly}}} = \frac{1}{1+a\phi\pi/\ln a}\binom{改进}{\text{Nielsen 式}}\frac{1}{1+[a\phi\pi/(4\ln a)]^2}\binom{\text{modified}}{\text{Cussler-Aris}} \quad (2.11)$$

然而,当对填料长径比进行$\frac{\sqrt{\pi}}{2}$几何校正后,式(2.10)可得与式(2.8)相等的结果(即对面积相等的填料,方形粒子使用式(2.8),圆形粒子使用式(2.10))。图2.9为几个理论模型的对比。鉴于当聚合物/层状无机纳米复合材料的相关参数满足$10 < a < 1000$及$\phi \leqslant 15\%$时,所有模型(Cussler-Aris 模型除外)得到的结果几乎等价,因此本书将选用引入填料分布规整度参数的较为简单的 Nielsen 模型(式(2.8)及式(2.9))。根据该模型,易得:当填料体积分数一定时,填料长径比越大,阻隔性越好(图2.10(a));当长径比与填料量为定值时,规整度越好阻隔性越好(图2.10(c))。此外,也可得到以下推论。

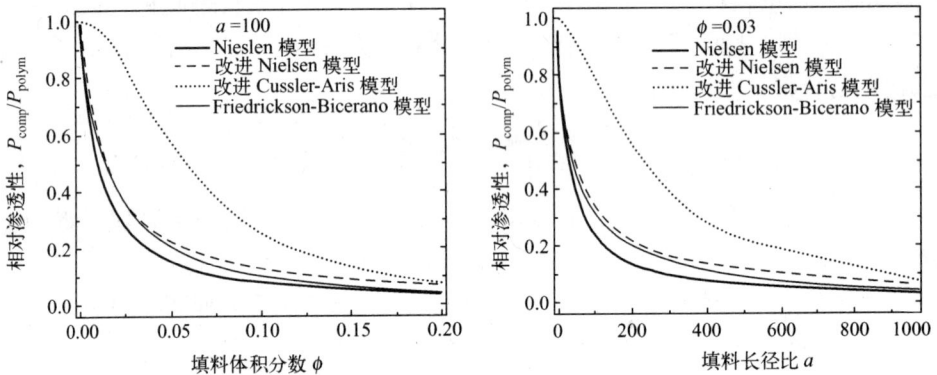

图 2.9 路径曲折度对体系渗透性的影响,几个理论模型的对比。Nielsen 模型[97](式(2.8)),Friedrickson-Bicerano 模型(式(2.10)),改进 Nielsen 模型(式(2.9))及 Cussler-Aris 模型(式(2.11))

(1)除填料长径比以外,复合体系的渗透性还受填料体积分数及/或填料规整度的影响(如式(2.9))。因此,较小长径比的填料在添加量稍多的情况下也可等效于较大长径比的填料。例如,对规整填料(图2.10(a)),完全剥离型($\phi \approx 2\%$、$a = 500$)、部分剥离型($\phi \approx 3\%$、$a = 200$)及大部分插层型($\phi \approx 5\%$、$a = 100$)MMT复合体系的渗透性几近相等。这对纳米阻隔体系的设计意义非凡:就该例子来说,填料的完全剥离结构是很难达到的,而可通过增加部分剥离型或大部分插层型填料的有效体积分数以达到等效的阻隔性。

（2）较高长径比或添加量的无规分布填料体系的渗透性可等效于完全规整填料体系。如图2.10(b)所示,对 $a=300$ 的填料而言,$\phi\approx4.3\%$ 的无规分布填料体系的阻隔性等效于 $\phi=1.5\%$ 的完全规整填料体系;对 $a=500$ 的填料而言,$\phi\approx4.5\%$ 的无规分布填料体系的阻隔性等效于 $\phi=1.5\%$ 的完全规整填料体系。同样地,对完全规整填料体系而言,$\phi=1\%$、$a=300$ 时体系的阻隔性与 $\phi=2\%$、$a=500$ 时等效。实际上,要使填料达到完全规整分布是十分困难的,因此该结论可对阻隔体系的设计起到良好的指引性作用。

（3）填料长径比越高,填料取向对渗透性的影响就越小(图2.10(c))。例如,当 $a=1000$ 时,完全规整体系($S=1$)的渗透性仅比无规分布体系($S=0$)高5%,而当 $a=500$ 时该差值为10%。

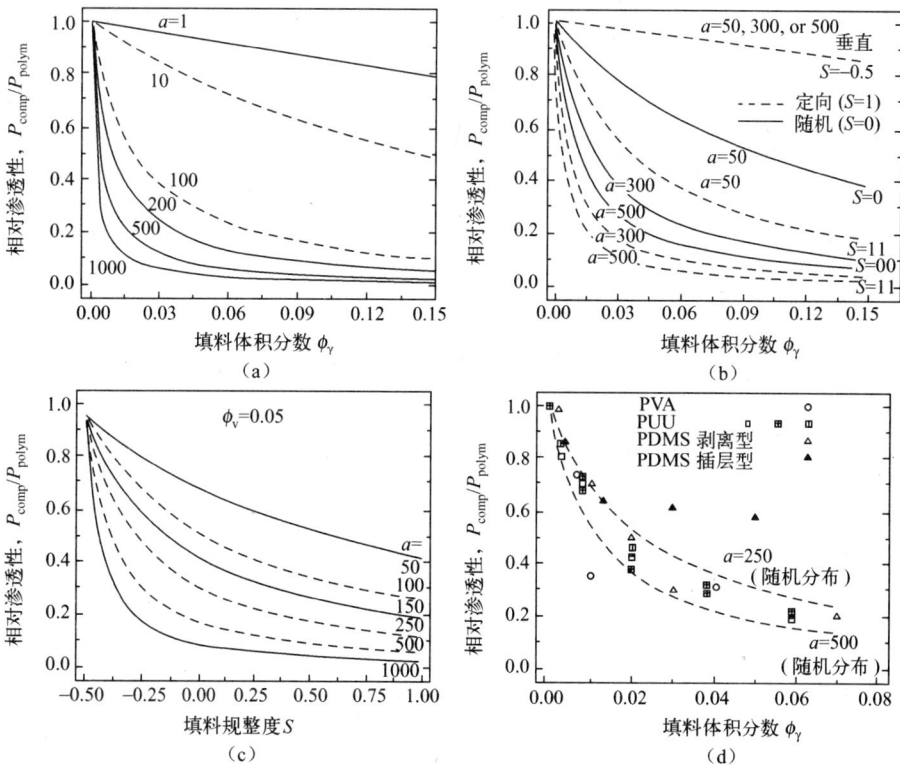

图2.10　基于路径曲折度(式2.9)各理论模型计得的相对渗透性,变量分别为:(a)填料长径比 $a=1\sim1000$;(b)填料长径比与规整度($S=1$(理想规整度),虚线;$S=0$(无规分布),实线);(c)ϕ_v 为常量(5%),长径比 a 为变量;(d)以水蒸气为渗透剂,一种理论模型用于4种纳米体系时的对比[39,41]

此外,通过这些理论模型预测结果的对比分析,进一步验证了上述推论。图 2.10(d)系水蒸气为渗透剂对多种溶剂浇铸法制得纳米片层的渗透性,实验结果与理论变化趋势十分接近,这同样可见于剥离型体系(低添加量)与插层型体系(中等或高添加量)。这表现出了与前述有关有效填料长径比对力学性能影响的相同效用。该结论仅适用于所有良好分散填料体系(如溶剂浇铸法),而不适用于分散较差的体系(见插层型与剥离型 PDMS/二甲基二烷-MMT 复合体系的对比)。最后,该结论与聚合物及填料的亲水性无关;例如,Na$^+$ – MMT 改性的强亲水性 PVA,中等亲水性聚氨酯脲(PUU),以及二烷基-MMT 改性的疏水性 PDMS。此外,该结论亦与聚合物的结晶性无关;例如,填料诱导结晶的半结晶性 PVA,分段结晶的半结晶性 PUU,无定形态的 PDMS。由此看来,对预测纳米体系的渗透性而言,路径曲折度是可压倒其他重要参数(如渗透溶解度变化[①]以及聚合物结晶性)的决定性参数。

2.4　展望

纳米复合材料,系界定于未填充聚合物和传统复合材料领域之外的,具有本质新特性的"杂化体"材料,在开拓聚合物材料新的应用领域方面被人们寄予了厚望。简单说来,它可拓宽一种已知聚合物的应用范围;而最理想的情况下,在某些领域,聚合物纳米复合材料可替代金属或陶瓷材料的应用。在聚合物纳米复合材料研究领域,研究人员尚未涉足的首要挑战是,超越填料的简单分散,将研究重点放在研制完好三维形态纳米填料的制备方法上:研发高规整度填料、拼装结构、边连(星形)形态以及二维与一维填料交错的体系。

纳米复合材料"杂化体"特性最大的好处就是克服了传统复合材料在性能方面"鱼和熊掌不可兼得"的弱点。例如,纳米复合材料可在不降低韧性的情况下提高刚度,在不降低透明性的情况下提高阻隔性,在不降低力学性能的情况下提高阻燃性,且可同时提高力学性能与生物可降解性。当添加其他添加剂或填料与纳米填料协效提高这些性能之后,所得复合体系可轻松超越现有材料的性能水平。在多种填料复合体系中,通过将多种纳米与宏观尺寸填料合理地协效复配,可制得性能尤为突出的纳米复合材料。

现在,尽管已有大量研究团队在从事纳米复合材料的研究工作,但该领域仍亟需大量科学系统的研究来探寻纳米体系的工艺原理。因为进入该领域的门槛十分低(不需要特殊的设备或昂贵的原料,即便是在重复前人工作得到的结果或仅获

---

① 需要指出的是,渗透性或阻隔性与渗透分子在聚合物或纳米复合材料中的扩散速率相关,不适用于预测强吸水性或吸溶剂性的体系。若读者对吸水性或吸溶剂性体系感兴趣,则需做针对性实验;对渗透性或阻隔性而言,纳米体系溶解性的变化是决定性因素。

得了较小的进展，也是可进行学术发表的），且仅需将聚合物与现成的纳米粒子进行简单共混而后报道其 XRD 结果与力学性能检测结果就足够了，这是十分诱人的。然而，直到人们完全通晓决定材料宏观性能的纳米作用机理，并开发出本质新材料之前，纳米复合材料仍是有待进一步研究的。研究人员需要找寻新的起点，尤其是要超越传统聚合物或材料科学工程研究的经典且易攻克的领域。生物有机或无机纳米结构具备无可比拟的性能，以及将所有性能综合时超越所有合成材料的性能，因此可以预期在聚合物/纳米复合材料研究领域具有无比广阔的发展前景！

致谢

本章中的实验数据、理论参数、结论及观点皆来自于近年来我们在该领域所做的研究工作。为我们的研究工作提供资助的有宾夕法尼亚州立大学、美国国家科学基金会、美国海军研究总署、美国化学学会与石油研究基金、美国国家研究理事会等，也包括许多来自企业的诸如住友化学公司、空气化工产品公司、可口可乐公司以及拜耳材料公司的合作项目，特此感谢！

参考文献

1. Theng, B.K.G. *Formation and Properties of Clay–Polymer Complexes*. Elsevier, Amsterdam, The Netherlands, 1979.

2. Theng, B.K.G. *Chemistry of Clay–Organic Reactions*. Wiley, New York, 1974.

3. Pinnavaia, T.J.; Beall, G.W., Eds. *Polymer–Clay Nanocomposites*. Wiley, Chichester, West Sussex, England, 2000.

4. Utracki, L.A. *Clay-Containing Polymeric Nanocomposites*. Rapra Technology, Shawbury, Shrewsbury, England, 2004.

5. Mai, Y.; Yu, Z., Eds. *Polymer Nanocomposites*. Woodhead Publishing, Cambridge, England, 2006.

6. Alexandre, M.; Dubois, P. Polymer-layered silicate nanocomposites: preparation, properties and uses of a new class of materials. *Mater Sci. Eng. R Rep.* **2000**, 28, 1–63.

7. Giannelis, E.P.; Krishnamoorti, R.K.; Manias, E. Polymer–silicate nanocomposites: model systems for confined polymers and polymer brushes. *Adv. Polym. Sci.*, **1998**, 138, 107–148.

8. Ray, S.S.; Okamoto, M. Polymer/layered silicate nanocomposites: a review from preparation to processing. *Prog. Polym. Sci.* **2003**, 28, 1539–1641.

9. LeBaron, P.C.; Wang, Z.; Pinnavaia, T.J. Polymer-layered silicate nanocomposites: an overview. *Appl. Clay Sci.* **1999**, 15, 11–29.

10. Leroux, F.; Besse, J.P. Polymer interleaved layered double hydroxide: a new emerging class of nanocomposites. *Chem. Mater.* **2001**, 13, 3507–3515.

11. Thostenson, E.T.; Ren, Z.F.; Chou, T.W. Advances in the science and technology of carbon nanotubes and their composites: a review. *Compos. Sci. Technol.* **2001**, 61, 1899–1912.

12. Solomon, D.H.; Hawthorne, D.G. *Chemistry of Pigments and Fillers*. R.E. Krieger,

Malabar, FL, 1991.

13. Al-Malaika, S.; Golovoy, A.; Wilkie, C.A., Eds. *Chemistry and Technology of Polymer Additives*. Blackwell Science, Oxford, England, 1999.

14. Karian, H.G., Ed. *Handbook of Polypropylene and Polypropylene Composites*. Marcel Dekker, New York, 1999.

15. Lu, C.; Mai, Y.-M. Influence of aspect ratio on barrier properties of polymer–clay nanocomposites. *Phys. Rev. Lett.* **2005**, 95, 088303.

16. Mitchell, C.A.; Bahr, J.L.; Arepalli, S.; Tour, J.M.; Krishnamoorti, R. Dispersion of functionalized carbon nanotubes in polystyrene. *Macromolecules* **2002**, 35, 8825–8830.

17. Kojima, Y.; Usuki, A.; Kawasumi, M.; Okada, A.; Fukushima, Y.; Kurauchi, T.T.; Kamigaito, O. Synthesis and mechanical properties of nylon-6/clay hybrid. *J. Mater Res.* **1993**, 8, 1179–1184, 1185–1189.

18. Kojima, Y.; Usuki, A.; Kawasumi, M.; Okada, A.; Kurauchi, T.T.; Kamigaito, O. Synthesis of nylon-6/clay hybrid by montmorillonite intercalated with ϵ-caprolactam. *J. Polym. Sci. A Polym. Chem.* **1993**, 31, 983–986.

19. Vaia R.A.; Ishii, H.; Giannelis, E.P. Synthesis and properties of 2-dimensional nanostructures by direct intercalation of polymer melts in layered silicates. *Chem. Mater.* **1993**, 5, 1694–1696.

20. Lan, T.; Kaviratna, P.D.; Pinnavaia, T.J. Mechanism of clay tactoid exfoliation in epoxy–clay nanocomposites. *Chem. Mater.* **1995**, 7, 2144–2150. Wang, M.S.; Pinnavaia, T.J. Clay polymer nanocomposites formed from acidic derivatives of montmorillonite and an epoxy-resin. *Chem. Mater.* **1994**, 6, 468–474. Pinnavaia, T.J. Intercalated clay catalysts. *Science* **1983**, 220, 365–371.

21. Giannelis, E.P.; et al. Structure and dynamics of polymer/layered silicates nanocomposites. *Chem. Mater.* **1996**, 8, 1728–1764. Polymer layered silicate nanocomposites. *Adv. Mater.* **1996**, 8, 29–35. Nanostructure and properties of polysiloxane-layered silicate nanocomposites. *J. Polym. Sci. B Polym. Phys.* **2000**, 38, 1595–1604.

22. Vaia, R.A.; Jandt, K.D.; Kramer, E.J.; Giannelis, E.P. Microstructural evolution of melt intercalated polymer–organically modified layered silicates nanocomposites. *Chem. Mater.* **1996**, 8, 2628–2635. Vaia, R.A.; Price, G.; Ruth, P.N.; Nguyen, H.T.; Lichtenhan, J. Polymer/layered silicate nanocomposites as high performance ablative materials. *Appl. Clay Sci.* **1999**, 15, 67–92.

23. Kanatzidis, M.G.; Wu, C.-G.; Marcy, H.O.; DeGroot, D.C.; Kannewurf, C.R. Conductive polymer–oxide bronze nanocomposites: intercalated polythiophene in V_2O_5 xerogels. *Chem. Mater.* **1990**, 2, 222–224. Intercalation of poly(ethylene oxide) in vanadium pentoxide xerogel. *Chem. Mater.* **1991**, 3, 992–994. Synthesis, structure, and reactions of poly(ethylene oxide)/V_2O_5 intercalative nanocomposites. *Chem. Mater.* **1996**, 8, 525–535.

24. Iijima, S. Helical microtubules of graphitic carbon. *Nature* **1991**, 354, 56–58.

25. Vaia, R.A.; Giannelis, E.P. Lattice model of polymer melt intercalation in organically-modified layered silicates. *Macromolecules* **1997**, 30, 7990–7999.

26. Vaia, R.A.; Giannelis, E.P. Polymer melt intercalation in organically-modified layered silicates: Model predictions and experiment. *Macromolecules* **1997**, 30, 8000–8009. Equation (2.2) in this chapter differs from equation (6) in Ref. 26. Private discussions with R.A. Vaia clarified that Equation (2.2) as provided here is cor-

rect, and is the same as the authors used for their calculations in Refs. 26 and 25. Equation (6) in Ref. 26 was wrongly put in press due to a typographical error.

27. Balazs, A.C.; Singh, C.; Zhulina, E. Modeling the interactions between polymers and clay surfaces through self-consistent field theory. *Macromolecules* **1998**, 31, 8370–8381.

28. van Oss, C.J.; Chaudhury, M.K.; Good, R.J. Interfacial Lifschitz–van der Waals and polar interactions in macroscopic systems. *Chem. Rev.* **1988**, 88, 927–941.

29. van Oss, C.J.; *Interfacial Forces in Aqueous Media*. Marcel Dekker, New York, 1994.

30. Nuriel, S.; Liu, L.; Barber, A.H.; Wagner, H.D. Direct measurement of multiwall nanotube surface tension. *Chem. Phys. Lett.* **2005**, 404, 263–266.

31. Wu, W.; Giese, R.F.; van Oss, C.J.; Evaluation of the Lifshitz–van der Waals/acid-base approach to determine surface tension components. *Langmuir*, **1995**, 11, 379–382.

32. Israelachvili, J. *Intermolecular and Surface Forces*. Academic Press, San Diego, CA, 1991.

33. Wang, Z.-M.; Nakajima, H.; Manias, E.; Chung, T.C. Exfoliated PP/clay nanocomposites using ammonium-terminated PP as the organic modification for montmorillonite. *Macromolecules* **2003**, 36, 8919–8922.

34. Hasegawa, N.; Kawasumi, M.; Kato, M.; Usuki, A.; Okada, A. Preparation and mechanical properties of polypropylene–clay hybrids using a maleic anhydride–modified polypropylene oligomer. *J. Appl. Polym. Sci.* **1998**, 67, 37–92.

35. Reichert, P.; Nitz, H.; Klinke, S.; Brandsch, R.; Thomann, R.; Mülhaupt, R. Polypropylene/organoclay nanocomposite formation: influence of compatibilizer functionality and organoclay modification. *Macromol. Mater. Eng.* **2000**, 275, 8–17.

36. Kato, M.; Usuki, A.; Okada, A. Synthesis of polypropylene oligomer–clay intercalation compounds. *J. Appl. Polym. Sci.* **1997**, 66, 1781–1785.

37. Kawasumi, M.; Hasegawa, N.; Kato, M.; Usuki, A.; Okada, A. Preparation and mechanical properties of polypropylene–clay hybrids. *Macromolecules* **1997**, 30, 6333–6338.

38. Wang, K.; Liang, S.; Du, R.N.; Zhang, Q.; Fu, Q. The interplay of thermodynamics and shear on the dispersion of polymer nanocomposite. *Polymer* **2004**, 45, 7953–7960.

39. Strawhecker, K.; Manias, E. Structure and properties of poly(vinyl alcohol)/Na$^+$ montmorillonite hybrids. *Chem. Mater.* **2000**, 12, 2943–2949.

40. Xu, R.; Manias, E.; Snyder, A.J.; Runt, J. New biomedical poly(urethane urea)–layered silicate nanocomposites. *Macromolecules* **2001**, 34, 337–339.

41. Xu, R.; Manias, E.; Snyder, A.J.; Runt, J. Low permeability polyurethane nanocomposites. *J. Biomed. Mater. Res.* **2003**, 64A, 114–119.

42. Lincoln, D.M.; Vaia, R.A.; Wang, Z.G.; Hsiao, B.S.; Krishnamoorti, R. Temperature dependence of polymer crystalline morphology in nylon 6/montmorillonite nanocomposites. *Polymer* **2001**, 42, 9975–9985.

43. Lincoln, D.M.; Vaia, R.A.; Wang, Z.G.; Hsiao, B.S. Secondary structure and elevated temperature crystallite morphology of nylon-6/layered silicate nanocomposites. *Polymer* **2001**, 42, 1621–1631.

44. Lincoln, D.M.; Vaia, R.A.; Krishnamoorti, R. Isothermal crystallization of nylon-6/montmorillonite nanocomposites. *Macromolecules* **2004**, 37, 4554–4561.

45. Morgan, A.B.; Harris, J.D. Exfoliated polystyrene–clay nanocomposites synthesized by solvent blending with sonication. *Polymer* **2004**, 45, 8695–3703.

46. Wolf, D.; Fuchs, A.; Wagenknecht, U.; Kretzschmar, B.; Jehnichen, D.; Häussler, L. Nanocomposites of polyolefin clay hybrids, in: *Proceedings of Eurofiller'99, Lyon-Villeurbanne*, France, 1999, pp. 6–9.

47. Vaia, R.A.; Jandt, K.D.; Kramer, E.J.; Giannelis, E.P. Kinetics of polymer melt intercalation. *Macromolecules* **1995**, 28, 8080–8085.

48. Manias, E.; Chen, H.; Krishnamoorti, R.K.; Genzer, J.; Kramer, E.J.; Giannelis, E.P. Intercalation kinetics of poly(styrene)/silicate nanocomposites. *Macromolecules* **2000**, 33, 7955–7966.

49. Manias, E.; Touny, A.; Wu, L.; Strawhecker, K.; Lu, B.; Chung, T.C. Polypropylene/montmorillonite nanocomposite materials: a review of synthetic routes and materials properties. *Chem. Mater.* **2001**, 13, 3516–3523.

50. Oya, A.; Kurokawa, Y.; Yasuda, H. Factors controlling mechanical properties of clay mineral/polypropylene nanocomposites. *J. Mater. Sci.* **2000**, 35, 1045–1050.

51. Messersmith, P.B.; Giannelis, E.P. Polymer-layered silicate nanocomposites: in situ intercalative polymerization of ϵ-caprolactone in layered silicates. *Chem. Mater.* **1993**, 5, 1064–1066.

52. Messersmith, P.B.; Gianellis, E. Synthesis and barrier properties of poly(ϵ-caprolactone)–layered silicate nanocomposites. *J. Polym. Sci. Polym. Chem.* **1995**, 33, 1047–1057.

53. Bahr, J.L.; Tour, J.M. Covalent chemistry of single-wall carbon nanotubes. *J. Mater. Chem.* **2002**, 12, 1952–1958.

54. Sinnott, S.B. Chemical functionalization of carbon nanotubes. *J. Nanosci. Nanotechnol.* **2002**, 2, 113–123.

55. Ramanathan, T.; Liu, H.; Brinson, L.C. Functionalized SWNT/polymer nanocomposites for dramatic property enhancement. *J Polym. Sci. B Polym. Phys.* **2005**, 43; 2269–2279.

56. Xie, X.L.; Mai, Y.-W.; Zhou, X.P. Dispersion and alignment of carbon nanotubes in polymer matrix: a review. *Mater. Sci. Eng. R Rep.* **2005**, 49, 89–112.

57. Wise, K.E.; Park, C.; Siochi, E.J.; Harrison, J.S. Stable dispersion of single wall carbon nanotubes in polyimide: the role of noncovalent interactions. *Chem. Phys. Lett.* **2004**, 391, 207–211.

58. Moon, S.; Jin, F.; Lee, C.-J.; Tsutsumi, S.; Hyon, S.-H. Novel carbon nanotube/poly(l-lactic acid) nanocomposites; their modulus, thermal stability, and electrical conductivity. *Macromol. Symp.* **2005**, 224, 237–295.

59. Paiva, M.C.; Zhou, B.; Fernando, K.A.S.; Lin, Y.; Kennedy, J.M.; Sun, Y-P. Mechanical and morphological characterization of polymer–carbon nanocomposites from functionalized carbon nanotubes. *Carbon*, **2004**, 42, 2849–2854.

60. Putz, K.W.; Mitchell, C.A.; Krishnamoorti, R.; Green, P.F. Elastic modulus of single-walled carbon nanotube/poly(methyl methacrylate) nanocomposites. *J. Polym. Sci. B Polym. Phys.* **2004**, 42, 2286–2293.

61. Jia, Z.; Wang, Z.; Xu, C.; Liang, J.; Wei, B.; Wu, D.; and Zhu, S. Study on poly(methyl methacrylate)/carbon nanotube composites. *Mater. Sci. Eng. A* **1999**,

271, 395–400.

62. Costache, M.C.; Wang, D.; Heidecker, M.J.; Manias, E.; Wilkie, C.A. The thermal degradation of poly(methyl methacrylate) nanocomposites. *Polym. Adv. Technol.* **2006**, In press.

63. Tang, W.; Santare, M.H.; Advani, S.G. Melt processing and mechanical property characterization of multi-walled carbon nanotube/high density polyethylene (MWNT/HDPE) composite films. *Carbon* **2003**, 41; 2779–2785.

64. Manchado, M.A.L.; Valentini, L.; Biagiotti, J.; Kenny, J.M. Thermal and mechanical properties of single-walled carbon nanotubes: polypropylene composites prepared by melt processing. *Carbon* **2005**, 43, 1499–1505.

65. Meincke, O.; Kaempfer, D.; Weickmann, H.; Friedrich, C.; Vathauer, M.; Warth, H. Mechanical properties and electrical conductivity of carbon-nanotube filled polyamide-6 and its blends with acrylonitrile/butadiene/styrene. *Polymer* **2004**, 45, 739–748.

66. Vaia, R.A.; Liu, W.D. X-ray powder diffraction of polymer/layered silicate nanocomposites: model and practice. *J. Polym. Sci. B Polym. Phys.* **2002**, 40, 1590–1600.

67. Hanley, H.J.M.; Muzny, C.D.; Ho, D.L.; Glinka, C.J.; Manias, E. A SANS study of organo-clay dispersions. *Int. J. Thermophys.* **2001**, 22, 1435–1448.

68. Vaia, R.A.; Liu, W.D.; Koerner, H. Analysis of small-angle scattering of suspensions of organically modified montmorillonite: implications to phase behavior of polymer nanocomposites. *J. Polym. Sci. B Polym. Phys.* **2003**, 41, 3214–3236.

69. Drummy, L.F.; Koerner, H.; Farmer, K.; Tan, A.; Farmer, B.L.; Vaia, R.A. High-resolution electron microscopy of montmorillonite and montmorillonite/epoxy nanocomposites. *J. Phys. Chem. B.* **2005**, 109, 17868–17378.

70. Krishnamoorti, R.; Giannelis, E.P. Strain hardening in model polymer brushes under shear. *Langmuir* **2001**, 17, 1448–1452.

71. Strawhecker, K.; Manias, E. AFM studies of poly(vinyl alcohol) crystallization next to an inorganic surface. *Macromolecules* **2001**, 34, 8475–8482.

72. Giannelis, E.P. unpublished data.

73. Wang, Z.M.; Chung, T.C.; Gilman, J.W.; Manias. E. Melt-processable syndiotactic polystyrene/montmorillonite nanocomposites. *J. Polym. Sci. B Polym. Phys.* **2003**, 41, 3173–3137.

74. Strawhecker, K.; Manias, E. Crystallization behavior of poly(ethylene oxide) in the presence of Na^+ montmorillonite fillers. *Chem. Mater.* **2003**, 15, 844–849.

75. Bhattacharyya, A.R.; Sreekumar, T.V.; Liu, T.; Kumar, S.; Ericson, L.M.; Hauge, R.H.; Smalley, R.E. Crystallization and orientation studies in polypropylene/single wall carbon nanotube composite. *Polymer* **2003**, 44, 2373–2377.

76. Valentini, L.; Biagiotti, J.; Kenny, J.M.; Santucci, S. Morphological characterization of single-walled carbon nanotubes–PP composites. *Compos. Sci. Technol.* **2003**, 63, 1149–1153.

77. Grady, B.P.; Pompeo, F.; Shambaugh, R.L.; Resasco, D.E. Nucleation of polypropylene crystallization by single-walled carbon nanotubes. *J. Phys. Chem. B* **2002**, 106, 5852–5858.

78. Sandler, J.K.W.; Pegel, S.; Cadek, M.; Gojny, F.; Es, M.V.; Lohmar, J.; Blau; W.J. Schulte, K.; Windle, A.H.; Shaffer, M.S.P. A comparative study of melt spun polyamide-12 fibres reinforced with carbon nanotubes and nanofibres. *Polymer* **2004**, 45, 2001–2015.

79. Ryan, K.P.; Lipson, S.M.; Drury, A.; Cadek, M.; Ruether, M.; O'Flaherty, S.M.; Barron, V.; McCarthy, B.; Byrne, H.J.; Blau, W.J.; Coleman, J.N. Carbon-nanotube nucleated crystallinity in a conjugated polymer based composite. *Chem. Phys. Lett.* **2004**, 391, 329–333.

80. Zhang, S.; Zhang, N.; Huang, C.; Ren, K.; Zhang, Q. Microstructure and electrome-chanical properties of carbon nanotube/poly(vinylidene fluoride–trifluoroethylene–chlorofluoroethylene) composites. *Adv. Mater.* **2005**, 17, 1897–1901.

81. Goh, H.W.; Goh, S.H.; Xu, G.Q.; Pramoda, K.P.; Zhang, W.D. Crystallization and dynamic behavior of double-C60-end-capped poly(ethylene oxide)/multi-walled car-bon nanotube composites. *Chem. Phys. Lett.*, **2003**, 379, 236–241.

82. Liu, T.; Phang, I.Y.; Shen, L.; Chow, S.Y.; Zhang, W.-D. Morphology and mechan-ical properties of multiwalled carbon nanotubes reinforced nylon-6 composites. *Macromolecules* **2004**, 37, 7214–7222.

83. Li, C.Y.; Li, L.; Cai, W.; Kodjie, S.L.; Tenneti, K. Nanohybrid shishkebabs: peri-odically functionalized nanotubes. *Adv. Mater.* **2005**, 17, 1198–1202.

84. Fornes, T.D.; Yoon, P.J.; Keskkula, H.; Paul, D.R. Nylon 6 nanocomposites: the effect of matrix molecular weight. *Polymer* **2001**, 42, 9929–9940.

85. Pattanayak, A.; Jana, S.C. Properties of bulk-polymerized thermoplastic poly-urethane nanocomposites. *Polymer* **2005**, 46, 3394–3406.

86. Halpin, J.C.; Tsai, S.W. Environmental factors estimation in composite materials design. *AFML Trans.* **1967**, pp. 67–423. Halpin, J.C. *Primer on Composite Materials Analysis*, 2nd ed. Technomic Publishing, Lancaster, PA, 1992.

87. Mori, T.; Tanaka, K. Average stress in matrix and average energy of materials with misfitting inclusions. *Acta Metall.* **1973**, 21, 571–574.

88. Brune, D.A.; Bicerano, J. Micromechanics of nanocomposites: comparison of tensile and compressive elastic moduli, and prediction of effects of incomplete exfoliation and imperfect alignment on modulus. *Polymer* **2002**, 43, 369–337.

89. Wang, J.; Pyrz, R. Prediction of the overall moduli of layered-silicate reinforced nanocomposites, I: Basic theory and formulas. *Compos. Sci. Technol.* **2004**, 64, 925–934.

90. Wang, J.; Pyrz, R. Prediction of the overall moduli of layered-silicate reinforced nanocomposites, II: Analyses. *Compos. Sci. Technol.* **2004**, 64, 935–944.

91. Shia, D.; Hui, C.Y.; Burnside, S.D.; Giannelis, E.P. An interface model for the prediction of Young's modulus of layered silicate elastomer nanocomposites. *Polym. Compos.* **1998**, 19, 608–617.

92. Barber, A.H.; Cohen, S.R.; Wagner, H.D. Measurement of carbon nanotube–polymer interfacial strength. *Appl. Phys. Lett.* **2003**, 82, 4140–4142.

93. Barber, A.H.; Cohen, S.R.; Kenig, S.; Wagner, H.D. Interfacial fracture energy mea-surements for multi-walled carbon nanotubes pulled from a polymer matrix. *Compos. Sci. Technol.* **2004**, 64, 2283–2289.

94. Frankland, S.J.V.; Caglar, A.; Brenner, D.W.; Griebel, M. Molecular simulation of the influence of chemical cross-links on the shear strength of carbon nanotube–polymer interfaces. *J. Phys. Chem. B* **2002**, 106, 3046–3048.

95. Huh, J.Y.; Manias, E. unpublished data.

96. Chassapis, C.S.; Petrou, J.K.; Petropoulos, J.H.; Theodorou, D.N. Analysis of com-puted trajectories of penetrant micromolecules in a simulated polymeric material. *Macromolecules* **1996**, 29, 3615–3624.

97. Nielsen, L.E. Models for the permeability of filled polymer systems. *J. Macromol.*

Sci. (Chem.) **1967**, A1, 929–942.

98. Cussler, E.L.; Hughes, S.E.; Ward, W.J.; Aris, R. Barrier membranes. *J. Membr. Sci.* **1988**, 38, 161–174.

99. Fredrickson, G.H.; Bicerano, J. Barrier properties of oriented disk composites. *J. Chem. Phys.* **1999**, 110, 2181–2188.

100. Bharadwaj, R.K. Modeling the barrier properties of polymer-layered silicate nano-composites. *Macromolecules* **2001**, 34, 9189–9192.

3. 聚合物/黏土纳米复合材料阻燃机理[①]

Jeffrey W. Gilman

National Institute of Standards and Technology, Gaithersburg, Maryland

3.1 引言

十年前,有机溴系阻燃剂体系引发的潜在环境问题激发了人们寻找无卤阻燃方法的积极性。起初,研究重点集中于新型磷系阻燃剂,例如许多出版物与专利[1-8]。同时,基于一些其他元素(如硼系[9]及硅系[10])的无卤阻燃体系的研究也在如火如荼地进行。就在这时,大量有关添加剂与填料(粒径主要为纳米级)的研究,促成了聚合物纳米复合材料。这些材料的多种物理性能在填料量为 10% 于微米级添加剂所需用量时就能都获得提高[11]。新型阻燃剂与聚合物纳米复合材料,这两个领域的交叉研究促成了一种新型的基于纳米复合材料的阻燃剂。

本节,将简述聚合物/黏土纳米复合材料的早期发展,以及有关其阻燃性能的早期研究。下一节,将综述几项致力于聚合物/黏土纳米复合体系阻燃机理的研究。需要说明的是,我们的初衷并不是综述所有有关聚合物纳米体系阻燃性的研究;而只是尝试着对 NIST 及其他一些研究团队的研究成果进行分析讨论,以对聚合物/黏土纳米体系的阻燃机理提出客观的见解与看法。

有关聚合物纳米复合体系(即最初为聚合物与纳米级层状硅酸盐复合材料)的研究始于 20 世纪 50 年代末,这是 1947 年 Carter 等[12]发表的第一篇相关专利;随后,70 年代初 Nahin 与 Backlund[13]发表了一些专利。另外,在此期间 Blumstein[14]、Dekking[15]、Freidlander[16]也发表了数篇相关论文,该三篇文章都着重于研究在 MMT 片层间将乙烯基单体原位聚合制备纳米复合材料。这些早期研究

---

① 该项研究是由国家标准与技术研究院(NIST)组织进行的,该单位隶属于美国政府,在美国依法不受版权法的制约。文中所涉及的设备、仪器、材料以及制造公司都已经详细鉴定,为的是详细说明实验过程。但这并不受 NIST 的赞同与推荐。原则上,NIST 要求其所有出版物中的计量单位应为公制单位,并标明所有独创性实验的不确定度;然而,本文也使用了一些 NIST 之外研究者的实验数据,这些数据中可能包含非公制单位或未标明可信度的数据。

中,大多数为极高黏土添加量(50%)的聚合物/黏土纳米复合材料,这远远高于现今研究大多使用的添加量(5%)。然而,这确实开启了一个新的研究领域,且研究热度正在逐年上升[17]。

近来,较低填料量(1% ~ 10%)的聚合物/黏土纳米复合材料成为了研究重点,如20世纪70年代—80年代中期通用汽车(GM)[18]、帝国化学工业(ICI)[19]、杜邦公司[20]发表的相关专利。其中,GM的专利主要声明黏土可替代三氧化二锑;ICI的专利声明"剥离型蛭石"可赋予可发性聚苯乙烯珠粒(EPS)以自熄性,并提高其成炭性;杜邦公司的专利也讨论了聚合物/黏土纳米复合材料的阻燃性,但仅声明了黏土可作为传统阻燃体系中的抗滴落剂使用,实验表明体系的成炭性得到了提高,但研究人员却认为这是聚酯基体的作用。此外,1981年Toyota的Kami-gato等也发表了原位聚合法制备苯乙烯、异戊二烯、醋酸乙烯酯以及己内酰胺复合体系的专利[21],其中一项声明富含黏土的复合材料具备阻燃性,但未能提供相关实验数据。同样地,1976年Unitika发表的专利也出现了类似的情况[22]。尽管其中一些专利表明了有机黏土可赋予复合材料自熄性或可使体系通过阻燃性能评级(例如UL-94 V-0级及其他燃烧性能测试(如ste隧道试验UL-910)),但直到90年代中期才出现有关纳米复合材料成炭阻燃性的研究。

据NIST与康奈尔大学的研究人员报道,纳米复合材料(不含阻燃剂)可降低聚合物基体的可燃性,并提高其成炭性。Giannelis等发现[23,24],在小火测试中,聚乙酸内酯(PCL)与脂肪族聚醚酰亚胺纳米复合材料具备自熄性。NIST的研究人员使用Cone和辐射气化装置对PA6、PS以及PP-g-MA/MMT纳米体系进行了阻燃性能测试,结果表明纳米体系的成炭性获得了提高,且可燃性(释热速率峰值或质量损失速率峰值)降低了75%[25-27]。大多数情况下,含碳炭层的质量分数仅为2% ~ 5%,因此总释热速率(THR)并不发生明显变化。此外,点燃时间TTI通常不变,甚至有时会缩短。然而,纳米填料可在降低聚合物释热速率峰值的同时提高物理性能,这两者兼具的特性是传统阻燃剂所不具备的。目前,大量文献研究聚焦于该领域,其中一些致力于讨论黏土纳米复合材料的阻燃机理[28-42]。

3.2 阻燃机理

3.2.1 聚苯乙烯/黏土纳米复合材料

1998年,美国相关政府部门与企业合作,组成了一个专门研究聚合物/黏土纳米复合体系阻燃机理的协会[43]。该协会的目的之一是探究多个特定参数对聚合物/黏土纳米体系阻燃性的影响,并以此阐释阻燃机理。辐射气化装置是用于研究纳米复合材料阻燃机理的主要仪器之一,该仪器可研究模拟火焰热辐照下材料固

相在 N_2 气氛中的热解过程,该 N_2 气氛可供专门研究无燃烧火焰干扰下样品的热解过程,该仪器结构图如图 3.1 所示。Gilman 等[26]与 Zanneti 等[44]报道了使用辐射气化装置测定的质量损失速率(MLR)与 Cone 法所测释热速率(HRR)之间的相关性,并详细说明了实验方法。

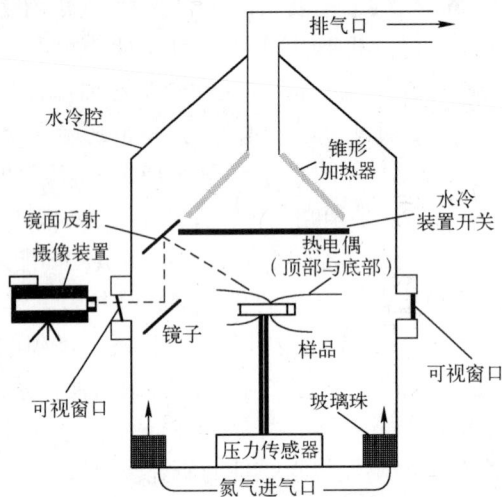

图 3.1　辐射气化装置

早期研究发现,纳米复合材料在燃烧(或热解)时可形成黏土增强含碳炭层。这对单独燃烧(或热解)时成炭量极少或不成炭的基体树脂(PS、PP-g-MA、PA6 以及 EVA)而言,具有十分重要的意义。图 3.2 所示为 PS/黏土纳米复合材料于 N_2 气氛热解时炭层的形成过程。

1990 年,Sonobe 等[45-47]报道称,MMT 可与不成炭聚合物诱导形成石墨化前体材料。据推测,这与许多聚合物/黏土纳米复合材料燃烧时一样,形成含碳层,而产生"封闭"作用和"焦化"现象。应当注意的是,尽管复合体系的释热速率峰值(pHRR)降低了 75%,但总释热速率却无明显降低。由此可见,复合体系在燃烧(或热解)过程中由含碳炭层与黏土组成了阻燃隔热层,有效降低了热传导速率与热解速率。

Morgan 等[48]使用辐射气化装置详细研究了 PS/黏土纳米复合材料的成炭过程。该仪器配备了水冷装置(可于特定时间停止样品的热解),由此可制得一系列热解历史的纳米复合材料残留物;同时可测得实验过程中的质量损失速率(MLR),MLR 对预测材料的 HRR 具有十分好的指导作用,它表征了可燃气体释放量随时间的变化。裂解过程中,MLR 越大则可燃气体释放量越大,从而有氧燃烧的释热量越大。实际上,并非所有热解产生的气体都是可燃的,有些阻燃剂(如卤系阻燃剂)可释放大量的不可燃气体。对聚合物/黏土纳米复合体系而言,因为样品中不含气相作用阻燃剂,故热解产生的所有气体都可燃。

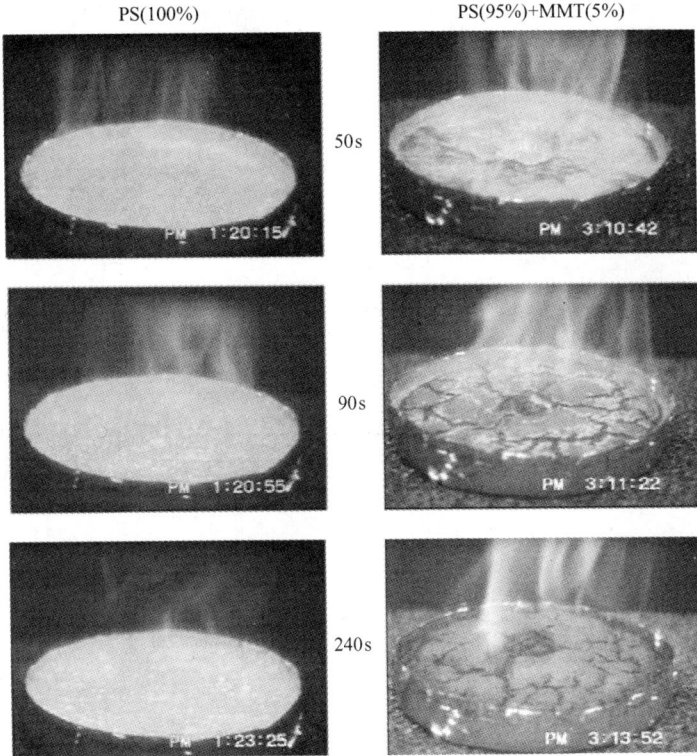

图 3.2　辐射气化装置中,PS 与 PS/OMMT(5%)纳米复合材料在三个不同热解时间
的形貌照片(试验氛围为 N_2),表明纳米分散黏土可显著提高 PS 的成炭性

图 3.3 所示为 PS、PS/Na^+MMT(微米级分散)及 PS/MMT(10%)纳米复合材
料(插层与剥离型混合结构,TEM 照片如图 3.4(a)所示)的质量损失速率(MLR)。
样品的热解特征时间分别为 82s、95s、200s、400s 以及 1150s,这些时间分别对应于
PS 纳米复合材料热解与燃烧过程的特征行为。分别地,82s 时样品刚开始裂解;
95s 时的 pMLR 可相关于 pHRR;200s 时为裂解平稳阶段初期;400s 时为裂解平稳
阶段末期,对应于发生自熄与质量损失的最后阶段;1150s 时为裂解末期并对应试
样的完全热裂。

以上 5 个不同热解特征时间样品的形貌照片如图 3.5～图 3.9 所示。由这些
照片可见,裂解初期黏土—含碳炭层厚度较薄,但随着裂解的进行炭层量逐渐增
加,直到 400s 时的大量成炭及 1150s 时试样几乎全部成炭。对 5 个裂解特征时间
点的残留物分别进行三个不同位置的取样,分别为表层、中间层及底层;并对这 15
个样品进行了 XRD 与 TGA 表征,如图 3.10 所示。

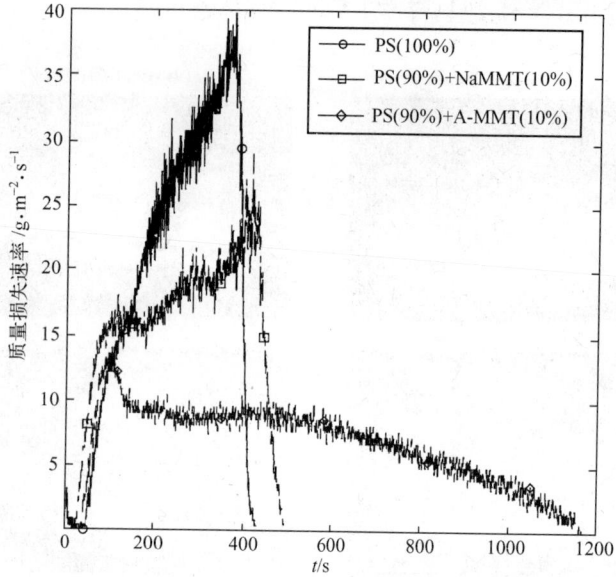

图 3.3　PS、PS/Na⁺MMT(10%)微米级复合材料及 PS/ MMT(10%)纳米
级复合材料(插层—剥离型混合结构)的质量损失速率(MLR)。
裂解特征时间点分别为 82s、95s、200s、400s 及 1150s

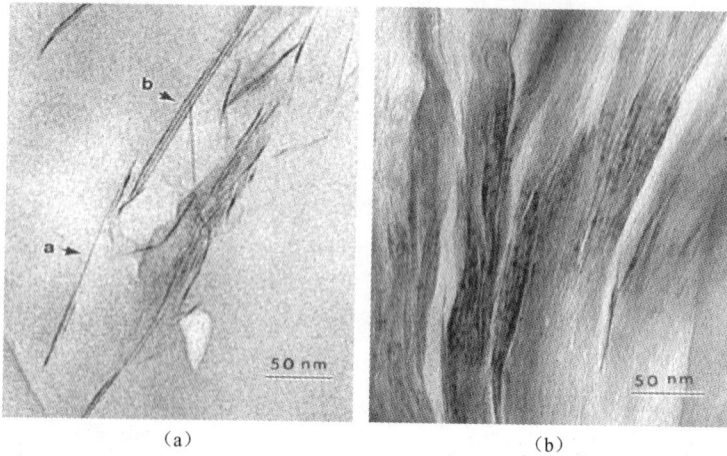

（a）　　　　　　　　　　　　（b）

图 3.4　裂解前(a)与裂解后(b),PS/MMT(10%)纳米复合材料中 MMT 片层的 TEM 照片

　　如图 3.11 所示,不同裂解特征时间与取样位置的试样 XRD 数据(d-层间距
(001 峰))。XRD 数据显示,PS/黏土纳米复合材料裂解较短时间后,所形成黏土
炭层的结构基本不随裂解时间发生变化。由图 3.5 ~ 图 3.9 所示的不断增加的炭
层厚度以及图 3.10 的 XRD 数据可知,随裂解的进行试样形成的黏土炭层厚度不

断增大。最初裂解后,黏土炭层的层间距约为 1.3nm;由图 3.4(b)所示 1150s 残留物的 TEM 照片可观察到,此时残留物黏土炭层中的 MMT 片层是低层间距密集分布的。此外,早期有关 PS 纳米复合材料与 PA6 纳米复合材料炭层[25]的研究表明二者有相近的 XRD 结果,同样可见 Kashiwagi 等[30]所作有关 PA6 纳米复合材料的研究。

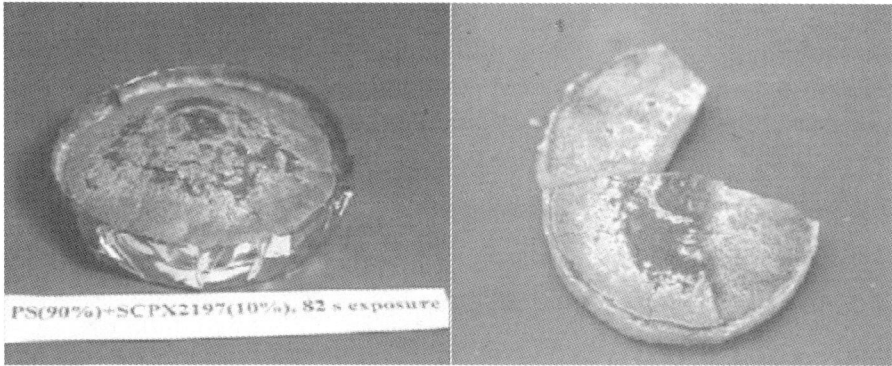

图 3.5　裂解 82s 时的 PS/MMT(10%)纳米复合材料残留物。右图所示
为残余物横截面及表面炭层被部分移除后的残留物

图 3.6　裂解 95s 时的 PS/MMT(10%)纳米复合材料残留物。右图所示为残余物
横截面以及表面炭层被部分移除后的残留物

如图 3.12 所示,Morgan[48]对 PS 纳米复合材料的裂解残留物进行了 TGA 表征,所得数据可对黏土炭层的特性研究提供更多有价值的信息。四个较长裂解时间的样品(95s、200s、400s 及 1150s)于空气中的平均质量损失率为 $(28.7 \pm 6.2)\%(\sigma)$。假设此时裂解残留物(质量分数为 71.3%)为较高密度的黏土与含碳炭层(密度分别为 $2.1g/cm^3$ 与 $1.0g/cm^3$),黏土炭层中黏土与含碳材料的体积比应为 1:1;该结论与 1150s 时裂解残留物的 TEM 照片(图 3.4(b))相符。

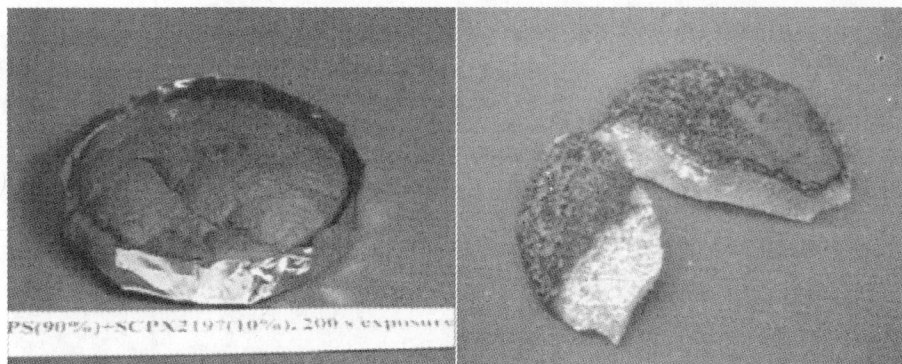

图 3.7 裂解 200s 时的 PS/MMT(10%)纳米复合材料残留物。右图所示为残余物
横截面以及表面炭层被部分移除后的残留物

图 3.8 裂解 400s 时的 PS/MMT(10%)纳米复合材料残留物。右图所示为
残余物横截面以及表面炭层被部分移除后的残留物

图 3.9 裂解 1150s 时的 PS/MMT(10%)纳米复合材料残留物。右图所示为残余
物横截面以及表面炭层被部分移除后的残留物

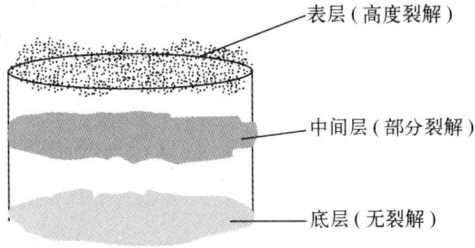

表层（高度裂解）

中间层（部分裂解）

底层（无裂解）

图 3.10 用作 XRD 与 TGA 表征的裂解残留物不同取样位置
（上表面、中间层及下表面）示意图

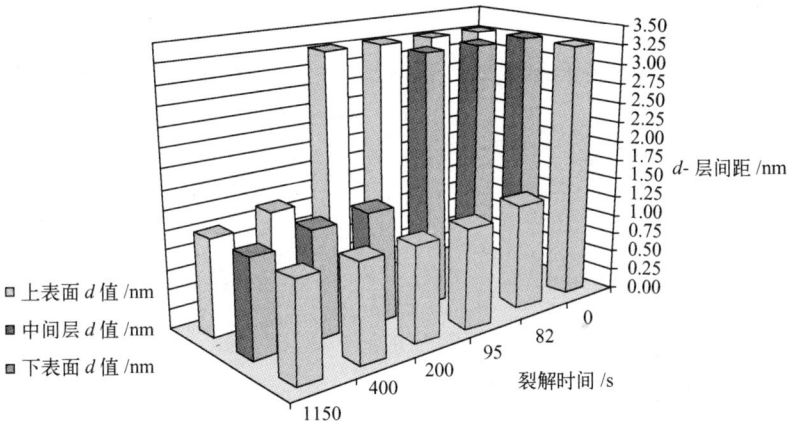

图 3.11 不同裂解时间与不同取样位置的黏土炭层 d-层间距，
随裂解的进行由 3.27nm 降至 1.3nm

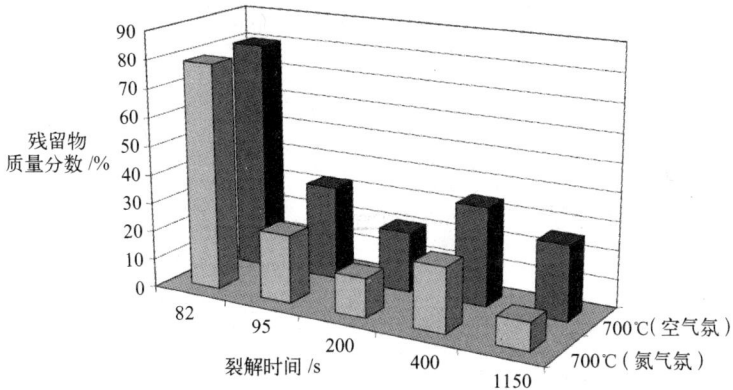

图 3.12 不同裂解特征时间残留物表层的黏土炭层 TGA 数据（氮气与空气氛）

此外，将氮气与空气氛的黏土炭层 TGA 数据进行对比还可得到更多有关黏土炭层的信息(图3.12)。四个较长裂解时间的样品(95s、200s、400s及1150s)于氮气中的平均质量损失率为(17.5±6.8)%(σ),小于空气氛中的平均质量损失率(28.7%)。两种气氛下质量损失率的差异表明黏土炭层中有两种含碳材料:一种可在氮气氛中加热气化,另一种需在空气氛中加热才能发生热氧降解而完全消除。由TGA数据可得,这两种含碳材料的质量分数比为1.5:1;后者的热稳定性更佳。

由XRD与TGA数据分析可得,裂解过程中PS/MMT纳米体系形成了一种d-层间距为1.3nm的层状结构黏土炭层(图3.11)。该黏土炭层含总质量分数为28%的两种含碳材料,二者的热氧稳定性为其主要差别。尽管该炭层特征性研究对阐释纳米黏土炭层的形成机理用处不大,但可使读者对黏土—含碳炭层的本质与特性有一个较为全面的认识。

3.2.2 聚丙烯/黏土纳米复合材料

与PS/MMT纳米体系炭层的分析结果相反的是,马来酸酐(MA)接枝PP(PP-g-MA)/MMT纳米体系的炭层无XRD特征性;而TEM法(图3.13)则可较好地验证炭层中黏土片层的无序结构。应用辐射气化装置,采用与前述对PS/黏土体系炭层同样的研究方法对PP/黏土纳米体系的成炭过程进行研究,这两个研究都属于前述NIST协会研究的一部分。该项研究中,PP-g-MA是作为一种可提高基体中有机改性黏土剥离度的相容剂而添加的;Toyota的研究人员已成功运用该法

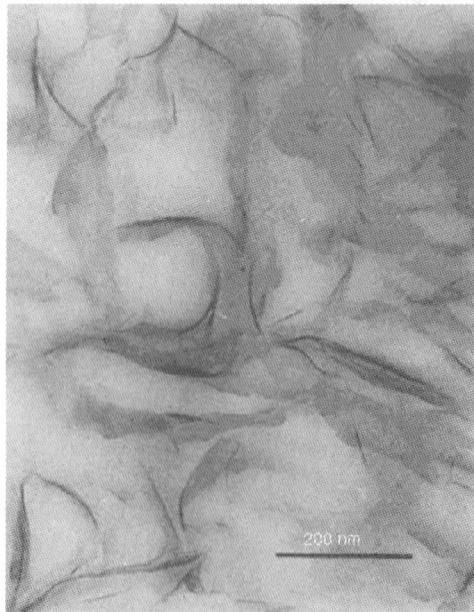

图3.13 PP-g-MA/MMT(4%)纳米复合材料裂解残留物的TEM照片,
验证了残留物中黏土片层的无序结构

制备力学性能获得提高的 PP/黏土纳米体系[49]。从图 3.14 中 3 张氮气氛裂解残留物照片可看出，添加 PP-g-MA（15%）对 PP/黏土纳米体系成炭性的影响。PP/MMT（5%）纳米复合材料（图 3.14（a））是一种插层结构，氮气氛裂解后无黑色的含碳炭层形成，而仅有 MMT 残留物。然而，两个添加了 PP-g-MA（15%）的纳米体系（图 3.14（b）、图 3.14（c)）的成炭性都获得了有效提高，且随 MMT 质量分数的增加（由 2% 到 5%），炭层的质量也明显提高（裂缝减少且结构连续性提高）。由此看来，MMT 的添加量及 PP-g-MA 对高质量炭层（少裂缝）的形成是至关重要的。

图 3.14　三种纳米体系在氮气氛下的裂解残留物数码照片
（a）PP/MMT（5%）；（b）PP/PP-g-MA（15%）/MMT（2%）；（c）PP/PP-g-MA（15%）/MMT（5%）。

该性能提高的原因可能是，PP-g-MA 提高了纳米体系的剥离度。然而，更为可能的是 PP-g-MA 在体系中发挥着双重作用：既提高了黏土片层的分散程度，又可在聚合物裂解时促进成炭。Manias 对 PP 纳米体系阻燃性能的研究表明（暂未发表），PP-g-MA 可直接作用于黏土成炭。该项研究中，通过 PP 极性共聚单体与有机黏土共聚合制备 PP 共聚物[50]，该体系不含 PP-g-MA，但具有极佳的剥离型结构。然而该 PP/黏土纳米复合材料的可燃性仅稍微降低，这说明了 PP-g-MA 在提高体系阻燃性能时发挥着重要作用，据推测该作用可能为成炭助剂。

在一项有关黏土和碳纳米管（CNT）纳米复合材料阻燃性能的研究中[30,51]，Kashiwagi 等提出了纳米体系另一个极为重要的阻燃作用机理。据先前使用辐射气化装置进行的研究报道[26]，PA6/黏土纳米复合材料在裂解时其上表面炭层会发生富集。Kashiwagi 对该"富集炭层"的形成过程进行了详尽的研究，提出了表面炭层的"均向覆盖"机理[30]；研究表明这是一个十分复杂的动态过程，包括聚合物的断链、表面改性剂降解及气泡的迁移与破裂。在该项研究以及一项与此类似的有关 PMMA/CNT 纳米体系的研究中，Kashiwagi 等提出裂解时纳米粒子在聚合物熔体中的均向分布必须保持，只有这样才能避免纳米粒子发生团聚或相分离，并有效抑制残留物中裂缝的形成，保证炭层对残留物表面的连续性覆盖。通过对聚合物/CNT 纳米体系进行的黏弹性测试发现[52]，裂解时连续性炭层的形成与其低频凝胶特性直接相关。据推测,该特性不仅可防止纳米粒子(黏土、CNT 等)发生相分离,也可降低熔体中气体的释出速率以及抑制垂直燃烧(如 UL-94 测试)时融滴的产生。

同时,NIST 协会的研究结果也十分支持上述观点,即均匀的炭层对高效热阻隔起着至关重要的作用。如图 3.15 所示,对比了三个不同 PP/PP-g-MA/黏土纳米体系与 PP/PP-g-MA 体系的质量损失速率(MLR),图 3.16～图 3.18 所示为三个纳米体系裂解后的残留物。由图可以看出,裂解后几乎没有含碳物(黑色)形成。三个纳米体系中,氟化合成云母石(FSM)体系的 MLR 最低。这是因为,相对于其他两个体系,FSM 体系形成了更加连续的无裂缝炭层(图 3.18 与图 3.16 及图 3.17 颜色有异)。与此相对应的是 Morgan 的研究结论[53],在锥形量热仪(Cone)测试中,裂解后 EVA/合成黏土体系可比 EVA/MMT 体系形成更为连续的炭层。

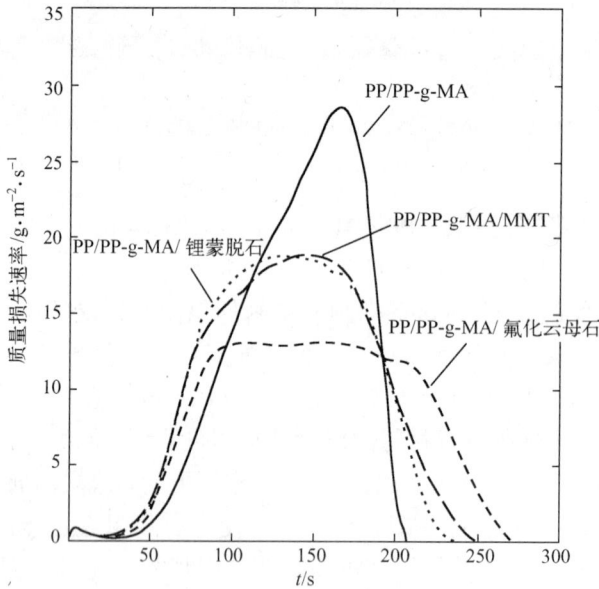

图 3.15　不同类型黏土对 PP(84.6%)/PP-g-MA(7.7%)/黏土(7.7%)复合体系质量损失速率的影响(辐射热流量 50kW/m², N₂ 气氛)

综上所述,在 PS 与 PP/黏土纳米复合体系中,均匀的黏土炭层与额外的含碳炭层对材料表面"均相覆盖"高效热阻隔防护层的形成以及可燃性的降低都是至关重要的。需要注意的是,因为含碳炭层的生成量是极少的,所以炭层发挥阻燃作用主要是通过有效防止纳米粒子的二次团聚以提高多孔炭层的热阻隔性来实现的。

图 3. 16　PP(84.6%)/PP-g-MA(7.7%)/MMT(7.7%)裂解残留物

图 3. 17　PP(84.6%)/PP-g-MA(7.7%)/改性锂蒙脱石(7.7%)
裂解残留物

图 3. 18　PP(84.6%)/PP-g-MA(7.7%)/合成云母石(7.7%)裂解残留物

Inan 等研究了 PA6/黏土纳米复合材料的阻燃性能[54]，并很好地阐释了炭层在决定纳米体系阻燃性能时发挥的主要热阻隔作用。该项研究中，作者将 PA6 纳米复合材料样品放置于单一 PA6 样品上面，组成"复合样品"（样品皆为模压成型）进行 Cone 测试，所得 pHRR 仅为两个样品都为纳米复合材料时的 77%；因为"复合样品"中仅有 1/2 是含有纳米黏土的，所以该结果十分令人意外。此外，Inan 等还通过在样品底面植入热电偶，测得了 Cone 测试过程中样品的升温速率，得知"复合样品"的升温速率仅为样品全为单一 PA6 时的 70%。该结果表明，一旦"复合样品"的纳米复合材料部分发生热解，并在上表面形成黏土—含碳炭层，则其热阻隔性可"保护"到下半部分的单一 PA6，表现为可燃性的降低。Inan 等还阐释了纳米体系点燃时间(TTI)有时缩短的原因，他们发现通过原位聚合法制备的 PA6/黏土(不含有机改性剂)纳米复合材料的 TTI 比熔融共混法制备的 PA6/有机改性黏土(含有机改性剂)纳米复合材料有所延长。

此外，Morgan 等也研究了黏土改性剂对 PP/PP-g-MA/黏土纳米体系 TTI 的影响。该项研究中，小心地去除多余有机黏土(即去除了多余的有机改性剂)，可使得纳米体系的 TTI 延长 17%[55]。

3.2.3　聚合物/黏土纳米复合材料的热分析

3.2.2 小节的数据表明，聚合物(PS、PA6 及 PP-g-MA)与黏土间似乎存在着催化反应以提高成炭性，通常表现为 pHRR 或 MLR 的降低。然而，也有数据显示即使不能形成大量的炭层，体系的 pHRR 也会有 50% ~ 60% 的降低(如 PP/PP - g - MA/合成云母石体系)。由此可见，纳米体系的主要阻燃机理应至少有以下两点：①提高成炭性；②无机残留物的作用。该双重作用较好地阐释了不同聚合物基纳米体系的阻燃作用效率为什么会有所不同。

Wilkie 等为更深入地探究黏土纳米复合材料的阻燃机理，研究了黏土对 11 种以上不同聚合物热降解行为的影响；此外，该研究还尝试地研究了热分析数据与 Cone 法所测阻燃性能之间的相关性[35,56-60]。该法通过 GC-MS(气相色谱—质谱联用)分析由低温法收集的 TGA 降解产物，研究了未添加黏土与添加黏土时聚合物的热降解过程。Wilkie 等[35,56-60]发现，聚合物/黏土纳米复合材料的热降解行为与阻燃性能间存在着一定的联系。特别地，当黏土对聚合物的热降解产物产生较大影响时，阻燃性受到的影响也越大。此外，对以自由基脱除方式进行热分解的聚合物而言，降解产生自由基的热稳定性与 Cone 法所测 pHRR 的降低是直接相关的。据推测这可能是一种"笼子效应"，即纳米体系的热降解产物在固相中的停留时间延长(相对于单一聚合物)，这是由于黏土的存在与发生了交联反应，从而增大了熔体黏度所致。在 PS 与 EVA 基复合材料中，自由基稳定性越好，且其在固相中停留时间足够长时，即可发生二次反应成炭，从而有效降低 pHRR。在 PA6 基复合材料中,降解产物在固相中较长的停留时间可使体系生成大量分子量大于己内酰胺的产物,而己内酰胺是 PA6 与 PA6/MMT 体系的主要分解产物。

此外,还有大量与上述结论不谋而合的有关黏土的研究(黏土促进交联反应或提高成炭性):例如,Gilman[27]、Kashiwagi[30]、Bourbigot[61] 等人的研究都表明纳米分散黏土可提高 PA6 体系的成炭率。如前所述,PS 纳米复合材料也具有相同的效应。Camino 等对 EVA 纳米体系的研究表明[36],纳米填料可提高体系的成炭性,并认为这是纳米体系具备抗融滴性的原因。然而有关 PMMA/OMMT 的研究中,Ferriol 等的报道[34]与 Wilkie 所得数据相悖,即有机黏土可提高 PMMA 的成炭性并使 pHRR 降低 50%。笔者认为,应补充完善 TGA/GC-MS 法在阻燃方面的研究信息,以将这类小型火实验与实验室阻燃性测试完好关联。例如,需研究测试规模(TGA:10mg、Cone:100g)与升温速率(TGA:20℃/min、火灾中实测升温速率:>500℃/min)对结果的影响。Lyon 使用一种改进的微型量热装置研究了其中一些问题,发现了特定条件下(即评估单一聚合物的相对阻燃性时)存在的一些规律。然而,"规模效应"是很难进行预估的;例如对成炭系统而言,通常需要消耗特定厚度的材料才能形成"保护性炭层",如果样品厚度小于该特定厚度,初始炭层形成后其所需要保护的材料已燃烧殆尽,此时阻燃效用甚微以至于全无。

3.3　结论与展望

综上所述,可得出以下结论。显而易见,纳米分散黏土可有效降低体系的 pHRR 以达到良好的阻燃效果。该结论适用于目前已进行过相关研究的大多数热塑性塑料:PS、PA6、PP、PE、EVA、PA12 及 PMMA;但在不同的基体中,黏土的阻燃作用机理是不尽相同的。据推测,这是因为黏土对不同聚合物基体热降解行为的影响不同,同时黏土也可促进发生交联反应与催化含碳炭层的形成。然而有时,体系并无含碳炭层形成,而仅有黏土炭层发挥阻燃效能。尽管有些情况下改性黏土比未改性者具有更好的性能,但迄今为止实验所涉及的黏土都是具有阻燃效能的。研究表明,无论裂解时是否形成了含碳炭层或仅有黏土炭层在发挥阻燃效能,聚合物熔体中纳米片层的均相分布对均质炭层的形成都是至关重要的,因为这可降低熔体中气体的逸出速率并抑制熔融滴落。该形成条件包括:黏土添加量应达到或超过一定值(如 5%),良好的预分散,聚合物熔体的高黏度凝胶特性(黏土与聚合物片层间具强界面相互作用,且黏土具较高的长径比),及交联反应或促进含碳炭层的形成。但上述情况在不同聚合物体系中的重要程度是不同的,据推测这正是黏土在不同聚合物中作用效率不一的原因。

因为通过该法进行阻燃仅降低了 pHRR,而 THR 不变,且并未提高点燃性,甚至时常导致 TTI 缩短。所以,为通过某些阻燃性能测试而需要提高点燃性时,十分有必要将纳米填料与其他阻燃剂复配使用。这种复配方法已有许多成功应用的先例;例如,复配使用通过的小型火测试 UL-94[63] 及稍大型火测试[31,34](如 UL-1666 线缆 Riser 试验)。近来,Morgan 综述了可通过多个阻燃性测试的纳米黏土复配传统阻燃剂的纳米体系[53]。

现在,聚合物/黏土纳米复合材料的制备水平日益提高,再加上悉心探究黏土与大量添加剂间的相互作用,因此十分有望研制出更多性价比与阻燃性兼优的阻燃产品。作者认为,研究黏土与添加剂间的相互作用不应仅局限于传统阻燃剂,也应包括可催化交联与促进成炭的其他纳米级无机类与金属类添加剂。对此,目前已进行的前瞻性研究工作包括 Ferriol 等[34] 对黏土与纳米粒子氧化物间相互作用的研究、Hu 等[64] 对 Fe-MMT 所做的相关研究及 Tang 等[41] 以催化剂(可用于 CNT)与黏土复配用于 PP 阻燃的研究。

参考文献

1. Green, J. In: *Fire Retardancy of Polymeric Materials*. Marcel Dekker, New York, 2000, p. 147.

2. Weil, E.D.; Ravey, M.; Keidar, I.; Gertner, D. Flame retardant actions of tris(1,3-dichloro-2-propyl) phosphate in flexible urethane foam. *Phosphorus Sulfur Silicon Relat. Elem.* **1996**, 110(1–4), 87.

3. Ravey, M.; Keidar, I.; Weil, E.D.; Pearce, E.M. Flexible polyurethane foam, II: Fire retardation by tris(1,3-dichloro-2-propyl) phosphate, A: Examination of the vapor phase (the flame). *J. Appl. Polym. Sci.* **1998**, 68(2), 217.

4. Ravey, M.; Pearce, E.M. Flexible polyurethane foam, III: Phosphoric acid as a flame retardant. *J. Appl. Polym. Sci.* **1999**, 74(5), 1317.

5. Price, D.; Pyrah, K.; Hull, T.R.; Milnes, G.J.; Wooley, W.D.; Ebdon, J.R.; Hunt, B.J.; Konkel, C.S. Ignition temperatures and pyrolysis of a flame-retardant methyl methacrylate copolymer containing diethyl(methacryloyloxymethyl)-phosphonate units. *Polym. Int.* **2000**, 49(10), 1164.

6. Chao, C.Y.H.; Wang, J.H. Comparison of the thermal decomposition behavior of a non-fire retarded and a fire retarded flexible polyurethane foam with phosphorus and brominated additives. *J. Fire Sci.* **2001**, 19(2), 137.

7. Zaikov, G.E.; Lomakin, S.M. Ecological issue of polymer flame retardancy. *J. Appl. Polym. Sci.* **2002**, 86(10), 2449.

8. Wei, P.; Li, H.X.; Jiang, P.K.; Yu, H.Y. An investigation on the flammability of halogen-free fire retardant PP-APP-EG systems. *J. Fire Sci.* **2004**, 22(5), 367.

9. Shen, K.K. In: *Fire and Polymers: Materials and Solutions for Hazard Prevention*. American Chemical Society, Washington, DC, 2001, p. 228.

10. Gilman, J.W.; Kashiwagi, K. In: *Fire Retardancy of Polymeric Materials*. Marcel Dekker, New York, 2000, p. 353.

11. Alexandre, M.; Dubois, P. Polymer-layered silicate nanocomposites: preparation, properties and uses of a new class of materials. *Mater. Sci. Eng. R Rep.* **2000**, 28(1–2), 1.

12. Carter, L.W.; Hendricks, J.G.; Bolley, D.S. U.S. Patent 2531396, 1950.

13. Nahin, P.G.; Backlund, P.S. U.S. Patent 3084117, **1963**.

14. Blumstein, A.'Etude des polymerisations en coucheadsorbee, 1. *Bull. Soc. Chim. Fr.* **1961**, 126, 899.

15. Dekking, H.G.G. Propagation of vinyl polymers on clay surfaces, I: Preparation, structure, and decomposition of clay initiators. *J. Appl. Polym. Sci.* **1965**, 9, 1641.

16. Friedlander, H.Z.; Frink, C.R. Organized polymerization, III: Monomer intercalated in montmorillonite. *Polym. Lett.* **1964**, 2, 475.

17. Zeng, Q.H.; Yu, A.B.; Lu, G.Q.; Paul, D.R. Clay-based polymer nanocomposites: research and commercial development. *J. Nanosci. Nanotechnol.* **2005**, 5(10), 1574.

18. Mehta, R.K.S.; Weiss, P. U.S. Patent 4070315, 1976.

19. Bradbury, J.A.; Rowlands, R.; Tipping, J.W. U.S. Patent 4447491, 1984.

20. Shain, A.L. U.S. Patent 4582866, 1986.

21. Kamigaito, O.; Fukushima, Y.; Doi, H. U.S. Patent 4472538, 1984.

22. Fujiwara, S.; Skamoto, T. Sho 50 [1975]-35890 (SHO 51 [1976]-109998, 1976.

23. Giannelis, E.P. Polymer layered silicate nanocomposites. *Adv. Mater.* **1996**, 8(1), 29.

24. Giannelis, E.P. Polymer-layered silicate nanocomposites: synthesis, properties and applications. *Appl. Organomet. Chem.* **1998**, 12(10–11), 675.

25. Gilman, J.W.; Jackson, C.L.; Morgan, A.B.; Harris, R.; Manias, E.; Giannelis, E.P.; Wuthenow, M.; Hilton, D.; Phillips, S.H. Flammability properties of polymer-layered-silicate nanocomposites: polypropylene and polystyrene nanocomposites. *Chem. Mater.* **2000**, 12(7), 1866.

26. Gilman, J.; Kashiwagi, T.; Lomakin, S.; Giannelis, E.; Manias, E.; Lichtenhan, J.; Jones, P. In: *Fire Retardancy of Polymers: The Use of Intumescence*. Royal Society of Chemistry, London 1998, p. 203.

27. Gilman, J.W.; Kashiwagi, T.; Lichtenhan, J.D. Nanocomposites: a revolutionary new flame retardant approach. *SAMPE J.* **1997**, 33(4), 40.

28. Torre, L.; Lelli, G.; Kenny, J.M. Cure kinetics of epoxy/anhydride nanocomposite systems with added reactive flame retardants. *J. Appl. Polym. Sci.* **2004**, 94(4), 1676.

29. Wang, S.F.; Hu, Y.; Zong, R.W.; Tang, Y.; Chen, Z.Y.; Fan, W.C. Preparation and characterization of flame retardant ABS/montmorillonite nanocomposite. *Appl. Clay Sci.* **2004**, 25(1–2), 49.

30. Kashiwagi, T.; Harris, R.H.; Zhang, X.; Briber, R.M.; Cipriano, B.H.; Raghavan, S.R.; Awad, W.H.; Shields, J.R. Flame retardant mechanism of polyamide 6–clay nanocomposites. *Polymer* **2004**, 45(3), 881.

31. Beyer, G. Flame retardancy of nanocomposites—from research to reality: review. *Polym. Polym. Compos.* **2005**, 13(5), 529.

32. Tang, Y.; Hu, Y.; Xiao, J.F.; Wang, J.; Song, L.; Fan, W.C. PA-6 and EVA alloy/clay nanocomposites as char forming agents in poly(propylene) intumescent formulations. *Polym. Adv. Technol.* **2005**, 16(4), 338.

33. Qin, H.L.; Zhang, S.M.; Zhao, C.G.; Hu, G.J.; Yang, M.S. Flame retardant mechanism of polymer/clay nanocomposites based on polypropylene. *Polymer* **2005**, 46(19), 8386.

34. Laachachi, A.; Leroy, E.; Cochez, M.; Ferriol, M.; Cuesta, J.M.L. Use of oxide nanoparticles and organoclays to improve thermal stability and fire retardancy of

poly(methyl methacrylate). *Polym. Degrad. Stab.* **2005**, 89(2), 344.

35. Jang, B.N.; Wilkie, C.A. The effect of clay on the thermal degradation of polyamide 6 in polyamide 6/clay nanocomposites. *Polymer* **2005**, 46(10), 3264.

36. Zanetti, M.; Lomakin, S.; Camino, G. Polymer layered silicate nanocomposites. *Macromol. Mater. Eng.* **2000**, 279(6), 1.

37. Yang, F.; Yngard, R.; Nelson, G.L. Flammability of polymer–clay and polymer–silica nanocomposites. *J. Fire Sci.* **2005**, 23(3), 209.

38. Quede, A.; Cardoso, J.; Le Bras, M.; Delobel, R.; Goudmand, P.; Dessaux, O.; Jama, C. Thermal stability and flammability studies of coated polymer powders using a plasma fluidized bed process. *J. Mater. Sci.* **2002**, 37(7), 1395.

39. Bourbigot, S.; Le Bras, M.; Duquesne, S.; Rochery, M. Recent advances for intumescent polymers. *Macromol. Mater. Eng.* **2004**, 289(6), 499.

40. Costache, M.C.; Jiang, D.D.; Wilkie, C.A. Thermal degradation of ethylene–vinyl acetate copolymer nanocomposites. *Polymer* **2005**, 46(18), 6947.

41. Tang, T.; Chen, X.C.; Chen, H.; Meng, X.Y.; Jiang, Z.W.; Bi, W.G. Catalyzing carbonization of polypropylene itself by supported nickel catalyst during combustion of polypropylene/clay nanocomposite for improving fire retardancy. *Chem. Mater.* **2005**, 17(11), 2799.

42. Keszei, S.; Matko, S.; Bertalan, G.; Anna, P.; Marosi, G.; Toth, A. Progress in interface modifications: from compatibilization to adaptive and smart interphases. *Eur. Polym. J.* **2005**, 41(4), 697.

43. Gilman, J.W.; Kashiwagi, T.; Morgan, A.B.; Harris, R.H.; Brassell, L.; VanLandingham, M.J. *C.L.* **2005**. NISTIR 6531. National Institute of Standards and Technology, Washington, DC, 2005.

44. Zanetti, M.; Kashiwagi, T.; Falqui, L.; Camino, G. Cone calorimeter combustion and gasification studies of polymer layered silicate nanocomposites. *Chem. Mater.* **2002**, 14(2), 881.

45. Sonobe, N.; Kyotani, T.; Tomita, A. Carbonization of polyfurfuryl alcohol and polyvinyl acetate between the lamellae of montmorillonite. *Carbon* **1990**, 28(4), 483.

46. Sonobe, N.; Kyotani, T.; Tomita, A. Formation of graphite thin-film from polyfurfuryl alcohol and polyvinyl acetate carbons prepared between the lamellae of montmorillonite. *Carbon* **1991**, 29(1), 61.

47. Kyotani, T.; Yamada, H.; Sonobe, N.; Tomita, A. Heat-treatment of polyfurfuryl alcohol prepared between taeniolite lamellae. *Carbon* **1994**, 32(4), 627.

48. Morgan, A.B.; Harris, R.H.; Kashiwagi, T.; Chyall, L.J.; Gilman, J.W. Flammability of polystyrene layered silicate (clay) nanocomposites: carbonaceous char formation. *Fire Mater.* **2002**, 26(6), 247.

49. Nam, P.H.; Maiti, P.; Okamoto, M.; Kotaka, T.; Hasegawa, N.; Usuki, A. A hierarchical structure and properties of intercalated polypropylene/clay nanocomposites. *Polymer* **2001**, 42(23), 9633.

50. Manias, E.; Touny, A.; Wu, L.; Strawhecker, K.; Lu, B.; Chung, T.C. Polypropylene/montmorillonite nanocomposites: review of the synthetic routes and materials properties. *Chem. Mater.* **2001**, 13(10), 3516.

51. Kashiwagi, T.; Du, F.M.; Winey, K.I.; Groth, K.A.; Shields, J.R.; Bellayer, S.P.; Kim, H.; Douglas, J.F. Flammability properties of polymer nanocomposites with

single-walled carbon nanotubes: effects of nanotube dispersion and concentration. *Polymer* **2005**, 46(2), 471.

52. Kashiwagi, T.; Du, F.M.; Douglas, J.F.; Winey, K.I.; Harris, R.H.; Shields, J.R. Nanoparticle networks reduce the flammability of polymer nanocomposites. *Nat. Mater.* **2005**, 4, 928.

53. Morgan, A.B. Flame retardant polymer layered silicate nanocomposites: a review of commercial and open literature systems. *Polym. Adv. Technol.* **2006**, 17, 206.

54. Inan, G.; Patra, P.K.; Kim, Y.K.; Warner, S.B. Flame retardancy of laponite- and montmorillonite-based nylon 6 nanocomposites: continuous nanophase and nanostructured materials. *MRS Proc.* **2004**, 788L8.46.

55. Morgan, A.B.; Harris, J.D. Effects of organoclay Soxhlet extraction on mechanical properties, flammability properties and organoclay dispersion of polypropylene nanocomposites. *Polymer* **2003**, 44(8), 2313.

56. Jang, B.N.; Costache, M.; Wilkie, C.A. The relationship between thermal degradation behavior of polymer and the fire retardancy of polymer/clay nanocomposites. *Polymer* **2005**, 46(24), 10678.

57. Jang, B.N.; Wilkie, C.A. The effects of clay on the thermal degradation behavior of poly(styrene-co-acrylonitirile). *Polymer* **2005**, 46(23), 9702.

58. Costache, M.C.; Jiang, D.D.; Wilkie, C.A. Thermal degradation of ethylene–vinyl acetate copolymer nanocomposites. *Polymer* **2005**, 46(18), 6947.

59. Jang, B.N.; Wilkie, C.A. The thermal degradation of polystyrene nanocomposite. *Polymer* **2005**, 46(9), 2933.

60. Jash, P.; Wilkie, C.A. Effects of surfactants on the thermal and fire properties of poly(methyl methacrylate)/clay nanocomposites. *Polym. Degrad. Stab.* **2005**, 88(3), 401.

61. Bourbigot, S.; Le Bras, M.; Dabrowski, F.; Gilman, J.W.; Kashiwagi, T. PA-6 clay nanocomposite hybrid as char forming agent in intumescent formulations. *Fire Mater.* **2000**, 24(4), 201.

62. Lyon, R.E.; Walters, R.N. Pyrolysis combustion flow calorimetry. *J. Anal. Appl. Pyrol.* **2004**, 71(1), 27.

63. Gilman, J.; Kashiwagi, T. In: T.J. Pinnavia and G.W. Beall, Eds., *Polymer–Clay Nanocomposites*. Wiley, Chichester, West Sussex, England, 2000, p. 193.

64. Kong, Q.H.; Hu, Y.; Yang, L.; Fan, W.C.; Chen, Z.Y. Synthesis and properties of poly(methyl methacrylate)/clay nanocomposites using natural montmorillonite and synthetic Fe–montmorillonite by emulsion polymerization. *Polym. Compos.* **2006**, 27(1), 49.

4. 聚合物/碳纳米管复合材料热力学稳定性的分子力学计算方法①

Stanislav I. Stoliarov
SRA International, Egg Harbor Township, New Jersey
Marc R. Nyden
National Institute of Standards and Technology, Gaithersburg, Maryland

4.1 引言

研究表明,添加少量的碳纳米管(CNT)即可显著提高聚合物的热性能与力学性能[1-6]。然而,大多情况下该性能提升则取决于 CNT 在聚合物基体中的分散程度;尤其是对于阻燃应用材料而言。例如,Kashiwagi 等报道称[7],燃烧时分散良好 PMMA/单层碳纳米管(SWCNT)复合材料的 HRR 比分散不佳体系低很多。遗憾的是,CNT 与大多数聚合物不可自发共混,因为数十甚至数百个分散的 CNT 极易缠结成长绳状结构而发生团聚[6];这是由 CNT 的特性引起的。因为 CNT 比单一聚合物具有较高的固有刚度与较差的流动性,故其可用于增强聚合物基体,但这同时也限制了该复合材料的可混性。这是因为在复合体系中,CNT 限制了聚合物的链运动,而导致共混熵减[8]。

近年来,在多种方法制备良好分散聚合物/CNT 复合体系领域,研究人员取得了许多进展,这包括原位聚合法[9]、添加表面改性剂与相容剂法[10]、聚合物包覆法[11]及 CNT 端部与壁面功能化[12,13]。然而,由于人们对纳米管束的"解束"与分散纳米管在聚合物基体中的团聚这两个热力学过程尚未充分了解,这些方法的发展与应用受到了严重制约。

本章,将介绍一个可预估聚合物与 CNT 共混自由能的分子力学计算方法,并将其用于研究 PS/CNT 复合材料的热力学稳定性与纳米管半径间的关系。十分期

---

① 一项隶属美国政府部门的研究工作,在美国国内不受专利权制约。

望通过人们对该法的分子模型进行针对性的修正与改进，以使其能适用于其他有重要意义的系统，使其可代表聚合物、表面改性剂及官能团，从而使该法成为研发具备良好分散与热力学稳定的聚合物/CNT 纳米复合材料的最佳方法。

4.2　研究背景和相关内容

分子力学法已广泛用于探究 CNTs 的结构与力学性能。采用该法可得到分子和纳米材料的热力学稳定结构，多维表面的最小能量点可表征以原子坐标为变量的势能。本节，综论了有关分子力学计算法的一些早期研究，这些研究与阐释决定聚合物/CNT 复合材料热稳定性因素的研究是直接相关的。

一般而言，人们感兴趣的复合体系势能可由根据力场模型建立的解析函数来表示。与这些函数相关的参数，对力场中每种类型的原子都是特定的。在许多力场中，原子类型取决于其键环境，故对同一种元素来说其原子类型是多样化的。原则上，这有助于更真实地描述该势能。例如，对于具有不同电子结构的原子，力场模型会将其归为不同类型的杂化碳原子（sp、sp^2 及 sp^3），以解释不同的电子结构及其对这些原子形成的键性能（键长、键角及解离能）的影响。

本章将使用 PCFF 力场模型[14]进行计算，见式（4.1）。

$$V = \sum_{ij}^{\text{nbonds}} V_{\text{bond}}(r_{ij}) + \sum_{ijk}^{\text{nangles}} V_{\text{angle}}(\theta_{ijk}) + \sum_{ijkl}^{\text{ntorsions}} V_{\text{torsion}}(\varphi_{ijkl}) + \sum_{ij}^{\text{npairs}} V_{\text{nb}}(d_{ij}) \quad (4.1)$$

式中：组项 V_{bond}、V_{angle}、V_{torsion} 及 V_{nb} 分别为势能对键长（r）、键角（θ）、扭转角（ϕ）及非键合原子间距（d）的变量。尽管本章的计算使用了多种力场模型，但所有这些模型都基于这样一个假设：势能随结构的变化可由简单的解析函数来表示（图4.1）。决定势能随内坐标（r、θ 及 ϕ）变化的参数（D_b、α、r_e、k_θ、θ_e、k_ϕ、n 及 ϕ_e），通常

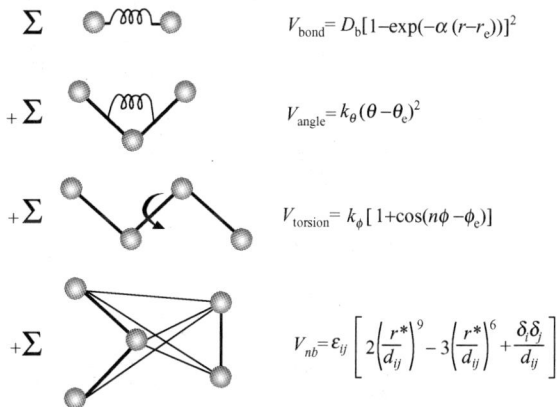

$$\sum \quad V_{\text{bond}} = D_b[1 - \exp(-\alpha(r - r_e))]^2$$

$$+\sum \quad V_{\text{angle}} = k_\theta(\theta - \theta_e)^2$$

$$+\sum \quad V_{\text{torsion}} = k_\phi[1 + \cos(n\phi - \phi_e)]$$

$$+\sum \quad V_{nb} = \varepsilon_{ij}\left[2\left(\frac{r*}{d_{ij}}\right)^9 - 3\left(\frac{r*}{d_{ij}}\right)^6 + \frac{\delta_i\delta_j}{d_{ij}}\right]$$

图 4.1　PCFF 力场模型中的各组项

是根据量子计算将 V_{bond}、V_{angle} 和 $V_{torsion}$ 三项与能量拟合所决定的。此外，V_{nb} 中的非键合作用参数（ε、r^*、δ）应调整至挥发液体中的计算密度和黏结能与实测值相符。

1992 年，Robertson 等[15]报道了首个用于 CNT 计算的分子力学方法。通过计算一系列不同直径（$D < 9nm$）与手征的 SWCNT 的势能，作者发现单位碳原子的应变能（相对于展开的石墨片层）随 D^{-2} 变化。若干年后，Tersoff 与 Ruoff 通过分子力学计算证明相邻纳米管间单位面积的作用能（纳米管束的黏结能）随 $D^{-1/2}$ 变化[16]。随后，Girifalco 等验证了该结论[17]。此外，Tersoff 与 Ruoff 还发现当直径大于 2.5nm 时，SWCNT 的六方晶格壁面将趋于扁平态。

Gao 等[18]使用分子力学算法对单个 SWCNT 进行了研究，并报道了类似的现象。他们指出，对于直径小于 2nm 的 CNT 只有圆柱形结构（圆形截面）是稳定的；当直径大于 6nm 时，塌陷结构（中间部分为扁平态，两端为圆形凸起）则是比较稳定的；当 $2nm < D < 6nm$ 时，圆柱形结构与塌陷结构都是稳定的。作者指出，SWCNT 中间部分趋于扁平态主要是由对面壁间的范德华引力引起的。当 $D = 6nm$ 时，壁面间的范德华引力足以克服纳米管两端凸起所引起的角应力增大，而后者在纳米管中心塌陷时是一定会形成的。

Hertel 等研究证明，当 SWCNT 吸附于平面基材时其壁面也会趋于扁平化；但对于由多重同轴管组成的 MWCNT 而言，该扁平化变形程度则较低[19]。对此作者解释道，相比于 SWCNT 而言，当纳米管团聚集束时 MWCNT 可更好地保持其圆柱形结构。

在过去，大多有关分子力学算法的研究集中于单一 CNT 体系的性能；鉴于此，最近 Liao 与 Li[20]使用该法研究了聚合物/CNT 复合材料的界面特性。作者使用分子力学法计算从 PS/CNT 体系中提取出一个 CNT 所需的能量，所得值（$80kJ/mol \cdot nm^2$）与计算所得的平均值（$\Delta E_{np}^S + \Delta E_{pp}^S = 71kJ/mol \cdot nm^2$）十分接近。

上述报道中，没有针对聚合物/CNT 体系热稳定性的研究；近来，Maiti 等[21]则填补了这一空缺。作者由纳米管束的黏结能密度计算出了 CNT 的 Hildebrand 溶度参数与其直径之间的关系，通过将其与一系列聚合物的公认溶度参数值进行对比分析，可得一定可混度时直径大小的估值。然而需要提及的是，该计算是基于 Flory-Huggins 正规溶液理论的，而该理论未考虑结构变化对溶质（纳米管）与溶剂（聚合物）间相互作用特性的影响，这可能导致共混焓的降低[22]。下述章节的结论将不局限于此。

因为分子力学算法由最小化势能计算构成，未考虑动能因素，故不能解释温度效应。因此，该法所得结果都为假设结构在温度为 0K 时的势能值。实际上，温度效应对性能的影响可通过分子动力学模拟来研究。计算中，可通过对经典运动方程进行积分而得出原子轨迹，与特定温度相关的玻耳兹曼分布为原子提供了随机动量从而引发了热运动。模拟时,回复力将导致初始分子结构(平衡结构)开始发生变化(一般地,这可由分子力学法或 XRD 测得),回复力可由势能梯度(可由力场进行表征,或对于较小的体系而言,可由电子结构算法得)计得。

然而需要提及的是,因为分子动力学是基于经典运动方程的(与时间相依的薛定谔(Schrödinger)方程相反),未计入诸如零点能与振动态离散性等量子效应。例如分子动力学模拟中,聚合物 C—H 键可进行伸缩振动(有助于提高热容)的温度远低于通过严格的量子计算所得的温度。此外,尽管分子动力学模拟可计入动能(与温度)效应,但其结果的准确性却受限于模拟中相关相空间的研究程度。该问题同时也存在于聚合物/CNT 复合体系,因为聚合物基体的高黏度与纳米管的低移动性决定了复合体系的弛豫时间很长。

当前在进行计算时,描述聚合物/CNT 复合材料所需的原子数量要求模拟实验时间标度必须为"纳秒"级,而实际上实验室共混加工仅为"分钟"级。由于该差异性的存在,导致并不能确信通过分子动力学模拟所得的结构是否可表征实际实验前后体系的特征结构。而通过分子力学算法(加以研究人员的主观判别与经验教训),可以鉴定实验前后的低能态结构,该结构至少可表征通过分子动力学模拟得到的结构。然而最后一步分析中,即使对能真实描述共混过程的任何方法,唯一能保证的也只是结果处于计算性能(或预估趋势)与实测值之间。

4.3　方法描述

复合材料成型所带来的熵增是决定小分子可混性的重要因素。然而,据推测对含有流动性较差的大分子(如聚合物与 CNT)的体系而言,该熵效应对可混性的作用是微乎其微的。该推论与基于晶格理论测定聚合物可混性的标准方法所得结果一致,这是由于大分子聚合物单体(与纳米管片段)对其临近区域的限制作用引发的晶格构象数(可表征可混性)急剧减少导致的[22]。实际上,因为纳米管的固有韧性比聚合物链段差,聚合物/CNT 复合材料成型的熵增甚至可能是小于聚合物合金的。这是因为纳米管自身刚性较大,其在聚合物基体中的空间利用率低于韧性较好的聚合物链段,这降低了聚合物/CNT 体系结构可能的排列数(构象熵)。此外,熵变对共混自由能可产生一定的作用,且该作用是基本不受纳米管物理(直径与手征)与化学(即官能团)结构变化的影响的。因此,可以直接由纳米复合材料的共混焓(ΔH_{mix})预估其热力学稳定性的变化趋势。纳米管良好分散于聚合物基体中时与其形成纳米管束时的体积利用率几乎是相等的,因而复合材料成型后的体积变化是十分小的,这意味着 $\Delta H_{mix} \approx \Delta E_{mix}$。

遗憾的是,欲精确计算共混自由能(ΔE_{mix})是十分困难的,因为该计算需要对体系中原子间所有的相互作用进行估算,包括数微米长的纳米管、聚合物中约

1000 个碳原子与纳米管中所有碳原子间的相互作用（即质量分数约 0.1%）。取而代之，采用对聚合物、纳米复合材料及剥离型和束型纳米管的局部分子模型进行计算，以得聚合物与聚合物（pp）、CNT 与 CNT（nn）及 CNT 与聚合物（np）之间作用能的相对值。而后，将纳米管"解束"为剥离型并使其均匀分布于聚合物链段的圆柱形孔洞中，建立此计算模型以估算共混自由能。在实验室中，该法即为熔融共混法或"聚合物溶解法"（可减小阻碍纳米管分散的黏滞力），并辅以剪切作用力（螺杆挤出或超声分散法）以剥离纳米管束并将其良好的分散。由此看来，共混自由能是区别于纳米管的"解束"能及聚合物与纳米管间的黏结能的。该法原理示意，如图 4.2 所示。

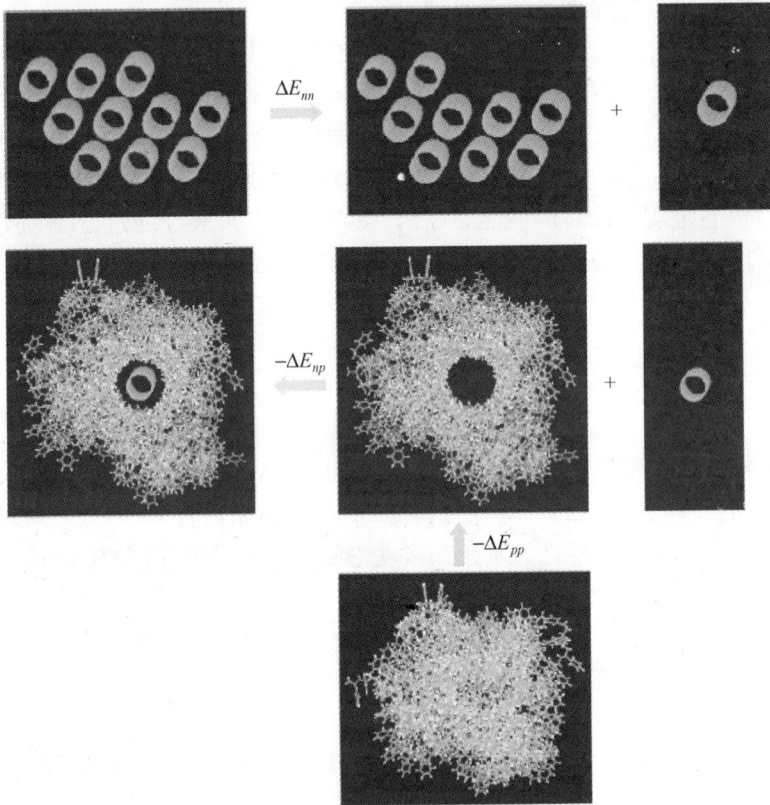

图 4.2　由聚合物与纳米管束制备 PS/CNT 复合体系的过程示意图

$$\Delta E_{\mathrm{mix}} = \left[\Delta E_{nn}^{S} - \left(\Delta E_{np}^{S} + \Delta E_{pp}^{S} \right) \right] S \tag{4.2}$$

其中

$$\Delta E_{nn}^{S} = \frac{\Delta E_{nn}}{S_n}, \qquad \Delta E_{np}^{S} = \frac{\Delta E_{np}}{S_n}, \qquad \Delta E_{pp}^{S} = \frac{\gamma \Delta E_{pp}}{S_n} \tag{4.3}$$

依据该法,共混自由能可由式(4.2)估算,式(4.3)中各项可由图4.2所示反应模型的能量差计得,其中修正因子 γ 将于4.4节讨论。

式(4.2)中,ΔE_{nn} 为纳米管的"解束"能,反映了纳米管间的界面结合强度。ΔE_{np} 为从聚合物/CNT集聚物中提取出一个纳米管所需的能量,反映了体系中纳米管周围的"环境",可表征聚合物与CNT的界面相互作用。最后一个组项,ΔE_{pp} 为"关闭"聚合物/CNT集聚物中纳米管所占的圆柱形孔洞导致的能量降,这时由于表面积降低,导致聚合物吸引相互作用数量增多,相应的体系能量相对于孔洞存在时有所降低。这取决于松弛聚合物(不含纳米管时的能量最佳化结构)与复合体系中的聚合物(含纳米管时的能量最佳化结构)之间的能量差。式(4.2)中,减去 $(\Delta E_{np}^{S}+\Delta E_{pp}^{S})$ 该项的原因是在纳米体系成型时,纳米管是插入(而非提取出)聚合物基体的。

将式(4.3)中的各个组项都除以模型纳米管的表面积 S_n 以标准化,这有助于根据分子模型(原子尺度)的计算结果外推得到有关真实复合材料(实际尺度)的信息。因此如式(4.2),上述三者的加和需乘以纳米管的总表面积 S,以计得与纳米体系成型有关的共混自由能。

4.4   PS/CNT 复合材料的应用

本节将尝试应用4.3节中所述方法研究决定PS/CNT复合材料热力学稳定性的因素。之所以选用PS作为第一个研究对象,是因为根据"相似相容"原理,含有芳环结构的PS理应与纳米管的芳环结构产生有利的相互作用。本计算使用商业软件——材料模拟计算平台(Material Studio)①结合PCFF力场模型[14]对PS、PS/CNT集聚物、纳米管束及单个纳米管的分子模型进行模拟计算。能量优化结构通过考虑一定范围内的非键相互作用以最小化能量决定,参见4.2节及图4.1。

本计算所使用的分子模型为未封端(7,0)、直径为 $R=0.28\text{nm}$ 的纳米管,用其建立了三个模型以表征纳米管束。其中,最大的一个是由10个3.6nm长的纳米管排列组成的密堆积结构,如图4.2所示;为进行对比分析,建立了一个由7个3.6nm长纳米管组成的相对较小的模型,如图4.3所示;第三个模型与图4.3所示模型唯一的差别是其纳米管长度为7.3nm。聚合物/CNT集聚物通过最小化添加连续聚合物链段形成的中间结构的能量得到,其中一个如图4.2所示。通过该法,可确定12条聚合物链已足够使聚合物/CNT的相互作用能收敛至稀释极限。为确保聚合物链可覆盖纳米管整个表面,与长度为3.6nm与7.3nm的纳米管模型相对

①   本章涉及的一些商业设备、仪器、材料或公司都经详细鉴定,为的是完好地再现实验过程,但这并不意味着NIST的许可与授权。

应的聚合物链长度分别为 17 个与 34 个单体单元。聚合物/CNT 集聚物中聚合物基体的密度约为 $1000kg/m^3$。

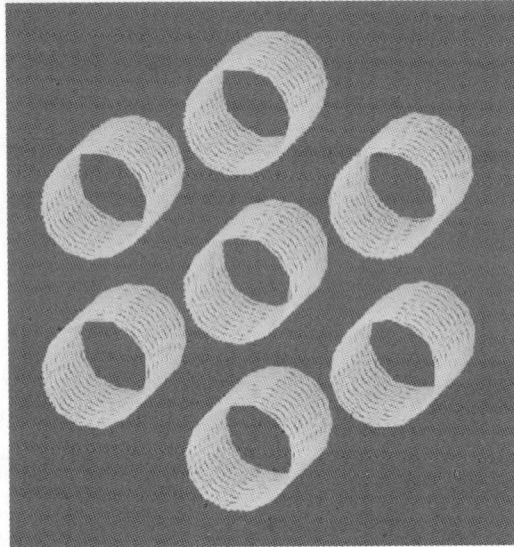

图 4.3　用以计算 ΔE_{nn}^{S} 的最小的纳米管束模型

由表 4.1 与表 4.2，可得增大纳米管模型长度（由 3.6nm 增至 7.3nm）对计算结果的影响。结果证明，对于一定直径的纳米管而言，纳米管间单位面积的作用能与纳米管长度基本无关。此外，ΔE_{nn}^{S} 也与纳米管束中纳米管的长度与数量基本无关。

表 4.1　纳米管数量对纳米管束模型各参量的影响

纳米管数	纳米管长度 /nm	纳米管表面积 /nm^2	单位面积碳原子数/nm^{-2}	b_0/nm	ΔE_{nn}^{S}/kJ·mol^{-1}·nm^{-2}
7	3.6	6.3	39.8	0.32	159
7	7.3	12.9	39.1	0.32	163
10	3.6	6.3	39.8	0.32	162

表 4.2　纳米管长度对聚合物/CNT 集聚物模型各参量的影响

纳米管长度/nm	R_{pn}/nm	R_c/nm	γ	ΔE_{np}^{S}/kJ·mol^{-1}·nm^{-2}	ΔE_{pp}^{S}/kJ·mol^{-1}·nm^{-2}
3.6	1.75	0.525	0.87	176	−95
7.3	1.90	0.525	0.88	160	−99

然而实际上，这些作用能与纳米管直径之间的关系是十分复杂的。首先研究 ΔE_{nn}^{S} 组项，如果单位面积内的原子数与纳米管直径无关（即假设纳米管上所有的

芳环结构都相同），则根据式（4.4）[16,17]，从单位面积纳米管束中提取出单个 CNT 所需的能量 ΔE_{nn}^S 将有所减小。

$$\Delta E_{nn}^S = \frac{k'_{nn} l \sqrt{R}}{2\pi R l} = \frac{k_{nn}}{\sqrt{R}} \qquad (4.4)$$

式中：R 与 l 分别为纳米管的直径与长度。ΔE_{nn}^S 减小的原因是：两个相互平行的纳米管（直径相等）圆柱体表面的平均面间距 $\bar{b}$，随最小面间距 b_0 与纳米管直径的增大而增大，如图 4.4 所示。当 $\bar{b}$ 增大时，纳米管间相互作用原子的间距随即增大（假设 b_0 不变），此时原子间吸引力的减小将导致单位面积纳米管束的黏结能降低。

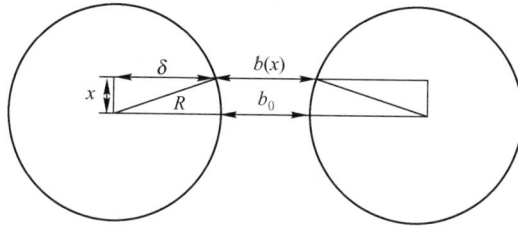

$$b(x) = b_0 + 2(R - \delta) \approx b_0 + \frac{x^2}{R}(R \gg x), \bar{b} = \frac{1}{2R}\int_{-R/3}^{R/3} b(x)\,\mathrm{d}x = \frac{b_0}{3} + \frac{R}{81}$$

图 4.4　两个圆柱体表面对称点间距与直径的关系

同样地，该法也可用于计算 ΔE_{np}^S 与 ΔE_{pp}^S，后者与聚合物的表面能成正比（见上述），聚合物的表面能与从聚合物内部迁移到表面的原子数量呈线性递增关系。聚合物基体中，纳米管腔的面积为 $2\pi(R+d)l$，其中 $d(=0.25\mathrm{nm})$ 为纳米管表面与聚合物的平均间距。实际上，容纳纳米管会使聚合物基体的外表面发生膨胀，修正因子

$$\gamma = \frac{R_c}{R_c + R_{pn} - \sqrt{R_{pn}^2 - R_c^2}} \qquad (4.5)$$

表征由于圆柱形腔的形成，所引起的表面积增大分数。式（4.5）中，$R_c(=R+d)$ 为圆柱形腔的直径，R_{pn} 为聚合物/CNT 集聚物的直径（假设其形状也为圆柱形）。该修正需要由模型计算的结果进行推算，因模型尺寸与实际尺寸相差较大，虽模拟中聚合物/CNT 集聚物外表面尺寸的变化较大，但对真实材料来说该影响是可以忽略的。表 4.2 列出了纳米管长度为 3.6nm、7.3nm 时，相应的聚合物/CNT集聚物修正因子（γ）值。

下面研究组项 ΔE_{np}^S。如图 4.2 所示，聚合物紧紧围绕着纳米管组成聚合物/CNT集聚物体系。聚合物与 CNT 的面间距（d）取决于作用原子的范德华半径，与纳米管直径基本无关。这样看来，聚合物与纳米管的作用特性类似于两个平行

平面,即单位面积的作用能为常量。当 $R \to \infty$ 时,ΔE_{np}^S 达极限值。然而,由于体系中原子的同轴分布特性,聚合物圆柱形表面的原子与纳米管表面(单位面积)的原子间相互作用数将随表面积的增大而增大。因此,推断 ΔE_{np}^S 与 ΔE_{pp}^S 随纳米管直径的变化遵循相同的规律,即

$$\Delta E_{np}^S + \Delta E_{pp}^S = \frac{k_{np+pp}' 2\pi(R+d)l}{2\pi Rl} = k_{np+pp}\left(1 + \frac{d}{R}\right) \tag{4.6}$$

由上式结合式(4.4),以纳米管直径作为变量,可外推得 ΔE_{nn}^S 与 $(\Delta E_{np}^S + \Delta E_{pp}^S)$ 的平均值,见表 4.1 与表 4.2;变化曲线如图 4.5 所示。当 $R = 4.5\text{nm}$ 时,纳米管束的"剥离能"将被纳米管与聚合物的吸引作用能抵消,可得共混热力学平衡体系。式(4.2)中,以单个纳米管的表面积替换 $S(S = 2\pi Rl)$,可得 1mol 特定尺寸纳米管的共混焓。与表面归一化焓随纳米管直径的增大而单调递减不同的是(图 4.5),当 $R = 1.5\text{nm}$ 时由纳米管数归一化所得的共混焓将达到一个最大值(图 4.6)。为对比不同聚合物/CNT 复合材料的热力学稳定性,以摩尔焓(每摩尔 CNT 的焓)替代表面归一化焓作为研究对象。这是因为,即使共混导致的摩尔熵变是不可被忽略的,但对两个韧性相同的纳米管体系来说该值是十分接近的,因此两个体系(纳米管长度相同)的摩尔焓差即可代表二者的摩尔自由能差。通过计算,推测将 PS 与 CNT ($R > 9\text{nm}$)共混可制得热力学平衡的剥离型复合材料。由于 SWCNT 的直径通常远小于 9nm($1.0\text{nm} \sim 1.4\text{nm}$)[23],因此其与 PS 很难形成热力学稳定体系。另一方面,所作的相关研究表明 MWCNT($10\text{nm} < R < 100\text{nm}$)可与 PS 形成热力学稳定的纳米复合材料[24]。

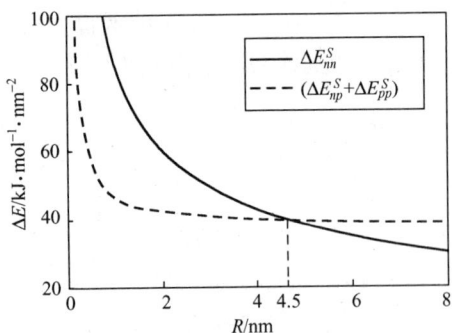

图 4.5 ΔE_{nn}^S 及 $(\Delta E_{np}^S + \Delta E_{pp}^S)$
与纳米管直径的关系

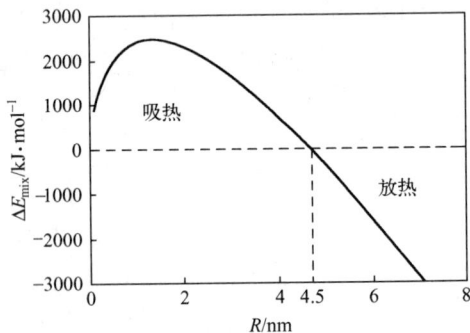

图 4.6 当 CNT 长度为 10nm 时,共混自由能
与纳米管直径的关系

如图 4.6 所示,当纳米管直径足够大时体系的共混焓为负值,这表明当 $R \to \infty$ 时,式(4.4)仍适用。然而如前所述,Tersoff 与 Ruoff 发现当 SWCNT 的直径大于 2.5nm 时,纳米管的六方点格壁面将趋于扁平[16]。这与之前的推断相符,即当纳

米管直径变大时其结构完整性将有所降低。然而,因为直径大小较接近于热力学平衡态时的值,故由同轴纳米管组成的 MWCNT 可有效抵抗变形[19]。

4.5 不确定度与局限性

本章所述的研究方法中,实际存在着很多影响其准确性与可靠性的不确定因素。首先,如4.2节所述,在计算共混自由能时未计入温度效应。因此,假设温度相关项未引起体系共混前(聚合物 + 纳米管束)与共混后(纳米复合材料)的变化。为便于对该假设进行详细分析,将温度(热容)对共混自由能的影响分为振动与构象两种作用。构象作用是由纳米管间相互作用或温度因素导致的聚合物构象数(对应各种最小化势能结构)的变化引起的,而振动作用则与这些构象与纳米管稳态结构的振动有关。我们认为振动作用的影响是可以忽略的,因为复合材料中纳米管与聚合物间相互作用与聚合物间和纳米管间相互作用(表4.1 与表4.2)的差异是很小的,不足以影响聚合物链与纳米管的振动特性(即振动态密度分布)。因此,由于共混前后体系由振动作用引起的差异很小,故可忽略振动能对热容的作用。

有证据表明临近纳米管的聚合物构象将发生变化(能量可能不同),因此该假设可能不适用于构象热容作用[25]。我们的计算也考虑到了该可能性,并针对性地研究了纳米管对聚合物最优化结构的影响,但尚未对温度对构象变化的作用进行研究。因此,假定通过分子力学算法得出的结构可代表体系在共混加工温度下的结构。有关该假设的合理性讨论,见4.2 节。

实际上,若要得到具有代表性的聚合物结构还将有更多的细枝末节将影响计算的准确性。因此,如前所述,ΔE_{pp}^{S} 的计算需要对实验前(聚合物/CNT 集聚物)与实验后(取出 CNT 之后的聚合物)的最优化结构进行对比分析;结果表明,取出 CNT 前后的聚合物结构发生了重要变化。然而,目前仍无法确定该变化是否都是由纳米管所引起的。例如,在一项有关 ΔE_{mix} 对聚合物链段数的收敛性分析中,对一个纳米管与 18 个聚合物链段(聚合度为17)组成的体系进行了计算,如图 4.7 所示;通过计算得到以下数据:$\Delta E_{np}^{S} = 176 kJ/mol \cdot nm^2$,$\Delta E_{pp}^{S} = -153 kJ/mol \cdot nm^2$。尽管所得 ΔE_{np}^{S} 与 12 个链段体系结果良好吻合(表 4.2),这表明 12 条链段已可将 CNT"无限稀释",但 ΔE_{pp}^{S} 的值却远大于(绝对值为其160%)较小体系所得结果,见表4.2。该差异是因为(以 18 个链段模型为例),单一聚合物的最优化结构远比聚合物/CNT 集聚物的最优化结构紧凑。遗憾的是,难以确定该构象变化是由纳米管引发的或仅是结构最优化过程的"副产物"。实际上,推测主要为后者的作用。这就是说,体系中的聚合物是一种人为的高能态构象,对应了势能面上的局部极小值。这意味着,很难确定决定 ΔE_{pp}^{S} 的因素之一——能量差是否仅源自于"纳米管腔效应"，而这将导致较大的误差产生。

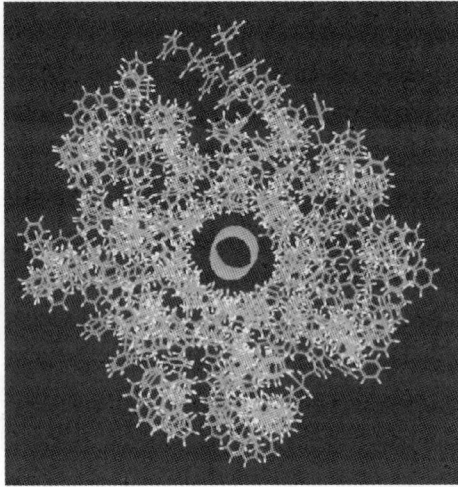

图 4.7　18 个 PS 链段(聚合度为 17)环围纳米管(3.6nm 长)所形成的体系

　　一般而言，大分子的最优化结构比小分子的更加难得(因自由度较高)，因此当计算中聚合物的链段数增多后该差异更为明显就不足为奇了。然而，这与表 4.2 所列值是不无关联的。例如，如果对 $-\Delta E_{pp}^S$ 的平均值进行重整化处理，以使其可代表增大聚合物表面积所需的能量(计得 $51\text{kJ/mol}\cdot\text{nm}^2$)，所得结果几乎是 PS 的实际表面张力值($25\text{kJ/mol}\cdot\text{nm}^2$)的 2 倍。如此之大的差异并不可能全由力场误差导致(见下文)。因此，前述有关最优化结构的问题应为导致该差异产生的主要因素。由此看来，应对前述实验方法进行改进，以使其可更准确地预估该因素对共混自由能的作用。鉴于 ΔE_{pp}^S 与聚合物的表面张力有关，推荐使用无须考虑实验前后聚合物最优化结构变化的简便算法。其中一个可行的方法是通过石墨片层计算模型类推得出的算法，该法可计得从若干个相同片层组成的体系中取出一个片层所需的能量(单位面积)。

　　计算中所使用力场模型的准确性也是值得商榷的。实际上，使用 PCFF 力场模型计算石墨片层黏结能的可行性尚未确立。为此，特意使用该法计算已有公认实验数据[27]的石墨片层黏结能。如图 4.8 所示，移去最顶层石墨片层使其足够远

图 4.8　计算石墨片层黏结能的分子模型

于其他两个片层(此时最顶层与其他两个片层的作用能为0),该移去能即为石墨片层黏结能。假设石墨表面碳原子密度为39.8个/nm²(表4.1),可得该移去能为230kJ/mol·nm²,而公认的实验数据则为160kJ/mol·nm²。由此看来在计算石墨片层作用能时,使用 PCFF 力场模型得出的结果将高出实际值40%之多。

实际上,可通过对对应于聚合物间非键合作用的参数进行调整来减小力场误差,这样一来计算所得值将与已知聚合物表面张力值(假设实验已经进行)较好地吻合。对于决定纳米管间相互作用的参数,也需要做出相应的调整以确保可计得与石墨片层黏结能(已知值)相符的结果。因为决定聚合物与纳米管间范德华作用的参数取决于聚合物间与纳米管间相互作用参数的几何平均数,所以希望通过提高后二者的准确性可使 ΔE_{np}^S 的计算准确性得到相应的提高。

遗憾的是,当 PS/纳米管体系的共混自由能为负值时,纳米管直径计算的准确度对上述各组项的误差极为敏感。因此,尝试着通过取 ΔE_{nn}^S 与 ΔE_{np}^S 计算值的 0.7 倍(鉴于使用 PCFF 力场模型计算石墨片层黏结能时的误差)以及取 ΔE_{pp}^S 计算值的 0.5 倍(鉴于势能最优化与力场误差)以对力场误差进行修正,发现当直径为 2nm 时体系为热力学稳定态;该值远小于通过直接计算得到的结果。因此,上述计算结果并不十分可信。然而,随着纳米管直径的增大共混表面能将减小,该规律的发现确为后人的研究起到了很好的指向性作用。

需要注意的是,即使消除了计算中的所有误差,在决定一个纳米体系是否稳定方面或制备一个稳定纳米体系的决定性因素当中,热力学稳定性的重要性都可能是次于共混动力学的。因此,即使一个体系的共混自由能为正值,通过使用超声分散法及其他高能共混方法仍是可制得良好分散纳米体系的。而且,即使体系本身为热力学不稳定的,如果纳米管在聚合物基体中的迁移速度足够慢(在材料使用期限内不发生团聚),则纳米体系依旧是稳定的。反之亦然,一旦纳米复合材料已然成型,即使体系为热力学平衡态,纳米管是也无法分散的。

4.6　总结

本章提出并结合公式表述了一个估算聚合物/CNT 复合体系共混自由能的方法。通过一个简便方法分析模拟了纳米体系的成型过程,首先将纳米管束进行"解束",而后将其分散于聚合物的圆柱形孔洞当中。以此看来,共混自由能与纳米管束的"解束能"及从复合体系中提取出纳米管的"提取能"是有差异的。通过分子力学算法,对可代表聚合物、纳米管束、聚合物/CNT 体系及单个纳米管的单个局部模型进行模拟计算以估得相关能量组项的大小。并应用该法研究了 PS/CNT 体系,以探究决定该体系热力学稳定性的因素。

初步分析得,纳米管间单位面积的相互作用能大小与其长度无关,而是取决于其直径。研究证明,PS 与直径大于 9nm 的 CNT 可以形成热力学平衡体系。与此同时,这或许也是 SWCNT 很难良好分散于 PS 基体中的原因,因为一般情况下 SWCNT 的直径都小于 3nm。但另一方面,因为 MWCNT 的直径通常大于 10nm,其在 PS 基体中的分散则大大优于 SWCNT。尽管计算误差导致所得数据的准确性受到严重质疑,但有一点仍可确信,即当纳米管直径大于特定值时,PS/CNT 体系(可引申为聚合物/CNT 体系)的共混自由能将随其增大而降低。这意味着在未经改性处理(即纳米管功能化与/或添加相容剂)的情况下,聚合物基体中 MWCNT 的分散情况优于 SWCNT。

将本章所述方法的分子力学模型针对其他聚合物的化学特性进行适当的改进,即可将其广泛应用于其他聚合物/CNT 体系。尽管对于特定的体系能否形成良好分散的纳米复合材料这一问题,该法不能给出"是"与"否"如此确定的答案,但该法为评估多种复合材料的相对热稳定性奠定了坚实的基础。希望今后可通过该法对 SWCNT 功能化的特性与程度对纳米体系热力学稳定性的影响进行检验与评价。

致谢

感谢美国联邦航空管理局、Richard Lyon 博士负责的飞机座舱材料火安全项目、Felix Wu 博士负责的 NIST 先进技术项目赞助的校内课题所提供的帮助与支持。

参考文献

1. Haggermueller, R.; Gommans, H.H.; Rinzler, A.G.; Fischer, J.E.; Winey, K.I. Aligned single-wall carbon nanotubes in composites by melt processing methods. *Chem. Phys. Lett.* **2000**, 330, 219–225.

2. Ajayan, P.M.; Schadler, L.S.; Giannaris, C.; Rubio, A. Single-walled carbon nanotube–polymer composites: strength and weakness. *Adv. Mater.* **2000**, 12, 750–753.

3. Mamedov, A.A.; Kotov, N.A.; Prato, M.; Guldi, D.M.; Wicksted, J.P.; Hirsch, A. Molecular design of strong single-wall carbon nanotube/polyelectrolyte multilayer composites. *Nat. Mater.* **2002**, 1, 190–194.

4. Du, F.; Fischer, J.E.; Winey, K.I. Coagulation method for preparing single-walled carbon nanotube/poly(methyl methacrylate) composites and their modulus, electrical conductivity, and thermal stability. *J. Polym. Sci. B* **2003**, 41, 3333–3338.

5. Ramanathan, T.; Liu, H.; Brinson, L.C. Functionalized SWNT/polymer nanocomposites for dramatic property improvement. *J. Polym. Sci. B* **2005**, 43, 2269–2279.

6. Bower, C.; Kleinhammes, A.; Wu, Y.; Zhou, O. Intercalation and partial exfoliation of single-walled carbon nanotubes by nitric acid. *Chem. Phys. Lett.* **1998**, 288, 481–486.

7. Kashiwagi, T.; Du, F.; Winey, K.I.; Grotha, K.M.; Shields, J.R.; Bellayer, S.P.; Kim, H.; Douglas, J.F. Flammability properties of polymer nanocomposites with single-walled carbon nanotubes: effects of nanotube dispersion and concentration. *Polymer* **2005**, 46, 471–481.

8. Wei, C.; Srivastava, D.; Cho, K. Thermal expansion and diffusion coefficients of carbon nanotube–polymer composites. *Nano Lett.* **2002**, 2, 647–650.

9. Park, C.; Ounaies, Z.; Watson, K.A.; Crooks, R.E.; Smith, J.; Lowther, S.E.; Conell, J.W.; Siochi, E.J.; Harrison, J.S.; St. Clair, T.L. Dispersion of single-wall carbon nanotubes by in situ polymerization under sonication. *Chem. Phys. Lett.* **2002**, 364, 303–308.

10. Liu, J.; Rinzler, A.G.; Dai, H.J.; Hafner, J.H.; Bradley, R.K.; Boul, P.J.; Lu, A.; Iverson, T.; Shelimov, K.; Huffman, C.B.; Rodriguez-Macias, F.; Shon, Y.S.; Lee, T.R.; Colbert, D.T.; Smalley, R.E. Fullerene pipes. *Science* **1998**, 280, 1253–1255.

11. Zheng, M.; Jagota, A.; Semke, E.D.; Dine, B.A.; Mclean, R.S.; Lustig, S.R.; Richardson, R.E.; Tassi, N.G. DNA-assisted dispersion and separation of carbon nanotubes. *Nat. Mater.* **2003**, 2, 338–342.

12. Dyke, C.A.; Tour, J.M. Unbundled and highly functionalized carbon nanotubes from aqueous reactions. *Nano Lett.* **2003**, 3, 1215–1218.

13. Mitchell, C.A.; Bahr, J.L.; Arepalli, S.; Tour, J.M.; Krishnamoorti, K. Dispersion of functionalized carbon nanotubes in polystyrene. *Macromolecules* **2002**, 35, 8825–8830.

14. Accelrys, Inc. PCFF Version 3.1.

15. Robertson, D.H.; Brenner, D.W.; Mintmire, J.W. Energetics of nanoscale graphitic tubules. *Phys. Rev B* **1992**, 45, 12592–12595.

16. Tersoff, J.; Ruoff, R.S. Structural properties of a carbon-nanotube crystal. *Phys. Rev. Lett.* **1994**, 73, 676–679.

17. Girifalco, L.A.; Hodak, M.; Lee, R.S. Carbon nanotubes, buckyballs, ropes, and a universal graphitic potential. *Phys. Rev. B* **2000**, 62, 131104–13110.

18. Gao, G.; Cagin, T.; Goddard, W.A., III. Energetics, structure, mechanical and vibrational properties of single-walled carbon nanotubes. *Nanotechnology* **1998**, 9, 184–191.

19. Hertel, T.; Walkup, R.E.; Avouris, P. Deformation of carbon nanotubes by surface Van der Waals forces. *Phys. Rev. B* **1998**, 58, 13870–13873.

20. Liao, K.; Li, S. Interfacial characteristics of a carbon nanotube–polystyrene composite system. *Appl. Phys. Lett.* **2001**, 79, 4225–4227.

21. Maiti, A.; Wescott, J.; Kung, P. Nanotube–polymer composites: insights from Flory–Huggins theory and mesoscale simulations. *Mol. Simul.* **2005**, 31, 143–149.

22. Hildebrand, J.H.; Scott, R.L. *Regular Solutions*. Prentice-Hall; Englewood Cliffs, NJ, 1962.

23. Saito, Y.; Koyama, T.; Kawabata, K. Growth of single-layer carbon tubes assisted with iron-group metal catalysts in carbon arc. *Z. Phys. D* **1997**, 40, 421–424.

24. Ding, M.; Eitan, A.; Fisher, F.T.; Chen, X.; Dikin, D.A.; Andrew, R.; Brinson, L.C.; Schadler, L.S.; Ruoff, R.S. Direct observation of polymer sheathing in carbon nanotube–polycarbonate composites. *Nano Lett.* **2003**, 3, 1593–1597.

25. Ryan, K. Polymer crystallization as a reinforcement mechanism for polymer–carbon nanotube composites. Ph.D. dissertation, University of Dublin, Dublin, Inland, 2005.

26. Van Krevelen, D.W. *Properties of Polymers*. Elsevier, Amsterdam, The Netherlands, 1990.

27. Girifalco, L.A.; Lad, R.A. Energy of cohesion, compressibility, and the potential energy functions of the graphite system. *J. Chem. Phys.* **1956**, 25, 693–697.

5. 纳米复合材料主要阻燃机理的特殊影响

Bernhard Schartel

Federal Institute for Materials Research and Testing, Berlin, Germany

5.1 前言

在前面的章节中已述及,通过纳米复合材料提高聚合物的阻燃性不仅是热点的科研命题,而且也是最有希望得到工业应用的纳米技术。高聚物纳米复合材料既可用简单可行的挤出成型或注塑模塑制备,也可通过原位聚合或溶剂法制得。事实上,在大宗产品的工业应用中,通过纳米技术改善材料的力学性能[1-3]与阻燃性能[4,5]是可行的。与现有的阻燃剂相比,高聚物纳米复合材料由于能改善力学性能而更具有竞争性。同时,这类材料对环境友好,在热塑性与热固性塑料的无卤替代中引起了人们的广泛关注。可以认为,"层状硅酸盐纳米复合材料是改善高聚物阻燃性能最有前途的方法之一"这一提法毫不为过[6]。相对于微米复合材料,纳米复合技术不仅仅是简单地将填料进一步微细化而已,它将开发出由纳米结构材料所引起的诸多新效应[7-9]。前面的章节已详细讨论了纳米复合材料的基本概念和一些主要作用机理(如阻隔层的形成、熔体黏度的变化),下述章节将讨论一些特定体系和目前的发展趋势。

本章重点论述了将纳米复合材料作为未来阻燃剂这一观点,但此观点与在某些场合(特别是某些火灾性能测试中)纳米惰性填料的欠佳阻燃效应是相悖的,这就引发了一个问题,即纳米添加剂是否是真正意义上的阻燃剂。显然,即使纳米复合材料的基本概念和作用机理已经明确,结构—性能间的关系仍是目前持续讨论的话题。这是因为:首先,材料的阻燃性能不是一个简单的问题,对材料的引燃性、可燃性、火焰传播、总释热量(THE)等参数,不同的阻燃机理对它们的影响不一样。因此,在不同的耐火测试与火灾场景中,材料所反映的阻燃效率是相当不同的。其次,聚合物纳米复合材料可能存在多种阻燃机理,而这些机理又与高聚物基体——纳米填料间的相互作用十分相关。第三,纳米填料的形态影响材料的性能,也同时影响着阻燃作用机理。遗憾的是,大多数关于聚合物纳米复合材料的文献极少强调已确定的基本概念,而尝试对所研究的体系进行评估。更为普遍的是,人们常常强调纳米复合材料的优点,而很少论述其局限性。本章将讨论各种聚合物纳米复合材料的作用机理对耐火测试和材料特性的影响。作者不仅予以综述，并且通过代表性的实例分析重点阐述其作用机理和结论；不仅汇集目前的实验结果，并且通过某些重要观点和细节，系统地阐明该领域未来可能的发展方向。

5.2　纳米粒子形态对阻燃性能的影响

5.2.1　插层、分层、分散及剥离形态

对层状硅酸盐纳米复合材料的大量研究表明，形态对阻燃性能的影响极大[10-12]。图5.1是以锥形量热仪测得的PP-g-MA[12]和由双酚A二环氧甘油醚（DGEBA）与4-甲基六氢邻苯二甲酸酐形成的环氧树脂[13]的HRR曲线。PP-g-MA为热塑性非成炭高聚物，向其中添加两种不同的有机黏土（添加量均为5%）于双螺杆挤出机中制得相应的剥离型PP-g-MA纳米复合材料（有机黏土在PP-g-MA中分散良好），这两种有机黏土分别是二甲基脱氢牛脂基铵改性的蒙脱土（Cloisite 20A，在此称为A）和甲基牛脂基双（2-羟乙基）铵改性的蒙脱土（Cloisite 30B，在此称为B）。由于有机黏土不同，导致黏土与高聚物间的相互作用不同，于是PP-g-MA/有机黏土纳米复合材料表现出不同的行为（如剥离物的质量不同）。当然，材料所特有的这种相互作用是受化学结构制约的。事实上，由于极性特点，黏土在PP-g-MA体系中能形成良好的剥离形态（图5.2（a））。向环氧树脂中添加5%的四苯基鏻改性的蒙脱土，固化后得到两种环氧树脂纳米复合材料，它们的区别就在于蒙脱土在制备过程中采用了不同的干燥工艺。由于干燥工艺不同，所形成的颗粒形态不同，这可用比表面积（BET）来表征，两种黏土的BET分别为$45m^2/g$（在此称为C）和$175m^2/g$（在此称为D）。颗粒形态不同，导致剥离物的质量存在差异。基于此，环氧树脂/有机黏土（C或D）纳米复合材料表现出不同的行为。通过

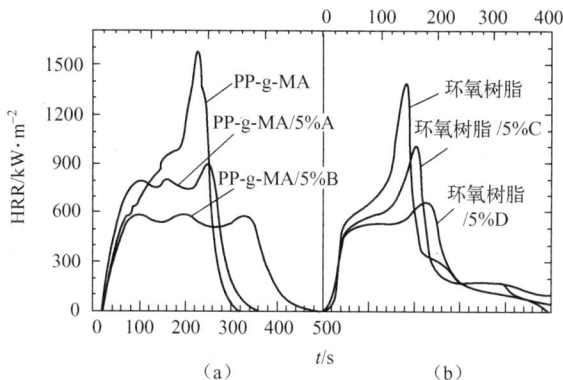

图5.1　PP-g-MA体系（a）与环氧树脂体系（b）的HRR曲线（辐射热流量为$70kW/m^2$）

原位聚合法制备的环氧树脂/有机黏土体系接近纳米复合体系而非良好的纳米复合材料(图 5.2(c)和(d))。所选的 PP-g-MA 体系和环氧树脂体系,尤其是 PP-g-MA/5% A、PP-g-MA/5% B 和环氧树脂/5% D,代表了一类作为阻燃材料的纳米复合材料中黏土的形态产生的影响,而环氧树脂/5% D 也同时代表了纳米复合材料向微米复合材料的一个转变。

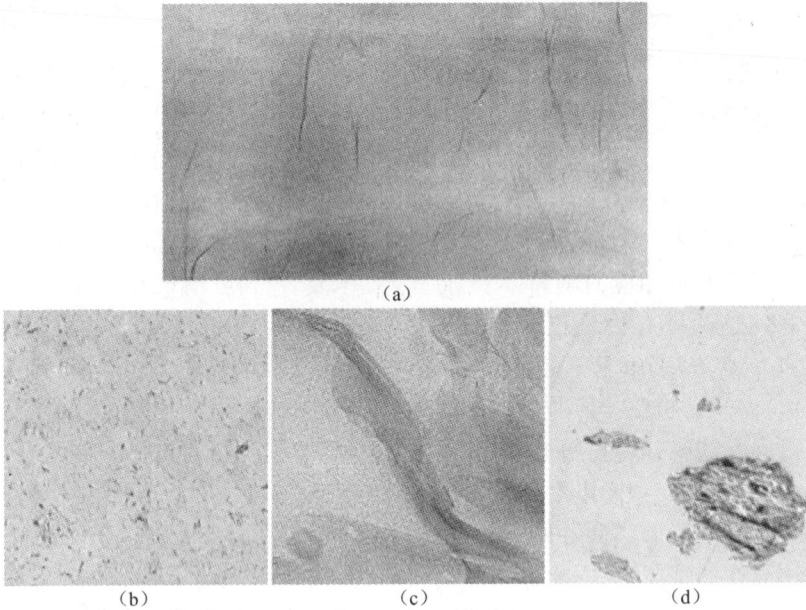

(a)

(b)　　　　　(c)　　　　　(d)

图 5.2　TEM 照片

(a) PP-g-MA/5% B 显示完好的剥离形态(黏土片层完全剥离且分布均匀);(b) 环氧树脂/5% D(低分辨率);

(c) 环氧树脂/5% D(高分辨率)显示相当好的剥离形态(明显的插层与分层形态且分布均匀);

(d) 环氧树脂/5% C(低分辨率)几乎没有任何的剥离形态。

从 HRR 曲线中可以看到,PP-g-MA 与环氧树脂都是典型的非成炭高聚物,主要在燃烧中期急剧放热[14]。引燃后,HRR 升高,达到平均(稳态)HRR 后形成小合肩,而在实验结束时形成一个尖峰,该尖峰是 HRR 曲线的主要特征。随着所形成的纳米复合材料质量的提高,尖峰不再明显而变得越来越平滑。对上述两个体系而言,燃烧时间延长,总热释放(THE,表征材料的总耐火负荷)却只有微小的变化。随剥离物质量的提高,pHRR 大幅度降低至原始值的 1/3 ~ 1/2,这相当于平均(稳态)HRR。而相应的微米复合材料的 HRR 曲线中却未观察到显著的量变,也没有出现上述的原则性转变。作为一般性结论,纳米复合配方的优化是改善阻燃性能的关键。除了添加体系的化学与形态变化,工艺参数与所选的高聚物材料也是关键性因素[15]。据报道,纳米复合配方还受高聚物的极性和分子量的影响[16]。

此外,加工参数(如剪切速率、温度)和热塑性材料熔融共混时的停留时间都会影响粒子的形态[17]。改变不同的参数,原则上可以得出类似于图 5.1 所显示的结论,这些都证明了阻燃性能的显著改善取决于纳米结构。

对纳米复合配方进行定量评估是相当具有挑战性的。一些常用术语,如类晶团聚体(= 微米复合材料)、插层、剥离,是描述不同形态特征的简单化模型。在高聚物基体中,高聚物链插入硅酸盐片层间所形成的插层形态、硅酸盐片层的分层形态、各化合物的混合形态以及粒子与单个硅酸盐片层的分布都受动力学控制,并通过复杂的方式相互作用。除了时间和温度外,上述各个形态与分布还受制备条件(如剪切力)的影响。因此,最终所得的纳米复合材料很少是热力学稳定态或完美的均匀态[18]。通常所形成的纳米复合材料都是处于中间态的,即部分剥离或强烈的非均匀分布。同时还可以观察到,有些区域是低浓度的剥离态硅酸盐片层,有些区域是高浓度的插层态硅酸盐片层和部分数个硅酸盐层的分层堆积。然而,应当注意的是,这些体系更接近于纳米而非微米复合体系。

XRD 和 TEM 是表征纳米复合材料的主要方法[18,19]。XRD 利用的效应是,在电子高密度区,由于周期性扰动导致 Bragg 峰消失;由于周期性变化导致 Bragg 峰发生漂移。对于层状硅酸盐纳米复合材料来说,用分层和插层予以解释是言之有理的,但严格来说,XDR 由于监测不到分布的优劣而无法检测剥离程度(分层 + 分步)。因此,当大量相当好的纳米复合材料需要被相互之间比较时,仅仅依赖 XRD 是远远不够的[20]。乍一看,TEM 结果由于具成像特点还是非常令人信服的,但它只能展现很小且不具代表性的区域。因此,在定量研究方面 TEM 也存在局限性。然而,图 5.1 所呈现的两种体系,在 pHRR 降低与通过 XRD 和 TEM(图 5.2)检测到的纳米复合配方量的增加间存在明显的对应关系[12,13,21]。最有希望解决分层与剥离的定量表征问题的技术,最近已有文献报道,如 NMR 技术[22,23]或流变技术[24,25]。事实上,在热塑性 PP-g-MA 体系中,在低剪切速率与温度下,已经发现 pHRR 的降低与熔体黏度间存在定量的对应关系,这是由于两者都受控于所形成的纳米复合配方的优劣[12]。

体系的选择、优化(如高聚物基体、纳米填料、增容剂)和制备过程,是成功研制纳米复合材料的关键性因素。对特定性能与相互作用的控制与探索是当前的主要任务,必须通过进一步开发适当的研究工具和更好地理解结构—性能关系来完成。

5.2.2 取向

相对于传统的高聚物,硅酸盐片层的离子极性较强、韧性较高,因而显示出很强的各向异性及相互作用。这些类似于透长石液晶的特性形成了特殊的相态、取向和流变行为[26,27]。标准加工或工业加工热塑性材料,通常会产生剪切速率,这导致硅酸盐片层在纳米复合材料中形成严格的取向[25]。尽管硅酸盐片层的取向松弛次数很多[28,29],尤其相对于高聚物链,但在注塑模塑或挤出的冷却阶段,只能冻结某一方向的取向[18]。此外,剥离过程是以插层和随后的分层为基础的,这样的剥离过程导致分散的硅酸盐片层有一个明确的取向分布。由于越来越多的高聚物插入黏土片层而形成分层形态,与取向松弛相比,在动力学上更有力。因此,"有序剥离"与"无序剥离"等术语经常被提出来描述这类形态[18]。此外,人们还建议在近晶体系中用复杂、各向异性的形态解释纳米复合材料的流变行为[18,30-33]。显然,由于热力学和动力学特性,自组装与制备过程形成了各向异性体系和特殊形态。不过,取向对阻燃机理的具体影响还尚未提出:也许取向的作用是无关紧要的,也许取向是纳米复合材料的形态与形成过程(不可分开讨论形态与形成过程)中的关键因素。

5.2.3　燃烧过程或阻隔形成过程纳米粒子的形态

前文已述及,纳米复合材料的形态会对其阻燃性能产生影响。一些资料甚至提出用 pHRR 的降低幅度来衡量纳米复合材料的优劣[34]。此外,人们还用插层与剥离形态衡量纳米复合材料的阻燃性。比较各具体体系的两种形态,并不能得出一种形态优于另一种形态的一般性结论[7,8,35]。严格意义上说,所有这些理论都是过于简单的。在室温下,对固态下的纯净高聚物材料进行监测的结果表明,形态并不能直接控制燃烧行为。硅酸盐片层与高聚物降解间的相互作用,以及热解过程中形成的阻隔层,都可控制阻燃行为。因此,对纳米复合材料的阻燃性能来说,尽管纳米级分散是关键性的起点,但并不影响其整个过程。事实上,由于纳米粒子的消蚀重组,纳米复合材料的形态发生着巨大的变化[8,36]。

不同的物理与化学机理同时作用,可能导致硅酸盐片层在高聚物的表面形成阻隔层,包括分层、层状硅酸盐相的形成、成炭、迁移,以及降解产物的成泡[37,38]。硅酸盐阻隔层的形成似乎是典型的一般性机理,在所有的纳米复合材料中都发挥重要的作用,但阻隔层的形成过程却是因体系而异的。像分层、迁移和层状硅酸盐相的形成等机理是受控于高聚物、硅酸盐与有机增容剂间的相互作用的。各复合材料的表面能不仅影响纳米复合材料的形成,还对阻隔层的形成产生影响。另外,几乎所有的加工过程都是在热活性状态下进行,因此热解温度影响分解速率、分层力、黏度和扩散等。

分层、迁移和成泡受熔体黏度的影响。因此,对热固性和热塑性材料来说,其阻隔层的形成是有所不同的,有些机理可能是相斥的。降解产物的成泡支持了硅酸盐片层向表面迁移的理论,但也有报道称,由于降解产物的成泡稳定了裂纹与孔洞而形成了非封闭的表层。不同的机理会同时发生,有些机理之间甚至相互影响,并与高聚物的热解过程相互作用。有报道称,表面上形成的炭—硅酸盐片层,如同屏障阻止了传热与传质过程[36,39]。显然,硅酸盐与高聚物间的相互作用在有机—无机层的形成过程中发挥重要的作用;换言之,物理与化学作用是相当重要的。此外,成炭与非成炭高聚物所形成的阻隔层也是大相径庭的。最近有报道称,氧气对炭—硅酸盐片层的形成有实质性的影响[40]。也有报道称,尽可能形成封闭的表层,而这对提高阻隔性能至关重要。还有报道称,层状硅酸盐与碳纳米管间的协同效应依赖于更封闭的表层[41]。封闭表层的形成受成泡和层状硅酸盐相制约。因此,大量的参数,包括分子的相互作用、黏度和表面层的机械稳定性,都会影响这些特性。显然,硅酸盐表层的形成机理在不同的体系中是十分不同的。

显然,在燃烧过程中,试样表层的集聚过程是相当复杂的,很难对其进行详细描述。提高黏土含量所产生的影响也是如此。一个典型的结论是,随黏土含量增加(0~10%),pHRR 显著降低;但当添加量高于7%时,pHRR 的降低幅度与添加量是不成比例的(图5.3和5.4(b))[12],pHRR 降低到一个基本恒定的值。层状

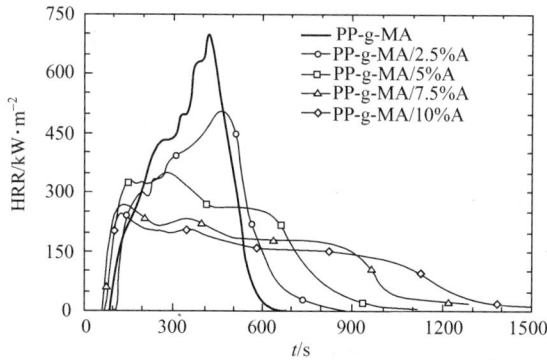

图 5.3　PP-g-MA 及其纳米复合体系的 HRR 曲线(辐射热流量为 30kW/m²)

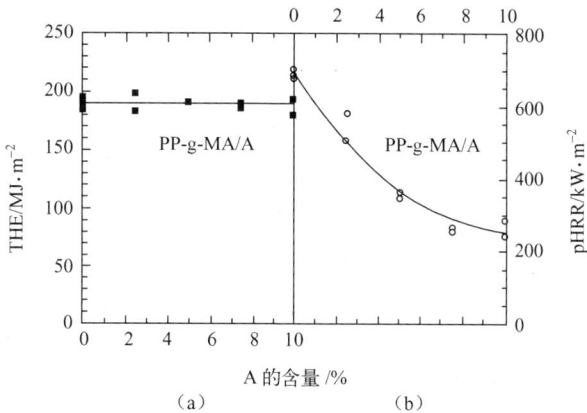

图 5.4　PP-g-MA 及其纳米复合体系的锥形量热曲线(辐射热流量为 30kW/m²)
(a) THE(■);(b) pHRR(○)。

硅酸盐在表面的富集似乎是一个具体而非统计沉淀或迁移过程。例如,提高黏土的含量可增加残留层的厚度,但不能封闭裂纹,因而不能完全阻止热裂解气体的释放[12]。可以肯定的是,任意高含量的黏土对阻隔层的形成都是毫无意义的,但5%~7.5%的黏土添加量似乎足以制备出纳米复合材料,并且使其 pHRR 得以改善。

5.3　阻燃效应及其对纳米复合材料耐火性的影响

5.3.1　惰性填料与炭层形成

通常添加有机层状硅酸盐制得相应的纳米复合材料。TG 结果表明,硅酸盐中有机物的含量会导致高聚物 15%~30% 的降解质量损失。在高聚物的热降解温度下,无机硅酸盐是不会发生降解的,因此,一部分改性的层状硅酸盐发挥了惰性填料的作用。事实上,不论是 TG 实验还是非成炭高聚物体系的耐火实验,残留物的量几乎不比惰性填料的含量高。对于非成炭高聚物来说,即使硅酸盐与高聚物间的相互作用形成了 C-Si 表层,额外的含碳量也是相当小的(0~5%),如 PP 和 PS。在成炭过程中的这种变化与 THE 的降低是没有相关性的,在这类体系中,当层状硅酸盐替代了高聚物时,降低的 THE 仍处于相同的数量级。图 5.4(a)显示了 PP-g-MA/层状硅酸盐纳米复合材料的惰性填料所产生的效应,这代表了在非成炭热塑性高聚物中的行为。通过添加 0、2.5%、5%、7.5% 和 10% 的层状硅酸盐制备出相应的 PP-g-MA/A 纳米复合材料,就 THE 而言,不同的添加量并未引起 THE 显著变化[12]。当 A 的添加量增加时,THE 线性降低,但有效燃烧热是不发生变化的,不存在相关的气相阻燃机理(如火焰抑制机理)。残留物的量相当于所使用的 A 的量,在该体系中并没有观察到额外的炭层形成,因此层状硅酸盐扮演着惰性填料的角色。并且,当只添加 5% 的 A 时,对阻燃性能的影响幅度与 THE 数据误差的数量级相同。

金属氢氧化物是应用广泛的阻燃剂,也常被当作惰性填料予以研究[42]。它们吸热降解生成无机残留物,同时释放出水蒸气;水蒸气是一种非常有效的冷却剂,能稀释可燃性气体。与蒙脱土不同,金属氢氧化物有一个重要的特点——吸热,因此,有人提出用水滑石类化合物替代蒙脱土。然而,要达到预期的阻燃效果,金属氢氧化物的添加量高达 40%~65%。可以肯定的是,由于惰性特点,少量的层状硅酸盐是不会对耐火行为产生重大影响的。通过特殊的相互作用改变凝聚相中的降解过程或气相中的氧化过程,少量的填料只能改善 THE。该机理指出,通过提高成炭量或降低有效燃烧热可改善阻燃性。遗憾的是,大多数高聚物纳米复合材料主要是通过物理机理发挥作用的,而化学机理的作用很小。这几乎不会显著影响有效燃烧热,而成炭量的增加范围也只是 0~10%,令人失望。真正对有效燃烧热或成炭量有显著影响的体系是相当少的;不过,形成的无机残留物可在表面形成阻隔层,能影响其他的重要特征,如 HRR(图 5.3 和 5.4(b))。而关于阻隔效应,将在下面的篇幅中予以讨论。

5.3.2 分解与渗透性

关于层状硅酸盐纳米复合材料的热降解与热氧降解行为是相当矛盾的,无法得出明确的或一致的结论。依赖于所研究的文献与体系,结论或是提高降解行为,或是没有显著变化,或是强烈地改善了降解行为[21,43-46]。对热降解行为的影响,纳米复合材料间存在着相当大的差异,这种差异通常存在于释放的产物间,而主要的降解反应是不存在这种差异的。纳米复合材料的低渗透性阻止了产物的扩散,如高聚物/5%层状硅酸盐纳米复合材料能使气体的渗透性降低40%~60%,甚至能阻止诸如 N_2 和 O_2 等小分子扩散[47,48]。在热氧 TG 实验中,采用恒定的加热速率,可以发现 O_2 渗透性的降低提高了降解温度[21,46],同时大大降低了链段构象或链构象(在高聚物降解与产物释放的过程中会发生链段构象或链构象变化)的变化次数,特别是在插层体系或高聚物与硅酸盐间存在强烈相互作用的体系中这种现象尤为明显。有文献甚至报道了降解温度提高的现象:PMMA 插入蒙脱土中能使降解温度提高 40K~50K[49],而 PDMS 插入蒙脱土中降解温度提高的幅度更大,为140K[45]。对上述两个体系而言,链段或降解产物的限制性热行为是主要的作用机理。添加有机黏土也可改变化学降解反应:层状硅酸盐如同酸性缓冲液,改变水的含量,甚至催化了化学反应,而有机表面活性剂的降解可引发整个体系发生降解反应。最近发表的一系列论文都报道了在各纳米复合材料的热解产物中所发生的变化[50,51]。在高聚物降解过程中,热降解的影响取决于纳米填料间特定的相互作用。热降解与热氧降解行为因体系而异。

热降解与热氧降解过程中的相关变化并不是对所有硅酸盐纳米复合材料都适用的普遍机理。对稳定火焰区,火焰行为受厌氧裂解所控制。而对于大多数高聚物/硅酸盐纳米复合材料,有关热降解与热氧降解的变化是不太重要的;分解产物的变化(如从单体到低聚物)、一些额外的炭层(1%~5%)、降解温度偏移 5K~25K,都很难引起有效燃烧热或挥发性产物的总释放量发生变化,但却能改变 TTI。因此,在显著降低火焰传播方面,热降解与热氧降解的变化不是主要的阻燃机理,也没有改善阻燃性(通过 UL-94 试验监测)。例如,PDMS 纳米复合材料的热稳定性显著提高了,但却达不到 UL-94 V-0 级,这与 PDMS 的阻燃性类似[45]。PS 中变化的单体——低聚物分布,也没有显著改变燃烧热[52]。只有少数体系由于能改变降解与热降解过程而改善阻燃行为。大多数纳米复合体系只显示了微乎其微或很少的炭层增加量。由于炭层量的增加而显著降低可燃性产物的体系还没发现,残留物增加的体系也是相当少的。然而,这些体系由于将物理与化学机理相结合而变得非常有前景。有报道称,环氧树脂体系的化学反应产生了显著的效果。层状硅酸盐的添加将三步降解过程简化为两步降解过程[40,53]。原则上,这些影响都能为从根本上改善阻燃性能提供潜力。

5.3.3 黏度与阻燃性的关系

改变降解过程(导致成炭)和干扰气相中的化学反应(抑制火焰传播)不是改善阻燃性能的唯一方式;物理机理(如冷却,形成阻隔层,改变热熔、热传导、黏度)也对阻燃性能的改善发挥重要的作用。热解区域的熔融黏度不仅对阻隔层的形成有重要影响,还控制熔滴行为,这在前面已经讨论过。熔滴行为在许多火灾场景都是至关重要的。层状硅酸盐和碳纳米管都是各向异性填料,由它们形成的纳米复合材料能使体系的黏度显著增大,即使在添加量很小的情况下,特别是在施加低剪切应力时仍会出现这种情况。纳米分散所形成的结构(如物理网络结构)能显著减少熔滴。事实上,有人提议将影响熔体的流动性作为纳米复合材料的主要机理之一。抑制熔滴是利是弊,这要取决于具体场合。高熔体流动性有利于通过灼热丝测试或在 UL-94 垂直燃烧测试中达 V-2 级。而在这种情况下,纳米复合材料的阻燃性更差一些。例如,前文提过的热塑性 PP-g-MA 材料可达 V-2 级,而 PP-g-MA/5% A 与 PP-g-MA/5% B 纳米复合材料只能达 HB 级[12]。在该体系中,由于更多的可燃性材料留在热解区,层状硅酸盐通过滴落使得体系不再具有自熄性。在非成炭热塑性高聚物中添加纤维状纳米管的纳米复合材料往往产生类似于烛芯的效果,如 PA6/MWNT 体系的 LOI 从 26.4% 急剧地降低到 23.7%[54],这非常类似于玻纤增强的效果。而在非成炭热塑性高聚物中却发现了负面效应,这是因为滴落相当普遍,往往影响阻燃性能。当然了,不同的体系和阻燃测试受熔体黏度变化的制约,并且上述机理也不是影响性能的唯一方式。

然而,所举的例子说明,黏度的变化严重影响阻燃性能,尤其是在非成炭热塑性高聚物体系中。类似的明显变化在成炭体系中却观察不到,这主要是由于它们根本就不会产生熔滴的缘故。在成炭体系中能观察到,由于炭层的存在而使力学性能明显增强现象或材料发生变形行为。在成炭热塑性 PC 中添加同样的 MWNT 所形成的纳米复合体系中,LOI 并没有显著降低:PC 的 LOI 为 25% ±0.1%,而 PC/2% MWNT、PC/4% MWNT 和 PC/6% MWNT 的 LOI 为 25.0% ±0.4%。锥形量热仪显示的主要变化是材料在燃烧过程中发生的变形程度降低了[55]。尤其在膨胀系统中,由于黏度是控制多孔结构形成的主要参数之一,一些显著的影响是可以预料的。最近的文献报道称,在炭层提高机械稳定性的膨胀系统中,纳米分散的层状硅酸盐能产生协同作用[56]。此外,除了典型的燃烧测试,在许多使用纳米复合材料的场合与相应的阻燃测试中,抑制熔滴也是至关重要的。

5.3.4 传热与传质屏障

前面已从几个方面讨论了阻隔层的形成。硅酸盐或硅酸盐—炭层作为传热与传质屏障,可能是所有层状硅酸盐纳米复合材料的主要作用机理。大多数资料称,该机理能对锥形量热数据所表现出来的性能大幅度改善给予合理解释。层状硅酸盐纳米复合材料是改善高聚物阻燃性能最有前景的方法,其特征是 pHRR 显著降低。然而,阻隔效应及其对锥形量热结果的影响,文献对其阐述还不详尽,所以有关这些机理的具体特性尚未人知。

通过锥形量热仪对水平试样在强制燃烧时的耐火行为进行表征,pHRR 与火灾中的火焰增长相对应。图 5.1、图 5.3 和图 5.4 是纳米复合材料典型的锥形量热数据图,可以发现,pHRR 显著降低,降低幅度可高达 75%,燃烧时间也延长了。与原始高聚物相比,纳米复合材料的 HRR 曲线的形状发生了变化。随层状硅酸盐添加量的增加或性能的改善,纳米复合材料的 HRR 曲线表现为"平台"状,这是成炭或成残余物材料的典型曲线[14]。点燃后,HRR 升高,达到平均(稳态)HRR,随剥离质量的提高,该 HRR 变成 pHRR;随后 HRR 略有降低,直到火焰熄灭。而纳米复合材料的燃烧时间延长,导致 THE 只是略有降低或无变化。试样总的火负荷通常没有太大影响,而 pHRR 却大幅度降低了。由于化学机理(如火焰抑制或高聚物成炭)对燃烧行为没有任何明显的影响,物理阻隔效应显然是纳米复合材料的主要阻燃机理[12,57]。这一结论与多数体系中惰性填料的行为一致,即对降解或燃烧行为没有明显的化学影响。然而,在燃烧的整个过程中并不只是形成物理阻隔层,同时还伴随化学机理,或受化学过程的强烈影响。这些额外发生的过程并不是普遍存在于纳米复合材料中,但却是材料的特性,并常常使材料成为最有发展前途的材料。

HRR 曲线由非成炭高聚物特征向成残余物高聚物特征转变,这意味,pHRR 的类型发生了变化。在燃烧的末期来自试样背面的反馈热量持续增加,而在燃烧的初期 HRR 已达稳态,因此,纳米复合材料的 pHRR 占有主导地位。通过改进试样架(试样架能降低试样表面的热量反馈)对非成炭高聚物进行实验测定,发现在燃烧的最后阶段 pHRR 消失[58]。显然,纳米复合材料表面上阻隔层的形成与试样背面热导试样架的使用,是影响高聚物裂解区热冲击的两种不同的方法,但对 HRR 曲线的影响是一致的。通过标准试样架与改性试样架制备出了 PP-g-MA 与环氧树脂,其 HRR 曲线如图 5.5 所示,图中还包括 PP-g-MA/5% Nanomer I. 28E 与环氧树脂/5% 四苯基鏻改性蒙脱土纳米复合材料的 HRR 曲线[13,58]。其中,Nanomer I. 28E 是十八烷基三甲基铵改性的蒙脱土,在此称为 E;四苯基鏻改性蒙脱土是采用喷雾干燥的,其 BET 为 $100m^2/g$,在此称为 F。显然,传热途径的改变,尤其是实验即将结束时热解区热冲击的较小影响,是导致 pHRR 降低的主要原因。

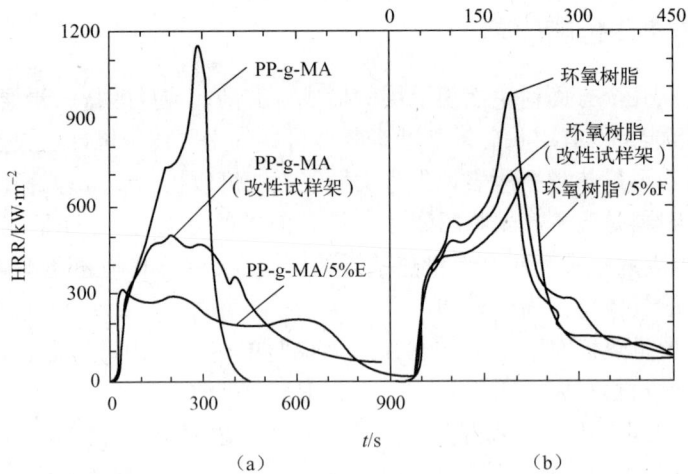

图 5.5 HRR 曲线(辐射热流量为 50kW/m²)

(a) PP-g-MA、采用改进试样架测定的 PP-g-MA、PP-g-MA/5%E;

(b) 环氧树脂、采用改性试样架测定的环氧树脂、环氧树脂/5%F。

pHRR 原点的变化也会引起 pHRR 发生量的变化。燃烧末期的 pHRR 值与平均(稳态)HRR 之间的比值对各种非成炭高聚物来说是不一样的,该比值是目前所研究材料的一个特性。表 5.1 列举了低辐射功率下 PA6、PS、ABS、PMMA 等高聚物的平均 HRR 与 pHRR 的比值,用百分比表示。这些数据来源于已公开发表的 HRR 曲线,其辐射热流量为 35kW/m²[12,59,60]。根据 Lyon 提出的理论,可以粗略地确定平均(稳态)HRR[61]。在同样的辐射热流量条件下,将平均 HRR/pHRR 比与相应纳米复合材料 pHRR 的降低幅度进行了比较[35,12],这种相同条件下的比较是令人信服的。不仅各聚合物的 pHRR 及 HRR/pHRR 两者降低幅度的次序及降低的数量是对应的,而且对于这两个值,在数值为 20% ~70% 范围内,各具体数据也是一一匹配的(表 5.1)。pHRR 的降低幅度不仅受表面阻隔层制约,还受高聚物特定的燃烧特性制约。

表 5.1 纳米复合材料中 pHRR 的降低幅度和平均 HRR/pHRR 比(辐射热流量为 35kW/m²,a、b、c 和 d 分别来源于文献[35]、[59]、[12]和[60])

纳米复合材料	pHRR 的降低幅度/%	平均 HRR/pHRR/%
PA6	63[a]	约 70[b]
PS	57[a]	约 55[b]
PP-g-MA	54[a],46 ~57[c]	50 ~60[b]
ABS	45[a]	约 45[b]
HIPS	40[a]	40 ~45[d]
PMMA	25[a]	约 20[b]

用 pHRR 或火焰蔓延表征特定火灾场景下材料的特性优于用有效燃烧热进行表征。因此,pHRR 及所对应的阻燃效果取决于具体的火灾场景,如试样架、试样厚度、锥形量热仪的辐射热流量等。在较高的辐射热流量下,材料的点燃时间和燃烧时间缩短,pHRR 相应升高,这是由于材料在单位时间内所承受的能量冲击增大的缘故。因此有人提议,材料随辐射热流量的这种相应变化也暗示了阻隔机理[62],如果在材料的表面形成了传热与传质的物理阻隔层,那么辐射热流量对 pHRR 的影响并不显著。因此,随辐射热流量增加,相应的物理阻隔层的阻燃效果也增强。图 5.6 是 PP-g-MA 与 PP-g-MA/5% A,环氧树脂与环氧树脂/5% D 在不同的辐射热流量下($30kW/m^2 \sim 70kW/m^2$)的 pHRR 值[12,13],可以看到,当辐射热流量为 $70kW/m^2$ 时,pHRR 的降低幅度分别高达 75% 和 50%;而在较低的辐射热流量下,这种阻燃效果似乎不存在。因此,具低辐射热流量的燃烧测试(如 UL-94 和 LOI)受主要机理的影响小,这将在下面详细阐述。试样的厚度对纳米复合材料阻燃性能的影响也有文献报道过[63],受热的薄试样几乎没有阻燃性,这可能是由于该试样具有不同的 pHRR 类型。尽管 THE 没发生太大的变化,但 pHRR 受 THE 的影响越来越大[64]。

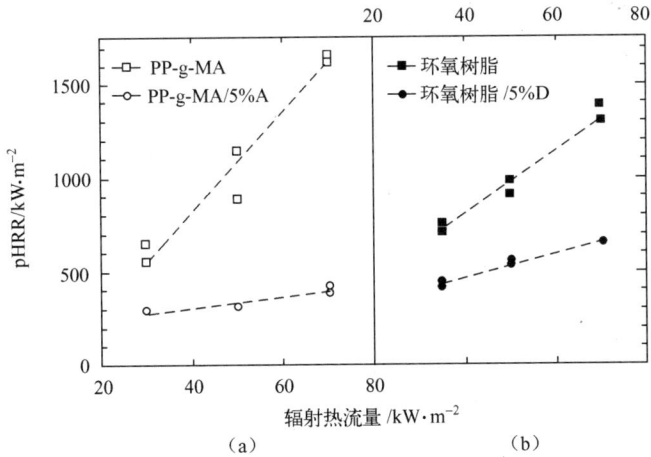

图 5.6　材料的 pHRR 值与辐射热流量的关系
(a) PP-g-MA 与 PP-g-MA/5% A 体系;(b) 环氧树脂与环氧树脂/5% D 体系。

5.4　阻燃性能评估

5.4.1　不同火性能的差异分析

最重要的火灾危险性包括:

（1）引燃性；

（2）可燃性；

（3）HRR/火焰传播；

（4）THE；

（5）火焰渗透性；

（6）烟雾弥漫/烟雾毒性。

在真实的火灾场景中,产品的阻燃性是控制前面所论述的一个或数个火灾危险性。对于电子与电器产品来说,不能采用灼热丝或 UL-94 测试。采用灼热丝或蜡烛小火焰类引火源的目的是推迟或阻止火灾的起始过程。当建筑材料由单引火源(如纸篓引燃)时,可采用欧洲用于建筑材料 SBI 试验(单件燃烧试验)对其进行耐火测试。在火灾的发展阶段,降低或阻止火焰传播是主要目标。保护性元件(如防火门及其类似物),采用标准的温度—时间曲线对其进行耐火性能评估。在火灾的完全燃烧阶段,火焰渗透性是最主要的解决目标。事实上,起始阶段的点燃性/可燃性、发展阶段的火焰传播/火焰增长、完全发展阶段的 THE/火灾渗透性在耐火测试中是成对出现的。上述三种火灾场景是不同的,包括通风性、温度、所涉及的长度尺寸和辐射热流量等。

大多数高聚物纳米复合材料对高聚物降解的影响是非常小的。除了几个特例,降解温度、挥发物的有效燃烧热、TTI、HRR 曲线中典型的起始增长阶段都几乎没有变化。这些 HRR 曲线初始阶段的微小变化是表层形成体系的普遍特征。只有在燃烧过程中,纳米复合材料才会发挥阻燃作用。而对一些纳米复合材料来说,TTI 甚至降低了,这可能是由于体系中表面活性剂优先降解或热吸收状态改变的缘故。可以肯定的是,相对于火灾的引燃性与可燃性来说,添加纳米分散的层状硅酸盐是一种相当令人失望的方法[12,65,66]。通过锥形量热仪,在 $30kW/m^2 \sim 35kW/m^2$ 的辐射条件下,大多数所研究的纳米复合材料的典型 HRR 都在约 $150kW/m^2$ 之上。同时,纳米复合材料并不能显示出令人折服的自熄趋势,并且高聚物及其相应的纳米复合材料的 LOI 值并没有明显不同或只有微小变化[12,65,66],而在另外一些体系中甚至发现纳米复合材料使 LOI 降低[54],在 UL-94 测试中也能得出相应的结论。显然,这是纳米复合材料通用阻燃机理的普遍特征,能显著改善火焰增长与火焰蔓延,但在火灾的初始阶段起不到阻止或推迟作用(如无法降低引燃性与可燃性)。这再次说明,在纳米复合领域中,只有特定的体系是有发展前景的,并伴随额外的阻燃机理。

图5.7 是不同辐射条件下层状硅酸盐纳米复合材料的典型耐火特性图,而在其他纳米复合体系中也能得到类似的结论[12,65,66]。图中所示为单一环氧树脂、添加 5% 镔膨润土的环氧树脂纳米复合材料(环氧树脂/5% D)的 THE 与火焰增长速率(FIGRA)间的关系图[13]。有人建议对不同材料都用可比较图进行图形评估[67,68],可以发现,有效的阻燃性可同时改善 THE 和 FIGRA。高聚物/层状硅酸

盐纳米复合材料对火焰增长起到明显的降低作用,特别是在较高的辐射条件下,而对 THE 的影响十分有限(应当指出的是,这种有限性经不住长时间的挑战)。近来所讨论的很有发展前景的方法,是将纳米复合技术与传统阻燃剂相结合[5,69](见第 6 章~第 9 章)或寻找额外的化学机理能显著提高聚合物成炭量的体系[36]。

高聚物纳米复合材料在力学性能和环保方面似乎有明显的优势:层状硅酸盐显示出明显的增强效应,而许多普通阻燃剂只是增塑剂而已。另外,层状硅酸盐是一种无卤阻燃剂,有发展前景,但价格昂贵在某种程度上限制了层状硅酸盐的商业化。同时,获得纳米结构的先决条件是需要先进的制备工艺,所提出的物理机理对纳米复合材料的热解与燃烧反应也不会产生明显影响。但是,纳米复合材料不会显著增加火灾危险性(如 CO 或烟雾)[70,71]。

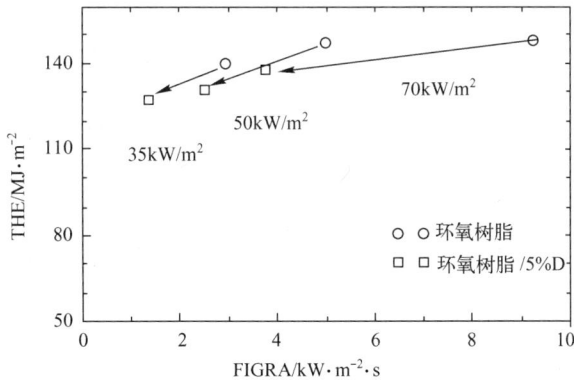

图 5.7　环氧树脂、环氧树脂/5% D 体系的 THE 与 FIGRA(pHRR/到达 pHRR 的时间)
的关系图(辐射热流量分别为 30kW/m² 、50kW/m² 和 70kW/m²)

5.4.2　不同火情对纳米复合材料的不同影响

纳米粒子通过不同的作用机理影响高聚物的耐火行为,而这些机理在不同的火灾场景所发挥的作用与重要性是相当不同的,从图 5.7 中可以发现辐射条件是影响阻燃效率的主要参数。需要指明的是,将其结果外推到小辐射热流量时,则对应于 LOI 和 UL-94 测试[61]。随辐射热流量降低,阻燃性能会逐渐消失。锥形量热仪的综合数据表明,基于普遍的阻燃机理,纳米复合材料不能显著改善材料的阻燃性能。这一结论也与 LOI、UL-94 测试的结果相对应,即大多数纳米复合材料是无法改善自熄性的。在较高的辐射条件下,材料的火焰增长与火焰传播得到明显改善,而可燃性却没有,这并不是相互矛盾的。纳米复合材料的不燃残留物形成了表层,能显著降低 HRR,但很少能使火焰自熄。在较高的辐射条件下,由火焰增长与火焰传播所控制的纳米复合材料,其阻隔效应是重要的。

纳米复合材料极少能形成足够多的表层以降低可燃性,除非它与传统阻燃剂复配。然而,在诸如 UL-94、LOI 等可燃性测试中,所研究材料的滴落性也严重影响自熄行为。添加各向异性的纳米粒子对高聚物熔体的黏度影响极大,相当于抗滴落剂,或增强炭层强度,或引发"烛芯效应"。因此,对一些体系来说,可燃性测试重视黏度的变化。

出于生态考虑和火灾危险性研究(如 CO 生成量与产烟量),以惰性填料特性为目标,那些关于纳米复合材料所提出的物理机理是很有优势的。这样看来,纳米复合材料似乎是一种有前景的、环境友好的阻燃方法。

5.5 总结与结论

本章从几个方面介绍了高聚物纳米复合材料的阻燃性能,尤其介绍了主要的通用机理。同时,本章还全面讨论与评估了纳米复合材料的耐火行为,除了纳米复合材料的形成与其他影响,本章得出了两个主要的通用机理:①燃烧过程中形成了表层;②裂解过程中熔体的黏度发生变化。纳米复合材料表现出的阻燃机理首先是在不同的阻燃测试中表现出特定的影响,其次是表现出材料的特性。而且,在不同的体系中,主要的物理机理可能伴随化学过程,或受化学过程强烈影响。

表层是裂解气体与热量的屏障,而燃烧过程中熔体黏度的变化会影响滴落。这些机理的有效性与不同体系和不同的耐火测试有关,而关于不同阻燃性能和不同火灾场景的机理前文已详细阐述过。在强制燃烧条件下,关于火焰增长与蔓延,阻隔层具有很高的阻燃潜力。其他重要的阻燃特性(如引燃性、可燃性和 THE)都没有任何改善,而熔体黏度的变化有效地抑制了熔滴。

在大多数情况下,纳米复合材料的物理阻燃机理并不能保证高分子材料通过某些重要的耐火测试。因此,某些化合物(如有机处理的层状硅酸盐)不能作为单组分阻燃剂,对大多数体系而言,它们必须与现有的阻燃剂复配(见第 6 章~第 9 章)。如果体系能将物理与化学机理相结合,以引发额外的炭层形成,那么上述方法可能会有所不同。已有学者提出不同的观点来解决上述问题,如将层状硅酸盐做催化剂、改变降解方式、将层状结构做微反应器等。

纳米复合材料的形成是实现有效阻燃的关键性先决条件,并显示出明显的结构—性能关系。众所周知,形态受机理控制。因而,各聚合物纳米复合体系制备工艺的优化将是未来的主要挑战。

当前,人们认为纳米复合材料不能成为阻燃高聚物。迄今为止,纳米复合配方已成功应用于某些高聚物中,系作为现有阻燃剂的协效剂。事实上,在这类体系中,它们已被成功商业化了[4]。纳米复合材料与其他阻燃剂复配的例子不胜枚举,人们正在并将继续对其进行研究[56,69,72-76],有的甚至显示出相当好的协同作用。

参考文献

1. Kojima, Y.; Usuki, A.; Kawasumi, M.; Okada, A.; Fukushima, Y.; Karauchi, T.; Kamigaito, O. Synthesis of nylon-6–clay hybrid by montmorillonite intercalated with ε-caprolactam. *J. Polym. Sci. A Polym. Chem.* **1993**, 31, 983–986.

2. Kojima, Y.; Usuki, A.; Kawasumi, M.; Fukushima, Y.; Okada, A.; Karauchi, T.; Kamigaito, O. Mechanical properties of nylon 6–clay hybrid. *J. Mater. Res.* **1993**, 8, 1185–1189.

3. LeBaron, P.C.; Wang, Z.; Pinnavaia, T.J. Polymer-layered silicate nanocomposites: an overview. *Appl. Clay Sci.* **1999**, 15, 11–29.

4. Schall, N.; Engelhardt, T.; Simmler-Hübenthal, H.; Beyer, G. Ger. Patent DE 199 21 472 A 1, 2000.

5. Beyer, G. Flame retardant properties of EVA-nanocomposites and improvements by combination of nanofillers with aluminum trihydrate. *Fire Mater.* **2001**, 25, 193–197.

6. Gilman, J.W.; Kashiwagi, T.; Lichtenhan, J.D. Nanocomposites: a revolutionary new flame retardant approach. *SAMPE J.* **1997**, 33, 40–46.

7. Gilman, J.W.; Kashiwagi, T.; Giannelis, E.P.; Manias, E.; Lomakin, S.; Lichtenham, J.D.; Jones, P. Nanocomposites: radiative gasification and vinyl polymer flammability, in: M. Le Bras, G. Camino, S. Bourbigot, and R. Delobel, Eds., *Fire Retardancy of Polymers: The Use of Intumescence.* Royal Society of Chemistry, London, 1998, pp. 203–221.

8. Gilman, J.W. Flammability and thermal stability studies of polymer layered-silicate (clay) nanocomposites. *Appl. Clay Sci.* **1999**, 15, 31–49.

9. Zanetti, M.; Camino, G.; Mülhaupt, R. Combustion behaviour of EVA/fluorohectorite nanocomposites. *Polym. Degrad. Stab.* **2001**, 74, 413–417.

10. Duquesne, S.; Jama, C.; Le Bras, M.; Delobel, R.; Recourt, P.; Gloaguen, J.M. Elaboration of EVA–nanoclay systems: characterization, thermal behaviour and fire performance. *Compos. Sci. Technol.* **2003**, 63, 1141–1148.

11. Bendaoudi, A.; Duquesne, S.; Jama, C.; Le Bras, M.; Delobel, R.; Recourt, P.; Gloaguen, J.-M.; Lefebvre, J.-M.; Addad, A. Effect of the processing conditions on the fire retardant and thermomechanical properties of PP–clay nanocomposites, in: M. Le Bras, C.A. Wilkie, S. Bourbigot, S. Duquesne, and C. Jama, Eds., *Fire Retardancy of Polymers: New Applications of Mineral Fillers.* Royal Society of Chemistry, London 2005, pp. 114–125.

12. Bartholmai, M.; Schartel, B. Layered silicate polymer nanocomposites: new approach or illusion for fire retardancy? Investigations of the potentials and the tasks using a model system. *Polym. Adv. Technol.* **2004**, 15, 355–364.

13. Schartel, B.; Knoll, U.; Hartwig, A.; Pütz, D. Phosphonium-modified layered silicate epoxy resins nanocomposites and their combinations with ATH and organophosphorus fire retardants. *Polym. Adv. Technol.* **2006**, 17, 281–293.

14. Lyon, R.E. Plastics and rubber, in: C.A. Harper, Ed., *Handbook of Materials in Fire Protection.* McGraw-Hill, New York, 2004, pp. 3.1–3.51.

15. Kim, S.W.; Jo, W.H.; Lee, M.S.; Ko, M.B.; Jho, J.Y. Effects of shear on melt exfoliation of clay in preparation of nylon 6/organoclay nanocomposites. *Polym. J.* **2002**, 34, 103–111.

16. Fornes, T.D.; Yoon, P.J.; Keskkula, H.; Paul, D.R. Nylon 6 nanocomposites: the effect of matrix molecular weight. *Polymer* **2001**, 42, 9929–9940.

17. Dennis, H.R.; Hunter, D.L.; Chang, D.; Kim, S.; White, J.L.; Cho, J.W.; Paul, D.R. Effect of melt processing conditions on the extent of exfoliation in organoclay-based nanocomposites. *Polymer* **2001**, 42, 9513–9522.

18. Vaia, R.A. Structural characterization of polymer-layered silicate nanocomposites, in: T.J. Pinnavaia and G.W. Beall, Eds., *Polymer–Clay Nanocomposites*. Wiley, Chichester, West Sussex, England, 2000, pp. 229–266.

19. Alexandre, M.; Dubois, P. Polymer-layered silicate nanocomposites: preparation, properties, and uses of a new class of materials. *Mater. Sci. Eng.* **2000**, 28, 1–63.

20. Morgan, A.B.; Gilman, J.W. Characterization of polymer-layered silicate (clay) nanocomposites by transmission electron microscopy and x-ray diffraction: a comparative study. *J. Appl. Polym. Sci.* **2003**, 87, 1329–1338.

21. Tidjani, A.; Wald, O.; Pohl, M.-M.; Hentschel, M.P.; Schartel, B. Polypropylene-graft-maleic anhydride-nanocomposites, I: Characterization and thermal stability of nanocomposites produced under nitrogen and in air. *Polym. Degrad. Stab.* **2003**, 82, 133–140.

22. VanderHart, D.L.; Asano, A.; Gilman, J.W. Solid-state NMR investigation of paramagnetic nylon-6 clay nanocomposites, 2: Measurement of clay dispersion, crystal stratification, and stability of organic modifiers. *Chem. Mater.* **2001**, 13, 3796–3809.

23. VanderHart, D.L.; Asano, A.; Gilman, J.W. NMR measurements related to clay-dispersion quality and organic-modifier stability in nylon-6/clay nanocomposites. *Macromolecules* **2001**, 34, 3819–3822.

24. Wagener, R.; Reisinger, T.J.G. A rheological method to compare the degree of exfoliation of nanocomposites. *Polymer* **2003**, 44, 7513–7518.

25. Krishnamoorti, R.; Ren, J.X.; Silva, A.S. Shear response of layered silicate nanocomposites. *J. Chem. Phys.* **2001**, 114, 4968–4973.

26. Demus, D. Phase types, structures, and chemistry of liquid crystals, in: H. Stegemeyer, guest Ed., *Liquid Crystals*; in: H. Baumgärtel, E.U. Franck, and W. Grünbein, Eds., *Topics in Physical Chemistry*. Steinkopff Verlag, Darmstadt, Germany, 1994, pp. 1–50.

27. Marrucci, G. Rheology of nematic polymers, in: A. Ciferri, Ed., *Liquid Crystallinity in Polymers: Principles and Fundamental Properties*. VCH Publishers, New York, 1991, pp. 395–422.

28. Malwitz, M.M.; Butler, P.D.; Porcar, L.; Angelette, D.P.; Schmidt, G. Orientation and relaxation of polymer–clay solutions studied by rheology and small-angle neutron scattering. *J. Polym. Sci. B Polym. Phys.* **2004**, 42, 3102–3112.

29. Ren, J.X.; Casanueva, B.F.; Mitchell, C.A.; Krishnamoorti, R. Disorientation kinetics of aligned polymer layered silicate nanocomposites. *Macromolecules* **2003**, 36, 4188–4194.

30. Krishnamoorti, R.; Yurekli, K. Rheology of polymer layered silicate nanocomposites. *Curr. Opin. Colloid Interface Sci.* **2001**, 6, 464–470.

31. Schmidt, G.; Nakatani, A.I.; Han, C.C. Rheology and flow-birefringence from viscoelastic polymer–clay solutions. *Rheol. Acta* **2002**, 41, 45–54.

32. Schmidt, G.; Nakatani, A.I.; Butler, P.D.; Han, C.C. Small-angle neutron scattering from viscoelastic polymer–clay solutions. *Macromolecules* **2002**, 35, 4725–4732.

33. Okamoto, M.; Nam, P.H.; Maiti, P.; Kotaka, T.; Hasegawa, N.; Usuki, A. A house of cards structure in polypropylene/clay nanocomposites under elongational flow. *Nano Lett.* **2001**, 1, 295–298.

34. Su, S.P.; Jiang, D.D.; Wilkie, C.A. Polybutadiene-modified clay and its nanocomposites. *Polym. Degrad. Stab.* **2004**, 84, 279–288.

35. Wilkie, C.A. An introduction to the use of fillers and nanocomposites in fire retardancy, in: M. Le Bras, C.A. Wilkie, S. Bourbigot, S. Duquesne, and C. Jama, Eds., *Fire Retardancy of Polymers: New Applications of Mineral Fillers*. Royal Society of Chemistry, London, 2005, pp. 3–15.

36. Zanetti, M.; Kashiwagi, T.; Falqui, L.; Camino, G. Cone calorimeter combustion and gasification studies of polymer layered silicate nanocomposites. *Chem. Mater.* **2002**, 14, 881–887.

37. Lewin, M. Some comments on the modes of action of nanocomposites in the flame retardancy of polymers. *Fire Mater.* **2003**, 27, 1–7.

38. Kashiwagi, T.; Harris, R.H.; Zhang, X.; Briber, R.M.; Cipriano, B.H.; Raghavan, S.R.; Awad, W.H.; Shields, J.R. Flame retardant mechanism of polyamide-6 nanocomposites. *Polymer* **2004**, 45, 881–891.

39. Gilman, J.W.; Kashiwagi, T.; Nyden, M.; Brown, J.E.T.; Jackson, C.L.; Lomakin, S.; Giannelis, E.P.; Manias, E. Flammability studies of polymer layered silicate nanocomposites: polyolefin, epoxy, and vinyl ester resins, in: M.A. Malden, S. Al-Malaika, A. Golovoy, and C.A. Wilkie, Eds., *Chemistry and Technology of Polymer Additives*. Blackwell Science, London, 1999, pp. 249–265.

40. Pastore, H.O.; Frache, A.; Boccaleri, E.; Marchese, L.; Camino, G. Heat induced structure modifications in polymer–layered silicate nanocomposites. *Macromol. Mater. Eng.* **2004**, 289, 783–786.

41. Beyer, G. Filler blend of carbon nanotubes and organoclays with improved char as a new flame retardant system for polymers and cable applications. *Fire Mater.* **2005**, 29, 61–69.

42. Horn, W.E. Inorganic hydroxides and hydroxycarbonates: their function and use as flame-retardants, in: A.R. Horrocks and D. Price, Eds., *Fire Retardant Materials*. Woodhead Publishing, Cambridge, England, 2001, pp. 285–352.

43. Zanetti, M.; Camino, G.; Reichert, P.; Mülhaupt, R. Thermal behaviour of poly(propylene) layered silicate nanocomposites. *Macromol. Rapid Commun.* **2001**, 22, 176–180.

44. Bourbigot, S.; Gilman, J.W.; Wilkie, C.A. Kinetic analysis of the thermal degradation of polystyrene–montmorillonite nanocomposite. *Polym. Degrad. Stab.* **2004**, 84, 483–492.

45. Burnside, S.D.; Giannelis, E.P. Synthesis and properties of new poly(dimethylsiloxane) nanocomposites. *Chem. Mater* **1995**, 7, 1597–1600.

46. Zanetti, M.; Camino, G.; Thomann, R.; Mülhaupt, R. Synthesis and thermal behaviour of layered silicate–EVA nanocomposites. *Polymer* **2001**, 42, 4501–4507.

47. Lan, T.; Kaviratna, P.D.; Pinnavaia, T.J. On the nature of polyimide–clay hybrid

composites. *Chem. Mater.* **1994**, 6, 573–577.

48. Messersmith, P.B.; Giannelis, E.P. Synthesis and barrier properties of poly(ε-caprolactone)-layered silicate nanocomposites. *J. Polym. Sci. A Polym. Chem.* **1995**, 33, 1047–1057.

49. Blumstein, A. Polymerization of adsorbed monolayers, 2: Thermal degradation of inserted polymer. *J. Polym. Sci. A Polym. Chem.* **1965**, 3, 2665–2673.

50. Jang, B.N.; Wilkie, C.A. The effect of clay on the thermal degradation of polyamide 6 in polyamide 6/clay nanocomposites. *Polymer* **2005**, 46, 3264–3274.

51. Jang, B.N.; Wilkie, C.A. The thermal degradation of polystyrene nanocomposite. *Polymer* **2005**, 46, 2933–2942.

52. Su, S.P.; Wilkie, C.A. The thermal degradation of nanocomposites that contain an oligomeric ammonium cation on the clay. *Polym. Degrad. Stab.* **2004**, 83, 347–362.

53. Hartwig, A.; Sebald, M. Preparation and properties of elastomers based on a cycloaliphatic diepoxide and poly(tetrahydrofuran). *Eur. Polym. J.* **2003**, 39, 1975–1981.

54. Schartel, B.; Pötschke, P.; Knoll, U.; Abdel-Goad, M. Fire behaviour of polyamide 6/multiwall carbon nanotube nanocomposites. *Eur. Polym. J.* **2005**, 41, 1061–1070.

55. Schartel, B.; Braun, U.; Knoll, U.; Bartholmai, M.; Goering, H.; Neubert, D.; Pötschke, P. Mechanical, thermal and fire behaviour of bisphenol A polycarbonate/multiwall carbon nanotube nanocomposites. In preparation.

56. Bourbigot, S.; Le Bras, M.; Duquesne, S.; Rochery, M. Recent advances for intumescent polymers. *Macromol. Mater. Eng.* **2004**, 289, 499–511.

57. Papazoglou, E.S. Flame retardants for plastics, in: C.A. Harper, Ed., *Handbook of Materials in Fire Protection*. McGraw-Hill, New York, 2004, pp. 4.1–4.88.

58. Schartel, B.; Bartholmai, M.; Knoll, U. Some comments on the use of cone calorimeter data. *Polym. Degrad. Stab.* **2005**, 88, 540–547.

59. Hirschler, M.M. Heat release from plastics materials, in: V. Babrauskas, and S.J. Grayson, Eds., *Heat Release in Fires*. Elsevier Science, Barking, Essex, England, 1992, pp. 375–422.

60. Braun, U.; Schartel, B. Flame retardant mechanisms of red phosphorus and magnesium hydroxide in high impact polystyrene. *Macromol. Chem. Phys.* **2004**, 205, 2185–2196.

61. Lyon, R.E. Ignition resistance of plastics, in: M. Lewin, Ed., *Recent Advances in Flame Retardancy of Polymers*, Vol. 13. Business Communications Co., Norwalk, CT, 2002, pp. 14–25.

62. Schartel, B.; Braun, U. Comprehensive fire behaviour assessment of polymeric materials based on cone calorimeter investigations. *e-Polymers* **2003**, art. no. 13. http://www.e-polymers.org/papers/schartel_010403.pdf.

63. Kashiwagi, T.; Shields, J.R.; Harris, R.H., Jr.; Awad, W.H., Jr. Flame retardant mechanism of a polymer clay nanocomposite, in: M. Lewin, Ed., *Recent Advances in Flame Retardancy of Polymers*, Vol. 14. Business Communications Co., Norwalk, CT, 2003, pp. 14–26.

64. Babrauskas, V. Heat release rates, in: P.J. DiNenno, D. Drysdale, C.L. Beyler, W.D. Walton, R.L.P. Custer, J.R. Hall, Jr., and J.M. Watts, Jr., Eds., *The SFPE Handbook of Fire Protection Engineering*, 3rd ed. National Fire Protection Association, Quincy, MA, 2002, pp. 3-1 to 3-37.

65. Hartwig, A.; Pütz, D.; Schartel, B.; Bartholmai, M.; Wendschuh-Josties, M. Combustion behaviour of epoxide based nanocomposites with ammonium and phosphonium bentonites. *Macromol. Chem. Phys.* **2003**, 204, 2247–2257.

66. Schartel, B. Fire retardancy based on polymer layered silicate nanocomposites, in: M. Okamoto, Ed., *Advances in Polymeric Nanocomposite*. CMC Publishing, Osaka, Japan, 2004; pp. 242–257.

67. Petrella, R.V. The assessment of full-scale fire hazards from cone calorimeter data. *J. Fire Sci.* **1994**, 12, 14–43.

68. Babrauskas, V. Fire test methods for evaluation of fire-retardant efficacy in polymeric materials, in: A.F. Grand and C.A. Wilkie, Eds., *Fire Retardancy of Polymeric Materials*. Marcel Dekker, New York, 2000, pp. 81–113.

69. Gilman, J.W.; Kashiwagi, T. Polymer-layered silicate nanocomposites with conventional flame retardants, in: T.J. Pinnavaia and G.W. Beall, Eds., *Polymer–Clay Nanocomposites*. Wiley, Chichester, West Sussex, England, 2000, pp. 193–206.

70. Hull, T.R.; Wills, C.L.; Artingstall, T.; Price, D.; Milnes, G.J. Mechanisms of smoke and co suppression from EVA composites, in: M. Le Bras, C.A. Wilkie, S. Bourbigot, S. Duquesne, and C. Jama, Eds., *Fire Retardancy of Polymers: New Applications of Mineral Fillers*. Royal Society of Chemistry, London, 2005, pp. 372–385.

71. Hull, T.R.; Price, D.; Liu, Y.; Wills, C.L.; Brady, J. An investigation into the decomposition and burning behaviour of ethylene–vinyl acetate copolymer nanocomposite materials. *Polym. Degrad. Stab.* **2003**, 82, 365–371.

72. Chigwada, G.; Wilkie, C.A. Synergy between conventional phosphorus fire retardants and organically-modified clays can lead to fire retardancy of styrenics. *Polym. Degrad. Stab.* **2003**, 81, 551–557.

73. Le Bras, M.; Bourbigot, S. Mineral fillers in intumescent fire retardant formulations: criteria for the choice of a natural clay filler for the ammonium polyphosphate/pentaerythritol/polypropylene system. *Fire Mater.* **1996**, 20, 39–49.

74. Zanetti, M.; Camino, G.; Canadese, D.; Morgan, A.B.; Lamelas, F.J.; Wilkie, C.A. Fire retardant halogen–antimony–clay synergism in polypropylene layered silicate nanocomposites. *Chem. Mater.* **2002**, 14, 189–193.

75. Chigwada, G.; Jash, P.; Jiang, D.D.; Wilkie, C.A. Fire retardancy of vinyl ester nanocomposites: synergy with phosphorus-based fire retardants. *Polym. Degrad. Stab.* **2003**, 81, 551–557.

76. Beyer, G. Flame retardancy of nanocomposites: from research to technical products. *J. Fire Sci.* **2005**, 23, 75–87.

6. 膨胀系统与纳米复合材料:阻燃聚合物的新途径

Serge Bourbigot and Sophie Duquesne

Laboratoire Procédés d' Élaboration des Revêtements Fonctionnels, LSPES UMR/CNRS 8008, École Nationale Supérieure de Chimie de Lille, Villeneuve d' Ascq Cedex, France

6.1　引言

　　由于法律法规的健全,防火在减少火灾风险方面正发挥着重要的作用,所以在现代社会,一场大火将整个城镇夷平的情况几乎是不可能发生的。随着科学技术的发展,很多高新技术产品不断涌现,这不可避免地增加了可燃性材料的使用[1]。可以采用多种方法有效地保护材料免受火灾的袭击,如将阻燃剂和/或粒子(微米或纳米分散)直接添加到材料(热塑性或热固性)中,或者采用覆盖在材料表面的涂层(如对钢结构或纺织品)[2]都是有效的方法。具体选用什么方法来降低材料的可燃性?人们要在成本和性能间求得平衡,以决定该方法是否可以接受,是否能为多功能材料的设计提供必要的灵活性。

　　许多领域对设计新颖、多功能性材料的要求越来越高。这些材料应该具有优异的力学、热学、热力学、电学、热电性能和低可燃性,并且在许多恶劣环境中(如太空、汽车、电子和基础设施方面)性能仍保持稳定。这是材料科学与加工工程面临的一个重要挑战。由于材料科学与工程研究重点的转变,许多传统材料(如碳、黏土、陶瓷、铝粒子等)以纳米尺度与聚合物共混形成的纳米复合材料,已成为开发优异性能材料的新领域。

　　Gilman 等人的开创性工作已经证明,蒙脱土纳米分散在聚合物基体中能大大改善聚合物的阻燃性能[3-5]。Gilman 和其他研究团队已阐述了该方法,并研究了多种含纳米粒子的复合高分子材料,包括有机黏土[6-9]、TiO_2 纳米粒子[10]、SiO_2 纳米粒子[11]、层状双金属氢氧化物(LDH)[12,13]、碳纳米管(CNT)[14,15]及多面体倍半硅氧烷(POSS)[16-18]。所有这些材料都具有较低的可燃性和较优的力学性能及其他性能。通常情况下,在 Cone 试验中,材料的 pHRR 能降低 50% ~ 70%;但在 UL-94 和 LOI 测试中,聚合物纳米复合材料表现不佳。例如,在 $35kW/m^2$ 的辐射强度下,与原始 PA6 相比,PA6/黏土纳米复合材料的 pHRR 降低了 63%,却不能通过

UL-94 试验(无燃烧级别），LOI 值也只为 23%[19]。在水平位置上进行 Cone 试验,纳米复合材料不会滴落,这是因为黏土在材料表面聚集可形成保护性屏障。与此相反,如果在垂直位置上(如 UL-94 和 LOI），材料在受热时由于黏度降低而导致滴落,会使保护性屏障消失。此时,聚合物基体不再受保护,乃至严重燃烧。研究传统阻燃剂,尤其是膨胀型阻燃剂与纳米添加剂的复配,是本章的主要内容。人们预测,这种方法将会为设计符合法规的防火安全材料提供机遇,并能使诸如力学性能等其他性能得到改善。

在 6.2 节里将对膨胀性进行简单论述,从而使读者基本了解膨胀原理。6.3 节将介绍沸石的使用,沸石系作为膨胀系统的协效剂。为什么膨胀系统与沸石复配能产生优异的性能？为什么黏土也能作为膨胀系统中协效剂的候选物？文中阐明了其原因及其作用原理,但讨论的重点是沸石的化学结构所起的作用,以及为什么黏土是膨胀配方中的一个关键组分。6.4 节是含有机黏土膨胀系统的性能研究。用 LOI、UL-94 和 Cone 等测定了几个配方的阻燃性能,同时也对其力学性能进行了研究。文中阐述了有机黏土纳米分散在聚合物基体中对膨胀阻燃所起的作用,并且提出了有关的阻燃机理。6.5 节研究了膨胀系统中黏土以外的纳米粒子的潜在用途,还讨论了这些纳米粒子的化学性质对阻燃性能的影响。6.6 节参考新近文献,综述了纳米粒子与膨胀阻燃剂复配材料的应用情况。

6.2 膨胀原理

" intumescence"—词来源于拉丁文" intumescere",它的意思是"膨胀",是对膨胀材料的贴切描述。当温度超过"临界"温度后,材料便开始膨胀,然后扩容,最后在材料表面形成多孔泡沫状炭层,可保护下层材料免受热流与火焰的侵蚀[20]。从本质上来说,膨胀阻燃高聚物或纺织品是典型的凝聚相阻燃机理[21-25]。膨胀中断了高聚物在初始阶段的自维持燃烧,即中断了与气体燃料反应的热降解过程。膨胀是由燃烧高聚物表面的炭和泡沫形成的,其结果是产生多孔泡沫炭层,可保护下层材料免遭热流与火焰的侵蚀。炭层密度随温度升高而下降,它作为物理性屏障,延缓了气相和凝聚相之间的传热与传质过程。

含有膨胀型阻燃剂的 PP,是膨胀系统的一个典型例子。它采用的膨胀型阻燃剂可以是 APP/PER 混合物,添加量为 30%,两组分的质量比为 APP($n = 700$)：PER = 3:1。也可以采用商业膨胀添加剂(Exolit AP 750,一种含三(2 – 羟乙基)异氰尿酸酯的聚磷酸铵[26]），其添加量也是 30%。表 6.1 表明,PP-AP 750 的阻燃性能优于 PP-APP/PER,但在 UL-94 试验中,其燃烧级别都能达到 V-0 级。

表 6.1　含膨胀型阻燃剂的 PP 与纯 PP 的 LOI 值

配　　方	LOI/%	UL-94(3.2mm)
PP	18	NC
PP-APP/PER	32	V-0
PP-AP 750	38	V-0

图 6.1 是 Cone 的测试结果[27]。与纯 PP(其 pHRR 为 1800kW/m²)相比,膨胀系统使 PP 的 HRR 显著降低。而且,PP-AP 750 的 HRR 曲线很平滑,其 pHRR 只有 80kW/m²,而 PP-APP/PER 的 pHRR 则为 400kW/m²。值得注意的是,PP-APP/PER 的 HRR 曲线中存在两个峰值,是典型的膨胀系统。第一个峰值是由材料表面的点燃与火焰的传播引起的,在形成膨胀保护层之后,其 HRR 恒定。在这期间,高聚物被膨胀层保护。第二个峰值是由膨胀结构的破坏与含碳残留物的形成所致。

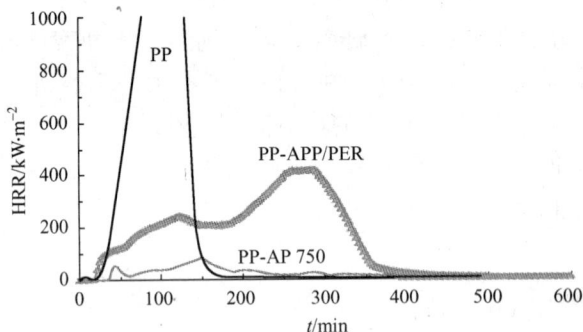

图 6.1　PP-APP/PER、PP-AP 750、PP 的 HRR 曲线(辐射热流量为 50kW/m²)[27]

膨胀阻燃层常用于保护建筑上的金属材料。发生火灾时,这些金属材料的机械强度恶化,致使建筑结构崩溃。而膨胀层如同热屏障,可保护下层材料。最近研究[28]表明,将阻燃剂硼酸与 APP 衍生物加到热固性环氧树脂中,可形成保护金属基质的膨胀涂层。根据 UL-1709 标准,可在工业炉上对涂层进行评估。图 6.2 所示是在钢板背面涂上各种配方的阻燃涂层后,其温度随时间的变化曲线。由于钢通常在 500℃ 左右会失去其主要的结构性能,出于安全原因,并且考虑到钢板背面的热电偶,实验中以 400℃ 作为钢板的结构破坏温度(图 6.2 中的横线)。

涂有热固性树脂钢板结构的破坏时间(曲线 B)与纯净钢板(曲线 A)的差不多。将 APP 衍生物添加到热固性树脂中(曲线 C),钢板的性能则有了明显改善(与纯净钢板相比,结构破坏的时间由 5min 推迟到了 11.3min)。实验过程发生了膨胀和成炭现象,但实验结束前炭层便脱离钢板了(图 6.2 中拐点温度为 610℃)。将硼酸(曲线 D)加入到树脂中也提高了钢板的性能,结构破坏时间提高到了

18.2min,实验中也观察到膨胀现象,但炭层也脱离钢板了(图6.2中拐点温度为400℃)。将APP和硼酸一起加入到热固性树脂中(曲线E),结构破坏时间大为增加,达到了29.5min,此时形成的膨胀炭层牢牢地黏附在钢板上,呈半球状。

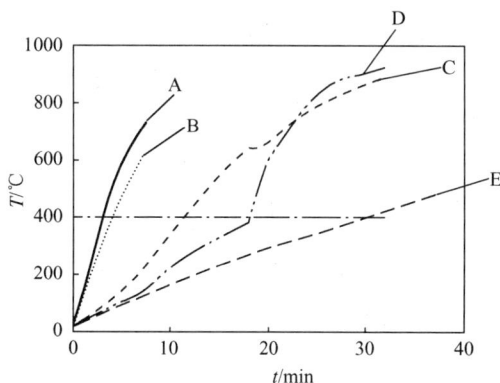

图6.2 背面涂有不同膨胀涂层的钢板温度随时间的变化曲线

A:纯净钢板;B:钢板背面涂有热固性环氧树脂;C:钢板背面涂有添加APP衍生物的热固性环氧树脂;D:钢板背面涂有添加硼酸的热固性环氧树脂;E:钢板背面涂有添加APP衍生物和硼酸的热固性环氧树脂。测试标准为OTI95 634。在200kW/m² ~250kW/m² 的辐射热流量下,离测试样1m处灼烧特定量的丙烷(0.3kg/s)。燃烧条件尽可能接近烃类受热曲线的拐点温度(约200℃/min)。每个钢板背面使用5个热电偶,曲线上只表示其平均温度。钢板垂直安放在热炉里。

上面的例子说明,使用膨胀系统能够显著改善板材或涂料的阻燃性能。其主要原理是利用膨胀层的热保护性,限制传热。对于防火来说,膨胀层的作用是很重要的,因此,有必要从根本上理解膨胀原理。温度梯度和传热在膨胀过程中发挥着重要作用,而逐渐增长的泡沫对温度梯度的影响更是不容忽视的。由于膨胀熔化时存在较大的温度梯度,因而泡体的尺寸有很大的差异。考虑到这一点,美国国家标准与技术研究院(NIST)[29]提出了一个三维模型,将泡体与熔体流体动力学、传热及化学反应三者相结合。在这个模型中,膨胀系统表征为高黏度、不可压缩的流体,其中含有大量的膨胀性泡体。根据具体参数,单个泡体服从质量方程、动量方程和能量方程,而它们的聚集体可赋予材料膨胀性与阻燃性。该模型为从物理方面理解和描述膨胀性奠定了良好的基础。

在前面的讨论中,并没有从化学方面讨论膨胀性,但这却是至关重要的。酸源(酸性催化物质)、成炭剂和发泡剂是膨胀系统中不可或缺的三个组成部分。表6.2提供了一些膨胀型阻燃剂配方。在PP-APP/PER系统中,APP及其降解产物正磷酸盐和磷酸是酸性物质,PER是成炭剂,APP同时也是发泡剂。在第一阶段($T<280$℃),酸性物质与成炭剂反应形成酯混合物,而在约280℃时主要通过自由

基反应[33]发生炭化过程。在第二阶段（280℃≤T≤350℃），发泡剂分解产生气体（如 APP 分解产生气体氨），致使炭层膨胀。最后，膨胀材料在较高温度下分解，而在约430℃时便失去了成泡特性。同时，在280℃～430℃时，炭层的导热性下降，基质的绝热性提高[34]。

表 6.2　几种膨胀涂料的组分[30-32]

(a) 无机酸源 磷酸 硫酸 硼酸 铵盐 磷酸盐和聚磷酸盐 硼酸盐 硫酸盐 卤化物 磷酸胺或酰胺 尿素或胍基脲与磷酸的反应产物 三聚氰胺磷酸盐 氨与 P_2O_5 的反应产物 有机磷化合物 磷酸三甲苯酯 烷基磷酸酯 卤代烷基磷酸酯	(b) 多羟基化合物 淀粉 糊精 山梨醇，甘露醇 季戊四醇（单体，二聚体，三聚体） 酚醛树脂 羟甲基三聚氰胺
	(c) 胺和酰胺 尿素 脲醛树脂 双氰胺 三聚氰胺 聚酰胺
	(d) 其他 成炭高聚物（PA6，PA6/黏土纳米复合材料，PU，PC，…）

　　由膨胀型配方的降解所形成的材料是非均质材料，它是由在磷炭多孔材料（即凝聚相）"捕获"的气体产物组成的。凝聚相是固相和液相（酸性焦油）的混合物，具有特殊的动力学特征，即能"捕获"高聚物降解产生的气体和液体产物。凝聚相中的炭碎片是由聚芳香族物质组成的，而后者是在材料预石墨化阶段堆叠形成的（图 6.3）[35]。

　　上述的磷碳材料由聚合物链、磷酸盐（聚磷酸盐、二磷酸盐或正磷酸盐）、结晶添加剂粒子及包覆晶区的无定形相组成的结晶高分子芳香环，而非晶相由小分子芳香族分子、易水解的磷酸盐、添加剂降解形成的烷基链及高分子链碎片组成，其作用是提高涂层的保护性，因为非晶相必须足够多，能将结晶区完全包覆，且应具有适当的黏弹性[36]（这将在下面详细讨论），这样才能具有要求的动力学特性，避免产生熔滴，还能调节由固体粒子和气压诱导产生的应力。

　　上文讨论了膨胀系统作为实体材料或作为涂层，均能给高分子材料带来高效的阻燃性；还讨论了膨胀系统的作用机理，可以看到，这种系统的化学性给炭的形成带来了一定的灵活性，如可利用磷酸盐的潜在反应性及被氧化功能。而通过添加其他活性化合物来提高膨胀炭层的性能，这将是下一节的内容。

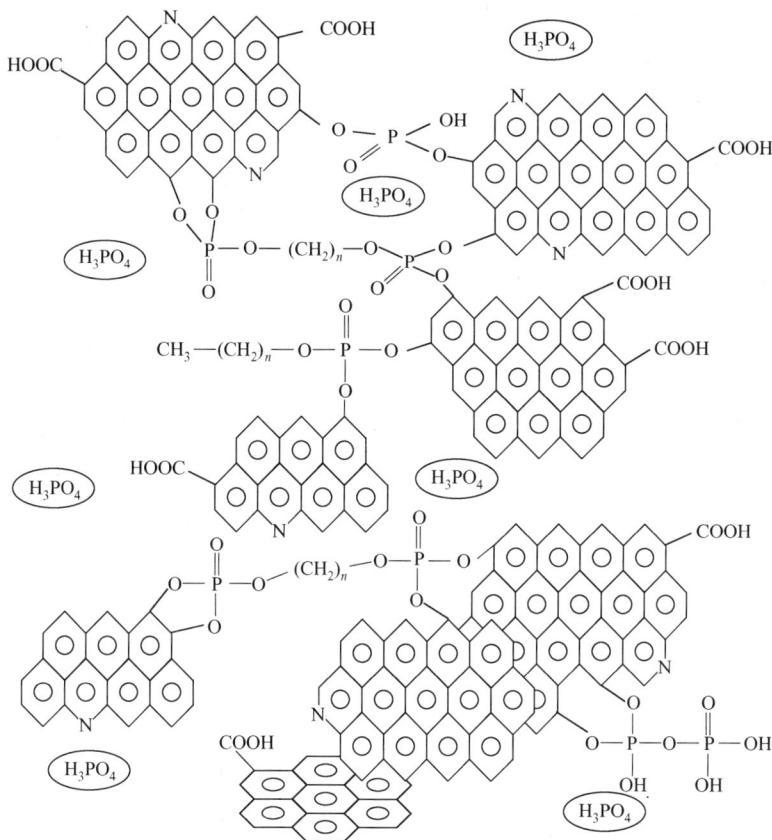

图 6.3　在 350℃ 下经热处理的 PP-APP/PER 形成的膨胀涂层[35]

6.3　分子筛作为膨胀系统的协效剂

近来,在许多膨胀系统里都出现了令人意想不到的"催化"效应。根据 LOI、UL-94 或 Cone 试验,添加少量的能产生协同效应的其他化合物,能显著提高材料的阻燃性能。协效性是这样定义的:两种物质复配所发挥的作用大于它们单独使用时所发挥的作用之和。

研究表明,向膨胀系统中添加少量的矿物质,如沸石[37,38]、天然黏土[39]、硼酸锌[40],能够显著提高阻燃性能。Levchik 等人提出,向 PA6/APP 中添加少量滑石粉和 MnO_2 能促进成炭,并能提高膨胀涂层的隔绝性,进而明显改善其阻燃性能[41,42]。另外,在膨胀系统中使用硼硅氧烷弹性体也具有很强的协同效应[43,44]。

113

本节中,只讨论沸石。沸石是由 AlO_4 和 SiO_4 连接的网状硅酸盐(表6.3)[45],结构中含有孔道和相互关联的孔隙,能够被阳离子和水分子占据,其中阳离子可以平衡 AlO_4 所产生的负电荷。孔隙或孔道的尺寸(表6.3)与普通有机分子的尺寸差不多。尽管沸石本身不是纳米级的,但其内部的纳米结构使它具有特殊的作用。沸石的化学式是 $M_{x/n}[(AlO_2)_x,(SiO_2)_y]\cdot zH_2O$,其中 $y/x \geqslant 1$,M 是用来平衡电荷的阳离子。

表 6.3　沸石的化学特性[45]

结构单元	化学式	结构类型	Si/Al(原子比)	孔径/nm
D4R	$K_9Na_3[(AlO_2)_{12}(SiO_2)_{12}],27H_2O$	KA(3A)	1	0.32
D4R	$Na_{12}[(AlO_2)_{12}(SiO_2)_{12}],27H_2O$	NaA(4A)	1	0.35
D4R	$Ca_{4.5}Na_3[(AlO_2)_{12}(SiO_2)_{12}],27H_2O$	CaA(5A)	1	0.42
D6R	$Ca_{21.5}Na_{43}[(AlO_2)_{86}(SiO_2)_{106}]_2,76H_2O$	CaX(10X)	1.23	0.8
D6R	$Na_{56}[(AlO_2)_{86}(SiO_2)_{106}],276H_2O$	NaX(13X)	1.23	0.9~1
D6R	$Na_{86}[(AlO_2)_{56}(SiO_2)_{136}],250H_2O$	Y	2.43	1
T_6O_{16}	$Na_8[(AlO_2)_8(SiO_2)_{40}],24H_2O$	Mordenite	5	0.67~0.7
—	$Na_{0.7}[(AlO_2)_{0.7}(SiO_2)_{95.3}],16H_2O$	ZSM-5	140	0.52~0.58

早先的研究[37]中,曾在乙烯—丙烯酸丁酯—顺丁烯二酸酐共聚物(以下简称 LRAM 3.5)中,加入沸石与 APP/PER 膨胀系统,观察到其阻燃性能有了明显改善,尤其是加入4A沸石与APP/PER膨胀系统,效果更为显著(图6.4)。

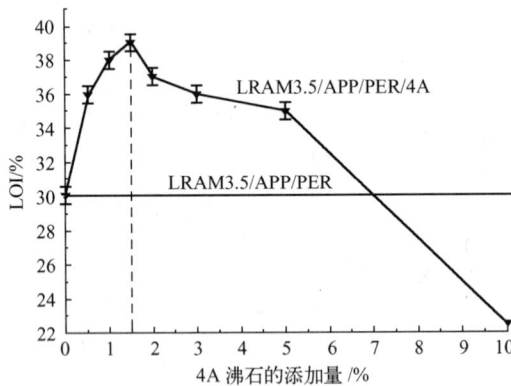

图 6.4　LRAM 3.5/APP/PER/4A 体系的 LOI 与 4A 沸石含量的关系
(APP/PER 的添加量为 30% ,4A 沸石的添加量为 1.5% 时,协同效果最显著)

表6.3表明不同类型的沸石具有不同的结构,可以推测,阻燃性能可能与沸石的结构有关。沸石的硅铝比(Si/Al 比)对 LOI 值的影响如图6.5所示,其中钠沸石 Y 的 Si/Al 比为2.43,丝光沸石的为5,ZMS-5 的为140。实验发现,就这几种沸石而言,它们的 LOI 值随其含量的变化趋势极为相似,钠沸石 Y 的 LOI 值在用量

1.5%达到最大值,而丝光沸石与 ZSM-5 在2%达到最大值。但是,它们的 LOI 值却有所差异,钠沸石 Y 的 LOI 最大值为 40%,而 ZSM-5 为 36%。这表明,较低的 Si/Al 比可能有助于实现最佳的阻燃性能。

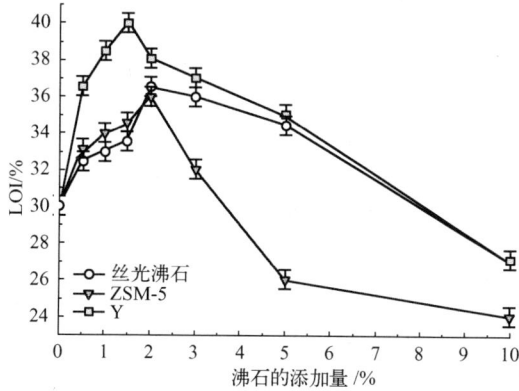

图6.5 在 LRAM 3.5/APP/PER/沸石中,LOI 值随各种沸石含量的变化曲线
（添加剂的总含量为30%）

沸石是一类硅铝酸盐,考虑到这一点,在 LRAM 3.5/APP/PER 配方中对普通硅铝酸盐(陶瓷与高岭土,是由 Si_2O_5 与 $Al_2O_3/Al_2(OH)_4$ 键合形成的)与沸石类硅铝酸盐进行了比较(图6.6),结果发现,LOI 曲线呈现相似的变化趋势,都是含量在1.5%时 LOI 达到最大值,但高岭土的 LOI 值却比钠沸石 Y 和4A 沸石低。这表明,具有沸石结构的硅铝酸盐应该可以实现最佳的阻燃性能。还有研究[39]使用不同的黏土作为协效剂时发现,LOI 与黏土中可交换阳离子的量有关:晶胞中可交换的阳离子数量增多,LO 值也增大。高岭土类矿物质没有可用于交换的阳离子,仅沸石含有,因此,阻燃性能取决于硅铝酸盐的可交换性。

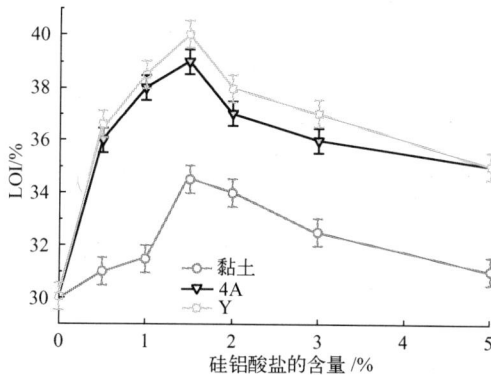

图6.6 LRAM 3.5/APP/PER/硅铝酸盐的 LOI 值随硅铝酸盐含量的变化曲线
（添加剂的总含量为30%）

115

Cone 试验证实,向材料中添加沸石能提高材料的阻燃性能[37]。图 6.7 表示添加或者不添加 4 A 沸石的 LRAM 3.5/APP/PER 的 HRR 随时间的变化曲线。可以看到,与原始聚合物相比,阻燃高聚物的 pHRR 显著降低。含膨胀阻燃剂的材料一经点燃后,其 HRR 即比原始高聚物基材明显降低。值得注意的是,图 6.7 中含膨胀阻燃剂的高聚物,不管是否添加沸石,其 HRR 的变化趋势是极为相似的。膨胀材料显示三个 pHRR:第一个表示配方降解与膨胀保护层形成;第二个表示保护层及残余产物降解,新的膨胀保护层形成;第三个表示整个残余产物降解。

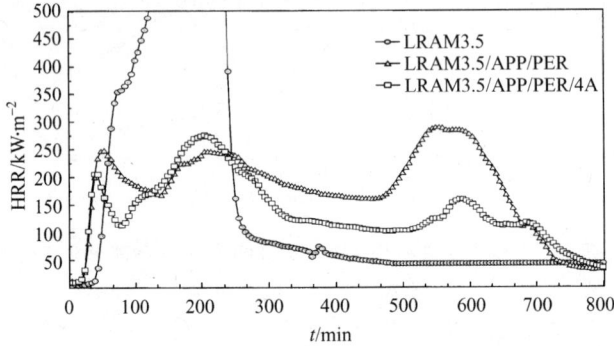

图 6.7　HRR 随时间的变化曲线[37]（辐射热流量为 50kW/m²）

是否添加沸石,材料的 pHRR 是不同的,在较长的燃烧时间时的 HRR 也是相差很大的。如在 $t=600\text{s}$ 时,添加 4A 沸石时 HRR 为 150kW/m^2,而未添加时却为 300kW/m^2。这意味着,含沸石的膨胀系统更能抵抗严峻的热氧环境（在试样表面和炽热点进行小火焰试验表明,材料是热氧降解而非热裂解）。

在其他高聚物中,沸石与 APP/PER 或 PY/PER(PY:焦磷酸氢二铵)体系复配也会使阻燃性能显著提高(表 6.4)[37]。尽管沸石的效用取决于高聚物,但一般都具有协效性。这表明,在膨胀配方中沸石可作为一种添加成分。早期使用光谱分析法对添加剂体系与高聚物/添加剂体系分别进行的研究,阐明了沸石在体系 LRAM 3.5/APP/PER 中所起的作用[46-50]。随温度升高,体系逐渐形成膨胀结构。在 280℃时,膨胀层主要由磷、碳等元素的桥键相连的聚芳香族物质堆积而成,材料含沸石时,这类桥键使膨胀结构具有特种动力学特性,可更好地适应压力的变化（假设含沸石与不含沸石两种体系中,桥键的数量和聚芳香族结构的大小是相同的）。对添加沸石与不添加沸石的配方,两者生成的膨胀层结构是截然不同的（碳组织不同）,沸石延缓了碳的组合,进而改变了膨胀结构[48]。

当温度升高时($T>280℃$),由于膨胀系统中 P–O–C 键的断裂,致使磷碳化合物数量减少,芳香族物质缩合,而聚芳香族物质的堆积（尺寸增大）使材料黏度急剧升高,这样便减弱了涂层的保护性能。在配方中添加沸石,有机硅铝酸盐稳定

116

了膨胀层结构,保存了大量的聚脂肪键,减少了 P－O－C 键的断裂,从而抑制了聚芳香族物质的堆积[49]。

表 6.4 添加与不添加沸石的膨胀系统的阻燃性能[37]

(添加剂总量恒定在 30%,在沸石含量为 1% 或 1.5% 时协同效应最佳)

体系	LOI/%	UL-94(3.2mm)	体系	LOI/%	UL-94(3.2mm)
PP/APP/PER	30	V-0	PP/APP/PER/13X	45	V-0
LDPE/APP/PER	24	V-0	LDPE/APP/PER/4A	26	V-0
PP/PY/PER	32	V-0	PP/PY/PER/13X	52	V-0
PS/APP/PER	29	V-0	PS/APP/PER/4A	43	V-0
LRAM3.5/APP/PER	29	V-0	LRAM3.5/APP/PER/4A	39	V-0

此外,当存在沸石时,所有温度范围内都能观察到吡啶氮,而没有沸石时只能在 350℃ 以上才能观察到[50]。据报道,吡啶氮是 APP 分解生成的氨与碳碳双键反应产生的含氮杂环。可以认为,推迟聚芳香网络的缩合,能保留吡啶氮,从而可以改善材料的力学与防火性能。

膨胀系统能形成磷碳结构,沸石可以使其在热力学上稳定。PE 结构单元通过与有机磷酸酯和/或有机铝磷酸酯连接,能抑制产生为火焰提供"燃料"(易燃小分子)的解聚反应。此外,研究结果表明,沸石可以形成某种更具结合力的大分子网络结构,后者又可与 PE 结构单元连接,这似乎有利于改善阻燃性能。事实上这时形成了由聚芳香族物质组成的硬质膨胀保护层,如 LRAM3.5/APP/PER。另一方面,通过铝和/或硅磷酸酯基团和/或膨胀系统中的自由基,膨胀结构中 PE 结构单元的稳定性使它能与聚芳香族物质成键,因而使膨胀涂层具有更好的力学性能[48]——为炭保护层提供弹性及柔软性。在火灾条件下,这种膨胀保护层能延缓裂纹的产生与增长,而裂纹可使氧气扩散到高聚物基体中,同时使小分子也易于释放作为燃料。

沸石不一定是真正的催化剂,但它是膨胀系统中关键的反应物,因为它能与膨胀配方中的其他组分反应,如磷酸酯(盐)与硅铝酸盐的反应。这类反应能生成(原位生成和在着火时生成)通常可稳定膨胀结构的物质。因此可以预计,能与磷酸盐反应的硅铝酸盐等也能改善材料的阻燃性。

6.4 高聚物纳米复合材料中的膨胀系统

通常用于热塑性塑料膨胀配方中的成炭剂是多元醇,如季戊四醇、甘露醇和山梨醇[33,51]。然而这些添加剂存在渗出性与水溶性问题[51],而且通常与高聚物基体不相容,这导致配方的力学性能非常差。目前已开发出以聚烯烃为基、以炭化高聚物(TPU 与 PA6)为成炭剂的膨胀型配方[52-56]。与添加传统阻燃剂的高聚物相比,这些膨胀型配方改善了高聚物的力学性能,并且避免了渗出性和水溶性问题。由于 TPU/黏土与 PA6/黏土纳米复合材料具有优异的力学性能,因而把纳米复合材料作为膨胀配方中的一个组分来提高聚合物的阻燃性能与力学性能已经成为一种趋势。

正如前面所述,MMT 是一种最常用的纳米填料之一。它是黏土矿物中的普通一员,其化学式一般是 $(Ca, Na, H)(Al, Mg, Fe, Zn)_2(Si, Al)_4O_{10}(OH)_2 \cdot xH_2O$。MMT 是一类硅铝酸盐,可以预期,当其添加到膨胀型材料中,能够提高材料的阻燃性能。下文以 APP/PA6 和 APP/PA6/黏土(PA6/黏土简称 PA6nano,含有机改性 MMT,且 MMT 在 PA6 中纳米分散,呈剥离结构)在 EVA24 中作为膨胀组分来评价这类材料的性能。图 6.8 汇集了 EVA24、EVA24/APP/PA6、EVA24/APP/PA6nano、EVA 24/ATH(EVA 24 中含 60%硅烷改性的 ATH)的力学性能。从图 6.8 中可以看到,在阻燃 EVA 体系中,EVA24/APP/PA6nano 的应力和断裂伸长率是最高的。

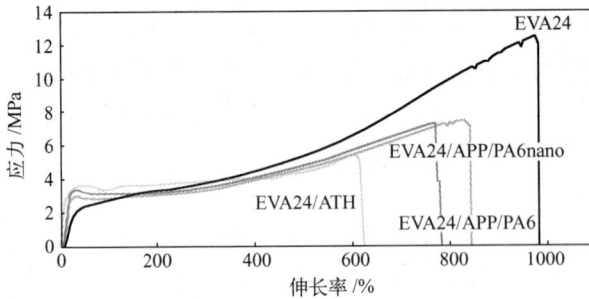

图 6.8　EVA24、EVA24/ATH、EVA24/APP/PA6、EVA24/APP/PA6nano
(PA6nano 来自 UBE 公司。APP/PA6 = 3,APP/PA6nano = 3)
的力学性能(PA6nano 作为膨胀配方中的成炭剂)[32]

点燃 EVA24/APP/PA6 和 EVA24/APP/PA6nano 时,可形成膨胀保护层而使火焰窒息。图 6.9 示出 EVA24/APP/PA6 和 EVA24/APP/PA6nano 的 LOI 值,说明体系中存在协同效应(质量比 APP/PA6 = 3)。PA6nano 的加入使 LOI 值从 32%(没添加黏土)提高到 37%(添加黏土,质量比 APP/PA6nano = 3)。当没添加黏土时,APP 的含量要在 13.5% ~34%,燃烧级别才能达到 V-0 级;而添加黏土(APP/PA6 和 APP/PA6nano 的含量依然是 40%)后,APP 的含量在 10% ~34%时便能达到相同的燃烧级别。这一结果表明,PA6nano 的添加使 APP 的含量在相对较低时体系达到 V-0 级(比较 13.5%与 10%)。这可降低配方中 APP 的含量,因而是个优点,因为高含量的 APP 有时能对高聚物造成很大影响,甚至在整个高聚物中发生迁移。同时,APP 含量的降低也有利于改善力学性能。

118

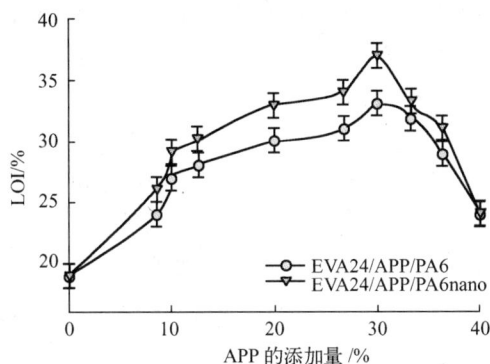

图 6.9　EVA24/APP/PA6 和 EVA24/APP/PA6nano 的 LOI 值随 APP
含量的变化[32]（PA6nano 作为成炭剂）

与纯 EVA24 相比,EVA24/APP/PA6 及 EVA24/APP/PA6nano 的 pHRR 明显
降低(图 6.10)。PA6nano 的加入,提高了高聚物的阻燃性能。添加 PA6 与
PA6nano 时,体系的 pHRR 分别为 320kW/m² 与 240kW/m²。材料被点燃后,能形
成炭层,继而膨胀。膨胀炭层的高度约为 1.5cm,而未燃烧时只有 0.3cm。同时,
与 EVA24/APP/PA6nano 相比,EVA24/APP/PA6 燃烧后的膨胀残留物看来较脆。

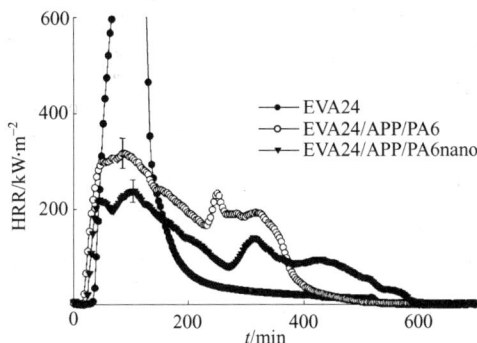

图 6.10　EVA24,EVA24/APP/PA6 和 EVA24/APP/PA6nano(PA6nano 作为成炭剂)
的 HRR 随时间的变化曲线[32]（辐射热流量为 50kW/m²）

采用各种光谱技术可阐明上述材料的阻燃机理[32,57]。在空气中加热时,
EVA24/APP/PA6nano 体系能形成磷碳结构,而后者是获得良好阻燃性能所必不可
缺少的[57]。在 EVA24/APP/PA6nano 中,黏土与 APP 反应,生成了铝磷酸盐类物
质(可能还有硅磷酸盐类物质),它们即使在 310℃ 的高温下仍能稳定磷碳结构。
当温度高于 310℃ 时,由于铝磷酸盐类物质降解,导致磷碳结构解体,产生了含有
正磷酸和多磷酸的无定形"陶瓷状氧化铝"。除了膨胀保护层,无定形"陶瓷状氧
化铝"也可作为保护层,阻止氧气扩散到基体中,和/或阻止液体和气体分解产物

向"燃烧区"迁移。这种保护层还能抑制裂纹的产生。对于 EVA24/APP/PA6,在任何温度下都观察不到磷碳结构,只在膨胀炭层中观察到一层正磷酸。

纳米黏土与沸石的作用机理相似。然而,MMT 是层状结构(沸石是笼状结构),并且系统的成炭剂不再是多元醇,而是成炭聚合物(PA6),所以不能直接比较它们的作用机理。然而,仍然能得出下述主要结论:在第一阶段,纳米黏土或沸石的协同效应都能通过形成铝磷酸盐和硅磷酸盐用以稳定碳结构。添加纳米黏土,这种协同效应能持续到 310℃,而添加沸石能持续到 560℃。纳米黏土在磷碳结构破坏后能形成陶瓷状保护层,能使保护层在较高温度下仍然存在。值得注意的是,实验中没有发现纳米黏土表面活性剂的任何具体影响,这可能与其含量很少有关。

上述研究是把 MMT 加入到成炭高聚物中,如果把它加入到高聚物基体中,MMT 的影响可能会有所不同。曾将 MMT 加入到 EVA19 和 PA6 中,制成 EVA 纳米复合材料(EVAnano)和 PA6 纳米复合材料(PA6nano),最后复配成以 EVA 为基的膨胀系统[58]。用 TEM 和 XRD 进行表征,发现 EVAnano 和 PA6nano 分别呈现插层—剥离、剥离结构。

EVA 基膨胀系统的 HRR 随时间的变化曲线如图 6.11 所示,它有两个峰值,分别对应膨胀发展的不同阶段。第一个峰与保护层的形成有关,而第二个峰则表征保护层的破坏。图中清楚地显示,配方中含有纳米复合材料时(在基体中,在成炭剂中,或在两者中),第一个 pHRR 是降低的(从约 340kW/m² 降低到 200kW/m²)。然而,只有当使用了 EVAnano 时,第二个 pHRR 才能降低,这表明系统中有更强的炭层形成。为解释这些现象,仍需做很多工作。

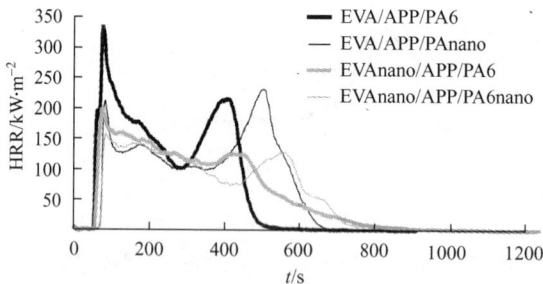

图 6.11 EVA/APP/PA6 配方中添加或者不添加黏土时,其 HRR 随时间的变化曲线

6.5 纳米填料作为膨胀系统的协效剂

根据上文讨论的基本原则,可以认为,所有能够与磷酸反应的纳米填料都可作

120

为膨胀系统的协效剂。据文献报道,其他一些纳米填料也可能作为膨胀系统的协效剂,它们包括 LDH、TiO₂ 和 SiO₂ 纳米粒子、POSS、CNT 等。在 EVA 体系中,下文将对 LDH 和 SiO₂ 纳米粒子与有机 MMT 进行比较。

先将含有机 LDH(以下简称 OLDH。LDH 按文献[59]合成,用十二烷基硫酸钠置换硝酸根离子)或 SiO₂ 纳米粒子(以下简称 NPSi,系由 Degussa 提供的 Aerosil200,平均粒径为 12 nm,SiO₂ 的含量大于 99.8%)或有机 MMT(以下简称OMMT;由 Southern Clay Products San Antonio 提供的 Cloisite 30B)的 APP-PA6 在 EVA19 中形成膨胀系统,然后研究各系统的性能。

膨胀配方的热氧化降解经历四个明显的阶段(图 6.12)。从室温到480℃,添加与不添加纳米粒子的膨胀配方的 TGA 曲线是相似的。在该温度范围内能观察到三个过程。250℃~400℃发生第一过程,是 EVA 基体的脱乙酰化,这导致在聚合物链方向上形成不饱和碳碳键。与此同时,APP 开始热降解。420℃~480℃时,两个降解过程重叠,这两个过程使 EVA/APP/PA6 和 EVA/APP/PA6/OLDH 形成35%的含碳残留物,使 EVA/APP/PA6/OMMT 和 EVA/APP/PA6/NPSi 形成 40%的含碳残留物。这类残留物是由高聚物(EVA 和 PA6)或其降解产物与添加剂间的磷酸化反应形成的。假定 OLDH 和 NPSi 的作用机理相似,则正如前文所述,它形成了磷碳结构。EVA/APP/PA6/OMMT 和 EVA/APP/PA6/NPSi 的含碳残留物量比添加到配方中的纳米添加剂的含量高,配方中 OMMT 的添加量仅 2.2%,NPSi的添加量仅 3.2%。因此可以认为,纳米添加剂在配方降解过程中起着重要的作用,并导致系统在热力学上稳定。

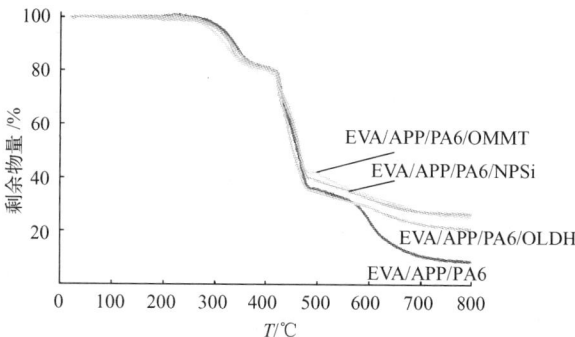

图 6.12　含不同纳米添加剂的膨胀配方的热失重曲线(空气流中,10℃/min)

对于 EVA/APP/PA6/OMMT 和 EVA/APP/PA6/NPSi,在 480℃~800℃能观察到稳定结构;而对于 EVA/APP/PA6/OLDH,则在 600℃~800℃。EVA/APP/PA6 最终形成 15%~20%的含碳残留物,而这不能完全取决于纳米添加剂的量,因为纳米添加剂与膨胀系统间发生了反应。在上述温度范围内,正如 6.4 节提到过的,可以认为纳米填料(SiO_2、Al_2O_3、MgO)与磷酸盐发生了反应,形成了陶瓷状结构。

采用锥形量热仪对膨胀配方的阻燃性能进行了评价(表6.5和图6.13)。对每一个试样,都能观察到膨胀现象。HRR曲线呈现两个峰,第一个峰(t_1)出现在200s之前,第二个峰(t_2)则在300s(EVA/APP/PA6)和500s(EVA/APP/PA6/OMMT)之间,这是膨胀系统中的典型现象[57]。

表6.5　膨胀配方的锥形量热仪测定数据

	EVA/APP/PA6	EVA/APP/PA6/OMMT	EVA/APP/PA6/OLDH	EVA/APP/PA6/NPSi
pHRR,t_1/kW·m^{-2}	267	270	233	336
pHRR,t_2/kW·m^{-2}	299	202	284	261
总释热量/MJ·m^{-2}	68	69	74	68
TTI/s	36	76	44	61
CO释放量/kg·kg^{-1}	0.04	0.03	0.03	0.03
CO_2释放量/kg·kg^{-1}	2.0	2.2	2.1	1.8
烟释放量/kg·kg^{-1}	1422	1392	1367	1407

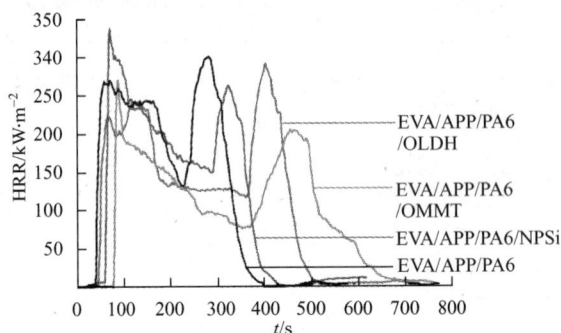

图6.13　添加各种纳米粒子的膨胀配方的HRR曲线

(辐射热流量为50kW/m^2)

HRR曲线上的第一个峰值是由体系中形成的膨胀保护层引起的,这种保护层阻碍了火焰与材料之间的传热和传质。形成膨胀保护层后,开始是HRR降低,随后出现一个平台。第二个峰值是由于膨胀保护层遭破坏所致,这时易燃气体迅速蔓延。出现第二峰值的时间越长,膨胀保护层的热力学和机械稳定性越好。最后形成热力学上稳定的、约为初始样品量30%的含碳残留物。

EVA/APP/PA6/OMMT的HRR曲线中第一个峰值是很窄的,这与EVA/APP/PA6类似,但含OMMT配方不仅TTI延长了,而且第二个峰值比EVA/APP/PA6的同类曲线降低了30%,出现时间也晚了约200s。这表明,将OMMT添加

122

到 EVA/APP/PA6 中,改善了形成的膨胀保护层,使其热力学性能和/或力学性能更加稳定。EVA/APP/PA6/OLDH 的 HRR 曲线上的第一个峰值比 EVA/APP/PA6 的同类曲线降低了约12%,其第二峰值的出现也推迟了,出现在 EVA/APP/PA6 的 150s 之后,其他参数则不受纳米填料的影响。EVA/APP/PA6/NPSi 的 HRR 曲线中第一峰值是显著提高的,与 EVA/APP/PA6 的同类曲线相比,提高了约26%,这表明材料的阻燃性能下降。但第二峰值出现的时间延长了,这表明系统的热力学和力学稳定性都得到了提高,这与材料在 TGA 测定中高温范围内所显示的情况是吻合的。应当说明的是,文中所涉及的材料中所有纳米填料的分散都是良好的。

根据 LOI 和 UL-94 测定结果,表6.6 列出了上述膨胀配方的性能。所有配方都能观察到膨胀现象。EVA/APP/PA6/OMMT 的 LOI 值比 EVA/APP/PA6 的要高,从28%增加到32%,且能达到 UL-94 V-0 级。这证实了 6.4 节中涉及的 OMMT 对材料性能的改善与纳米复合材料的制备方法无关的结论。在本节里,纳米复合材料是在 Brabender 混炼机中熔融共混制得的,OMMT 分散在 EVA 和 PA6 中;而在 6.4 节中,PA6nano 系作为一种组分添加到 EVA 中的。但无论采取哪种制备方法,OMMT 都发挥了协效作用。

表6.6　含不同纳米添加剂的 EVA/APP/PA6 的阻燃性能(LOI 和 UL-94)

	EVA/APP /PA6	EVA/APP /PA6/OMMT	EVA/APP /PA6/OLDH	EVA/APP /PA6/NPSi
最长燃烧时间/s	60	4	28	>60
5 个试样的总燃烧时间/s	126	15	60	—
是否有熔滴	是	否	是	是
第一滴熔滴出现的时间/s	1	—	5	20
UL-94	NC	V-0	V-2	NC
LOI/%	28	32	29	26

EVA/APP/PA6/OLDH 的阻燃性能比 EVA/APP/PA6/OMMT 低,其原因可能是两种填料的热稳定性不同,但仍需对这种差异性做进一步研究。将 NPSi 添加到膨胀系统中,材料性能急剧下降,这与 Wei 等人[60]的研究结果是相反的。在 Wei 等的研究中,季戊四醇是碳源,而且填料的总添加量是比较低的。当硅的含量为1%~4%时能观察到协同效应,而当硅含量超过6%时将观察到对抗效应。UL-94 试验第一次点燃后,EVA/APP/PA6/OLDH 完全燃烧,而 EVA/APP/PA6 则不完全燃烧,但由于燃烧时间较长,所以也不能达到燃烧级别。添加 NPSi 或层状纳米粒子 OMMT 和 OLDH,膨胀系统的可燃性发生了变化,原因之一可能是 EVA 中的纳米粒子提高了材料的黏弹性,这可以从表6.6 中产生第一滴熔滴所需时间的增加和图6.14 中所观察到的现象来说明。

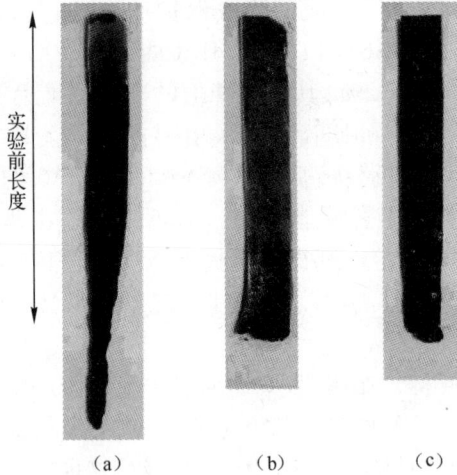

图 6.14 UL-94 试验后 EVA/APP/PA6(a)、EVA/APP/PA6/OMMT(b)、
EVA/APP/PA6/OLDH(c)的形态(膨胀率不高,但的确能观察到膨胀现象)

　　黏度是膨胀系统的一个重要参数,因为膨胀涂层必须与基体很好黏结,避免产生熔滴。与此同时,膨胀率必须足够大以能限制传热过程,且炭层强度必须能适应来自火焰与内压所造成的应力。纳米填料可增加炭层的黏度,但膨胀率和炭层强度则应用另外适当的手段来衡量。实验室已经开发出用高温流变仪测量膨胀材料炭层强度和膨胀率随温度变化的新技术[61]。已知所有的膨胀材料都能在250℃时开始膨胀,没有添加纳米粒子的材料能膨胀到原来的3.25倍(图6.15),添加纳米粒子的材料的膨胀率较低,为1.75倍(如EVA/APP/PA6/OMMT)～2.5倍(如EVA/APP/PA6/OLDH)。对EVA/APP/PA6/NPSi,其膨胀率是2倍。对没有添加纳米粒子的配方,在350℃时膨胀率达到最大,而对于其他添加纳米粒子的配方,则在300℃时膨胀率达到最大,所有的膨胀炭层直到500℃时仍是稳定的。这一结果表明,一定程度的膨胀是获得低可燃性所不可缺少的,但是最大程度的膨胀并不意味一定能提供最高的阻燃效率。

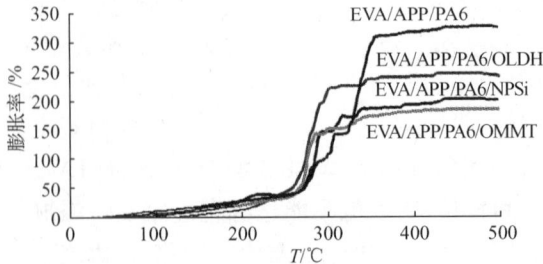

图6.15 膨胀率随温度的变化曲线(采用具有平行板装置的流变仪进行测量,当发生膨胀时,
会推动上面的板向上移动,因此只要测知平行板之间的距离即可估计膨胀率)

124

炭层强度也是一个关键参数,因为炭层必须能承受内压与外压而避免形成裂纹。图 6.16(a)表征膨胀系统作用于膨胀炭层顶端的应力随流变板距离变化的情况。EVA/APP/PA6/OMMT 具有比其他配方炭层较好的强度,EVA/APP/PA6/NPSi 与 EVA/APP/PA6 的炭层强度最低,而 EVA/APP/PA6/OLDH 则介于两者之间。这表明,最佳的阻燃性能需要高的炭层强度与合理的膨胀率。

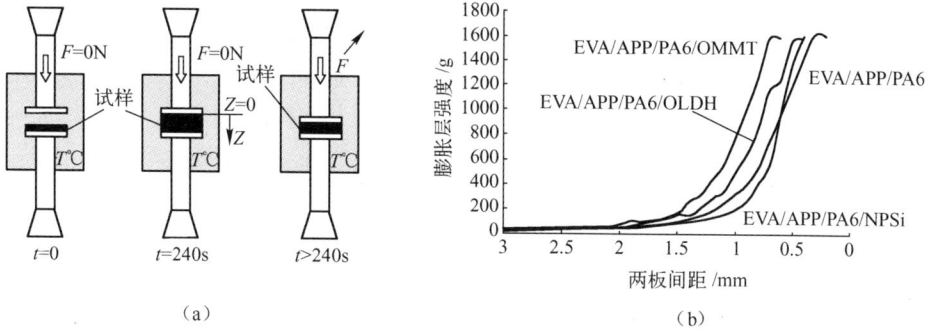

（a）

（b）

图 6.16 （a）测量膨胀炭层强度的典型实验(试样高为 1mm,从 20℃ 到 500℃ 以 10℃/min 的升温速率逐步升温,炭层强度为 0,没有应力)。上面的平行板与材料接触,当温度达到 500℃ 后,以 0.02mm/s 的速度线性下降。应力随两板间距变化。(b)膨胀层强度与两板间距的关系

膨胀率与膨胀型发泡材料的形成有关,随着传热被限制,强度良好的炭层可使基体上的绝缘涂层凝聚,避免裂纹的形成。含纳米填料配方的阻燃性能较好,是因为这类配方的某些组分间能发生特殊的化学反应,如磷酸盐与纳米填料(如硅铝酸盐、硅酸盐及其他可能采用的反应粒子)间的反应使得磷酸盐类物质和膨胀炭层在高温下能稳定存在。添加剂良好的纳米分散是否是获得最佳阻燃性能所必需的,目前尚不清楚。在作者的研究中,含沸石(微米分散)或有机黏土(纳米分散)的膨胀系统,其阻燃性能的改善是差不多的。根据作者的研究结果,只有当要赋予材料较高的力学性能和/或设计多功能材料时,纳米分散才是必不可少的,但在这方面还需做进一步的研究。

6.6　最新研究进展综述

将纳米粒子添加到膨胀配方中能产生很大的协同效应。在火焰或热辐射下,纳米粒子改变了膨胀炭层的物理行为(如膨胀率、炭层强度和热物理性能)和化学行为(如纳米添加剂与膨胀组分间的反应),从而提高了材料的性能。在最近的一篇报道中,Lewin 将这种现象描述为催化效应[62,63]。实际上,催化剂(纳米粒子)是膨胀系统中的一个关键组分(反应物),能形成更多的物质以稳定结构和改善系统的流变行

为。纳米粒子的添加量仅为 1%，有时更少，如在含 APP 的环氧树脂中，纳米铜的添加量仅为 0.1%[64]。另外，纳米粒子能促进活性物质的形成，在凝聚相中可进行选择性化学反应，形成具有一定动力学特性的保护炭层。这些都是催化剂的典型作用。因此，在讨论催化机理或催化剂时，必须认识到，催化剂也是一个关键的反应物，它与配方中的其他组分反应形成最终的膨胀炭层。当然，这一论点不能应用于所有的纳米复合体系，尤其是那些只由高聚物和黏土组成的纳米复合体系，因为这类系统的作用机理是黏土层在材料的表面富集而形成了保护层[6]。

有关膨胀 PE 的论文指出，膨胀系统能很好地适应加工温度，并且证明是非常有效的（6.2 节）[21-23,26,27,31,43,60]。Marosi 等人[65]在 PP 中将 APP 基膨胀系统与 OMMT 和硼硅氧烷弹性体复配，在配方中只需添加少量的 OMMT（1%），材料在 UL-94 试验中即可达到 V-0 级，但其 LOI 值只增加了 2%。他们还开发了一种新的方法，使用硼硅氧烷作为阻燃剂和陶瓷体的载体。OMMT 与硼硅氧烷复配使 LOI 值增加了 8%，UL-94 试验仍可达 V-0 级。他们认为：在火灾下，OMMT 的添加增加了体系的黏度，进而改善了阻燃性能，达到 V-0 级，这与前文对 EVA/APP/PA6 所得出的结论是一致的。关于 APP 与 OMMT 间的可能反应，正如前面已讨论过的，现在还没有人做出全面述评。有人提出，纳米添加剂在控制阻燃剂的活性时所起的作用可能是：在降解的最初阶段，阻燃剂可能会促进黏土剥离，提供最初的保护涂层[66]。对硼硅氧烷也有过相似的报道，认为这类物质的主要作用是形成活性炭层，而不是脆性的碳结构（图 6.17）。还有人提出，用于包覆 OMMT 的硼硅氧烷可作为 OMMT 的载体，在炭层表面释放 OMMT，形成额外的保护层。然而在 250℃ ~ 300℃进行热处理，却未证实 APP 和/或硼硅氧烷和/或 OMMT 之间有反应。先前的研究指出[48]，只有在稍高于 350℃时才能形成磷硅酸盐，这就是 Marosi 等人观测不到上述反应的原因。可以认为，与沸石形成磷硅酸盐或硼磷酸盐的方式一样，硼硅氧烷作为载体能提高膨胀结构的效能。

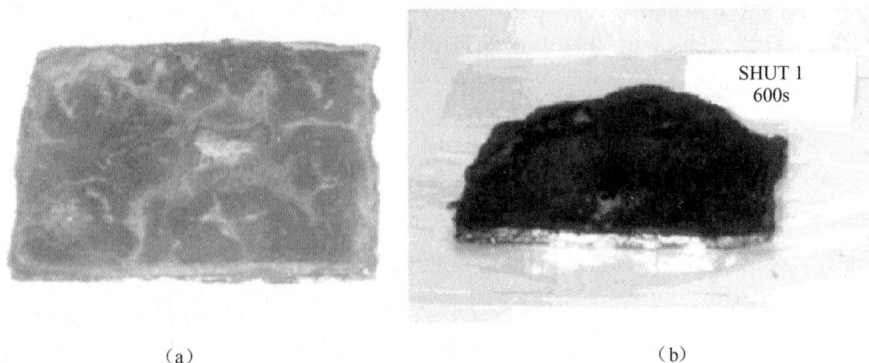

(a)   (b)

图 6.17 锥形量热试验时形成的膨胀炭层
(a)未添加硼硅氧烷；(b)添加硼硅氧烷[65]。

Tang 等人[67,68]曾将 OMMT 与增容剂(通常做 OMMT 的表面活性剂)一起添加到 PP 膨胀系统中,提供了在膨胀系统与非膨胀系统中都能形成纳米复合材料的证据。Cone 分析表明,OMMT 的添加大大改善了材料的阻燃性能,与 6.5 节中叙述的结果类似。研究者们推测其作用机理是形成了铝磷结构,但没有给出证据。他们[69]还发现,正如前文在 EVA 中[32]提到的,EVA/PA6nano 在 PP 膨胀系统中[52]系作为成炭剂。Cone 试验再次证明了添加 OMMT 的优势。

Wilkie 等人[70]使用不同的 OMMT 和 POSS 制备了聚乙烯酯(PVE)纳米复合材料。正如预期的那样,材料 pHRR 降低,PVE 的阻燃性能得到改善。但 HRR 的降低幅度仍不够大,以致不能在船泊上做军事应用。随后 Wilkie 等采用含磷阻燃剂,如磷酸三甲酚酯(TCP)和间苯二酚四苯基双磷酸酯(RDP),改善 PVE 纳米复合材料的性能[71]。材料是否具有膨胀行为,他们并没有提到。但根据 PVE 的化学性质与表明凝聚相机理的 TGA 结果,他们认为,在火灾中形成了保护性炭层。通过 Cone 试验中 pHRR、THR 和 MLR 的降低(尽管 TTI 没有改善),可以证实,含磷阻燃剂与添加 OMMT 和 POSS 的 PVE 纳米复合材料间存在协同作用。但是,不同类型的黏土对所形成的纳米复合材料的阻燃性能具有不同的效果。据悉,Wilkie 的论文是阐明 POSS 协效剂优点的第一篇报道。该项研究没有提出任何作用机理,但可认为协效剂(如 OMMT 和 POSS)与磷酸盐间存在相互作用,可提高炭层的性能。

膨胀系统的主要应用之一是在火灾条件下保护钢材免遭损坏[61]。Wang 等人[72]曾将 OLDH 与膨胀阻燃剂一起添加到丙烯酸树脂中,制成膨胀涂料,再将其涂抹在钢板上,并进行性能评估。当温度升高时,测量钢板背面的温度随时间的变化情况(测量标准 ISO 834),结果如图 6.18 所示。从图中可以看出,与未添加 OLDH 的原始涂层相比,添加 1.5% OLDH 涂层温度升高到 300℃的时间增加到 100min。另外值得注意的是,添加 1.5% OLDH 涂层与原始涂层形成的保护炭层厚度相似。这证实了前文结论,最大程度的膨胀不是获得最佳阻燃性能所必需的。炭层强度与炭层比热容对阻燃性能的改善也有重大作用。

炭层的形态(图 6.19)特征大相径庭,不同涂层形成的炭层孔径是不同的,添加 OLDH 涂料形成的炭层孔径(10μm ~ 30μm)比不添加 OLDH 的小得多。Wang 认为,小孔径能提高炭层强度,并能避免在炭层表面形成裂纹。事实上,正如均匀分散的泡沫体,炭层结构中的泡体降低了传热功能,但提高了成炭效率。如果泡体太大,炭层强度就会降低,并且可能出现裂纹。可以认为,OLDH 催化了磷酸与成炭剂(多元醇)的酯化反应,但现尚未取得证据。从先前的研究中已知,金属氢氧化物也能与磷酸反应,生成磷酸铝和磷酸镁,有助于增强膨胀结构。

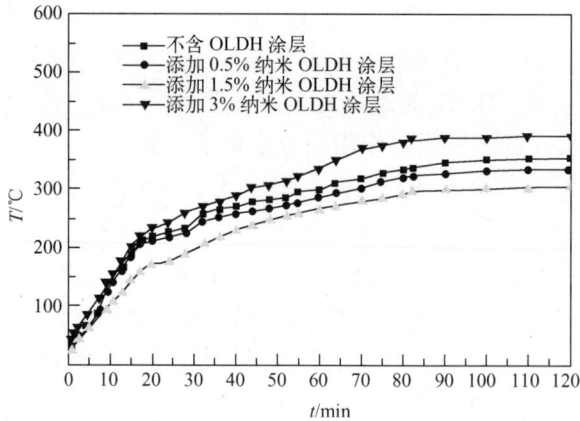

图 6.18　涂有含不同量 OLDH 膨胀涂层钢板的温度随时间变化曲线[72]

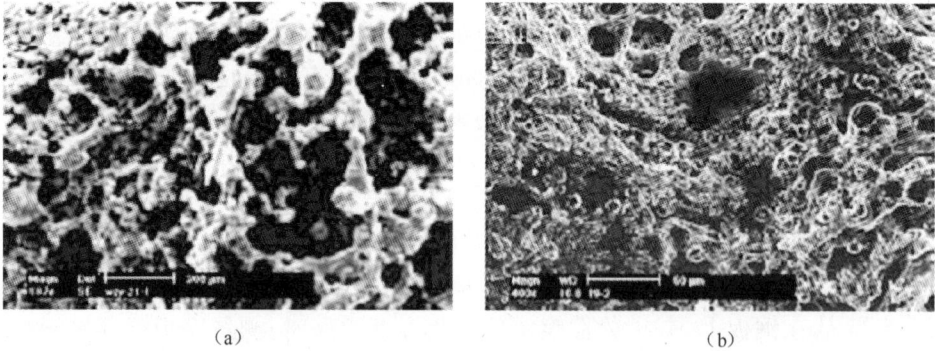

(a)　　　　　　　　　　　　　　(b)

图 6.19　(a)未添加 OLDH 和(b)添加 1.5% OLDH 涂层所形成的炭层内表面的 SEM 照片[72]

　　膨胀在阻燃纺织品上也有重要的应用[74,75]。最近,Horrocks 等人[75,76]研究了添加纳米粒子和膨胀型阻燃剂的 PA6 和 PA66 体系。通过测试薄膜样品,他们认为,虽然添加纳米黏土并不是提高 LOI 值所必需的,但在 PA/APP 配方中却表现出明显的优势。纳米黏土的添加使 PA/APP 的 LOI 值平均增加 2%。

　　文献很早就提出,纳米添加剂是膨胀配方的协效剂。但本节讨论的重点是材料的阻燃性,并没有提到其他性能。然而可以预料,采用不同的方式设计出性能优异的多功能纳米复合材料是可以实现的。

6.7　总结和结论

　　本章提出了阻燃材料最近的发展之一是采用纳米添加剂以提高膨胀系统的效

128

能,并最终提高高分子材料的阻燃性,而这些纳米添加剂包括有机黏土、LDH、POSS及纳米SiO₂粒子,它们都可在膨胀系统中作为协效剂。膨胀纳米复合材料呈现出优异的阻燃性能,同时也具有较优的力学性能及其他性能。

虽然含纳米粒子膨胀系统的详细作用机理未完全明了,但可确定的是,纳米添加剂与磷酸盐间可发生反应,能在热力学上稳定炭层结构,这样便减少了熔滴,同时也减慢了材料的热裂解速度及易燃分子的扩散速度。这种反应并不能显著改变炭层的膨胀率,但却能提高炭层强度,并能避免形成裂纹。炭层看起来像是泡沫体(泡沫在泡体中均匀分散,并紧密堆积),但能限制火焰和基体间的传热。有关化学反应的影响和铝磷酸盐、硅磷酸盐等的鉴定,以及它们对膨胀炭层物理性能的作用等方面都还需进一步研究。膨胀纳米复合材料的协效剂(纳米粒子)为制备出满足立法要求的安全防火材料提供了诱人的前景,激励研究人员更满怀信心地去设计和研发有效的多功能材料。

参考文献

1. Bourbigot, S.; Le Bras, M.; Troitzsch, J. Fundamentals: introduction, in: J. Troitzsch, Ed., *Flammability Handbook*. Care Hanser Verlag, Munich, Germany, 2003, pp. 3–7.

2. Lewin, M. Physical and chemical mechanisms of flame retarding of polymers, in: M. Le Bras, G. Camino, S. Bourbigot, and R. Delobel, Eds. *Fire Retardancy of Polymers: The Use of Intumescence*. Royal Chemical Society, Cambridge; England, 1998, pp. 3–32.

3. Gilman, J.W.; Kashiwagi, T.; Lichtenhan, J.D. Nanocomposites: a revolutionary new flame retardant approach. *SAMPE J.* **1997**, 33, 40–46.

4. Gilman, J.W. Flammability and thermal stability studies of polymer layered-silicate (clay) nanocomposites. *Appl. Clay Sci.* **1999**, 15(1–2), 31–49.

5. Gilman, J.W.; Kashiwagi, T.; Giannelis, E.P.; Manias, E.; Lomakin, S.; Lichtenhan, J.D.; Jones, P. Flammability studies of polymer layered silicate nanocomposites, in: M. Le Bras, G. Camino, S. Bourbigot, and R. Delobel, Eds., *Fire Retardancy of Polymers: The Use of Intumescence*. Royal Society, of Chemistry, London, 1998, pp. 203–221.

6. Zhu, J; Morgan, A.B.; Lamelas, F.J.; Wilkie, C.A. Fire properties of polystyrene–clay nanocomposites. *Chem. Mater.* **2001**, 13, 3774–3780.

7. Qin, H.; Su, Q.; Zhang, S.; Zhaoa, B.; Yan, M. Thermal stability and flammability of polyamide 66/montmorillonite nanocomposites. *Polymer* **2003**, 44, 7533–7538.

8. Bourbigot, S.; VanderHart, D.L.; Gilman, J.W.; Bellayer, S.; Stretz, H.; Paul, D.L. Solid state NMR characterization and flammability of styrene–acrylonitrile copolymer montmorillonite nanocomposite. *Polymer* **2004**, 45(22), 7627–7638.

9. Song, L.; Hu, Y.; Tang, Y.; Zhang, R.; Chena, Z.; Fa, W. Study on the properties of flame retardant polyurethane/organoclay nanocomposite. *Polym. Degrad. Stab.* **2005**, 87, 111–116.

10. Laachachi, A.; Leroy, E.; Cochez, M.; Ferriol, M.; Lopez Cuesta, J.M. Use of oxide

nanoparticles and organoclays to improve thermal stability and fire retardancy of poly(methyl methacrylate). *Polym. Degrad. Stab.* **2005**, 89, 344–352.

11. Kashiwagi, T.; Morgan, A.B.; Antonucci, J.M.; VanLandingham, M.R.; Harris, R.H., Jr.; Awad, W.H.; Shields, J.R., Thermal and flammability properties of a silica– poly-(methylmethacrylate) nanocomposite. *J. Appl. Polym. Sci.* **2003**, 89(8), 2072–2078.

12. Lefebvre, J.; Le Bras, M.; Bourbigot, S. Lamellar double hydroxides/polymer nanocomposites: a new class of flame retardant material, in: M. Le Bras, C.A. Wilkie, S. Bourbigot, S. Duquesne, and C. Jama, Eds., *Fire Retardancy of Polymers: New Applications of Mineral Fillers*. Royal Society of Chemistry, London, 2005, pp. 42–53.

13. Zammarano, M.; Gilman, J.W.; Franceschi, M.; Meriani, S. In: M. Lewin, Ed., *Proceedings of the 16th BCC Conference on Flame Retardancy*, Business Communications Co., Norwalk, CT, 2005.

14. Kashiwagi, T.; Grulke, E.; Hilding, J.; Groth, K.; Harris, R.; Butler, K.; Shields, J.; Kharchenko, S.; Douglas, J. Thermal and flammability properties of polypropylene/carbon nanotube nanocomposites. *Polymer* **2004**, 45, 4227–4239.

15. Kashiwagi, T.; Du, F.; Winey, K.I.; Groth, K.M.; Shields, J.R.; Bellayer, S.P.; Kim, H.; Douglas, J.F. Flammability properties of polymer nanocomposites with single-walled carbon nanotubes: effects of nanotube dispersion and concentration. *Polymer* **2005**, 46, 471–481.

16. Devaux, E.; Bourbigot, S.; El Achari, A. Crystallisation behaviour of PA-6 clay hybrid nanocomposite. *J. Appl. Polym. Sci.* **2002**, 86, 2416–2423.

17. Bourbigot, S.; Le Bras, M.; Flambard, X.; Rochery, M.; Devaux, E.; Lichtenhan, J. Polyhedral oligomeric silsesquioxanes: application to flame retardant textile, in: M. Le Bras, C.A. Wilkie, S. Bourbigot, S. Duquesne, and C. Jama, Eds., *Fire Retardancy of Polymers: New Applications of Mineral Fillers*. Royal Society of Chemistry, London, 2005, pp. 189–201.

18. Jash, P.; Wilkie, C.A. Effects of surfactants on the thermal and fire properties of poly(methyl methacrylate)/clay nanocomposites. *Polym. Degrad. Stab.* **2005**, 88, 401–406.

19. Jama, C.; Quédé, A.; Goudmand, P.; Dessaux, O.; Le Bras, M.; Delobel, R.; Bourbigot, S.; Gilman, J.W.; Kashiwagi, T. Fire retardancy performance and thermal stability of materials coated by organosilicon thin films using a cold remote plasma process, in: G.L. Nelson and C.A. Wilkie, Eds. *Fire and Polymers: Materials and Solutions for Hazard Prevention*. American Chemical Society, Washington, DC, 2001, pp. 200–213.

20. Vandersall, H.L. Intumescent coating systems, their development and chemistry. *J. Fire Flammability* **1971**, 2, 97–140.

21. Camino, G.; Costa, L.; Trossarelli, L. Study of the mechanism of intumescence in fire retardant polymers; V: Mechanism of formation of gaseous products in the thermal degradation of ammonium polyphosphate. *Polym. Degrad. Stab.* **1985**, 12, 203–211.

22. Delobel, R.; Le Bras, M.; Ouassou, N.; Alistiqsa, F. Thermal behaviors of ammonium polyphosphate–pentaerythritol and ammonium pyrophosphate–pentaerythritol intumescent additives in polypropylene formulations. *J. Fire Sci.* **1990**, 8(2), 85–92.

23. Bourbigot, S.; Le Bras, M.; Delobel, R. Fire degradation of an intumescent flame

retardant polypropylene. *J. Fire Sci.* **1995**, 13(1–2), 3–9.

24. Kandola, B.K.; Horrocks, A.R.; Myler, P.; Blair, D. The effect of intumescents on the burning behaviour of polyester-resin-containing composites. *Composites A Appl. Sci. Manuf.* **2002**, 33A(6), 805–817.

25. Zhang, S.; Horrocks, A.R. Substantive intumescence from phosphorylated 1,3-propanediol derivatives substituted on to cellulose. *J. Appl. Polym. Sci.* **2003**, 90(12), 3165–3172.

26. Jenewein, E.; Pirig, W.D. (Hoechst A.G.), *Eur. Patent* EP 0 735 119 A1, 1996.

27. Morice, L.; Bourbigot, S.; Leroy, J.M. Heat transfer study of polypropylene-based intumescent systems during combustion. *J. Fire Sci.* **1997**, 15, 358–374.

28. Jimenez, M.; Duquesne, S.; Bourbigot, S. Multiscale experimental approach for developing high-performance intumescent coatings.*Ind. Eng. Chem. Res.* **2006**, 45(13), 4500–4508.

29. Butler, K.M. Physical modeling of intumescent fire retardant polymers, in: K.C. Khemani, Ed., *Polymeric Foams: Science and Technology.* ACS Symposium Series, Vol. 669, American Chemical Society, Washington, DC, 1997, pp. 214–230.

30. Le Bras, M.; Bourbigot, S.; Félix, E.; Pouille, F.; Siat, C.; Traisnel, M. Characterization of polyamide-6–based intumescent additive for thermoplastic formulations. *Polymer* **2000**, 41(14), 5283–5298.

31. Bugajny, M.; Le Bras, M.; Bourbigot, S.; Poutch, F.; Lefebvre, J.-M. The use of thermoplastic polyurethanes as carbonization agents in intumescent blends, 1: Fire retardancy of polypropylene/thermoplastic polyurethane/ammonium polyphosphate blends. *J. Fire Sci.* **1999**, 17(11–12), 494–513.

32. Bourbigot, S.; Le Bras, M.; Dabrowski, F.; Gilman, J.W.; Kashiwagi, T. PA-6 clay nanocomposite hybrid as char forming agent in intumescent formulations. *Fire Mater.* **2000**, 24, 201–208.

33. Le Bras, M.; Bourbigot, S.; Delporte, C.; Siat, C.; Le Tallec, Y. New intumescent formulations of fire retardant polypropylene: discussion about the free radicals mechanism of the formation of the carbonaceous protective material during the thermo-oxidative treatment of the additives. *Fire Mater.* **1996**, 20, 191–202.

34. Bourbigot, S.; Duquesne, S.; Leroy, J.-M. Modeling of heat transfer study of polypropylene-based intumescent systems during combustion. *J. Fire Sci.* **1999**, 17(1), 42–49.

35. Bourbigot, S.; Le Bras, M.; Delobel, R.; Bréant, P.; Trémillon, J.-M. Carbonisation mechanisms resulting from Intumescence, II: Association with an ethylene terpolymer and the ammonium polyphosphate–pentaerythritol fire retardant system. *Carbon* **1995**, 33(3), 283–289.

36. Duquesne, S.; Le Bras, M.; Delobel, R. Visco-elastic behaviour of intumescent systems, in: M. Lewin, Ed., *Proceedings of the Conference on Recent Advances in Flame Retardancy of Polymeric Materials*, Norwalk, CT, 2002, pp. 50–64.

37. Bourbigot, S.; Le Bras, M.; Delobel, R.; Bréant, P.; Trémillon, J.-M. 4A zeolite synergistic agent in new flame retardant intumescent formulations of polyethylenic polymers: study of the constituent monomers. *Polym. Degrad. Stab.* **1996**, 54, 275–283.

38. Bourbigot, S.; Le Bras, M.; Trémillon, J.-M.; Bréant, P.; Delobel, R. Zeolites: new synergistic agents for intumescent thermoplastic formulations—criteria for the choice

131

of the zeolite. *Fire Mater.* **1996**, 20, 145–158.

39. Le Bras, M.; Bourbigot, S. Mineral fillers in intumescent fire retardant formulations: criteria for the choice of a natural clay, filler for the ammonium polyphosphate/pentaerythritol. *Fire Mater.* **1996**, 20, 39–49.

40. Bourbigot, S.; Fontaine, G.; Duquesne, S.; Delobel, R. Synthesis and evaluation of new flame retardant phosphorus agents, in: M. Lewin, Ed., *Proceedings of the 18th BBC Conference on Recent Advances in Flame Retardancy of Polymeric Materials.* Business Communications Co., Stamford, CT, 2007.

41. Levchik, S.V.; Levchik, G.F.; Camino, G.; Costa, L. Mechanism of action of phosphorus-based flame retardants: II-Ammonium polyphosphate/talc. *J. Fire Sci.* **1995**, 13, 43–58.

42. Levchik, S.V.; Levchik, G.F.; Camino, G.; Costa, L.; Lesnikovich, A.I. Mechanism of action of phosphorus-based flame retardants in nylon 6, III: Ammonium polyphosphate/manganese dioxide. *Fire Mater.* **1996**, 20, 183–190.

43. Marosi, Gy.; Bertalan, Gy.; Anna, P.; Ravadits, I.; Bourbigot, S.; Le Bras, M.; Delobel, R. In: M. Lewin, Ed., *Recent Advances in Flame Retardancy of Polymeric Materials XI.* Business Communications Co., Norwalk, CT, 2000, pp. 115–128.

44. Anna, P.; Marosi, Gy.; Csantos, I.; Bourbigot, S.; Le Bras, M.; Delobel, R. Intumescent flame retardant systems of modified rheology. *Polym. Degrad. Stab.* **2002**, 77, 243.

45. Smith, J.V. Origin and structure of zeolites, In: J.A. Rabo, Ed., *Zeolite Chemistry and Catalysis.* Monograph 171. American Chemical Society, Washington, DC, 1976.

46. Bourbigot, S.; Le Bras, M.; Delobel, R. Carbonisation mechanisms resulting from intumescence: association with the ammonium polyphosphate–pentaerythritol fire retardant system. *Carbon* **1993**, 31(8), 1219–1226.

47. Bourbigot, S.; Le Bras, M.; Gengembre, L.; Delobel, R. XPS study of an intumescent coating: application to the ammonium polyphosphate/pentaerythritol fire-retardant system. *Appl. Surf. Sci.* **1994**, 81, 283–290.

48. Bourbigot, S.; Le Bras, M.; Delobel, R.; Décressain, R.; Amoureux, J.P. Synergistic effect of zeolite in an intumescent process: study of the carbonaceous structures using solid state NMR. *J. Chem. Soc. Faraday Trans.* **1996**, 92(1), 149–161.

49. Bourbigot, S.; Le Bras, M.; Delobel, R.; Trémillon, J.-M. Synergistic effect of zeolite in an intumescent process: study of the interactions between the polymer and the additives. *J. Chem. Soc. Faraday Trans.* **1996**, 92(18), 3435–3449.

50. Bourbigot, S.; Le Bras, M.; Gengembre, L.; Delobel, R. XPS study of an intumescent coating, II: Application to the ammonium polyphosphate/pentaerythritol/ethylenic terpolymer fire-retardant system with and without synergistic agent. *Appl. Surf. Sci.* **1997**, 120, 15–28.

51. Le Bras, M.; Bourbigot, S.; Le Tallec, Y.; Laureyns, J. Synergy in intumescence: application to β-cyclodextrin carbonisation agent in intumescent additives for fire retardant polyethylene formulations. *Polym. Degrad Stab.* **1997**, 56, 11–24.

52. Bourbigot, S.; Le Bras, M.; Siat, C. Use of polymer blends in flame retardancy of thermoplastic polymers, in: M., Lewin, Ed., *Recent Advances in Flame Retardancy of Polymeric Materials*, Vol. 7. Business Communications Co., Norwalk, CT, 1997, pp. 146–160.

53. Siat, C.; Bourbigot, S.; Le Bras, M. Combustion behaviour of ethylene–vinyl acetate copolymer-based intumescent formulations using oxygen consumption calorimetry.

Fire Mater. **1998**, 22, 119–129.

54. Bugajny, M.; Le Bras, M.; Bourbigot, S. The use of thermoplastic polyurethanes as carbonization agents in intumescent blends, 2: Thermal behavior of a polypropylene/thermoplastic polyurethane/ammonium polyphosphate blend. *J. Fire Sci.* **2000**, 18(1–2), 7–27.

55. Le Bras, M.; Bugajny, M.; Lefebvre, J.-M.; Bourbigot, S. Use of polyurethanes as char forming agents in polypropylene intumescent formulations. *Polym. Int.* **2000**, 49, 1–10.

56. Almeras, X.; Dabrowski, F.; Le Bras, M.; Delobel, R.; Bourbigot, S.; Marosi, Gy.; Anna, P. Using polyamide-6 as charring agent in intumescent polypropylene formulations, I: Effect of the compatibilising agent on the fire retardancy performance. *Polym. Degrad Stab.* **2002**, 77, 205–214.

57. Le Bras, M.; Bourbigot, S.; Revel, B. Comprehensive study of the degradation of an intumescent EVA-based material during combustion. *J. Mater. Sci.* **1999**, 34, 5777–5789.

58. Duquesne, S.; Jama, C.; Delobel, R.; Le Bras, M. The use of nanocomposites in intumescent EVA, in: S. Finnegan, Ed., *Proceedings of Additives.* ECM, San Francisco, CA, 2003.

59. Miyata, S. Anion-exchange properties of hydrotalcite-like compounds. *Clays Clay Miner.* **1983**, 31, 305–313.

60. Wei, P.; Hao, J.; Du, J.; Han, Z.; Wang, J. An investigation on synergism of an intumescent flame retardant based on silica and alumina. *J. Fire Sci.* **2003**, 21, 17–28.

61. Jimenez, M.; Duquesne, S.; Bourbigot, S. Increasing intumescence efficiency by a systematic approach, in: M. Lewin, Ed., *Proceedings of the 16th BCC Conference on Flame Retardancy*, Business Communications Co., Norwalk, CT, 2005.

62. Lewin, M. Unsolved problems and unanswered questions in flame retardance of polymers. *Polym. Degrad Stab.* **2005**, 88, 13–19.

63. Miyata, S. U.S. Patent 5401442, 1995.

64. Antonov, A.; Yablokova, M.; Costa, L.; Balabanovich, A.; Levchik, G.; Levchik, S. The effect of nanometals on the flammability and thermooxidative degradation of polymer materials. *Mol. Cryst. Liquid Cryst. Sci. Technol. A Mol. Cryst. Liquid Cryst.* **2000**, 353, 203–210.

65. Marosi, G.; Marton, A.; Szep, A.; Csontos, I.; Keszei, S.; Zimonyi, E.; Toth, A.; Almeras, X.; Le Bras, M. Fire retardancy effect of migration in polypropylene nanocomposites induced by modified interlayer. *Polym. Degrad. Stab.* **2003**, 82, 379–385.

66. Marosi, G.; Keszei, S.; Marton, A.; Szep, A.; Le Bras, M.; Delobel, R.; Hornsby, P. Flame retardant mechanisms facilitating safety in transportation, in: M.; Le Bras, C.A.; Wilkie, S.; Bourbigot, S.; Duquesne, and C. Jama, Eds. *Fire Retardancy of Polymers: New Applications of Mineral Fillers.* Royal Society of Chemistry, London, pp. 347–360.

67. Tang, Y.; Hu, Y.; Wang, Y.S.; Gui, Z.; Chen, Z.; Fan, W. Intumescent flame retardant–montmorillonite synergism in polypropylene-layered silicate nanocomposites. *Polym. Int.* **2003**, 52, 1396–1400.

68. Tang, Y.; Hu, Y.; Li, B.; Liu, L.; Wang, Z.; Chen, Z.; Fan, W. Polypropylene/montmorillonite nanocomposites and intumescent, flame-retardant montmorillonite synergism in polypropylene nanocomposites. *J. Polym. Sci. A Polym. Chem.*

2004, 42, 6163–6173.

69. Tang, Y.; Hu, Y.; Xiao, J.; Wang, J.; Song, L.; Fan, W. PA-6 and EVA alloy/clay nanocomposites as char forming agents in poly(propylene) intumescent formulations. *Polym. Adv. Technol.* **2005**, 16, 338–343.

70. Chigwada, G.; Jash, P.; Jiang, D.D.; Wilkie, C.A. Fire retardancy of vinyl ester nanocomposites: synergy with phosphorus-based fire retardants. *Polym. Degrad. Stab.* **2005**, 89, 85–100.

71. Gilman, J.W.; Bourbigot, S.; Schields, J.R.; Nyden, M.; Kashiwagi, T.; Davis, R.D.; VanderHart, D.L.; Demory, W.; Wilkie, C.A.; Morgan, A.B.; Harris, J.; Lyon, R.E. High throughput methods for polymer nanocomposites research: extrusion, NMR characterization and flammability property screening. *J. Mater. Sci.* **2003**, 38(22), 4451–4460.

72. Wang, Z.; Han E.; Ke, W. Influence of nano-LDHs on char formation and fire-resistant properties of flame-retardant coating. *Prog. Org. Coat.* **2005**, 53, 29–37.

73. Bourbigot, S.; Duquesne, S.; Sébih, Z.; Ségura, S.; Delobel, R. Synergistic aspects of the combination magnesium hydroxide and ammonium polyphosphate of ethylene–vinyl acetate copolymer, in: C.A.; Wilkie, and G.L., Nelson, Eds., *Fire and Polymers IV: Materials and Concepts for Hazard Prevention*. American Chemical Society, Washington DC, 2005, pp. 200–212.

74. Horrocks, A.R. Developments in flame retardants for heat and fire resistant textiles: the role of char formation and intumescence. *Polym. Degrad. Stab.* **1996**, 54, 143–154.

75. Horrocks, A.R.; Kandola, B.; Davies, P.J.; Zhang, S.; Padbury, S.A. Developments in flame retardant textiles: a review. *Polym. Degrad. Stab.* **2005**, 88, 3–12.

76. Padbury, S.A.; Horrocks, A.R.; Kandola, B. The effect of phosphorus-containing flame retardants and nanoclay on the burning behavior of polyamides 6 and 6.6, in: M., Lewin, Ed., *Proceedings of the 16th BCC Conference on Flame Retardancy*, Business Communications Co., Norwalk, CT, 2003.

7. 含有机黏土、碳纳米管及它们与氢氧化铝复配物的 EVA 的阻燃性能

Günter Beyer

Kabelwerk Eupen AG, Eupen, Belgium

7.1 引言

    火灾的危害性是各种因素综合作用的结果,包括材料引燃性、自熄性、产生的挥发物的易燃性、燃烧的总释热量、释热速率、火焰传播速率、生烟性和有毒气体生成量等,其中最重要的因素是释热速率、生烟性和有毒气体生成量[1]。早期的高释热速率会使材料快速引燃和火焰蔓延,并决定火的强度,比可引燃性、烟毒性或火焰蔓延都更重要。人从火灾中逃离的时间就是受释热速率控制的[2]。

    一旦火灾在含有可燃材料的房间发生,它将产生热,并引燃其他可燃材料,于是火势进展速度加快,原因是越来越多的热释放使房间的温度也逐渐升高。辐射热和温度上升至一定程度时,房间内所有的材料都将很容易被引燃,火焰则高速蔓延,此时达到所谓的“轰燃”,结果是形成全面的火灾,这时不仅从房间中逃离已几乎不可能,并且火焰可能快速蔓延到其他房间。当火灾发展到轰燃阶段时,聚合物20%的质量会变成一氧化碳,这将产生更多的毒性气体。因此,死于火灾的人群中,90%是由于火灾过大而产生了过多的毒性气体所致[3]。

    欧洲每年有约 5000 人,美国有超过 4000 人死于火灾。在美国,每年火灾的直接财产损失约占国民生产总值的 0.2%,火灾的总损失约占国民生产总值的1%[4]。因此,研发性能优异的阻燃材料以降低火灾危险性是相当重要的。

    聚合物的应用领域越来越宽,因为他们具有良好的机械、热和电性能。聚合物另一个非常重要的性能是阻燃性,这可采用本质阻燃聚合物(如 PVC* 或氟聚合物),或在一般聚合物中添加阻燃剂来实现。常用的阻燃剂如氢氧化铝(ATH)、氢氧化镁(MDH)、有机溴化物、氮磷基的膨胀体系,它们可用于延缓如 PE、PP 和 PA的燃烧。在电缆中使用 ATH 或 MDH 做阻燃剂,所需添加量很高,如在 EVA、PE、PP 中,填充量需高于 60% 才能达到要求的阻燃性。这么高填充量的明显缺点就是使最终产品的密度增大,柔韧性恶化,其他力学性能也严重下降,并且共混和挤

出也可能存在问题。在欧洲,对溴系阻燃剂的使用至少持保留态度;而膨胀型体系由于价格相对较高,以及电性能的要求,也限制了它们在产品中的使用。

纳米复合材料作为一种新的材料,避免了传统阻燃剂体系的缺点。通常,纳米复合材料是指具有两相结构,即适当的纳米填料(通常是改性的层状硅酸盐,如蒙脱土(有机黏土)或碳纳米管)以纳米尺度分散在聚合物中形成的,聚合物基体中纳米填料的含量通常在2% ~ 10%之间。与单一聚合物相比,相应的纳米复合材料的性能大为改善,如力学性能(拉伸、压缩、弯曲和断裂)、阻隔性(渗透性)、耐溶剂性、透明性及离子导电性等。Ray与Okamoto的综述中有这方面的详细讨论[5]。聚合物纳米复合材料的其他更令人感兴趣的性能是它们具有更高的热稳定性和在低填料含量下的阻燃性[6-8]。纳米复合材料低的填料含量对工业生产具有很强的吸引力,因为这类终端产品价廉且易于加工。

许多研究小组报道了EVA基纳米复合材料的制备及其性能。Camino等[9]用Brabender混炼机制备了EVA纳米复合材料并研究了其热降解行为;Hu等[10]制备了插层型EVA纳米复合材料,只用了5%的填料就改善了纳米复合材料的阻燃性能。Camino等[11]描述了层状EVA纳米复合材料的合成及热行为,其纳米填料是合成改性的含氟锂蒙脱石(一种层状硅酸盐)。他们同时还考察了在空气中如何防止材料的热氧老化和质量损失。实验指出,改性硅酸盐加速了EVA的脱乙酰化过程,但脱乙酰化聚合物的热降解却变慢了,这是由于聚合物表面形成了阻隔层之故。Zanetti等[12]在密炼机中将含氟锂蒙脱石与EVA进行混炼,制得的纳米复合材料在燃烧时,填料在样品表面富集并形成了保护性阻隔层,可阻止燃烧过程中热的扩散和质量的损失。纳米复合材料在垂直燃烧过程中抑制了燃烧颗粒的滴落,降低了火焰蔓延至周围材料的危险性。Hu等[13,14]以熔体插层和γ - 辐射法制得了HDPE/EVA纳米复合材料,将黏土含量从2%增加至10%,有利于改善阻燃性能。热重分析(TGA)数据表明,改性的蒙脱土在聚合物中的纳米分散阻止了HDPE/EVA共混物的辐射降解,且与不加填料的共混物相比,纳米复合材料的耐辐射性能得到了提高。其他作者也对EVA基纳米复合材料的制备进行了详细描述,Sundararaj和Zhang[15]使用双螺杆挤出机制备材料,发现改性蒙脱土与EVA的插层行为随熔体指数和乙烯—醋酸乙烯酯的不同而不同;马来酸酐接枝的EVA可明显改善分层剥离行为,这可能是由于这种改性EVA和填料之间发生了化学反应所致。Camino等[16]研究了共混设备对纳米复合材料性能的影响,采用的设备有非连续式批量混合机、单螺杆挤出机、反向啮合和同向啮合双螺杆挤出机。Hu等[17]用双螺杆挤出机和双辊密炼机制备了EVA纳米复合材料;Morgan等[18]则比较了天然的和合成的黏土对聚合物易燃性的影响,天然黏土是一种在美国开采和精炼的黏土,合成黏土则是氟化合成云母。两种黏土通过烷基铵盐进行离子交换转化为有机黏土,然后通过熔融共混制备聚苯乙烯(PS)基纳米复合材料,这两种纳米复合材料对释热速率峰值的降低非常相似,天然黏土和合成黏土之间的主要区别是合成黏土能改善材料颜色,不同批次性能的稳定性较佳,但成本较高。

关于 EVA 纳米复合材料的降解反应机理和阻燃行为,Wilkie 等[19]发现蒙脱土边缘的羟基似乎可催化 EVA 的早期降解和乙酸的脱除,含有和不含改性蒙脱土的 EVA 降解时,形成的反应产物的种类和量都不同。他们发现,形成这些产物是自由基重组的结果,因为包含在黏土层中的降解聚合物允许这类反应的发生。新产物的形成解释了释热速率变化的原因。如果存在多种降解方式,改性蒙脱土会促进其中一种降解方式而抑制另外一种,因此会导致产生不同的产物和不同的挥发速率。Wilkie 等[20]研究了聚酰胺-6(PA6)、PS、聚甲基丙烯酸甲酯(PMMA)、苯乙烯—丙烯腈共聚物(SAN)、丙烯腈—丁二烯—苯乙烯共聚物(ABS)、高抗冲PS(HIPS)、PE 和 PP 等多种聚合物纳米材料。他提出了纳米复合材料阻燃性的更为通用的机理。他认为,既然黏土层可作为传质屏障体,并使凝聚相过热,则在黏土存在下,通过自由基重组形成产物的大幅度断链就是聚合物新的降解方式。具有良好阻燃性能的聚合物纳米复合材料表现出明显的分子间反应,如链间氨解和链间酸解、自由基重组、脱氢等。如果聚合物降解是通过自由基方式进行,那么自由基的相对稳定性对预测纳米复合材料释热速率峰值将是最重要的因素;聚合物产生的自由基越稳定,阻燃效果越好,这可通过测得聚合物—黏土纳米复合材料释热速率的降低来证明。

还有其他一些纳米填料用作阻燃剂的情况也为人详细报道过。Frache 等[21]研究了 PE-水滑石纳米复合材料的热和燃烧行为。他们首先合成出水滑石,然后使用硬脂酸阴离子进行插层改性,因为长链烷基和 PE 链具有很好的相容性。实验指出,无机填料可避免 PE 发生热氧降解,可使得释热速率峰值降低 55%。Nelson 等人以改性二氧化硅制备出多种纳米复合材料,例如用单螺杆挤出机制备了 PMMA-二氧化硅和 PS-二氧化硅纳米复合材料。尽管这些纳米复合材料具有较高的热稳定性和氧指数,但在水平燃烧测试时它们比纯树脂烧得更快,这表明纳米复合材料本身似乎是不能被认为是阻燃材料的。与传统的阻燃剂结合,在纳米填料存在下,使用较少的阻燃剂即可赋予材料更好的阻燃和力学性能。Zammarano 等人[23]研究了改性层状双金属氢氧化物(LDH)纳米复合材料的阻燃性能,他发现,LDH 比改性蒙脱土对降低释热速率更为有效,这可能与 LDH 的层状结构及其带有的羟基和水分子有关。Zammarano 等人[24]还特别报道了 LDH 和聚磷酸铵的协同作用。

Kashiwagi 等人[25-27]的许多论文论述了单层或多层碳纳米管不需经有机处理,也不需额外助剂的复配,即可增强聚合物的热稳定性,并认为碳纳米管至少是与有机黏土一样有效的阻燃剂。他们通过对 PP 和 PMMA 的研究,发现碳纳米管在聚合物基体中的良好分散对材料的阻燃性是相当重要的。Kashiwagi 指出,理想的表面保护层(由黏土颗粒和炭层构成)应呈网状结构,具有足够的强度,不会被气泡破坏或干扰,且此保护层在整个燃烧过程中必须保持完整。连续的网状结构保护炭层对长宽比很大的纳米颗粒而言是易于形成的。Kashiwagi 等人[25-27]还指出,各种高度扩展的碳基纳米颗粒,如单层、多层碳纳米管和碳纳米纤维,都能形成这种类型的网络,只要纳米填料在聚合物基体中形成紧凑的网络结构,就能使材料整体表现出类凝胶的流变行为。Schartel 等人[29]也报道了多层碳纳米管在 PA6 中的阻燃性,他们也认为,纳米复合材料提高了熔体黏度和形成了纤维—网络结构是影响材料阻燃性能的主要机理。

Leroy 等人[30]研究了填料的长宽比对 EVA/MDH/滑石粉体系阻燃性的影响。通过对滑石粉层状结构和比表面积的测试,可以得出的结论是,高度层化的滑石粉体系,其阻燃性能非常类似 EVA/MDH/改性蒙脱土纳米复合材料,但前者存在明显的膨胀行为,且这种膨胀行为在锥形量热测试中早期点燃阶段发生,这可能与由层状颗粒(改性蒙脱土或滑石粉)引起的下述三种现象有关,即非均相泡沫成核、黏度增加和促进成炭。Ferry 等人[31]也报道了 EVA/MDH/硼酸锌/滑石粉体系的类似行为,Le Bras 等人[32]则认为硼酸锌在 EVA/MDH/硼酸锌配方中起黏结作用。

Jho 等指出[33],单以改性蒙脱土在线缆材料中不足以作为阻燃剂。Wilkie[34]也明确指出,"很显然,单一纳米复合材料不能用来解决防火问题,但它可能解决一部分问题。我和我的同仁,已经开始研究将纳米复合材料和传统阻燃剂相结合。"Bourbigot 等[35]使用了成炭聚合物(如 PA6 和 PA6 纳米复合材料)来改善 EVA 的阻燃性。有机黏土通过在膨胀炭层中磷—碳结构的热稳定化来提高成炭性以形成保护性阻隔层,即形成所谓的"陶瓷"层。Hu 等[36]使用了 PA/EVA 共混物纳米复合材料来改善 PP 的阻燃性。

通常,将纳米填料和传统的微米级阻燃剂复配具有很好的协效作用。Hu 等[37]报道了使用 PA、改性蒙脱土、MDH 和红磷制备了无卤阻燃的纳米复合材料,此材料比典型的阻燃 PA6 具有更优异的力学性能和阻燃性能,这归因于三种阻燃剂的协同作用。Ferry 等[38]在 EVA 中用有机黏土替代部分 MDH,体系的自熄性得到了改善,其主要原因是引燃阶段的膨胀行为导致形成类泡沫结构。Horrocks 等已证明[39],有机黏土和聚磷酸铵或聚氧化膦复配对阻燃 PA 具有协效作用。Whaley 等[40]研究了 EVA 和乙烯—辛烯共聚物与 MDH 和改性纳米蒙脱土复配制得的电缆改性料,此体系形成炭层的时间说明,电缆外套厚度不同时,电缆料中最佳的蒙脱土添加量不同。因此,评估纳米复合材料基的电缆外套改性料的真实性能时,宜采用实际应用的电缆料。

Shen 等[41,42]通过改性蒙脱土、MDH、硼酸锌的复配改善了 EVA 的阻燃性,粒径小的改性蒙脱土比粒径大的表现出更好的 UL-94 阻燃性能,而很细的硼酸锌则有助于形成结构更坚实的炭层。

Ristolainen 等[43]在 PP-ATH 复配体系中使用改性蒙脱土替代部分 ATH,发现体系含两种填料时阻燃性得到了提高。Wilkie 与 Zhang[44]研究了 PE 中 ATH 复配改性蒙脱土的阻燃行为,当 PE 与 2.5% 改性蒙脱土及 20% ATH 复配时,释热速率峰值降低了 73%,单独使用 40% ATH 也可得到相同的结果。进一步增加蒙脱土的含量并不能改善材料的阻燃性能。在释热速率峰值下降幅度相同时,含蒙脱土改性料比不含蒙脱土者的力学性能(如断裂伸长率)较佳。

Cusak 等[45]发现,水合锡酸锌能大幅度增强 EVA 配方体系中 ATH – 有机黏土间的协效阻燃性能,这可降低填料总含量,而保持阻燃性和抑烟性。

本章综述是含纳米黏土、碳纳米管和它们与微米级氢氧化铝协效用于电缆料的纳米复合材料。

7.2　实验过程

7.2.1　材料

不同 VA 含量的几种 EVA 来自 EXXON 公司,它们都能通过与有机黏土熔融共混制成纳米复合材料[46,47]。LDPE(BD P8063)来自 Innovene 公司(前 BP 石油公司),它系作为碳纳米管的非极性聚合物基体;ATH(Martinal OL 104 LE)来自 Albemarle 公司,它系作为传统阻燃剂;一种已工业化的层状硅酸盐(有机黏土,用阳离子型二甲基二硬脂基铵盐改性)来自 Süd-Chemie AG 公司,季铵盐含量为 38% ±2%;未经加工的多层碳纳米管(MWCNT)和单层碳纳米管(SWCNT)来自 Namur 大学的 Janos B. Nagy 研究课题组,1.5kg 的 MWCNT 来自比利时的 Nanocyl S. A. 公司。

7.2.2　共混

共混将使用不同的设备进行。对 EVA 有机黏土基复合材料,用实验室双辊混合机和密炼机在 145℃混合,还用过德国 Leistritz 公司的同向双螺杆挤出机,其螺杆直径为 27mm,长径比为 40,口模温度为 190℃。Brabender 混合机是一种非连续混炼设备,用它加工填充有 MWCNT 和 SWCNT 的 LDPE 时,采用的转速为 45r/min,温度为 180℃;用它加工填充有机黏土或 MWCNT 的 EVA 时,转速为 45r/min,温度为 160℃。实验室用双辊机用于在 160℃共混不同的 MWCNT/有机黏土配方,以优化它们的阻燃性能。BUSS 捏合机(带一个旋转且振动的螺杆,L/D 为 11,螺杆直径 46mm)作为连续共混设备,用于制备 60kg 配方已优化的 MWCNT/有机黏土改性材料和不同的 EVA/有机黏土纳米复合材料,二者的加工温度均为 160℃。长径比为 20、螺杆直径为 80mm 的单螺杆线缆挤出机用于制备 2.5mm² 铜线用的软质阻燃绝缘层(厚度 0.86mm)。

7.2.3 分析

锥形量热仪的辐射热流量为 35kW/m² 和 50kW/m²，样品水平放置（平板试样尺寸为 100mm × 100mm × 3mm，试样也可为切割的线缆），标准为 ASTM E1354。数据为三次测定的平均值，释热速率偏差为 ±5%；热重分析采用氩气和空气氛，加热速率为 20℃/min。

7.3 EVA/有机黏土纳米复合材料

7.3.1 EVA/有机黏土纳米复合材料的制备及其结构

按照填料在基体中的分散特性，纳米复合材料的形态可分为插层型（层状硅酸盐和聚合物单层有规律交替排列）或剥离型（层状硅酸盐任意均匀分散在聚合物基体中）。制备这类材料最容易和技术上最具吸引力的方法是将熔态聚合物和改性层状硅酸盐（如蒙脱土）混炼。将蒙脱土层间的 Na⁺ 用烷基铵盐阳离子取代，可得改性有机黏土，它与聚合物基体的相容性可获得大幅度提高。

纳米复合材料的形态可用透射电镜（TEM）和 X 射线衍射（XRD）观测。采用双辊机共混制得的材料，可观测到其中存在剥离的及插层的硅酸盐片[47]，这种结构可称为半插层半剥离结构，EVA 中的 VA 含量变化时，甚至当 VA 含量甚低时，在材料中也存在很多堆叠硅酸盐片[47]。因此，这种纳米复合材料的形态与 EVA 中 VA 含量没有多大关系。

7.3.2 EVA/有机黏土纳米复合材料的热稳定性

热失重分析广泛用于表征聚合物的热稳定性。聚合物由于热降解产生挥发物而导致的质量损失可以根据温度斜度函数监测。材料在惰性气体（如氩气或氮气）中加热，则发生无氧化降解；在空气或氧气氛中加热，则发生氧化降解。实验条件对 EVA 降解机理的影响十分明显。众所皆知，EVA 降解是两个连续的过程：第一步不论是有氧还是无氧，降解都发生在 350℃ 至 400℃ 之间，此步是乙酸的损失；第二步则涉及不饱和主键的热分解，这可以说是自由基进一步断键（无氧分解）或热燃烧（有氧分解）（图 7.1）。

在氩气氛中，EVA 纳米复合材料与单一 EVA 或 EVA/Na⁺ 蒙脱土微米复合材料相比，其热稳定性仅轻微下降。而在空气氛中，纳米复合材料的热稳定性却大幅度提高，第二降解峰（最大分解峰）向高温移动了 40℃，而第一降解峰位置基本保持未变（表 7.1）。热稳定性提高的原因是在氧气氛中形成了炭层，炭层在聚合物和聚合物燃烧区表面间形成了物理阻隔层。表 7.1 表明，EVA 纳米复合材料有机黏土含量在 2.5% ~5% 之间时，具有最高分解温度，即最佳的热稳定性。

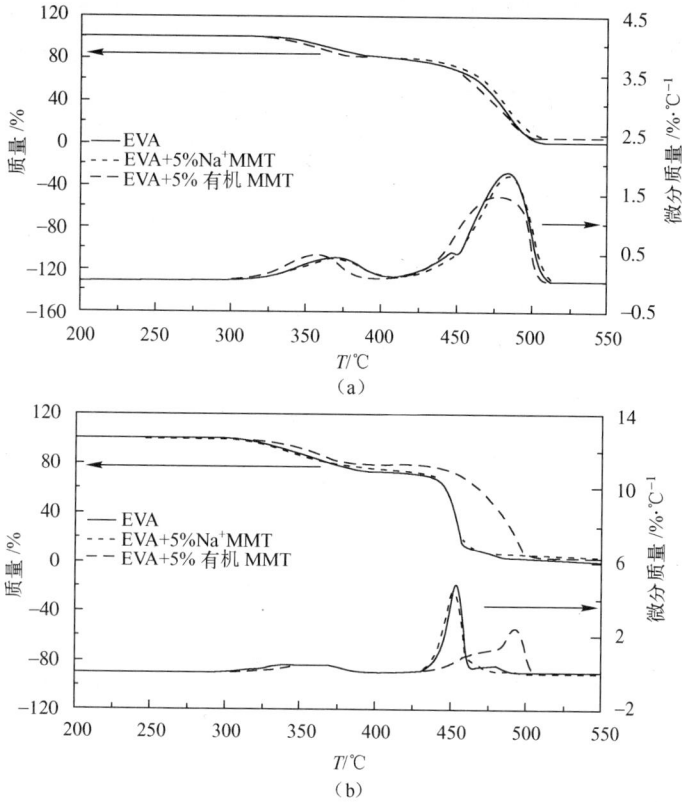

图 7.1 EVA、EVA/5% 钠基蒙脱土微米复合材料、EVA/5% 有机改性蒙脱土纳米
复合材料的 TGA 曲线(加热速率为 20℃/min。EVA(Escorene UL-00328)
含 28%VA,有机黏土为 Nanofil 15[48])

(a)氮气;(b)空气。

表 7.1 EVA 和含有机黏土 EVA 纳米复合材料的最大降解峰温
(TGA 测定,空气,加热速率为 20℃/min)

有机黏土含量/%	最大降解峰温/℃	有机黏土含量/%	最大降解峰温/℃
0	452.0	5	493.5
1	453.4	10	472.0
2.5	489.2	15	454.0
EVA(Escorene UL-00328)含 28% 的 VA;有机黏土为 Nanofil 15			

7.3.3 EVA/有机黏土纳米复合材料的阻燃性能

从工程观点而言,重要的是鉴别与产品有关的主要火灾危害性,从而检测产品
相关性能。美国国家标准及技术研究院的广泛研究得出了一个很重要的结论,它

使问题得以大大简化。释热速率,特别是释热速率峰值,是火灾中最重要的一个参数,它可被视为火灾的"驱动力"[49]。因此,现代测试聚合物阻燃性能最普遍应用的工程设备就是锥形量热仪,其主要原理是测定氧耗量与释热量之间关系氧消耗原理。典型的锥形量热仪实验是将聚合物样品放置在一个铝盘中,并暴露于预先设置好的辐射热流量中(通常是 35kW/m² 或 50kW/m²),可同时测定以下性能参数:释热速率、释热速率峰值(pHRR)、引燃时间、总释热量、质量损失速率、平均CO 产生量、平均比消光面积等。

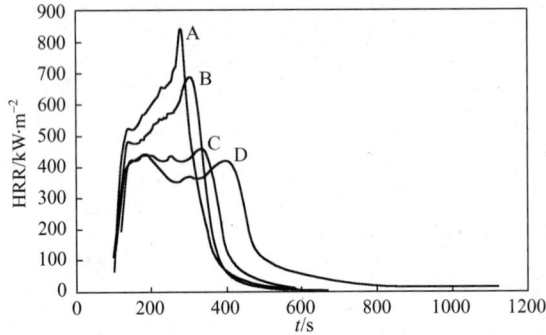

图 7.2 辐射热流量为 35kW/m² 时,几种 EVA(Escorene UL-00328 含 28%VA)基材料的释热速率曲线
A:单一 EVA 和 EVA 添加 5% Na⁺ 蒙脱土;B:EVA 添加 3% 有机黏土(Nanofil 15);
C:EVA 添加 5% 有机黏土(Nanofil 15);D:EVA 添加 10% 有机黏土(Nanofil 15)[48]。

   EVA 纳米复合材料的阻燃性能系用辐射热流量为 35kW/m² 的锥形量热仪测定(图 7.2),这是模拟一个正在发展的火灾条件。EVA 中只要含 3% 的有机黏土即可助于提高材料的阻燃性,其 pHRR 比 EVA 下降了 47%。含 5% 有机黏土的EVA 纳米复合材料的整个燃烧时间也得以延长,但填料增至 10% 则并不能进一步显著降低 pHRR 值。pHRR 的降低表明,聚合物降解过程中产生的可燃性气体减少,有机黏土对阻燃性有了显著改善,且黏土在聚合物基体中为"分子级"分散。另外,阻燃性的改善还表现在释热分布在更长的时间区段内。阻燃性的提高归因于纳米复合材料燃烧过程中炭层的形成,炭层扮演着绝缘和不燃材料的角色,减少了可燃性气体向火焰区域的扩散。有机黏土的硅酸盐层对炭层的形成有着积极的作用,它能增强炭层的强度,并使其具备更好的耐烧蚀性。

   辐射热流量为 35kW/m² 的锥形量热仪的测定结果表明,单一的 EVA 能完全燃烧,无任何残留物;而 EVA 纳米复合材料却能形成炭层,且炭层非常稳定,燃烧后也不会消失(图 7.3)。另外,与单一 EVA 相比,纳米复合材料燃烧时不会产生滴落物(UL-94 垂直燃烧实验)[50],这也限制了火焰的蔓延。燃烧时是否产生滴落物也是电缆料的另一个重要分级标准。根据 EN50399 标准草案可将电缆料分为B1ca、B2ca、Cca 或 Dca 等级别。

142

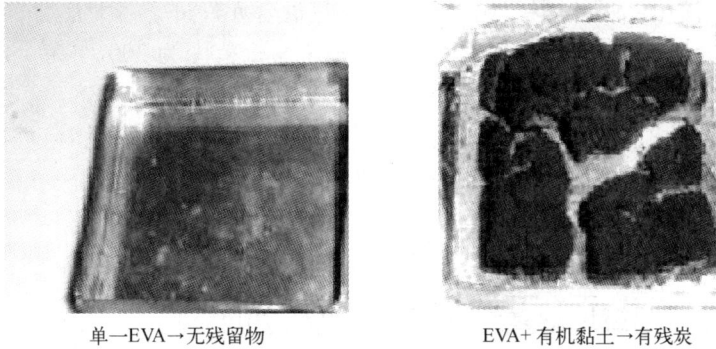

单—EVA→无残留物　　　　　EVA+有机黏土→有残炭

图 7.3　单一 EVA 和含 5% 有机黏土 EVA 纳米复合材料在锥形量热仪中测试 200s 后的残留物
（辐射热流量为 35kW/m^2，聚合物试样为 100mm×100mm×3mm，并带有铝盘。
EVA 为 Escorene UL-00328，含 28% VA；有机黏土为 Nanofil 15[48]）

7.3.4　EVA 纳米复合材料的 NMR 研究及其阻燃机理

可采用固态正交极化[13]C-NMR 来研究 EVA 和 EVA 纳米复合材料的降解行
为，Bourbigot 等[51]详细描述了其测试方法。先将 EVA（Escorene UL-00328，含
28% VA）和含 5% 有机黏土的 EVA 纳米复合材料在锥形量热仪（辐射热流量为
50kW/m^2）中加热，分别在 50s、100s、150s、200s、300s 后将试样移出，再测定生成炭
层的核磁信号位移（标准物为四甲基硅烷），所得结果如下[52]：

（1）EVA 和 EVA 纳米复合材料加热前：33ppm => —CH$_2$—，EVA 高分子主链；
75ppm => —CH$_3$，EVA 的醋酸酯基；172ppm => —C—O，EVA 的醋酸酯基（弱信号）。

（2）EVA 加热 50s 之后：出现新信号，130ppm 归属于炭层中的芳烃和聚芳烃；
180ppm 归属于—C＝O，表示氧化开始，此时 EVA 信号仍然存在。但加热 150s 后，
已无 EVA 信号，表明不再存在有机物。

（3）EVA 纳米复合材料加热 50s 后：130ppm 归属于炭层中的芳烃和聚芳烃；
180ppm 归属于—C＝O，表示氧化开始，此时 EVA 信号仍然存在。加热 100s 后：炭
层形成和 EVA 信号仍然存在。加热 200s 后：炭层和 EVA 信号仍然存在。加热
300s 后，没有信号，即已无有机物存在。

显然，纳米复合材料促进了炭层的形成并延迟了 EVA 的降解。

7.3.5　EVA 纳米复合材料的插层和剥离

根据文献中一般的报道，剥离型结构能最大程度地改善纳米复合材料的性能。
因此，对由双辊机[47]制得的 EVA 纳米复合材料，人们的研究兴趣已从插层—剥离
混合型结构转向单一的剥离型结构；这种结构的复合材料可用同向双螺杆挤出机
（螺杆直径 27mm，40L/D）熔融共混 EVA（Escorene UL-00328）和 4.5% 有机黏土制

得。制备中使用了两种螺杆：第一种螺杆采用混合元件进行最大程度的混合；第二种采用捏合块进行最大程度的分散，螺杆转速变化范围为 300r/min ~ 1200r/min。TEM 和 XRD 结果显示，在最高剪切速率（1200r/min）和最大摩擦（第二种螺杆设计）下，混合结构已向单一剥离型结构转移。但是，锥形量热仪结果表明，所有纳米复合材料的 pHRR 值并没有改变。显然，插层—剥离混合结构 EVA 纳米复合材料已可最大程度地降低 pHRR。这个结果对于阻燃 EVA 基纳米复合材料的研究和应用是相当重要的，它大大简化了在主要加工步骤中分散有机黏土的任务。

7.3.6 传统阻燃填料氢氧化铝和有机黏土的复配

线缆料必须阻燃以达到较低的火焰扩散速度，这是国际线缆阻燃测试标准的规定（IEC 60332 - 3 - 24）[53]。65% ATH 和 35% EVA 的高填料含量的复配料通常用于线缆的护套[54]。

本节比较两种共混物的性能，它们是用 BUSS 捏合机（螺杆直径 46mm，11 L/D）制备的，其中一种由 65% ATH 和 35% EVA（含 28% VA）制得，另一种是由 60% ATH、5% 有机黏土和 35% EVA 制得。这两种共混物都进行了 TGA（空气氛）和 50kW/m² 辐射热流量的锥形量热仪测试。TGA 结果显示，少量的有机黏土可延缓 EVA 的降解（图 7.4）。

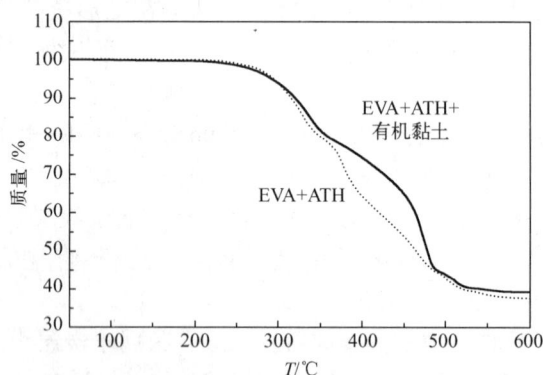

图 7.4　35% EVA/65% ATH 的共混物和 35% EVA /60% ATH/5% 有机黏土的纳米复合共混物在空气氛中的 TGA 曲线（EVA 为 Escorene UL-00328，含 28% VA；有机黏土为 Nanofil 15；ATH 为 Martinal OL 104 LE[48]）

经锥形量热仪测试后，EVA-ATH-有机黏土共混物产生的炭层非常坚硬，只有很少的裂纹，而 EVA/ATH 共混物的炭层的坚硬度则小得多，机械强度低，且有许多大裂纹。这就是为什么纳米复合材料的 pHRR 能降低至 100kW/m² 的原因，而 EVA-ATH 共混物的 pHRR 为 200kW/m²。

在只含阻燃剂 ATH 的 EVA 中，要使 pHRR 降低至 100kW/m² 水平，ATH 在 EVA 中的含量应达到 78%，而在 EVA 中加入有机黏土，则能大幅改善材料的阻燃性,也为降低 ATH 用量提供了可能。如果要使 pHRR 保持在 200kW/m² 左右,当 EVA 中含 5% 有机黏土时,ATH 含量可从 65% 降至 45%。ATH 用量的降低意味着 EVA 基纳米复合材料的机械和流变性能将得到改善。

7.3.7 能通过 UL-1666 测试的有机黏土/ATH 同轴线缆护套料

能通过 UL-1666 大型火灾测试(线缆 Riser 测试)的室内线缆有许多应用。此测试在带燃烧器(145kW)的双层设备中进行,要求相当苛刻,测试的重点为:① 3.66m高火焰的最高气体温度为 455℃;② 火焰最大高度为 3.66m。含卤系阻燃剂的共混物通常能通过该线缆 Riser 试验,但当前市场越来越多的转向于应用无卤阻燃(FRNH)线缆,而基于纳米复合材料共混物的线缆在这类耐火测试中表现十分良好。

图 7.5　护套料为纳米复合材料的 FRNH 同轴电缆(直径 1.27cm)

(能通过 UL-1666 测试[52])

图 7.5 是能通过 UL-1666 的 FRNH 电缆样品,其护套料是已工业化的 EVA/ATH/有机黏土的纳米复合材料。对另一种同轴电缆的护套料 EVA/ATH 共混物也进行了相同实验,但它未通过 UL-1666(表 7.2)。在两种护套料中,聚合物和填料的比例是一样的,实验结果见表 7.2。材料阻燃性的改善是由于燃烧过程中形成了炭层,这种绝缘和难燃的炭层可阻碍挥发性气体从降解的聚合物中逸出至火焰区域,因此就降低了最大火焰温度和火焰高度。

表 7.2　EVA/ATH 和 EVA/ATH/有机黏土的 FRNH 同轴电缆护套料的耐火性能

UL-1666 要求	EVA/ATH 共混物	EVA/ATH/有机黏土共混物
3.66m 火焰的最大温度应小于 455℃	1930℃	620℃
火焰最大高度应小于 3.66m	>3.66m	1.83m

7.4　EVA/碳纳米管纳米复合材料

7.4.1　碳纳米管的一般性能

碳纳米管(CNT)是富勒烯的管状衍生物。它们在电弧发电实验中首次被发现,其性能与闭笼的富勒烯(如 C60、C70 和 C76)有明显不同。CNT 的特殊结构赋予了它独特和令人感兴趣的性能。作为新型的碳材料,CNT 已在材料研究领域中为人特别关注。由于 CNT 较高的机械强度、毛细管特性及特殊的电子结构,因而具有潜在的广泛应用价值。CNT 的典型应用是多相催化的金属载体、储氢材料、聚合物复合材料以及蛋白质和酶的固定化[55,56]。许多技术,如电弧放电、激光烧蚀、催化方法等,已被用来制备 CNT[57]。许多材料科学研究者正在研究大规模生产 CNT 的方法,以实现其预期的应用。

CNT 是由单层(SWCNT)或多层(MWCNT)圆柱壳体形状的石墨片层构成,每个碳与相邻的三个碳原子通过 sp^2 杂化轨道键接形成无缝外壳。CNT 有很大的长宽比(可大于 1000)。据报道[58],通过热重分析证明,CNT 能阻止聚合物的降解。在 PVOH 中,添加 20% 的 MWCNT 可有效提高其起始降解温度和其他降解峰温。

7.4.2　碳纳米管的制备与纯化

粗 MWCNT 和 SWCNT 是用 Co-Fe/Al(OH)₃ 催化降解乙炔制得的。粗 CNT 包含催化剂和其他副产物,含量见表 7.3。纯 MWCNT 由粗 MWCNT 纯化制得,如粗 MWCNT 含 Co、Fe 和三氧化二铝,制备方法是在浓 NaOH 中溶解催化剂载体,在浓 HCl 中溶解金属催化剂,再在常压烘箱中于 120℃ 干燥及在真空烘箱中 500℃ 干燥。纯化含 Co 及 MgO 的粗 CNT,是在浓 HCl 中溶解金属催化剂载体,再在 300℃ 下于空气中进行氧化,最后在常压烘箱中于 120℃ 干燥。

表 7.3　MWCNT 的性能及杂质含量

样品	CNT		催化剂含量/%		载体含量/%	
	长度/μm	直径/nm	Co	Fe	Al_2O_3	MgO
粗 MWCNT	ca. 50	5~15	0.3	0.3	19	—
纯 MWCNT	ca. 50	5~15	0.2	0.3	0.2	—

7.4.3　EVA/MWCNT 和 EVA/MWCNT/有机黏土共混物的阻燃性

采用辐射热流量为 35kW/m² 的锥形量热仪研究含 CNT 复合物的阻燃性能,文献[59,60]在学界内可能是首次。该研究所用的复合物都是以 Brabender 混炼机熔融共混制得的。表 7.4 的结果说明,所有含 CNT 聚合物的阻燃性都得以改善。对 EVA 和含 2.4% CNT 的 EVA 纳米复合材料,pHRR 值顺序如下:EVA > 有机黏土复合材料 ~ 纯 MWCNT 复合材料;对 EVA 和含 4.8% CNT 的 EVA 复合材料,pHRR 值顺序如下:EVA > 有机黏土复合材料 > 纯 MWCNT 复合材料 = 粗 MWCNT 复合材料。结果表明,粗 MWCNT 与纯 MWCNT 一样能有效降低 pHRR。CNT 含量从 2.4% 增加到 4.8%,无论是粗 MWCNT 还是纯 MWCNT,阻燃效果都提高了。

表 7.4 含有机黏土和 MWCNT 复合物的释热速率峰值
（辐射热流量为 35kW/m² 的锥形量热仪测定）

样 品	EVA[①] 树脂份数	MWCNT/%		有机黏土[②] /%	pHRR/(kW/m²)
		纯的	粗的		
EVA[①]	100.0	—	—	—	580
1[③]	97.6	2.4	—	—	520
2	95.2	4.8	—	—	405
3	97.6	—	—	2.4	530
4	95.2	—	—	4.8	470
5[③,④]	95.2	2.4	—	2.4	370
6a[③]	95.2	—	4.8	—	403
6b[⑤]	95.2	—	4.8	—	405
① Escorene UL-00328 含 28% VA。 ② Nanofil 15。 ③ 螺杆转速 45r/min,温度 136℃。 ④ CNT 和有机黏土预混合。 ⑤ 螺杆转速 120r/min,温度 142℃					

同时含 2.4% 纯 MWCNT 和 2.4% 有机黏土的纳米复合材料,其中的 MWCNT 与有机黏土间存在阻燃协同作用(图 7.6)。图 7.6 中,最后一个试样是阻燃性最好的复合物。对含 4.8% 粗 MWCNT 的 EVA,螺杆转速从 45r/min(样品 A)提高到 120r/min(样品 B)时,阻燃性能没有改变,它们的引燃时间也没有降低。相反,有机黏土基 EVA 复合材料的引燃时间却降低了,这是由有机黏土中的季铵盐引起的早期热降解导致的[61]。

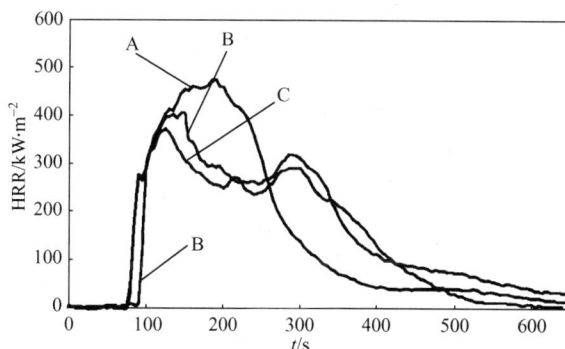

图 7.6 不同 EVA 基材料的释热速率峰值(辐射热流量为 35kW/m² 的锥形量热仪测定)
A:EVA +4.8% 有机黏土;B:EVA +4.8% 纯 MWCNT;
C:EVA +2.4% 有机黏土 +2.4% 纯 MWCNT。
(EVA 为 Escorene UL-00328,含 28% VA;有机黏土为 Nanofil 15)[59]。

7.4.4 MWCNT 复合物炭层的裂缝密度及其表面形貌

对含 4.8% 填料的 EVA 基复合材料(表 7.4),其炭层裂缝密度是含有机黏土的复合材料大于含纯 MWCNT 者。同时含 2.4% 纯 MWCNT 和 2.4% 有机黏土的纳米复合材料,由于 MWCNT 和有机黏土之间具有协同作用,材料裂缝密度很低(图 7.7)。MWCNT 和有机黏土的协同阻燃效果可形成良好的封闭表面;而炭层作为绝缘和难燃材料,可有效降低挥发性气体(燃料)向火焰区域扩散。裂缝越少,燃料的扩散越难,从而使 pHRR 相应降低。填料对炭层的形成发挥了积极作用,但是显而易见,MWCNT 由于其长径比较大,有效提高了炭层的强度,并使其更耐机械开裂。

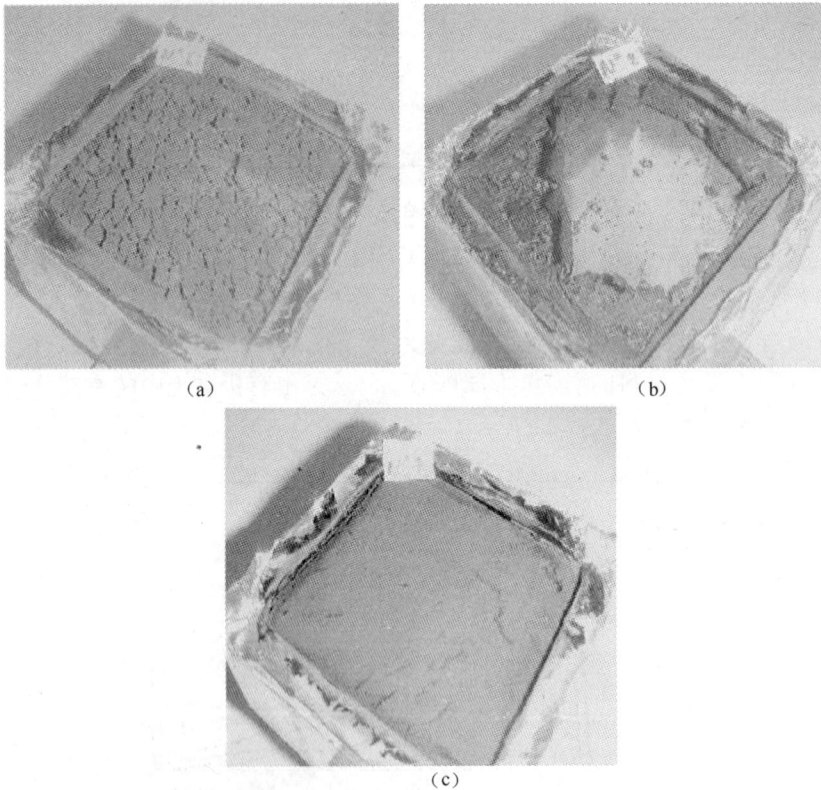

(a)

(b)

(c)

图 7.7 (a)含 4.8% 有机黏土 EVA 燃烧形成的炭层;
(b)含 4.8% 纯 MWCNT 的 EVA 燃烧形成的炭层;
(c)含 2.4% 有机黏土和 2.4% 纯 MWCNT 的 EVA 燃烧形成的炭层。
EVA 为 Escorene UL-00328,含 28% VA;有机黏土为 Nanofil 15[59]。

7.4.5　LDPE/CNT 复合物的阻燃性能

按照表7.5和表7.6中的配方,用 Brabender 混炼机熔融共混 LDPE(BPD 8063)和 SWCNT 与 MWCNT 制备复合物,锥形量热仪测试的结果如图7.8和图7.9 所示。在 LDPE 中,不同 CNT 的结果是不同的,SWCNT 在 LDPE 中并不起到阻燃剂的作用,而 MWCNT 倒是阻燃剂,且不会降低引燃时间(相比有机黏土)。粗 MWCNT 与纯 MWCNT 相似,都可以降低 pHRR。

表 7.5　LDPE 中的 SWCNT 含量

样品	LDPE/%	SWCNT/%	
		纯	粗
BPD 8063	100.0	—	—
5%纯 SWCNT	95.0	5	—
10%纯 SWCNT	90.0	10	—
5%粗 SWCNT	95.0	—	5
10%粗 SWCNT	90.0	—	10

表 7.6　LDPE 中的 MWCNT 含量

样品	LDPE/%	MWCNT/%	
		纯	粗
BPD 8063	100.0	—	—
5%纯 MWCNT	95.0	5	—
10%纯 MWCNT	90.0	10	—
5%粗 MWCNT	95.0	—	5
10%粗 MWCNT	90.0	—	10

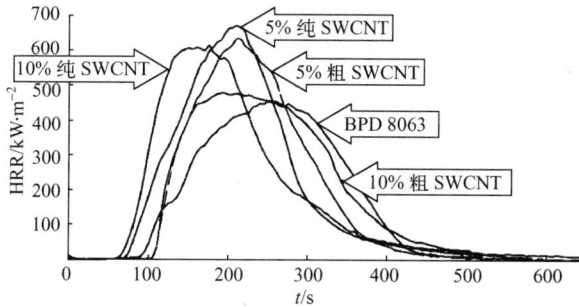

图 7.8　含 SWCNT 的 LDPE 复合物的释热速率
(辐射热流量为 35kW/m² 的锥形量热仪测定)[62]

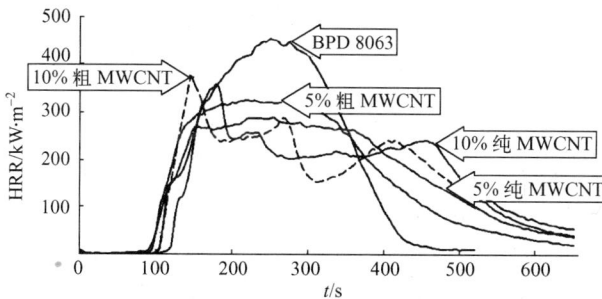

图 7.9　含 MWCNT 的 LDPE 复合物的释热速率
(辐射热流量为 35kW/m² 的锥形量热仪测定)[62]

7.4.6 含新型阻燃体系 MWCNT/有机黏土/ATH 的电缆料

将有协效作用的 MWCNT – 有机黏土作为阻燃剂用于工业产品引起了人们广泛的兴趣[62]。CNT 供应商 Nanocyl S. A 公司制备了 1.5kg 的 MWCNT,并用线缆挤出机制成了阻燃绝缘线缆料,该挤出机生产小型绝缘线缆料的最低投料量是 60kg,此实验是用来验证 EVA-MWCNT-有机黏土共混物是否能顺利转化为实用的电缆复合料的[59]。将一个能良好成型的有机黏土基电缆料(含有机黏土及 ATH)命名为复合物 1,随后将 1 中的有机黏土部分或全部的为 MWCNT 所替代,但填料的总量保持不变(表 7.7),形成的配方为复合物 2A 及 2B。三种复合物的共混均在双辊机上进行。三者的 HRR 曲线如图 7.10 所示。结果表明,对填料共混物和单一的 MWCNT 基复合物,第一个 pHRR 大幅度下降,经过较长时间才出现第二个 pHRR 的是复合物 2A和 2B,这说明它们的炭层裂缝较少(更加稳定)。因此,1:1 的 MWCNT – 有机黏土混合物(复合物 2A,见表 7.7)可用来生产质量符合要求的电缆专用料。采用 11-L/D型螺杆直径为 46mm 的 Buss 捏合机,生产配方 2A 没有任何加工问题。采用 Buss 捏合机制备的复合物比用双辊机能更有效地降低 pHRR(图 7.11)。

表 7.7　用于电缆料的 MWCNT 和有机黏土共混物

复 合 物	成　　　份
1	电缆专用料(EVA-PE-ATH-有机黏土 – 加工助剂)
2A	复合物 1 中 50% 的有机黏土被等量的 MWCNT 替代
2B	复合物 1 中 100% 的有机黏土被等量的 MWCNT 替代

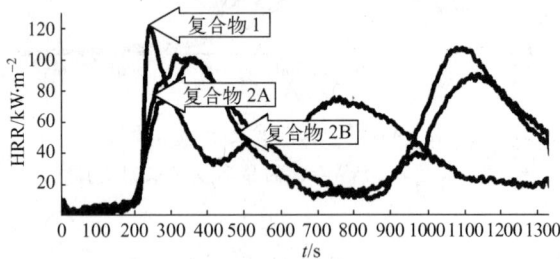

图 7.10　双辊机制备的含 MWCNT 和有机黏土等不同填料复合物的释热速率曲线
(辐射热流量为 35kW/m^2 的锥形量热仪测定)[62]

采用 20 – L/D、螺杆直径为 80mm 的单螺杆电缆料挤出机生产两种相同几何参数的电线绝缘料,应用的铜导线直径为 1.78mm,绝缘层壁厚为 0.8mm。其中一种电线绝缘层采用复合物 1(填料为 ATH – 有机黏土),另一种采用已优化的复合物 2A(填料为 ATH – 有机黏土 – MWCNT)。MWCNT 基复合物 2A 的黏度比复合物 1 的显著增高,所以即使螺杆转速降低,扭矩也较大。高压毛细管流变仪测定结果显示,复合物 2A 的黏度在所有剪切速率下都可达到 3000s^{-1}。

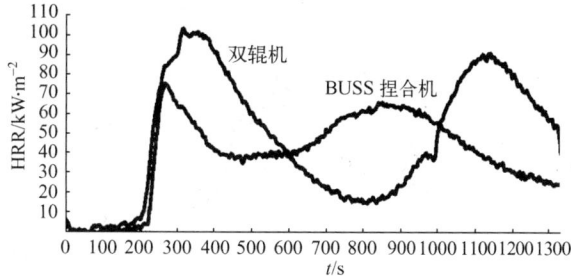

图 7.11　分别以双辊机和 BUSS 捏合机制得的共混复合物 2A 的释热速率曲线

（辐射热流量为 35kW/m² 的锥形量热仪测定）[62]

根据 IEC60332-1 的小型火焰测试（将绝缘材料置于本生灯中引燃），两种电线绝缘料的结果非常相似，燃烧的聚合物都没有滴落物，炭层的厚度也是一样的。但复合物 2A 的炭层裂缝比复合物 1 的少，这可能是 MWCNT 大长径比的增强效应所致。有关 CNT 的作用机理最近已有文献发表[63]。

采用锥形量热仪测定两种电线绝缘料的释热速率和将引燃时间。将试样切割成 10cm 长的电线，置于标准的锥形试样架上，共 26 根电线试样安装成单层结构，且试样间无间隙[64]，电线的末端不密封。这种安装称之为单层设计。对捆绑设计，要将四根已切割且没有封端的电线放在一起，再采用芳纶线将它们捆绑以保持它们的集束性，以模拟没有外套的电缆[64]，试样架上共放置两层，每层 24 根电线。这种安装称之为捆绑设计（图 7.12）。上述两种安装方法得出的锥形量热仪结果是不同的（图 7.13 和图 7.14）。对于单层设计，锥形量热测试时间少于 20min，这是根据欧洲新标准（EN 50399，用于线缆耐火测试）制定的。采用复合物 1 为绝缘料的电线在前 5min 的 pHRR 值较高。对于捆绑设计，锥形量热仪测试时间较长，这是由于上层绝缘料生成的炭层保护了第二层电线。捆绑安装的测试大于 20min。捆绑安装方式代表了许多终端产品的实际应用情况。采用复合物 2A 为绝缘料的电线，相比于采用复合物 1 为绝缘料的电线，在前 10min 内 pHRR 没有任何增加。

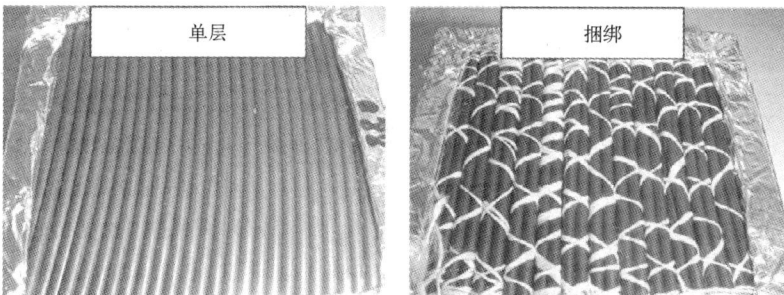

图7.12　用于锥形量热仪测试的各种包覆绝缘料电缆的安装设计：单层设计和捆绑设计[62]

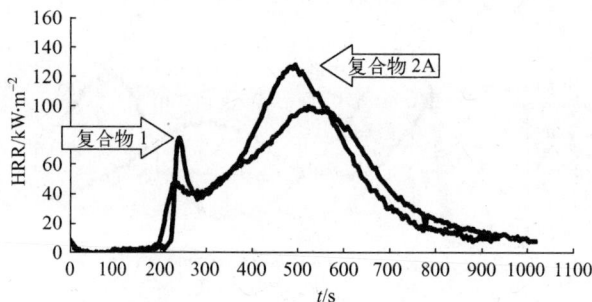

图 7.13　单层结构的释热速率曲线
（辐射热流量为 35kW/m² 的锥形量热仪测定）[62]

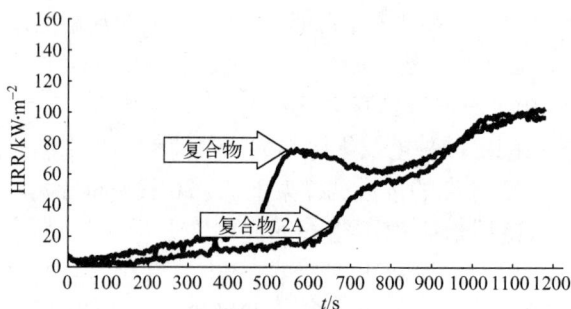

图 7.14　捆绑结构的释热速率曲线
（辐射热流量为 35kW/m² 的锥形量热仪测定）[62]

7.5　总结与结论

总的说来,熔融共混 EVA 和改性层状硅酸盐制备的纳米复合材料可以用作无卤阻燃电缆料。金属氢氧化物传统阻燃剂和有机黏土结合使用时,必须使材料达到要求的阻燃性,以能通过 UL-1666 同轴电缆的试验。在 EVA 体系中,低填料含量时,MWCNT 是非常有效的阻燃剂。目前已开发出一个用于电线阻燃绝缘料的优化配方,它基于 MWCNT/有机黏土混合填料。IEC60332-1 的小型火测试(即本生灯火焰强制施加于电线绝缘料)结果表明,大长径比的 MWCNT 可增强炭层,这可使电线料具有更好的阻燃性能。

参考文献

1. Hirschler, M.M. Fire performance of organic polymers, thermal, decomposition, and chemical decomposition. *Polym. Mater. Sci. Eng.*, **2000**, ACS Meeting, Washington,

DC, Aug., 83, 79–80.

2. Babrauskas, V. The generation of CO in benchscale fire tests and the prediction for realscale fires. *Fire Mater.* **1995**, 19, 205–213.

3. Hirschler, M.M. Fire safety, smoke toxicity and halogenated materials. Commentary in: *Flame Retard. News* 2005, Apr., Business Communications Co., Norwalk, CT.

4. Stevens, G.C. Countervailing risks and benefits in the use of flame retardants, in: *Proceedings of the Flame Retardants 2000 Conference*, London, Feb. 8–9, 2000, pp. 131–145.

5. Ray, S.S.; Okamoto, M. Polymer/layered silicate nanocomposites: a review from preparation to processing. *Prog. Polym. Sci.* **2003**, 28, 1539–1641.

6. Beyer, G. Nanocomposites offer new way forward for flame retardants. *Plast. Add. Compound.* **2005**, Sept.–Oct., 7, 32–35.

7. Gilman, J.W.; Kashiwagi, T.; Giannelis, E.P.; Manias, E.; Lomakin, S.; Lichtenhan, J.D.; Jones, P. Nanocomposites: radiative gasification and vinyl polymer flammability, in: M. Le Bras, G. Camino, S. Bourbigot, and R. Delobel, Eds., *Fire Retardancy of Polymers: The Use of Intumescence.* Royal Society of Chemistry, London, 1998, pp. 203–221.

8. Gilman, J.W.; Kashiwagi, T.; Lichtenhan, J.D. A revolutionary new flame retardant approach. *SAMPE J.* **1997**, 33–40.

9. Camino, G.; Zanetti, M.; Riva, A.; Braglia, M.; Falqui, L. Thermal degradation and rheological behaviour of EVA/montmorillonite nanocomposites. *Polym. Degrad. Stab.* **2002**, 77, 299–304.

10. Hu, Y.; Tang, Y.; Wang, S.; Gui, Z.; Fan, W. Preparation and flammability of ethylene–vinyl acetate copolymer/montmorillonite nanocomposites. *Polym. Degrad. Stab.* **2002**, 78, 555–559.

11. Camino, G.; Mülhaupt, R.; Zanetti, M.; Thomann, R. Synthesis and thermal behaviour of layered silicate–EVA nanocomposites. *Polymer* **2001**, 42, 4501–4507.

12. Zanetti, M.; Camino, G.; Mülhaupt, R. Combustion behaviour of EVA/fluorohectorite nanocomposites. *Polym. Degrad. Stab.* **2001**, 74, 413–417.

13. Hu, Y.; Lu, H.; Kong, Q.; Cai, Y.; Chen, Z.; Fan, W. influence of gamma irradiation on high density polyethylene/ethylene–vinyl acetate/clay nanocomposites. *Polym. Adv. Technol.*, **2004**, 15, 601–605.

14. Hu, Y.; Lu, H.; Kong, Q.; Chen, Z.; Fan, W. Gamma irradiation of high density poly(ethylene)/ethylene–vinyl acetate/clay nanocomposites: possible mechanism of the influence of clay on irradiated nanocomposites. *Polym. Adv. Technol.*, **2005**, 16, 688–692.

15. Sundararaj, U.; Zhang, F. Nanocomposites of ethylene–vinyl acetate copolymer (EVA) and organoclay prepared by twin-screw melt extrusion. *Polym. Compos.* **2004**, 25, 535–542.

16. Camino, G.; Gianelli, W.; Dintcheva, N.T.; Verso, S.L.; La Mantia, F.P. EVA–montmorillonite nanocomposites: effect of processing conditions. *Macromol. Mater. Eng.* **2004**, 289, 238–244.

17. Hu, Y.; Tang, Y.; Wang, J.; Gui, Z.; Chen, Z.; Zhuang, Y.; Fan, W.; Zong, R. influence of organophilic clay and preparation methods on EVA/montmorillonite nanocomposites. *J. Appl. Polym. Sci.*, **2004**, 91, 2416–2421.

18. Morgan, A.B.; Chu, L.; Harris, J.D. A flammability performance comparison between

153

synthetic and natural clays in polystyrene nanocomposites. *Fire Mater.* **2005**, 29, 213–229.

19. Wilkie, C.; Costache, M.C.; Jiang, D.D. Thermal degradation of ethylene–vinyl acetate copolymer nanocomposites. *Polymer* **2005**, 46, 6947–6958.

20. Wilkie, C.; Costache, M.C.; Jang, B.N. The relationship between thermal degradation behavior of polymer and the fire retardancy of polymer/clay nanocomposites. *Polymer* **2005**, 46, 10678–10687.

21. Frache, A.; Constantino, U.; Gallipoli, A.; Nchetti, M.; Camino, G.; Bellucci, F. New nanocomposites constituted of polyethylene and organically modified ZnAl-hydrotalcites. *Polym. Degrad. Stab.*, **2005**, 90, 586–590.

22. Nelson, G.L.; Yngard, R.; Yang, F. Flammability of polymer–clay and polymer–silica nanocomposites. *J. Fire Sci.* **2005**, 23, 209–226.

23. Zammarano, M.; Franceschi, M.; Bellayer, S.; Gilman, J.W.; Meriani, S. Preparation and flame resistance properties of revolutionary self-extinguishing epoxy nanocomposites based on layered double hydroxides. *Polymer* **2005**, 46, 9314–9328.

24. Zammarano, M.; Franceschi, M.; Mantovani, F.; Minigher, A.; Celotto, M.; Meriani, S. Flame resistance properties of layered-double-hydroxides/epoxy nanocomposites; in: M. Le Bras et al., Eds., *Proceedings of the 9th European Meeting on Fire Retardancy and Protection of Materials*, Villeneuve d'Ascq., France, Sept. 17–19 2003.

25. Kashiwagi, T.; Grulke, E.; Hilding, J.; Harris, R.; Awad, W.; Douglos, J. Thermal degradation and flammability properties of poly(propylene)/carbon nanotube composites. *Macromol. Rapid Commun.* **2002**, 23, 761–765.

26. Kashiwagi, T.; Grulke, E.; Hilding, J.; Groth, K.; Harris, R.; Butler, K.; Shields, J.; Kharchenko, S.; Douglas, J. Thermal and flammability properties of polypropylene/carbon nanotube nanocomposites. *Polymer* **2004**, 45, 4227–4239.

27. Kashiwagi, T.; Du, F.; Winey, K.; Groth, K.; Shields, J.; Bellayer, S.; Kim, H.; Douglas, J. Flammability properties of polymer nanocomposites with single-walled carbon nanotubes: effects of nanotube dispersion and concentration. *Polymer* **2005**, 46, 471–481.

28. Kashiwagi, T.; Du, F.; Douglas, J.; Winey, K.I.; Harris, R.; Shields, J. Nanoparticle networks reduce the flammability of polymer nanocomposites. *Nat. Mater.*, **2005**, 4, 928–933.

29. Schartel, B.; Pötschke, P.; Knoll, U.; Abdel-Goad, M. Fire behaviour of polyamide 6/multiwall carbon nanotube nanocomposites. *Eur. Polym. J.* **2005**, 41, 1061–1070.

30. Leroy, E.; Lopez-Cuesta, J.-M.; Clerc, L. Influence of talc physical properties on the fire retarding behaviour of (ethylene–vinyl acetate copolymer/magnesium hydroxide/talc) composites. *Polym. Degrad. Stab.* **2005**, 88, 504–511.

31. Ferry, L.; Durin-France, A.; Lopez-Cuesta, J.-M.; Crespy, A. Magnesium hydroxide/zinc borate/talc compositions as flame-retardants in EVA copolymer. *Polym. Int.*, **2000**, 49, 1101–1105.

32. Le Bras, M.; Bourbigot, S.; Carpentier, F.; Delobel, R. Rheological investigations in fire retardancy: application to ethylene–vinyl-acetate copolymer–magnesium hydroxide/zinc borate formulations. *Polym. Int.* **2000**, 49, 1216–1221.

33. Jho, J.Y.; Hong, C.H.; Lee, Y.B.; Bae, J.W.; Nam, B.U.; Nam, G.J.; Lee, K.J. Tensile and flammability properties of polypropylene-based RTPO/clay nanocomposites for cable insulating material. *J. Appl. Polym. Sci.*, **2005**, 97, 2375–2381.

34. Wilkie, C. Nanocomposite formation as a component of a fire retardant system, in: *Proceedings of the 10th European Meeting on Fire Retardancy and Protection of Materials*, Berlin, Sept. 7–9, 2005.

35. Bourbigot, S.; Le Bras, M.; Dabrowski, F.; Gilman, J.W.; Kashiwagi, T. PA-6 clay nanocomposite hybrid as char forming agent in intumescent formulations. *Fire Mater.*, **2000**, 24, 201–208.

36. Hu, Y.; Tang, Y.; Xiao, J.; Wang, J.; Song, L.; Fan, W. PA-6 and EVA alloy/clay nanocomposites as char forming agents in poly(propylene) intumescent formulations. *Polym. Adv. Technol.*, **2005**, 16, 338–343.

37. Hu, Y.; Song, L.; Lin, Z.; Xuan, S.; Wang, S.; Chen, Z.; Fan, W. Preparation and properties of halogen-free flame-retarded polyamide 6/organoclay nanocomposite. *Polym. Degrad. Stab.* **2004**, 86, 535–540.

38. Ferry, L.; Gaudon, P.; Leroy, E.; Lopez Cuesta, J.-M. Intumescence in ethylene–vinyl acetate copolymer filled with magnesium hydroxide and organoclays, in: *Fire Retardancy of Polymers*. Royal Society of Chemistry, London 2005, pp. 302–312.

39. Horrocks, A.R.; Kondola, B.K.; Padbury, S.A. Interactions between nanoclays and flame retardant additives in polyamide 6, and polyamide 6,6 films, in: *Fire Retardancy of Polymers*. Royal Society of Chemistry, London 2005, pp. 223–238.

40. Whaley, P.D.; Cogen, J.M.; Lin, T.S.; Bolz, K.A. Nanocomposite flame retardant performance: laboratory testing methodology in: *Proceedings of the 53rd International Wire and Cable Symposium*, Philadelphia, PA, Nov. 2004, pp. 605–611.

41. Shen, K.K.; Olsen, E. Borates as FR in halogen-free polymers, in: *Proceedings of the 15th Annual BCC Conference on Flame Retardancy*, Stamford, CT, June 6–9, 2004.

42. Shen, K.K.; Olsen, E. Recent advances on the use of borates as fire retardants in halogen-free systems, in: *Proceedings of the 16th Annual BCC Conference on Flame Retardancy*, Stamford, CT, May 22–25, 2005.

43. Ristolainen, N.; Hippi, U.; Seppälä, J.; Nykänen, A.; Ruokolainen, J. Properties of polypropylene/aluminum trihydroxide composites containing nanosized organoclay. *Polym. Eng. Sci.* **2005**, 45, 1568–1575.

44. Wilkie, C.; Zhang, J. Fire retardancy of polyethylene–alumina trihydrate containing clay as a synergist. *Polym. Adv. Technol.* **2005**, 16, 549–553.

45. Cusack, P.A.; Cross, M.S.; Hornsby, P.R. Effects of tin additives on the flammability and smoke emission characteristics of halogen-free ethylene–vinyl acetate copolymer. *Polym. Degrad. Stab.*, **2003**, 79, 309–318.

46. Beyer, G.; Alexandre, M.; Henrist, C.; Cloots, R.; Rulmont, A.; Jérôme, R.; Dubois, P. Poster presentation: Preparation, morphology, mechanical and flame retardant properties of EVA/layered silicate nanocomposites, presented at the World Polymer Congress, IUPAC Macro 2000, 38th Macromolecular IUPAC Symposium, Warsaw, Poland, 2000.

47. Beyer, G.; Alexandre, M.; Henrist, C.; Cloots, R.; Rulmont, A.; Jérôme, R.; Dubois, P. Preparation and properties of layered silicate nanocomposites based on ethylene vinyl acetate copolymers. *Macromol. Rapid Commun.* **2001**, 22, 643–646.

48. Beyer, G. Flame retardant properties of EVA-nanocomposites and improvements by combination of nanofillers with aluminum trihydrate, *Fire Materi.* **2001**, 25, 193–197.

49. Babrauskas, V.; Peacock, R.D. Heat release rate: the single most important variable in fire hazard. *J. Fire Safety* **1992**, 18, 255–272.

50. UL-94, *Test for Flammability of Plastic Materials for Parts in Devices and Appliances*.

1966-10-00. Underwriters Laboratories, Inc., Chicago, **1966**.

51. Bourbigot, S.; Le Bras, M.; Leeuwendal, R.; Shen, K.K.; Schubert, D. Recent advances in the use of zinc borates in flame retardancy of EVA. *Polym. Degrad. Stab.*, **1999**, 64, 419–425.

52. Beyer, G. Flame retardancy of nanocomposites: from research to technical products. *J. Fire Sci.* **2005**, 23, 75–87.

53. IEC 60332-3-24, *Tests on Electrical Cables Under Fire Conditions*, Part 3–24; Test for vertical flame spread of vertically-mounted bunched wires or cables; Category C, 2000-10-00. International Electrotechnical Commission, 2000.

54. Herbert, M.J.; Brown, S.C. New developments in ATH technology and applications, in: *Proceedings of the Flame Retardants '92 Conference*, London, Jan. 12–13, 1992, pp. 100–119.

55. Breuer, O.; Sundararaj, U. Big returns from small fibers: a review of polymer/carbon nanotube composites. *Poly. Compos.* **2004**, 25, 630–645.

56. Tang, B.Z.; Xu, H. Preparation, alignment, and optical properties of soluble poly(phenylacetylene)-wrapped carbon nanotubes. *Macromolecules* **1999**, 32, 2569–2576.

57. Bernier, P.; Journet, C. Production of carbon nanotubes. *Appl. Phys. A Mater. Sci. Process.*, **1998**, 67, 1–9.

58. Coleman, J.N.; Blau, W.J.; Dalton, A.B.; Munoz, E.; Collins, S.; Kim, B.G.; Razal, J.; Selvidge, M.; Vieiro, G.; Baughman, R.H. Improving the mechanical properties of single-walled carbon nanotube sheets by intercalation of polymeric adhesives. *Appl. Phys. Lett.*, **2003**, 82, 1602.

59. Beyer, G. Carbon nanotubes as flame retardants for polymers. *Fire Mater.* **2002**, 26, 291–293.

60. Beyer, G. Improvements of the fire performance of nanocomposites, in: *Proceedings of the 13th Annual BCC Conference on Flame Retardancy*, Stamford, CT, June 3–6, 2002.

61. Gilman, J.W.; Jackson, C.L.; Morgan, A.B.; Harris, R.; Manias, E.; Giannelis, E.P.; Wuthenow, M.; Hilton, D.; Philipps, H. Flammability properties of polymer–layered-silicate nanocomposites: polypropylene and polystyrene nanocomposites. *Chem. Mater.*, **2000**, 12, 1866–1873.

62. Beyer, G. Filler blend of carbon nanotubes and organoclays with improved char as a new flame retardant system for polymers and cable application. *Fire Mater.*, **2005**, 29, 61–69.

63. Beyer, G.; Gao, F.; Yuan, Q. A mechanistic study of fire retardancy of carbon nanotube/ethylene vinyl acetate copolymers and their clay composites. *Polym. Degrad. Stab.*, **2005**, 89, 559–564.

64. Elliot, P.J.; Whiteley, R.H. A cone calorimeter test for the measurement of flammability properties of insulated wire. *Polym. Degrad. Stab.* **1999**, 64, 577–584.

8. 含卤系和非膨胀磷系阻燃剂的纳米复合材料

Yuan Hu and Lei Song

State Key Lab of Fire Science, University of Science and Technology of China, Anhui, China

8.1 引言

8.1.1 聚合物/有机黏土纳米复合材料

20世纪以来,天然与合成高分子材料已经在一些应用中取代了许多天然材料,如建筑、电器和电子组件、房屋和运输行业等。尽管这些高分子材料有很多优点,但它们大多是易燃的,比其替代的材料更易燃烧。因此,使用阻燃剂来降低这些高分子材料的可燃性、生烟量及有毒产物量,已成为新型材料研发与应用的重要方面[1,2]。

在过去20年中,许多学术或行业研究人员已经开始关注高聚物/层状硅酸盐纳米复合材料(PLS),尤其是高聚物/有机黏土纳米复合材料。与高聚物基体本身或含传统添加剂的高聚物相比,PLS的某些性能通常能显著改善,因而是更为理想的选择。由于纳米复合配方能够改善材料的性能,包括机械、热、光、尺寸稳定、阻隔[3-7]与阻燃性能[8-16],纳米技术已成为材料领域中的前沿研究。目前已知道,同时改善材料的阻燃与物理性能[3-16]是PLS最有发展前景的一个方面,这要归因于纳米量级上特定的相互作用。因此,一些研究人员认为,PLS能在不损害其他优异性能的前提下,为高聚物的阻燃提供一个全新的、有发展前途的方法。

8.1.2 传统卤系和非膨胀磷系阻燃剂

在气相或凝聚相中,传统阻燃剂通过化学和/或物理机理对燃烧过程的不同阶段进行干预,如加热、分解、点燃或火焰传播阶段[2]。卤系阻燃剂,无疑是应用范围最广的一类阻燃剂,它在气相中通过自由基链反应中断燃烧过程[17]。含溴或含氯阻燃剂有着广泛的应用,尽管由于性价比等各种原因,前者的应用范围更广。另外,金属氧化物(如AO)作为卤系阻燃剂的协效剂,通过生成三卤化锑能进一步提高卤系阻燃剂的阻燃效率[18]。尽管AO本身没有阻燃效能,但是在燃烧过程中,三卤化锑更容易挥发,可以干预和阻止火焰中增长的自由基链反应[15]。芳香族溴化物(如 DB)与 AO 是最常用的协效剂,能赋予材料良好的阻燃性、耐高温性、优异的加工性、与高聚物配方良好的相容性(如纤维增强材料)[19-21]。尽管卤系阻燃剂应用广泛,尤其在聚合物复合材料及电子产品方面,但是却存在严重的安全隐患。具体来说,它们产生有毒、酸性的浓烟[22],危害人体健康,损坏昂贵的仪器设备。欧盟(EU)和美国政府都已开始关注当今使用的卤系阻燃剂的毒性及其对环境的影响。EU 建议限制使用含溴联苯阻燃剂,因为它们在燃烧过程中能形成具高毒性和潜在致癌性的溴化二噁英和呋喃[23]。世界卫生组织(WHO)和美国环保局(EPA)也提出了二噁英及其类似物的危险评估与暴露极限[24,25]。由于卤系阻燃剂在热降解过程中固有的负面影响,大量研究将致力于无卤阻燃剂的开发。

磷系阻燃剂是一类有效阻燃剂,由于存在多种氧化态,其应用范围非常广泛。膦、膦氧化物、▊化物,膦酸酯、红磷和磷酸酯(盐)都被用做阻燃剂[2,26-30],并都获得了成功。通常将磷系阻燃剂分为两类:①无机衍生物:如聚磷酸铵(APP)和红磷;②有机衍生物:芳香磷酸酯(如磷酸三苯酯)、烷基取代三芳基磷酸酯(如磷酸甲苯二苯酯、磷酸二苯异丙苯酯、磷酸叔丁苯二苯酯、磷酸三甲酚酯、磷酸三(二甲苯)酯等)、低聚磷酸酯(如间苯二酚双(二苯基磷酸酯)(RDP))。

氮系阻燃剂毒性较低,在燃烧过程中不产生二噁英和含卤副产物,且产烟量较低,故该类阻燃剂可被视为环保型阻燃剂。最重要的氮系阻燃剂是三聚氰胺及其衍生物[31,32]。三聚氰胺磷酸盐和焦磷酸盐是同时含有 P 和 N 的另一类环保型阻燃剂,在阻燃高分子材料中可能产生协同效应。氮系与磷系阻燃剂在气相中采用自由基中断机理,从而抑制燃烧时的放热过程,而促进成炭则是凝聚相阻燃机理。到目前为止,已经报道了两种成炭机理:①改变高聚物分解过程中的化学反应方向,使其生成碳而不是 CO 或 CO_2;②生成炭保护层。炭层可作为屏障,抑制可燃性气体从高聚物基体向火焰扩散,同时抑制热和空气向高聚物基体传播[2,26-32]。

20 世纪 90 年代以来,许多专利和文献都报道了热塑性高聚物/有机黏土纳米复合材料与商业阻燃剂相结合,可使高聚物同时获得较高的阻燃性能和较好的力学性能。通常使用的商业阻燃剂有卤系阻燃剂[33-37,41,46,49,56-59]、磷系阻燃剂[36-40,55,60]、氮系阻燃剂[38,50,60]、金属氢氧化物[61-65]、膨胀阻燃剂[66-70]及其他阻燃剂[71,72]。本章旨在综述添加卤系、非膨胀磷系、氮系阻燃剂的热塑性高聚物/有机黏土纳米复合材料的近年研究进展。

8.2 制备方法与形态研究

一般,根据原料性质和加工条件,常采用共混(如熔融、溶液共混)或原位聚合法制备高聚物/有机黏土/阻燃剂复合材料。制备前,先用合适的表面活性剂(如烷基季铵盐)对黏土改性,通过离子交换获得有机黏土。下文将在不同的高聚物配方中,简单介绍这些制备方法。

8.2.1　熔融共混与溶液共混

在溶液共混中,首先将有机黏土添加到溶剂中,使其发生溶胀形成溶液。然后,将阻燃剂和高聚物添加到上述溶液中。高聚物在溶液中溶解,其分子链可插入有机黏土片层间。除去溶剂后,便可获得纳米复合材料。然而,很难找到合适的溶剂,能与高聚物、有机黏土和阻燃剂相容,因此,通常不大采用溶液共混法制备阻燃纳米复合材料。熔融共混法则系在高于聚合物软化点或熔点下,通过机械搅拌和内辊筒或双螺杆挤出机产生的剪切力,将阻燃剂、有机黏土和高聚物进行混合以制备高聚物/有机黏土/阻燃剂纳米复合材料。一般而言,复合材料制备前应对黏土进行有机改性。然而,在熔融共混过程中,也可将黏土与表面活性剂同时添加到高聚物配方中,这样可省去一些准备工作[73]。熔融共混法不采用有机溶剂,对环境是友好的,符合目前的工业加工要求,并能赋予高聚物优异的阻燃性能,因而是一种实用的、经济便捷方法。

最近,作者课题组报道了几种类型的高聚物/有机黏土/阻燃剂纳米复合材料,他们采用熔融共混法,添加卤—锑或者无卤阻燃剂[34-36]制备所得,如ABS/有机黏土/阻燃剂和PA6/有机黏土/阻燃剂纳米复合材料。前者是将ABS、有机黏土(OMT)和阻燃剂(DB/AO)在双辊轧机上制备的[35],后者是将PA6、OMT和DB/AO或MH/RP在双螺杆挤出机上制备的[34,36]。

XRD和TEM图谱显示了熔融共混法制备的纳米复合材料的形态[34-36]。图8.1表明MMT被十六烷基三甲基溴化铵(C16)改性后,其层间距增加,从1.3nm增加到2.2nm,这表明C16已经插入MMT的片层间。形成ABS/OMT和PA6/OMT纳米复合材料后,其层间距进一步扩大,分别从2.2nm增加到3.1nm和3.3nm,其衍射峰也表明材料形成了插层—剥离形态。显然,在熔融共混过程中向纳米复合配方中添加阻燃剂(DB/AO或MH/RP),对(001)衍射峰的峰位和峰形的影响很小,因此没有发生进一步的剥离现象,这可能是DB/AO和MH/RP都是稳定的固态粒子的缘故。图8.2为ABS/OMT的HREM照片,它进一步证实了熔融共混过程中在高聚物基体中形成了混合形态[35]:有单个黏土层,也有含两个到四个黏土层的类晶团聚体。人们普遍认为,剥离和插层形态都能改善材料的力学与阻燃性能,但剥离形态比插层形态能赋予材料更好的力学性能[13],而两种形态赋予材料的阻燃性能似乎无明显差别[41]。当高聚物基体中同时存在剥离和插层形态时,提高剥离形态的比例更有利于改善材料的力学性能。剥离形态的形成取决于表面活性剂、黏土与高聚物基体的性质和相互作用。到目前为止,高聚物/有机黏土纳米复合材料的形态与性能间的关系尚未为人完全了解,但随纳米复合材料的进一步研究与发展,这一问题将会迎刃而解。

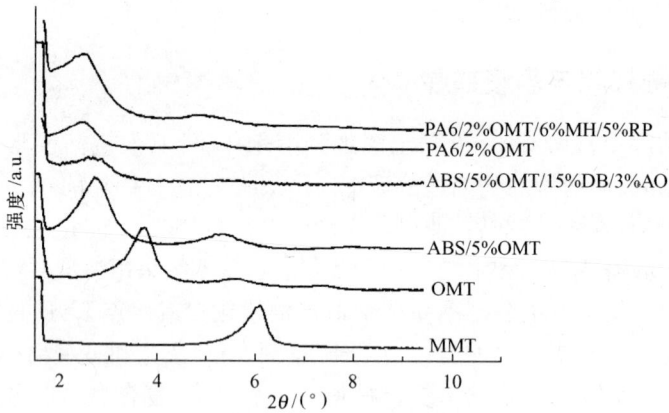

图 8.1　MMT、OMT、ABS/5% OMT、ABS/5% OMT/15% DB/3% AO、PA6/2% OMT
和 PA6/2% OMT/6% MH/5% RP 的 XRD 曲线[34-36]

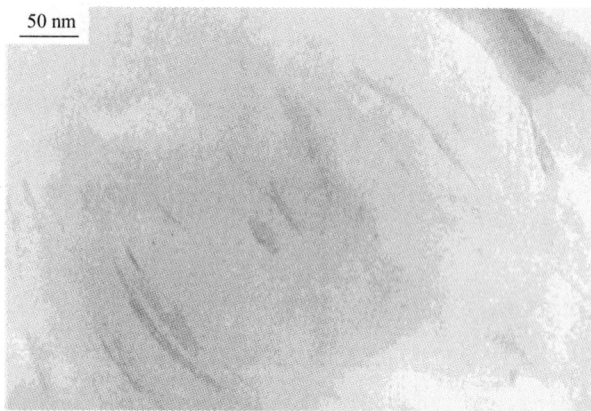

图 8.2　ABS/OMT 纳米复合材料的 HREM 照片[35]

Zanetti 等人[33]曾将 PP-g-MA、工业有机黏土和 DB/AO 在 Brabender 混炼机上进行熔融共混,制备出 PP-g-MA/OMT/DB/AO 纳米复合材料,经分析发现,插层和剥离形态共存。文献[56,57]报道,在双螺杆挤出机上熔融共混制备出的 PP/有机黏土/阻燃剂纳米复合材料(阻燃剂为 DB/AO 或氯化石蜡(CPW)),由于 PP 与有机黏土间的相容性差,因此有机黏土很难在 PP 基体中剥离,而 PP-g-MA 可以作为增容剂促进有机黏土剥离。XRD 和 TEM 分析表明,基体中同时存在插层和剥离形态。

Kim[37]报道了一种复杂的熔融共混法,它与前面提到的方法大相径庭。首先,将磷酸三苯酯(TPP)与有机黏土进行混合,得到纳米 TPP[37];然后,将环氧树脂与硅烷偶联剂添加到上述纳米 TPP 中,制得阻燃剂混合物;最后,将该阻燃剂混合物

160

与 ABS 在 Haake Plasti-Corder 混炼机上混合,制备出 ABS/OMT/TPP 纳米复合材料。在这里,环氧树脂和硅烷偶联剂系作为阻燃剂的协效剂。XRD 分析表明,TPP 的插入,使得有机黏土的层间距扩大了[37],但 TPP 与黏土间并没有形成化学键。当温度高于300℃时,插入的 TPP 可以从黏土层间逸出[37]。不过 TPP 插入有机黏土层间却能提高 TPP 的稳定性,并能抑制 TPP 气化。烷基取代的三芳基磷酸酯(ArPs),如甲苯二苯磷酸酯、磷酸二苯异丙苯酯、磷酸叔丁苯二苯酯、磷酸三甲酚酯和三(二甲苯)磷酸酯,由于它们较低的稳定性与欠佳的阻燃性,在工程塑料中的应用非常有限。据估计,有机黏土很可能在改善这类磷酸酯的上述缺点方面发挥作用,即通过形成插层的 ArP/有机黏土混合物,提高这些芳香族磷酸酯的热稳定性与阻燃性。

文献[40]介绍了一类有机黏土阻燃剂——OLP/黏土,是阻燃元素与有机黏土结合形成的,即低聚磷酸铵盐改性的黏土。低聚磷酸铵盐的制备分两步,首先令对苯氯化苄与6,6-二甲基癸胺反应生成铵盐,引发4-乙烯基苯基二苯基磷酸酯(DPVPP)、苯乙烯与4-乙烯基氯苄三者聚合,制得磷酸酯,随后令此磷酸酯上的苄基氯侧基与二甲基十六烷基胺反应,生成低聚磷酸铵盐[40]。曾报道过两种 OLP/黏土(低聚磷酸铵阳离子中 DPVPP 的含量分别为55%和75%),以熔融共混法制备出相应的 PS/OLP/黏土纳米复合材料。文献[40]也提供了几种 OLP/黏土,其低聚磷酸铵阳离子含不同取代的乙烯基磷酸酯,如4-乙烯基苄基二苯磷酸酯(DPVBP),1-乙烯基膦酸(VPA),1-苯乙烯膦酸(PVPA)。文献[41]制备出有机黏土阻燃剂——OLB/黏土,即用低聚溴化铵阳离子改性的黏土及相应的 PS/OLB/黏土纳米复合材料。XRD 和 TEM 分析[40,41]表明,在这些 PS 纳米复合材料中存在插层形态。通常情况下,在黏土中加入大量的溴或磷,然后充分混合,这些阻燃元素将会均匀地分散在黏土中。如果黏土在高聚物基体中纳米分散,通过高聚物基体与黏土间的相互作用,那么这些阻燃元素也将会均匀地分散在高聚物基体中,这应当有利于改善高聚物的阻燃性能。

有两项专利曾报道了添加有机黏土阻燃剂的阻燃高分子材料[50,60]。其中一个是日本专利[50],将硅酸盐——氟锂蒙脱土(FSM)分别与 PA6、PBT、POM、PPS 等高聚物熔融共混,制备出了高聚物/黏土/三嗪纳米复合材料。三聚氰胺阳离子可改性 FSM,或直接添加到高聚物配方中,其添加量为8% ~ 15%。研究者认为,对所生成的纳米复合材料来说,FSM 的纳米量级分散是非常重要的。另一项专利[60]报道了阻燃 PP/黏土纳米复合材料,其制法是首先将磷酸铵(MP)单独或与烷基胺化合物同时插入黏土片层间,制备出有机黏土阻燃剂;然后将后者与 PP-g-MA 溶液共混,制备出阻燃剂混合物;最后将其与 PP 熔融共混制备出相应的 PP/黏土纳米复合材料。显然,不仅有机表面活性剂可以对黏土改性,无机胺基阻燃剂也可通过水中离子交换制得黏土阻燃剂。这些黏土阻燃剂单独或与其他阻燃剂复配可用于高聚物阻燃材料中。

8.2.2　原位聚合

在原位聚合中,阻燃剂和有机黏土分散在液态单体或单体溶液中,通过加热、辐射或加入合适的引发剂,让上述混合物发生聚合反应。其中,引发剂可通过离子交换插入黏土片层间,以在黏土中均匀分散。由于单体与有机黏土的可混性优于高聚物与有机黏土的可混性,故此法有利于有机黏土在高聚物基体中分散与剥离。

作者所在课题组最近报道了原位聚合法制备的无卤阻燃聚氨酯纳米复合材料(PU/OMT/MPP)[38]。聚氨酯是由单体(聚醚和甲苯二异氰酸酯(TDI))、扩链剂(二甘醇)和交联剂(甘油)合成的。在 PU 纳米复合材料制备中,首先将 OMT 和MPP 加入聚醚中,形成插层的聚醚/OMT/MPP 混合物,然后加入 TDI 形成预聚物,最后加入二甘醇和甘油,制得 PU/OMT/MPP 纳米复合材料。图 8.3 是 MMT、OMT、PU/OMT 和 PU/OMT/MPP 的 XRD 图谱。MMT 和 OMT 的层间距(d_{001})分别为 1.3nm 和 2.1nm。从图 8.3 中可以看到,PU/OMT 和 PU/OMT/MPP 的(001)衍射峰从 2.1nm 变至 4.8nm,层间距增大了 2.7nm。这表明体系中存在插层形态。显然,MPP 的加入既没有改变这种插层形态,也没有形成剥离形态。图 8.4 的HREM 照片也支持了这一结论。

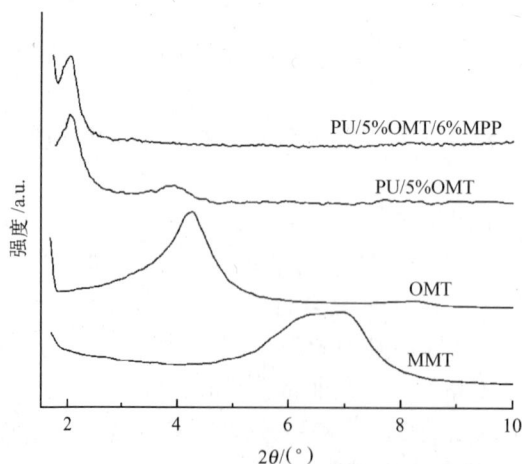

图 8.3　MMT、OMT、PU/5% OMT 和 PU/5%
OMT/6% MPP 的 XRD 图谱[38]

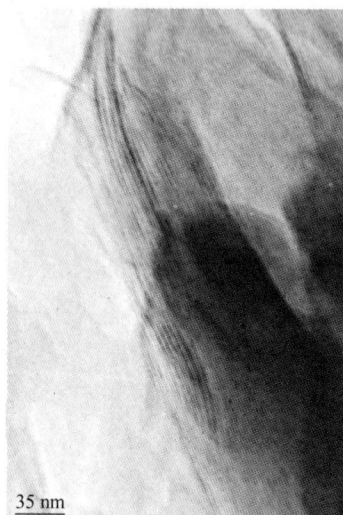

图 8.4　PU/5% OMT /6% MPP 纳米
复合材料的 HREM 照片[38]

Chigwada[39]采用多种芳香族磷酸酯(ArP),制备出了 PS/有机黏土纳米复合材料(PS/OMT/ArP)。它们是由苯乙烯、ArP、OMT 和引发剂混合,通过原位聚合制得的,呈插层形态。在这些 PS 纳米复合材料中,ArP 的添加既没有影响黏土的层间距,也没有导致黏土层剥离,这一结论与其他报道中添加类似的小分子阻燃剂所得的结论是一致的。

采用两步法制备卤系阻燃 ABS/有机黏土纳米复合材料时[59],首先是将有机黏土与单体(丙烯腈和苯乙烯)混合,使混合物发生膨胀与聚合,形成 SAN/有机黏土纳米复合材料,然后令后者与聚丁二烯橡胶和卤系阻燃剂在双螺杆挤出机上熔融共混,制得阻燃 ABS/有机黏土纳米复合材料。XRD 和 TEM 分析都证实了复合材料中存在插层形态。

在聚合中,有机黏土在液态单体或单体溶液中发生溶胀。黏土是一类层状硅铝酸盐,因而是亲水性的,并具有很高的极性。尽管黏土是有机改性的,但它仍然具有很高的极性。黏土层与单体间的引力可使单体插入有机黏土片层间。插层效果取决于黏土表面上表面活性剂的有机基团的性质和单体的化学结构。这种方法有利于有机黏土在高聚物基体中分散与剥离。

8.2.3 制备方法总结

总之,可以采用熔融共混、溶液共混、原位聚合法制备高聚物/有机黏土/阻燃剂纳米复合材料。在高聚物基体中存在插层、剥离、插层—剥离结构,而阻燃剂的添加对其形态几乎无影响。将阻燃剂添加到高聚物纳米复合材料中,有以下三种方法:

(1) 在纳米复合材料的制备过程中添加阻燃剂。一般来说,这种方法既可以添加有机阻燃剂,也可以添加无机阻燃剂,且加入的阻燃剂不会影响纳米复合材料的形态。

(2) 在纳米复合材料制备前,通过离子交换或物理吸附,将阻燃剂添加到有机黏土中。

(3) 可将含阻燃元素(如 Br 和 P)的有机基团或低聚物接枝到表面活性剂上,进而对黏土改性。

众所周知,阻燃配方中阻燃剂与高聚物基体间的可混性会影响阻燃高聚物的性能,不良的可混性通常会导致力学性能与其他性能下降。然而,有机黏土的添加可使力学与阻燃性能同时提高,因此可以抵消阻燃剂带来的一些负面影响。此外,采用后两种方法将阻燃剂插入有机黏土片层间可赋予黏土阻燃性能。因此,在纳米复合材料的制备过程中,如果有机黏土能在高聚物基体中纳米分散,则阻燃剂也可在高聚物基体中均匀分散。另外,有机黏土还可能降低所需阻燃剂的添加量,同时保持甚至提高阻燃高聚物的阻燃与物理性能。

8.3　热稳定性

在惰性气体或空气中,通常采用 TGA 研究高分子材料的热稳定性。一般来说,向高分子材料中添加有机黏土能够提高其热稳定性,这是因为,对分解过程中产生的易挥发产物而言,有机黏土类似传质屏障,从而抑制了燃烧过程[2]。MPP、PU、OMT、PU/OMT、PU/MPP 和 PU/OMT/MPP 纳米复合材料的 TGA 曲线如图 8.5 所示。PU 的降解通常包括以下三个阶段[48]:

(1) PU 解聚,形成多元醇与异氰酸酯。

(2) 异氰酸酯二聚形成碳化二亚胺,后者再与多元醇反应生成相对稳定的交联取代脲。在某些条件下,异氰酸酯也可能发生三聚作用,生成热力学上稳定的异氰酸酯环状物。

(3) 上述稳定的交联结构高温降解,生成易挥发的产物与碳结构。从 TGA 曲线中可以看到,在约 360℃ 时,MPP 开始热降解,产生聚磷酸和易挥发的三聚氰胺[68]。

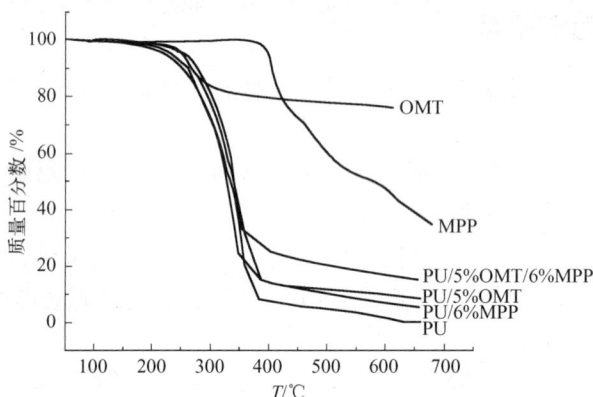

图 8.5　PU、PU/6% MPP、PU/5% OMT 和 PU/5% OMT/6% MPP、OMT、
MPP 的 TGA 曲线(氮气氛,升温速率 15℃/min)[38]

根据人们普遍接受的霍夫曼消除机理[42],OMT 在约 200℃ 时发生热降解,是典型的铵基体系。铵离子(C16)通过 β – H 消除反应,失去一分子烯烃,产生氨分子与酸性质子。为了维持电荷平衡,酸性质子仍存在 OMT 的表面,而氨与烯烃挥发。通常情况下,酸性质子对 PU 的初始降解有催化作用。因此,PU/OMT 的初始降解温度比纯 PU 稍低。在 MPP 存在的情况下,由于聚磷酸的催化作用,PU 的降解温度降低而降解速率升高[32]。当 OMT 与 MPP 同时存在时,PU 的初始降解温度进一步降低。这些结果表明,OMT 与 MPP 对 PU 的初始降解都有催化作用。与

此同时,形成的含碳残留物增多(表8.1),这归因于黏土层的阻隔作用,延缓了易挥发的降解产物从纳米复合材料中逸出。另外,OMT 与 MPP 之间可能存在协同效应,有利于形成含碳残留物。

表 8.1　PU、PU/OMT、PU/MPP 和 PU/OMT/MPP 的 TGA 数据[38]

试　样	630℃时的固态残留量/%		试　样	630℃时的固态残留量/%	
	总含量	残炭量		总含量	残炭量
PU	0	0	PU/5% OMT	9	5
OMT	74	74	PU/6% MPP	6	4
MPP	42	42	PU/5% OMT/6% MPP	16	9

表 8.2 是原位聚合法制备的 PS/OMT/ArP 纳米复合材料的 TGA 数据,包括失重 10% 的温度($T_{10\%}$),失重 50% 的温度($T_{50\%}$)和 600℃时的含碳残留物。有机黏土的添加使 PS 的 $T_{10\%}$ 从 351℃ 升高至 401℃。然而,继续添加磷酸三甲酚酯(TCP)与磷酸三(二甲苯)酯(TXP),$T_{10\%}$ 降低,$T_{50\%}$ 略有降低[39]。纳米复合阻燃材料热稳定性的降低,可能是阻燃剂 TCP 与 TXP 较低的稳定性与较高的挥发性所致[39]。作者认为,$T_{50\%}$ 略有降低,是由于材料失重 50% 左右时 TCP 与 TXP 已完全降解和挥发之故。RDP 的热稳定性比 TCP 与 TXP 好,所以 $T_{10\%}$ 相应地提高了。ArP 与有机黏土同时存在,并未观察到它们对成炭有明显影响。

表 8.2　添加不同芳香磷酸酯的 PS/有机黏土纳米复合材料的 TGA 数据[39]

试样	$T_{10\%}$/℃	$T_{50\%}$/℃	含炭量/%	含磷量/%
PS	351	404	0	0
PS + 3% organoclay	401	454	4	0
15% TCP	353	419	2	1.3
15% TCP,3% organoclay	374	439	6	1.3
15% TXP	370	437	3	1.1
15% TXP,3% organoclay	376	443	6	1.1
15% RDP	417	447	2	1.6
15% RDP,3% organoclay	387	438	8	1.6
15% RDP,5% organoclay	404	446	8	1.6

TGA 研究表明,高聚物/有机黏土纳米复合材料的热稳定性取决于有机黏土阻燃剂中低聚磷酸酯或溴阻燃剂的含量。表 8.3 汇集了含有 55% 与 75% DPVPP 有机黏土阻燃剂(OLP/黏土)与相应的 PS 纳米复合材料的 TGA 数据。OLP/黏土具有优异的热稳定性能,其 $T_{10\%}$ 从 330℃升高到 340℃,比传统的 C16 铵离子改性的黏土(约 200℃降解)的热稳定性好。DPVPP 含量从 55% 增至 75% 时,OLP/黏土的初始降解温度从 331℃升高到 345℃。另外,OLP/黏土与 PS 熔融共混,可使纳米复合材料的 $T_{10\%}$、$T_{50\%}$ 与成炭量同时增加;但黏土含量增加,$T_{10\%}$ 略有降低。

低聚磷酸酯的热稳定性比芳香磷酸酯高,相应的阻燃纳米复合材料也呈现相似的规律性。低聚溴化铵改性黏土(OLB/黏土)和相应的高聚物纳米复合材料的 TGA 研究[41]表明,不管存在什么铵盐,溴的含量都不会影响 OLB/黏土的热稳定性。显然,随 OLB/黏土含量的增多,PS/OLB/黏土纳米复合材料的热稳定性提高。看来,纳米复合材料的热稳定性与所使用的阻燃剂的性质有关。

表 8.3　熔融共混法制备的 PS/55% DPVPP 改性黏土和 PS/75% DPVPP 改性黏土纳米复合材料的 TGA 数据[40]

试样	$T_{10\%}$/℃	$T_{50\%}$/℃	600℃的含炭量/%	含磷量/%
商业 PS	389	434	0	0
55% DPVPP 改性黏土	331	—	60	5.6
PS/55% DPVPP 改性黏土(5%)	425	465	11	0.28
75% DPVPP 改性黏土	345	455	40	7.7
PS/75% DPVPP 改性黏土(3%)	430	470	9	0.23
PS/75% DPVPP 改性黏土(5%)	421	472	12	0.39

可以肯定,有机黏土与低聚磷酸酯或溴阻燃剂复配,可使改性黏土与相应的高聚物纳米复合材料的热稳定性提高。但不同阻燃元素的作用是完全不同的,有机黏土与低聚磷酸酯复配提高了成炭量,而溴阻燃剂似乎对成炭没有影响。因此,并不存在一般的变化规律。在某些情况下,本体聚合显然能有效提高热稳定性,而在其他情况下,熔融共混可能更有利于提高热稳定性。

8.4　力学性能

采用熔融共混法制备出 PP-g-MA/OMT/DB/AO 纳米复合材料,其力学性能见表 8.4,包括屈服应力、断裂伸长率与存储模量。有机黏土的添加量仅5%,却使存储模量增大了 100%,断裂伸长率降低了 1%,屈服应力增加了 19%[33]。继续添加 DB 与 AO,材料的力学性能并没有受到明显影响,但 DB 的添加可导致存储模量进一步增加,不过 OMT 导致存储模量的增加幅度要比 DB 大。在最近的一项专利中,将卤系阻燃剂与有机黏土同时添加到 ABS 中,材料的阻燃性明显提高,同时能保持优异的力学性能[59]。

表 8.4　PP-g-MA/OMT/DB/AO 纳米复合材料的力学性能[33]

试样	屈服应力/MPa	断裂伸长率/%	存储模量/MPa
PP-g-MA	16.9	5.4	462
PP-g-MA/22% DB	15.1	4.2	628
PP-g-MA/5% OMT	20.1	4.2	955
PP-g-MA/5% OMT/22% DB/6% AO	23.3	3.8	950

有人曾对聚合法制备的 PS/OMT/TCP 纳米复合材料的力学性能进行了评估[39],结果表明,添加 15% 的 TCP 似乎是力学性能的转折点。TCP 明显的增塑效应与 OMT 的增强效应,可同时影响力学性能。TCP 含量低于 15% 时,有机黏土可提高拉伸强度,而含量高于 15% 时,拉伸强度则不受黏土影响。另外,TCP 含量低于 15% 时,断裂伸长率与有机黏土没有明显的相关性,而含量高于 15% 时,有机黏土可使断裂伸长率略有提高。TCP 的含量达到 15% 时,纳米复合材料的力学性能受阻燃剂的影响并不明显。含量高于 15% 时,力学性能明显受损,此时纳米复合阻燃材料已不能成功地应用在某些特殊领域中[39],这主要是由于大量 TCP 产生严重的增塑效应所致。在 PS/OLP/黏土纳米复合材料(低聚磷酸酯通过离子交换进入有机黏土)中,不同配方可有不同的力学性能,包括弹性模量、断裂应力、断裂应变。随 OLP/黏土含量的增加,力学性能下降,这也可能是由于大量的低聚磷酸酯所产生的严重的增塑效应所致[40]。

纯 PA6、PA6/OMT、PA6/MH/RP 和 PA6/OMT/MH/RP 的力学性能见表 8.5[36]。MH/RP 的添加使得 PA6 的拉伸强度下降,这主要是由于 MH/RP 在块状 PA6 中发生团聚与相分离所致。然而,当材料中含 OMT 时,PA6/OMT(PA-1)与 PA6/OMT/MH/RP(PA-3)的拉伸强度都提高了。配方中只需添加 2% 的 OMT,材料的拉伸强度至少提高 25%。OMT 的增强效应似乎抵消了阻燃剂所带来的不利影响,即使在 OMT 非常低的含量下仍能提高拉伸强度,见表 8.5。

表 8.5 PA6 与 PU 材料的力学性能[36,38]

试 样	组 成	拉伸强度/MPa
PA6	纯 PA6	80.5
PA6-1	PA6/2% OMT	103.4
PA6-2	PA6/8% MH/5% RP	71.1
PA6-3	PA6/2% OMT/8% MH/5% RP	98.2
PU	纯 PU	1.53
PU/OMT	PU/5% OMT	2.91
PU/MPP	PU/6% MPP	2.11
PU/OMT/MPP	PU/5% OMT/6% MPP	3.58

表 8.5 也列出了 PU、PU/OMT、PU/MPP 和 PU/OMT/MPP 的力学性能[38]。有意义的是,PU/OMT、PU/MPP 和 PU/OMT/MPP 的拉伸强度都比 PU 高。在 PU 中,5% 的 OMT 能使拉伸强度提高 90% 以上。显然,OMT 与 MPP 的协同作用使 PU 的拉伸强度从 1.53MPa 提高到了 3.58MPa,即与纯 PU 相比,拉伸强度提高了 134%。MPP 对 PU 拉伸强度的有利影响,可能是由于 MPP 与 PU 间形成了氢键,也可能是在材料制备过程中 MPP 的氨基与 TDI 的异氰酸酯基间形成了化学键的缘故。

显然,阻燃剂对高聚物/黏土纳米复合材料力学性能的影响程度,取决于阻燃剂与高聚物基体的性质。一般来说,由于阻燃剂与高聚物基体间的相容性差,添加阻燃剂通常会降低高聚物的力学性能[36,39-41]。对于给定的黏土含量,随阻燃剂添加量的增加,力学性能是逐渐降低的。因此,一个好的阻燃高聚物配方,应该将阻燃剂的添加量降至最低。此外,一些有机阻燃剂对部分高聚物产生增塑效应[40]。诚然,适当的增塑有利于提高聚合物的力学性能,然而,过度的增塑有损力学性能。因此,一个好的阻燃高聚物配方应当有合适的阻燃剂添加量。然而,将反应型阻燃剂添加到高聚物基体中,通过典型的有机转换,可能会产生完全不同的效果[38]。

8.5　阻燃性能

毫无疑问,在模拟火灾条件下,锥形量热仪(Cone)是能系统研究材料阻燃性能[8-16]的最有效的实验室工具之一,试样尺寸为 $100mm \times 100mm$[74]。该尺寸在火灾工程中应用较少,但在高聚物分析中应用最广[74]。Cone 法是一种评定与比较材料燃烧行为的普遍方法。因此,Cone 是研发阻燃高分子材料的一个表征工具。其典型分析参数包括点燃时间(TTI)、热释放速率(HRR)、热释放速率峰值(pHRR)、到达热释放速率峰值的时间、总释热量(THR)、质量损失速率(MLR)和比消光面积(SEM)。HRR,尤其是 pHRR,已成为评估天然与合成材料火灾安全性的最重要的参数[21]。Cone 提供了有关材料阻燃性的全面数据,不仅包括火灾安全性(如 HRR、THR、TTI),也包括火灾危险性(如烟雾与 CO 的释放量)。通过Cone 对阻燃性能的测定发现,聚合物/有机黏土纳米复合材料[8-16]拥有较好的阻燃性能。与高聚物基体相比,pHRR 的降低是高聚物/有机黏土纳米复合材料的典型特征。人们认为,对许多高聚物来说,这种特征是普遍存在的[8-16]。Cone 测定结果显示,在燃烧过程中,pHRR 显著降低,成炭结构发生变化,MLR 也大幅度降低[8-16],但 TTI 通常比高聚物基体短,而 THR 基本不发生变化[41]。TTI 缩短说明,有机黏土使高聚物易于点燃与降解;THR 不发生变化则暗示,即使在黏土层完全剥离的情况下,高聚物仍然完全燃烧[41],这时黏土层表面的任何有机表面活性剂完全被烧掉,固体残留物中只剩下添加的无机黏土了。这些研究表明,高聚物/有机黏土纳米复合材料最终是完全燃烧的,不能单独作为阻燃体系。

研究聚合物/有机黏土纳米复合材料的目的是,在不降低材料实际应用中关键性能的前提下,通过阻燃标准测试,使纳米复合材料成为能够通过消防安全法规的工业产品。除了 Cone,其他实验室规模的火灾测试有 LOI 和 UL-94,后两者均被广泛作为确定高分子材料点燃性与易燃性的工业标准。因此,为结合应用条件与工业评估体系,除了 LOI 和 UL-94,研究人员也通过 TGA、XRD 和 Cone 等最基本的评价方法对材料进行评估。然而在这些测试中,纳米复合材料并没有显示出比原始材料(指不含纳米粒子)更优异的性能,有时甚至更差[15]。因此,需要采用统一的实验方法(如传统火灾测试所支持的 Cone 试验)做出准确评估,以确定传统阻燃剂与高聚物纳米复合材料复配是否会产生优异的阻燃性能。

LOI 测定的是维持材料蜡烛状燃烧所需的最低氧浓度,该方法简单,被测试的材料是向下燃烧的。因此,在早期的研发阶段,该方法能够描述阻燃剂的效用性。对于研究工作与模拟小型火灾场景来说,许多研究人员认为 LOI 是非常有用的。UL-94 垂直燃烧试验也提供了用于测定高聚物可能向上燃烧或自熄的情况。LOI 与 UL-94 在测量方法上有所不同,LOI 测量向下燃烧,而 UL-94 垂直试验则测量向上燃烧。一般来说,UL-94 V-1 与 V-0 级材料的 LOI 值比那些没有达到燃烧级别材料的高。然而,这并不意味 LOI 值越高,UL-94 的燃烧级别也越高[74,75]。这三种方法(Cone、LOI、UL-94)所提供的虽然是完全不同的信息,但却能全面、合理地表征给定材料的燃烧行为。因此,鉴于阻燃纳米复合体系的复杂性,问题随之而生,这就是怎样通过 Cone、LOI 和 UL-94,将阻燃性能归因于纳米复合体系。这一问题的解决,不仅取决于高聚物基体与阻燃剂的性质,也与最终产品的应用情况有关。一项研究[74]表明,LOI 与 UL-94 不是紧密联系的,因为向上与向下燃烧是完全不同的,尤其对于传热过程。Weil 等人[75]报道,在特定条件下,LOI 可能会在一定程度上与 UL-94 和 Cone 的数据相平衡,然而很难找到 LOI 与 UL-94 或 Cone 数据之间的内在联系,因为 LOI 是针对材料向下燃烧进行测试的。因此,有关这些测试方法之间的关联性仍需做进一步的研究。

8.5.1 锥形量热仪

图 8.6 是 PA6、PA6/OMT、PA6/DB/AO 和 PA6/OMT/DB/AO 的 HRR 曲线,而图 8.7 与图 8.8 是 ABS、ABS/DB、ABS/DB/AO、ABS/DB/OMT 和 ABS /DB/AO/OMT 的 HRR 曲线。由图 8.6 与图 8.8 能看到 DB 与 AO 对聚合物基体与聚合物/有机黏土纳米复合材料 pHRR 的影响。ABS 的 pHRR 为 1078 kW/m²,将 18% 的 DB 添加到 ABS 中,其 pHRR 降 低 为 534kW/m²;而将 18% 的 DB 与 5% 的 OMT 同时添加到 ABS 中,其 pHRR 进一步降低,为 350kW/m²。在 DB/AO 体系中,将 15% 的 DB 与 3% 的 AO 同时添加到 ABS 中,其 pHRR 降低为 349kW/m²;将 15% 的 DB、3% 的 AO 和 5% 的 OMT 同时添加到 ABS 中,其 pHRR 进一步降低,为

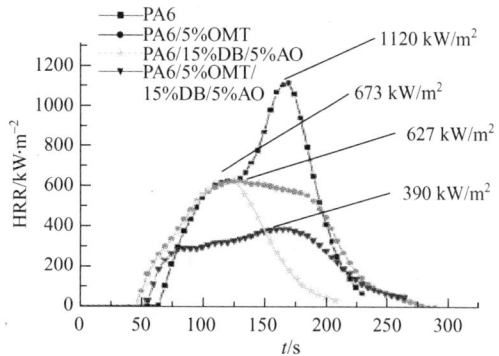

图 8.6　PA6、PA6/5% OMT、PA6/15% DB/5% AO 和 PA6/5% OMT/15% DB/5% AO 的 HRR 曲线[34]

(辐射热流量为 50kW/m²)

$235kW/m^2$。Owen 和 Harper[43]曾报道过,Sb_2O_3 与卤系阻燃剂(如 DB)间存在协同效应。同样,PA6/DB/AO/OMT 与 ABS/DB/AO/OMT 的 pHRR 比在 OMT 存在时添加单一阻燃剂的 pHRR 要低。Zanetti[33]等人报道,采用 Cone 作为评估手段,在 PP-g-MA/OMT/DB/AO 中,也存在卤—锑—黏土间的协同效应。然而,在 Zanetti 等的体系中,DB/AO 的存在,对 HRR 的影响并不显著,这与上述 PA6 与 ABS[34,35]阻燃纳米复合材料的结果是不一致的。一般来说,高聚物/有机黏土纳米复合材料的 pHRR 要比单一高聚物的低,如果添加 DB,其 pHRR 会进一步降低,如果同时添加 DB 与 AO,其 pHRR 会降低得更多。

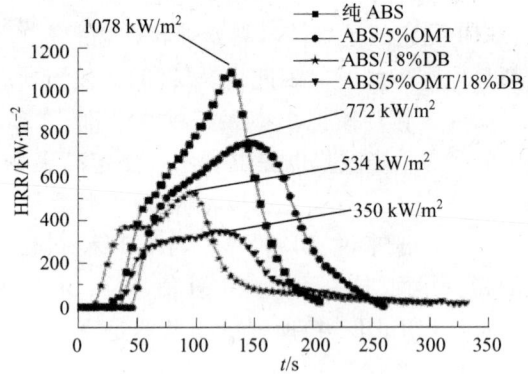

图 8.7 ABS、ABS/5% OMT、ABS/18% DB 和 ABS /5% OMT/18% DB 的 HRR 曲线[35]（辐射热流量为 50kW/m²）

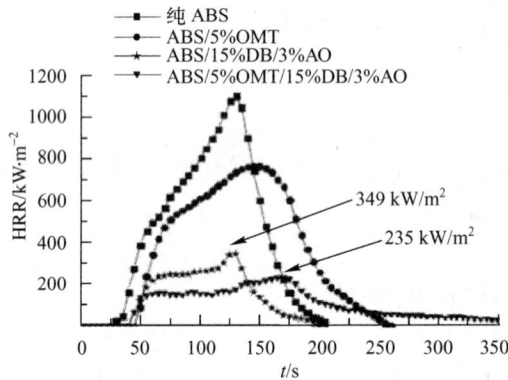

图 8.8 ABS、ABS/5% OMT、ABS/15% DB/3% AO 和 ABS/5% OMT/15% DB/3% AO 的 HRR 曲线[35]（辐射热流量为 50kW/m²）

PA6[34]、ABS[35]、PP-g-MA[33]和 PP[56,57]纳米复合材料的分析表明,将有机黏土与卤系阻燃剂同时加入高聚物中,可获得优异的阻燃性能(通过 Cone 测定),并使卤系阻燃剂的添加量降低。这是一项能赋予材料优异性能的可用技术。显然,纳米复合材料与卤系阻燃剂间存在协同效应,用有机黏土取代部分卤系阻燃剂可获得预期的阻燃性能。从实用角度而言,卤系阻燃剂所带来的负面影响(如毒性、烟雾、腐蚀性)也会大大降低。

MCA 是 PA 的高效阻燃剂,但它能促进 PA 热分解,这可能是由于它不仅干扰了 PA 的氢键网络,也催化了 PA 高分子链的水解[44,45]。图 8.9 是 PA6、PA6/MCA、PA6/OMT 和 PA6/MCA/OMT 的 HRR 曲线[34]。将 MCA 添加到 PA 中,引起 pHRR 略微降低,而 MLR 几乎无变化。然而,当 MCA 添加到 PA6/OMT 中后,pHRR 显著降低了。最可能的原因是,凝聚相中形成了碳—硅酸盐炭层,阻止了 PA6 基体降解。

图 8.10 与表 8.6 是 PA 材料的 Cone 数据[36],可以看到,将 2% OMT 或 8% MH/5% RP 添加到 PA 中,其 pHRR 分别降低了 39% 和 59%。如

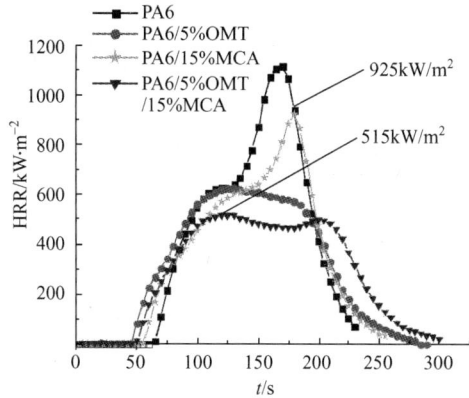

图 8.9　PA6、PA6/5% OMT、PA6/15% MCA、
PA6/15% MCA/5% OMT 的 HRR 曲线[34]
（辐射热流量为 50kW/m²）

将 6% MH/5% RP 添加到 PA6/2% OMT 中,pHRR 进一步降低(73%),这再次证明了添加剂间存在协同效应。PA6/6% MH/5% RP/2% OMT 与 PA6/8% MH/5% RP 的区别在于,前者中 2% 的 OMT 取代了后者中 2% 的 MH。若以更多的 OMT 替代 MH,材料的阻燃性能可能会进一步提高,这取决于有机黏土与阻燃剂间的协同作用和高聚物的类型。MLR 也表现与 HRR 相似的趋势,这表明 MH/RP/OMT 主要是在凝聚相赋予材料阻燃性能的。在上述 PA6 纳米复合材料中所观察到的阻燃行为,是在有机黏土以剥离形态存在时,炭层所带来的阻隔效应所致。显然,黏土、MH/RP 和 PA6 间存在协同效应,这为表 8.6 中的数据所证明。

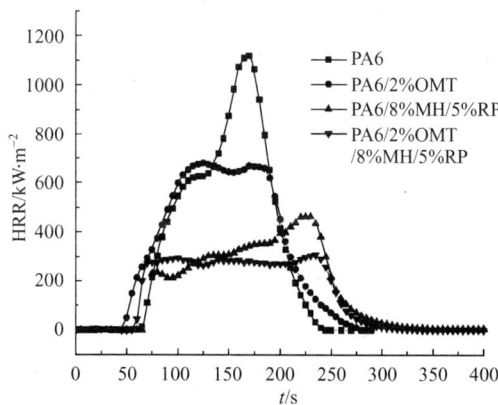

图 8.10　PA6、PA6/2% OMT、PA6/8% MH/5% RP 和 PA6/2% OMT/
6% MH/5% RP 的 HRR 曲线[36]（辐射热流量为 50kW/m²）

表 8.6　PA6 材料的 pHRR 与 pMLR 数据[36]

试　样	pHRR/kW·m^{-2}	残炭量/%	pMLR/g·m^{-2}·s^{-1}
PA6	1120	0.65	0.38
PA6/2%OMT	681	4.80	0.20
PA6/8%MH/5%RP	463	6.28	0.18
PA6/2%OMT/6%MH/5%RP	308	9.88	0.14

　　图 8.11 表明,OMT 或 MPP 添加到 PU 中都可使 HRR 显著降低。与 PU 相比,PU/5% OMT 的 pHRR 降低了近 57%;PU/6% MPP 的降低了近 39%,并且 HRR 曲线中出现了两个峰。有文献报道,MPP 改变了 PU 的热氧化降解机理[38]。而对于 PU/5% OMT/6% MPP,pHRR 降低了近 74%,其 HRR 曲线中只有一个宽峰。与 PU/MPP 材料的两个峰相比,OMT 改变了 PU/6% MPP 的燃烧过程。pHRR 与 MLR 数据变化规律的一致性也说明 MPP/OMT 主要是通过凝聚相机理实现阻燃的。

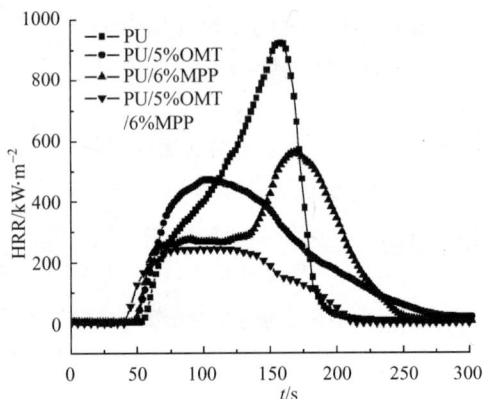

图 8.11　PU、PU/5% OMT、PU/6% MPP 和 PU/5% OMT/6% MPP 的 HRR 曲线[38]
（辐射热流量为 50kW/m^2）

　　表 8.7 列有 PU 及相应的阻燃纳米复合材料的 Cone 数据,包括 pHRR、MLR、SEM、CO 与 CO$_2$ 的生成量等。当 OMT 与 MPP 单独存在时,pHRR、MLR 和 SEM 降低的幅度比较大;而当 OMT 与 MPP 同时存在时,pHRR、MLR 和 SEM 降低的幅度更大。材料中含 OMT 时,燃烧时生成的 CO 与 CO$_2$ 量都是降低的,与 MPP 的存在与否无关。而 MPP 单独存在时,CO 与 CO$_2$ 的生成量却没发生变化。这就是说,MPP 不会改变 CO 与 CO$_2$ 的生成量,而 OMT 却降低了燃烧过程中分解产生的易燃小分子的量。显然,黏土、MPP 与 PU 间的协同效应,往往能降低 PU 在燃烧过程中的 HRR、释烟量及潜在的有毒气体的释放量。

表 8.7　PU、PU/5% OMT、PU/6% MPP、PU/5% OMT/6% MPP 的 Cone 数据[38]

性　能	试　样			
	PU	PU/5% OMT	PU/6% MPP	PU/5% OMT/6% MPP
pHRR/ kW·m^{-2}	923	472	563	243
MLR/g·m^{-2}·s^{-1}	0.4	0.24	0.27	0.14
SEA/m^2·kg^{-1}	1399	473	488	415

性 能	试 样			
	PU	PU/5% OMT	PU/6% MPP	PU/5% OMT/6% MPP
CO 生成量/kg·kg^{-1}	2.33	0.37	2.33	0.33
CO$_2$ 生成量/kg·kg^{-1}	3.67	1.91	3.67	1.71

表 8.8 是 PS/OMT/ArP 纳米复合材料的 Cone 数据,再次证实了材料组分间存在协同效应。作者使用了三种不同的 ArP[39]:TCP、TXP 和 RDP,但表 8.8 只列有 PS/OMT/TCP 复合材料的 Cone 数据。当 TCP 与有机黏土同时存在时,TTI 的变化很大,但没有明确的变化趋势。当 TCP 和黏土单独存在时,THR 显著降低;而当两者同时存在时,THR 降低的幅度更大。THR 相应降低,而 SEM 却明显升高了。与 PS 和 PS/OMT 纳米复合材料相比,PS/OMT/TCP 的 pHRR 与 THR 都明显降低。用 TXP 或 RDP 替代 TCP,也能得到类似的结论[39]。毫无疑问,传统阻燃剂(如 ArP)与有机黏土间存在协同效应,它们的复配能改善 PS 的阻燃与热降解性能。

表 8.8　PS/OMT/TCP 纳米复合材料的 Cone 数据[39]

试样	TTI/s	T_{pHRR}/s	pHRR/kW·m^{-2} (降低百分数)	THR/MJ·m^{-2}	MLR/g·m^{-2}·s^{-1}	SEA/m^2·kg^{-1}
PS	62	124	1419	109.7	17	1097
PS/3% clay	57	85	610(56)	85.5	14	1695
PS/15% TCP	59	108	1122(20)	63.4	14	1560
PS/15% TCP/3% clay	59	109	495(65)	59.1	14	1803
PS/30% TCP/3% clay	43	60	378(74)	49.5	14	2401
PS/30% TCP/5% clay	53	87	342(76)	45.8	14	2310
PS/30% TCP/10% clay	55	119	324(79)	47.3	14	2285
PS/10% TCP/3% clay	49	101	485(65)	62.4	15	2159

采用低聚磷酸铵盐(OLP)对黏土改性得到 OLP/黏土,将后者添加到 PS 中制备出阻燃 PS/OLP/黏土纳米复合材料,其 Cone 数据见表 8.9(OLP 中 DPVPP 的含量分别为 55% 和 75%)。OLP/黏土添加到 PS 后,THR 降低了近 50%。一般来说,与原始高聚物相比,高聚物/有机黏土纳米复合材料的 TTI 是缩短的。有意义的是,PS/OLP/黏土的 TTI 却是延长的,这可能与 OLP 较高的热稳定性有关。有人认为,OLP 与传统的表面活性剂及磷酸盐阻燃剂不同,它在体系中可能产生某种作用,故比含相同量 ArP 体系的 TTI 高。pHRR 显著降低,这表明该体系有可能成为具有实用价值的阻燃高聚物材料。PS/OLP/黏土体系的 MLR 降低,SEM 升高,这与 PS/OMT/ArP 体系是相似的。文献[40]还提到增加磷含量对 Cone 测试结果的影响,即磷含量增加与 pHRR 降低密切相关。在黏土含量相同的情况下,磷含量越

高,pHRR 降低得越多。

表 8.9　熔融共混法制备的四种纳米复合材料的 Cone 数据[40]

性能	试样				
	PS	PS/55% DPVPP 改性黏土(5%)	PS/55% DPVPP 改性黏土(10%)	PS/75% DPVPP 改性黏土(5%)	PS/75% DPVPP 改性黏土(10%)
TTI/s	36 ± 5	40 ± 5	54 ± 2	43 ± 3	44 ± 3
pHRR/kW·m^{-2}	1411 ± 18	837 ± 32	638 ± 10	416 ± 12	268 ± 1
t_{HRR}/s	87 ± 4	93 ± 7	71 ± 3	69 ± 6	100 ± 4
mHRR/kW·m^{-2}	755 ± 11	571 ± 20	380 ± 4	234 ± 2	158 ± 2
THR/MJ·m^{-2}	102 ± 1	58 ± 11	76 ± 3	58 ± 5	54 ± 0
SEA/m^2·kg^{-1}	1134 ± 24	1323 ± 28	1481 ± 11	1492 ± 46	1475 ± 27
mMLR/g·m^{-2}	29 ± 0	25 ± 1	20 ± 1	13 ± 1	10 ± 1

　　前文已就 PS/OLB/黏土纳米复合材料进行了讨论[41],并通过 Cone 研究了材料中溴含量及低聚磷酸铵性质对 PS 阻燃性能的影响。与大多数的其他高聚物纳米复合材料一样,PS/OLB/黏土的 TTI 缩短了。不同的是,无机黏土在 OLB/黏土中的含量为 30%,而在工业有机黏土中约为 70%。当 OLB/黏土的用量低于 10%时,材料的 pHRR 和 mMLR 没有变化,而 THR 所受的影响也不大。这可能是无机黏土的含量低与材料完全燃烧所致。当 OLB/黏土的用量超过 10%时,纳米复合材料的 pHRR 与 MLR 都明显降低,但 mMLR 只是略有降低。随溴含量的增加,THR 降低明显。对于 PS/OLB/黏土纳米复合材料来说,Cone 测试结果过差可能是无机黏土的含量过低所致。作者认为,材料中的纳米粒子可降低 pHRR,而溴则有利于降低 THR[41],即各组分对 Cone 参数的影响是不同的。低聚三甲基十六烷基铵盐、低聚三乙基十六烷基铵盐、低聚二甲基十六烷基铵盐间的比较表明,低聚三甲基十六烷基铵盐对降低 pHRR 的作用较大[41]。有意义的是,这类材料中溴含量低于 4%,远远低于传统卤系阻燃剂中卤素的含量。因此,含溴的纳米黏土似乎可用作阻燃添加剂[41]。

　　日本 Sekisui Chemical Co. Ltd. 的一项专利[47]汇集了同时添加有机黏土与传统阻燃剂的 PE 纳米复合材料的 Cone 数据,季铵盐改性黏土(SBAN-400)的添加量为 10%(表 8.10)。与 PE、PE/10% MMT 相比,PE/10% OMT 纳米复合材料的 pHRR 降低了 50%。这些结果表明,不对黏土合理地有机改性,MMT 对阻燃性能的影响是很小的。由于黏土的有机处理所产生的有利作用,使 OMT 在 PE 基体中形成了纳米分散结构,而 PE/MMT 材料中的各组分是不相容的,只是传统的复合材料。在 10%的添加量下,与 PE 相比,PE/OMT 的 pHRR 明显降低,而 PE/APP 的降低很小,PE/DB/AO 的则降低得更小。相比之下,PE/10% OMT/5% APP 的 pHRR 却降低了 63%,PE/10% OMT/5% 苯基磷酸酯的 pHRR 也降低了 60%,见表 8.10。

表 8.10　PE 材料的 Cone 数据[47]（试样尺寸：100mm × 100mm × 3mm；辐射热流量：50kW/m²；SBAN N-400：Hojun Kogyo Co. Ltd. 提供的有机黏土）

组成及性能	1	2	3	4	5	6	7	8
PE	100	100	100	—	100	100	100	100
SBAN N-400	—	10	—	—	—	—	10	10
MMT	—	—	10	—	—	—	—	—
APP	—	—	—	10	—	15	5	—
DPDBO	—	—	—	—	7.5	—	—	—
Sb₂O₃	—	—	—	—	2.5	—	—	—
苯基磷酸酯	—	—	—	—	—	—	—	5
pHRR/ kW · m⁻²	1327	687	1067	1272	1309	989	493	543

8.5.2　LOI 与 UL-94 燃烧测试

表 8.11 的数据表明：向 ABS/15% DB/3% AO 中添加 5% 的 OMT，LOI 增加了 0.5%；向 PA6 中添加 2% 的 OMT，LOI 也增加了 0.5%；然而，与 PA6/8% MH/5% RP 相比，PA6/2% OMT/6% MH/5% RP 的 LOI 增加了 2.0%；向 PU 中添加 5% 的 OMT，LOI 增加了 1.5%；而向 PU/6% MPP 中同样添加 5% OMT，LOI 却增加了 3.5%。此外，ABS/DB/OMT 纳米复合材料能够达到 UL-94 V-0 级，而 ABS/DB 却不能通过 UL-94 燃烧试验。这些测试结果表明，高聚物、阻燃剂（DB/AO、MH/RP、MPP）与 OMT 间可能存在有利的协同效应。正如先前所讨论的，阻燃纳米复合材料阻燃性能的改善可能是 OMT 的阻隔效应所致。

然而，向 PA6 中同时添加有机黏土与 MCA，熔融共混制备出 PA6 纳米复合材料，其 UL-94 测试中却没有得到预期的结果[34]。如表 8.11 所列，在 UL-94 燃烧测试中，PA6/MCA 复合材料达到了 V-0 级，而 PA6/OMT/MCA 却易于燃烧，在相同条件下没有通过测试。即使向 PA6/OMT 中添加 25% 的 MCA，仍然不能达到 V-0 级。在 PA6 材料中，增加 MCA 的含量，后者可通过形成熔滴带走热量，对燃烧有一定的延缓作用，因而有利于通过 UL-94 测定。这与纳米级分散的黏土层正好相反，其作用是促进焦炭的生成，从而抑制熔滴产生。MCA 与 OMT 的这种相反的阻燃作用机理解释了上述 UL-94 的测试结果。

表 8.11　ABS、PA6 和 PU 材料的阻燃性能[34-36,38]

试 样	LOI /%	UL-94	试 样	LOI /%	UL-94
ABS	18.7	NC	PA6/15% MCA		V-0
ABS/5% OMT	21.5	NC	PA6/15% MCA/5% OMT		NC
ABS/18% DB	22	NC	纯 PA6	21	NC
ABS/18% DB/5% OMT	22.6	V-0	PA6/2% OMT	21.5	NC
ABS/15% DB/3% AO	27	V-0	PA6/8% MH/5% RP	29	V-0
ABS/5% OMT/15% DB/3% AO	27.5	V-0	PA6/2% OMT/8% MH/5% RP	31	V-0
纯 PA6		NC	纯 PU	19.0	
PA6/5% OMT		NC	PU/5% OMT	20.5	
PA6/15% DB/5% AO		V-0	PU/6% MPP	24.0	
PA6/5% OMT/15% DB/5% AO		V-0	PU/5% OMT/6% MPP	27.5	

通过 UL-94,Wilkie[39] 对 ArP 与 PS 纳米复合配方间是否存在协同效应进行了研究,其结果见表 8.12。在 ArP 的添加量为 30% 的情况下,随黏土含量增加,阻燃性能好转。

表 8.12 PS/OMT/ArP 材料的 UL-94 测试结果[39]

试 样	UL-94	试 样	UL-94
PS/30% TCP/5% 有机黏土	V-1	PS/30% RDP/5% 有机黏土	V-2?
PS/30% TCP/10% 有机黏土	V-1/V-0?	PS/30% RDP/10% 有机黏土	V-0/V-1?
PS/30% TCP/3% 有机黏土	V-2	PS/30% TXP/5% 有机黏土	V-2

专利[46]报道了同时添加有机黏土与阻燃剂的玻纤增强 PBT 纳米复合材料。其制备过程为:第一步,将 PBT、玻纤、含溴阻燃剂及 Sb_2O_3 在控合机处理,制得 PBT 混合物;第二步,向上述 PBT 混合物中添加有机黏土和碱金属盐,在旋转搅拌机上共混制得最终的 PBT 纳米复合材料。该复合材料的阻燃与力学性能见表 8.13,具有自熄性,没有熔滴现象,达 V-0 级。可能原因是,黏土在高聚物基体中良好分散并形成剥离形态,影响了有机黏土与含溴阻燃剂间的协同效应,而这种协同效应会对阻燃性能产生影响。

表 8.13 溴代阻燃 PBT/有机黏土纳米复合材料的性能[46](Claytone34,Claytone40:二甲基二(十八基)铵改性的 betonite;Bentone SD-1:有机改性 smectite;Bentone 27,Bentone 500:有机改性蒙脱土;Claytone,Bentone:中国黏土贸易公司与 NL 化学品公司的注册品牌)

组成及性能	1	2	3	4	5
PBT	55.0	55.1	55.0	55.2	55.2
玻纤	30.0	30.0	30.0	30.0	30.0
DPDBO	9.0	9.0	9.0	9.0	9.0
Sb_2O_3	4.5	4.5	4.5	4.5	4.5
Claytone 34	1.0	—	—	—	—
Claytone 40	—	1.0	—	—	—
Bentone 27	—	—	1.0	—	—
Bentone SD-1	—	—	—	1.0	—
Bentone 500	—	—	—	—	1.0
油酸钾	0.5	0.4	0.5	0.3	0.3
UL-94	V-0	V-0	V-0	V-0	V-0
(1.6mm)	无滴落	无滴落	无滴落	无滴落	无滴落
冲击强度/kJ·m^{-2}	25.9	25.8	22.5	32.2	29.9

在另一项专利[49]中,将 PBT、有机黏土、PTFE、含溴阻燃剂及稳定剂熔融共混制备出 PBT 纳米复合材料。该专利报道,有机黏土与 PTFE 共同分散到 SAN

中(PTFE 的添加量为 50%),在 PBT 中能够取代高达 40% 的溴代 PC/Sb₂O₃ 阻燃剂(表 8.14)。只含有机黏土或 PTFE 的复合材料都不能达到 V-0 级,但将两者同时添加并形成纳米复合材料后,则能达到 V-0 级(组成 4)。PTFE 与有机黏土同时添加,使得材料达 V-0 级时所需的含溴阻燃剂的量大大降低。这表明,PTFE 与有机黏土间存在协同效应。如果 PTFE 与有机黏土不同时添加,则即使将 PTFE 或有机黏土的添加量增至两三倍,PBT 纳米复合材料仍然不能通过 UL-94 测试而不能作为阻燃高聚物。此外,表 8.14 中的数据表明,同时添加 PTFE 与有机黏土时,即使添加量很低,也能产生协同效应,与添加单一组分相比,更能改善材料的阻燃性能。

表 8.14　PBT 阻燃复合材料的数据[49,74](Valox 315:PBT(平均分子量为 105000);BC-58:溴代双酚 A 碳酸酯低聚物(溴含量:58%);T-SAN:PTFE 在 SAN 中的分散物(PTFE 的含量大于 50%);Zn phos.:磷酸锌,酯交换抑制剂;Clayton HY:二甲基二(氢化牛酯)铵离子改性 MMT)

组成及性能	1	2	3	4	5	6
Valox 315	76.74	81.32	81.32	84.37	81.40	84.37
BC-58	15	12	12	10	12	10
Sb₂O₃	7.88	6.3	6.3	5.25	6.3	5.25
T-SAN	0.08	0.08	0.08	0.08	—	0.08
Zn phos.	0.3	0.3	0.3	0.3	0.3	0.3
Clayton HY	—	—	2	1	2	0.25
UL-94	V-0	F	V-0	V-0	F	V-0
有焰燃烧时间/s	10.6		10.2	15.9		—

一项加拿大专利[61]报道了可将有机黏土应用于聚烯烃基通信电缆中。一般来说,含溴或含氯阻燃剂在通信电缆中的应用广泛,尽管它们在燃烧过程中释放大量的烟雾。在 UL-910 测试中,向材料中添加 3%～8% 的黏土与 0.5%～40% 的 PTFE,便能使材料获得相同阻燃性能时所需的卤系阻燃剂的添加量显著降低,并能改善材料的释烟量。

Showa Denko 的 Inoue 和 Hosokawa 在一项专利[50]中报道了硅酸盐/三嗪插层化合物在阻燃高聚物复合材料中的应用(表 8.15)。在制备阻燃纳米复合材料前,人们曾用许多三聚氰胺盐对合成硅酸盐(氟合成云母(FSM))改性。在熔融条件下,人们也将 8%～15% 的三聚氰胺(MA)及其他三聚氰胺盐添加到高聚物中。FSM 与 MMT 的化学性质相似,但 FSM 单个片层的长径比却是 MMT 的 5 倍～10 倍。将 MA 与聚合物/有机黏土纳米复合材料复配,在 UL-94 测试中能达到 V-0 级,与此同时也提高了材料的模量与热变形温度。专利发明者认为,纳米复合材料的阻燃性能与 FSM 的纳米分散程度关系很大。他们发现,黏土层在 PA66 中没有均匀分散(表8.15 组成6 中至少有50%的黏土呈剥离形态),在 UL-94 测试中只能达 HB(水平测试,自熄)。他们还认为,要达到 V-0 级,必须向 FSM 与基体中添加三聚氰胺化合物(表8.15)。在熔融共混法制备的 PA6/OMT/MCA 中,OMT 与 MCA 要同时添加,这可能是由于两者间存在相关性[34]。曾以 C16 改性的有机黏土、MCA 与 PA6 同时共混制得 PA6/OMT/MCA 纳米复合材料。MCA 与黏土间的相互作用,可能是实验中所观察到的阻燃性能得以改善的原因。

表 8.15　FSM 纳米复合材料的 UL-94 数据[50](PA6:相对黏度为 2.37;
PA66:相对黏度为 2.61;O-FSM:双十八烷基二甲基氯化铵改性的
氟化合成云母;M-FSM:三聚氰胺改性的氟化合成云母)

No.	试　样	硅酸盐/%	表面活性剂	添加量/%	剥离度	UL-94
1	PA6/O-FSM	5	MA	3.3	80	HB
2	PA6/M-FSM	5	—	—	80	V-2
3	PA6/M-FSM	5	MA	3.3	80	V-2
4	PA6/M-FSM	5	MA	10	80	V-0
5	PA6/M-FSM	5	MCA	3.3	>50	V-2
6	PA66/O-FSM	5	MCA	3.3	>50	HB
7	PA66/M-FSM	5	MA	3.3	>50	V-0
8	PA66/M-FSM	5	MCA	3.3	—	V-0
9	PA66/M-FSM	5	MA	5	>50	V-0

另一项专利[60]介绍了阻燃 PP/黏土纳米复合材料的制备方法:首先用 MP 或 MP 与烷基铵盐的混合物对黏土改性,制得阻燃黏土;然后将上述阻燃黏土添加到 PP-g-MA 中,制得混合物;最后,将该混合物与纯 PP 熔融共混,制备出 PP/黏土纳米复合材料。表 8.16 所列为 PP 与 PP/黏土纳米复合材料的力学与阻燃性能。与纯 PP(组成 4)、未添加 PP-g-MA 的 PP/黏土纳米复合材料(组成 5)、PP/未改性黏土(组成 6)三者相比,用改性黏土与 PP-g-MA 共混制得的 PP/黏土纳米复合材料具有较好的分散性,较佳的力学与阻燃性能。XRD 分析表明,MP 可以插入黏土片层间,而 PP-g-MA 则有助于形成纳米复合材料。MP 位于黏土表面,在纳米复合材料的形成过程中,其氨基与马来酸基可能形成化学键。此外,PP-g-MA 与有机铵盐同时存在,能够促进黏土层剥离,并能提高材料的力学性能。为了改善材料的阻燃与力学性能,剥离的有机黏土在高聚物基体中一定要产生纳米分散结构。MP、有机铵盐和 PP-g-MA 也许都能与黏土片层表面的无机或有机阳离子间形成有利的相互作用。Okada 等人[47]在阻燃聚烯烃纳米复合材料研究中也得到了类似的结果。

表 8.16　PP/黏土纳米复合材料的性能[50]（MMT1：十八烷基铵与
MP 改性的蒙脱土（层间距 1.8nm）；MMT2：MP 改性的蒙脱土
（层间距 1.5nm）；MMT3：钠基蒙脱土）

组成及性能	1	2	3	4	5	6
PE	86.6	86.6	79.9	100	93.3	94.6
MMT1	6.7	—	6.7	—	—	—
MMT2	—	6.7	—	—	6.7	—
MMT3	—	—	—	—	—	5.4
PP-g-MA	6.7	6.7	13.4	—	—	—
层间距/mm	5.5	4.8	5.8	—	1.5	1.2
分散性	好	好	好	—	差	差
弹性模量/MPa	2270	2150	2440	1360	1760	1720
LOI/%	22.3	23.0	21.9	17.5	19.9	18.4

总之,适当的黏土与阻燃剂的共同作用能显著提高材料的阻燃性能。然而,根据文中所讨论的,为了显著改善材料的阻燃性能,有机黏土必须在高聚物基体中形成良好的插层或剥离结构。人们研究发现,在增强阻燃材料制备过程中添加的有机阳离子及阻燃剂(传统的与新颖的)均与黏土间存在协同效应。此外,研究提供的最近数据表明,向阻燃配方中添加有机黏土,能够降低达到预期阻燃效果所需的传统阻燃剂的添加量,从而使纳米复合阻燃材料在许多重要的工业部门中有潜在的应用价值。

8.6　阻燃机理

可用以解释高聚物/有机黏土纳米复合材料阻燃性能得以提高且为人们普遍接受的机理[40]是建立在黏土的阻隔效应基础上的。在燃烧过程中,高聚物基体达到热降解温度后,会释放出易挥发的热降解产物。由于大部分挥发性产物的沸点比高聚物的热降解温度低得多,故这类挥发性产物过热(气泡)[29],它们在受热的高聚物表面下成核并长大,作为燃料气释放到气相中。这些气泡搅动熔融的高聚物表面,干扰高聚物表面的炭保护层与传热屏障的形成[29]。有文献[8-16]表明,凝聚相中形成的增强炭层能很好阐明高聚物/有机黏土纳米复合材料阻燃性能改善的原因。具体来说,高聚物基体中存在的纳米黏土层能抑制燃着的高聚物表面形成泡体,并促进形成黏土与炭所组成的保护层,从而将高聚物基体与外界隔绝。换言之,碳—硅酸盐保护层减慢了气相与凝聚相间的传热与传质,进而阻碍了高聚物的热氧化降解过程。因此,在燃烧条件下,单个黏土片层的纳米级分散与剥离似乎能影响高聚物基体中的反应动力学,也能影响热降解副产物的迁移与挥发,还能影响保护炭层的形成。保护层的存在对提高阻燃性能来说是非常重要的,但黏土层往往能增大存在泡体的表面裂纹[66]。要提高阻燃体系的阻燃效率,单一的有机黏土是不够的,它必须与传统的阻燃剂相结合。

如果用于改性黏土的铵离子含有 β-H,有机黏土在约200℃时即可通过霍夫曼消除反应发生热降解[42]。在碱的催化作用下,铵离子失去烯烃和胺。为了维持电荷平衡,质子位于黏土的表层,形成酸性位置,如反应式(8.1)所列。这些质子可能对黏土层间高聚物的分解具催化作用,而胺与烯烃是可燃的,在火焰中助燃。例如,酸对 PA 的热降解具催化作用,即使有微量酸存在时也是如此。在燃烧的早期阶段,由于质子的催化作用,与纯 PA 相比,PA 纳米复合材料的 HRR 升高,热稳定性降低[16]。

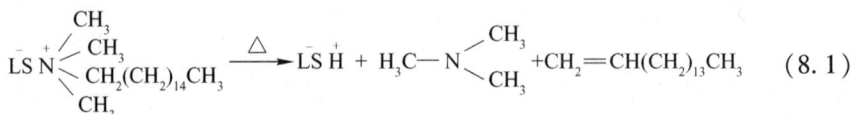

$$\text{LS}^-\ \text{N}^+ \underset{\underset{CH_3}{\overset{CH_2(CH_2)_{14}CH_3}{\big|}}}{\overset{CH_3}{\overset{\big|}{\big|}}} \xrightarrow{\triangle} \text{LS}^-\ \text{H}^+ + H_3C\text{—}N \underset{CH_3}{\overset{CH_3}{\big|}} +CH_2\text{=}CH(CH_2)_{13}CH_3 \qquad (8.1)$$

8.6.1 纳米复合材料与卤系阻燃剂复配

DB 是一种卤系阻燃剂,在气相中通过自由基链式反应中断燃烧过程。此外,金属氧化物(如 AO)可作为卤系阻燃剂的协效剂,尽管它本身没有任何阻燃作用,却能形成三卤化锑(一种挥发性产物,可以减慢或阻止火焰中的自由基链式反应)提高卤系阻燃剂的阻燃效率[15]。在燃烧过程中,DB 分解,释放出 HBr。而后,HBr与 AO 反应形成 $SbBr_3$,如反应式(8.2)所列。$SbBr_3$ 是一种气相阻燃剂,能抑制火焰中的自由基链式反应。若 DB/AO 与纳米材料复配,AO 与 NaBr[34](NaBr 是有机黏土中的杂质,因为在黏土改性过程中,铵离子取代钠离子不完全)反应生成$SbBr_3$,如反应式(8.3)所列,而分散在高聚物基体中的黏土片层上的质子(如反应式(8.1))对该反应可能有催化作用。

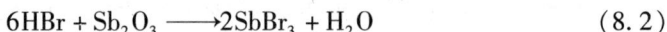

$$6HBr + Sb_2O_3 \longrightarrow 2SbBr_3 + H_2O \qquad (8.2)$$

$$3LS^{-\ +}H + 6NaBr + Sb_2O_3 \xrightarrow{\triangle} 3L^-S^+Na + 2SbBr_3 + 3H_2O \qquad (8.3)$$

将 DB/AO 添加到 PA6 中,主要发生三个过程[19,20]:①形成自由基链终止剂,即 $SbBr_3$;②通过脱氢反应促进炭层形成;③形成 HBr,作为气相与凝聚相间的屏障。尽管 DB/AO 是一种非常有效的阻燃剂,但仍能促进 PA 链降解,产生可燃性的单体及其类似物[20,21],如反应式(8.4)所列。而反应式(8.1)形成的质子对 PA的热降解反应有催化作用,如反应式(8.5)所列。将 DB/AO 与 PA6/OMT 纳米材料复配,AO 可能与 NH_4Br 反应,形成锑复合物,如反应式(8.6)所列。这是 Br-Sb_2O_3 阻燃剂在凝聚相中发挥阻燃作用的原因[34]。

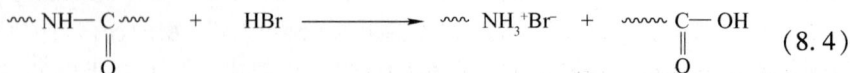

$$\text{∾∾NH—C∾∾} + HBr \longrightarrow \text{∾∾NH}_3^+Br^- + \text{∾∾∾C—OH} \qquad (8.4)$$
$$\overset{\big|\big|}{O} \qquad\qquad\qquad\qquad\qquad\qquad\qquad\qquad \overset{\big|\big|}{O}$$

$$\text{LS H} + \text{\scriptsize\sim\sim\sim} \text{NH—C} \text{\scriptsize\sim\sim\sim} + \text{NaBr} \xrightarrow{\triangle} \text{LS Na} + \text{\scriptsize\sim\sim\sim} \text{NH}_4^+\text{Br}^- + \text{\scriptsize\sim\sim\sim} \text{C—OH} \quad (8.5)$$

$$x\,\text{SbBr}_3 + y \text{\scriptsize\sim\sim\sim} \text{NH}_4^+\text{Br}^- \longrightarrow x\,\text{SbBr}_3, y\,\text{NH}_4\text{Br} \quad (8.6)$$

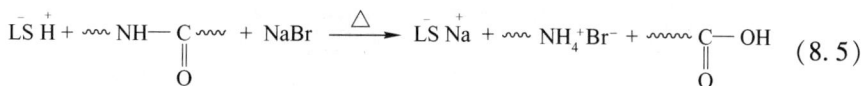

PA6/OMT/DB/AO 纳米复合材料的热分解反应减慢,是由纳米分散的黏土层所产生的阻隔效应所致。OMT 与 DB/AO 间的协同效应可改善 PA6 的阻燃性能,如反应式(8.1)~式(8.6)[19,20,33,34,51]所列。通过传统的测试方法(如 UL-94 垂直燃烧)对阻燃纳米复合材料的评价表明,DB/AO、OMT 与高聚物基体间存在相容性与协效性。如对于 PP 与 ABS 阻燃纳米复合材料来说,由于 DB/AO、OMT 与基体间存在协同效应,因而阻燃性能提高。

8.6.2 纳米复合材料与非膨胀磷系阻燃剂复配

鉴于含 MH[52,53]、OMT 和磷系阻燃剂的复合材料[54]的阻燃行为,推测 OMT 与 MH/RP 间可能存在协同效应[36]。如果用于改性黏土层的铵离子含有 β-H,在约 200℃时,烷基阳离子将会失去烯烃和胺。为了维持电荷平衡,黏土的表面会吸附质子。这些沉积于表面的、有催化活性的质子会促进 MH 分解产生氧化镁与水,同时吸收热量。

与此同时,分散的硅酸盐片层往往会阻止 MH 分解产生的水蒸气挥发,而水蒸气与酸都能加速 RP 的热氧化聚合反应,形成高度交联的聚磷酸(PPA)。该 PPA 要么促进 PA6 发生热氧降解或交联反应,要么促进成炭反应。在燃烧过程中,PPA 与 PA6 的热降解产物、MgO、OMT 反应,生成稳定的玻璃状炭保护层。高分子材料表面的这种稳定的物理保护层可以阻止高聚物基体继续燃烧,进而延缓气相与凝聚相间的传热与传质。

SEM 分析[36]表明,在只添加阻燃剂的 PA6/MH/RP 中,燃烧后的残炭是疏松多孔的网络结构,如图 8.12(a)所示。而在同时添加有机黏土与阻燃剂的 PA6/OMT/MH/RP 纳米复合材料中,其残炭(图 8.12(c))比 PA6/MH/RP 生成的炭层(图 8.12(a))密实。此外,PA6/OMT/MH/RP 残炭的微观结构(图 8.12(d))比 PA6/MH/RP(图 8.12(b))的具有更大的同质性与紧密性。众所周知,保护性炭层对降低可燃性来说,是非常重要的。正如前面讨论黏土层阻隔效应时所提及的,高聚物基体中纳米黏土层可抑制发泡过程,促进成炭。结构密实的保护性炭层是由黏土与高聚物表面燃烧的炭共同组成的,能更加有效地保护高聚物基体免遭火焰侵蚀,延缓气相与凝聚相间传热与传质。SEM 照片证实了这一结论,也正是这种炭层,使 Cone 测试的 HRR 与 MLR 大幅度下降。

正如先前所观察与讨论的,PU/OMT/MPP 纳米复合材料的阻燃机理[38]可能是这样的:在 PU/OMT/MPP 的燃烧过程中,MPP 降解产生高度交联的 PPA,同时

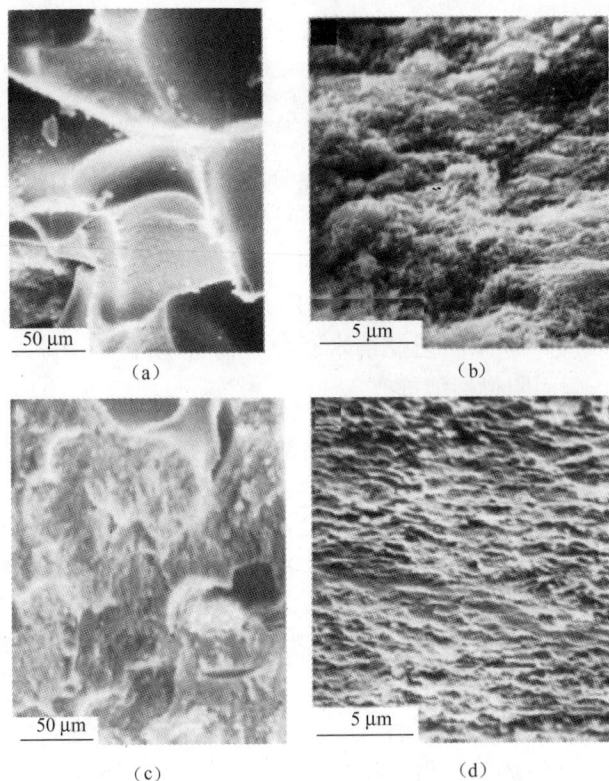

图 8.12　PA6/8% MH/5% RP((a),(b))与 PA6/2% OMT/
6% MH/5% RP((c),(d))的 SEM 照片[36]

释放出 MA、CO_2 和 H_2O。PPA 衍生物和黏土表层沉积的质子可能会促进 PU 基体发生热氧化降解、交联和成炭反应。而黏土层上游离的 H^+ 既阻止了 MA、CO_2 与 H_2O 的释放,也促进了 PU 基体发生交联反应。同样,在燃烧过程中,PPA 又与 PU 的降解产物、OMT 反应,形成稳定的玻璃状炭保护层。部分燃烧的高分子材料表面的这种稳定的保护层可阻止高聚物基体进一步燃烧,同时抑制传质过程,这与前面讨论的 PA 材料是类似的。另外,OMT 可增强 PU 基体表面形成的炭保护层的阻隔效应。正如前文提及的,有机黏土、阻燃剂与高聚物基体间可能存在协同效应。在高分子材料燃烧的过程中,这种协同效应降低了 HRR,抑制了烟雾的产生,减少了有毒气体的排放。

　　有机磷系阻燃剂,包括芳香族磷酸酯和低聚磷酸酯,同时具气相与凝聚相阻燃机理。如将有机磷系阻燃剂添加到非成炭高聚物(如聚烯烃)中,可能气相阻燃机理是主要的,即与卤系阻燃剂的自由基中断机理一样,捕获参与燃烧反应的 ·H 和 ·OH[77]。如将有机磷系阻燃剂添加到成炭高聚物(如聚酯和 PU)中,则凝聚相阻燃机理是主要的,即有机磷酸酯迁移到材料表面,分解生成磷酸,形成粘稠状的熔融物,保护下层高聚物基体免遭火焰与氧气的侵蚀。有机磷酸酯可以与降解产物反应,促进成炭[78]。同时添加有机磷酸酯与 OMT,纳米级黏土层可以提高气相阻燃的效率,增强磷酸形成的熔融表层的强度,并能阻止有机磷酸酯挥发或迁移至熔融高聚物表面,抑制降解并增强成炭强度。

总之,纳米复合材料所表现的协同效应,已有可能的机理予以解释。具体而言,有机黏土与阻燃剂所产生的阻隔与催化效应,改变了化学反应模式,即促进成炭,而不仅是产生 CO 与 CO_2。此外,这些添加剂还促进了早期发生的有利的化学反应,从而抑制了材料的分解,并改善材料的阻燃性能。同时,有机黏土和阻燃剂的添加提高了炭层的强度,能将高聚物基体屏蔽,抑制气相与凝聚相间的传热与传质过程。

8.7 总结和结论

如何选择高聚物阻燃配方通常要根据最终产品的应用领域来确定。在选择阻燃配方及其添加剂和添加方法时必须考虑的变量有被阻燃的基材、材料应达到的火灾安全指标、材料的毒性及成本。许多文献与专利表明,高聚物/有机黏土纳米复合材料与传统阻燃剂间存在协同效应,能够改善许多高聚物体系的阻燃与力学性能。影响材料阻燃与力学性能的因素很多,如纳米结构、纳米黏土的分散及纳米黏土与阻燃剂间的相互作用。事实上,暴露于火焰前,有机黏土必须在高聚物基体中形成插层或剥离结构,才能从根本上提高纳米复合材料的阻燃性能。现在人们已知,有机黏土与传统阻燃剂间的协同效应可大大改变聚合物基体在燃烧过程中的分解动力学、物质与能量的转移及降解产物的挥发。此外,由于 OMT 的阻隔效应及成炭促进效应,可大大降低达到预期阻燃性能时传统阻燃剂的添加量。

因此,有机黏土与传统阻燃剂复配似乎具有很大的优越性,可用于阻燃体系中。通过对阻燃机理更为详细的了解,人们可利用添加剂的协同作用,进一步提高聚合物的性能与安全性,降低添加剂的添加量与生产成本。而且,插层阻燃黏土能促进阻燃剂分散,并能提高阻燃效率,而适用于阻燃纳米黏土复合材料有关加工工艺的发展,更展示了这类材料在各个领域中的应用前景。

参考文献

1. Irvine, D.J.; McCluskey, J.A.; Robinson, I.M. Fire hazards and some common polymers. *Polym. Degrad. Stab.* **2000**, 67, 383–396.
2. Lu, S.Y.; Hamerton I. Recent developments in the chemistry of halogen-free flame

retardant polymers. *Prog. Polym. Sci.* **2002**, 27, 1661–1712.

3. Hu, Y.; Song, L.; Xu, J.; Yang, L.; Chen, Z.Y.; Fan, W.C. Synthesis of polyurethane/clay intercalated nanocomposites. *Colloid Polym. Sci.* **2001**, 279, 819–822.

4. Wang, S.F.; Hu, Y.; Song, L.; Wang, Z.Z.; Chen, Z.Y.; Fan, W.C. Preparation and thermal properties of ABS/montmorillonite nanocomposite. *Polym. Degrad. Stab.* **2002**, 77, 423–426.

5. Ray, S.S.; Yamada, K.; Okamoto, M.; Ueda, K. Polylactide-layered silicate nanocomposite: a novel biodegradable material. *Nano Lett.* **2002**, 2, 1093–1096.

6. Alexandre, M.; Dubois, P.; Sun, T.; Garces, J.M.; Jerome, R. Polyethylene–layered silicate nanocomposites prepared by the polymerization-filling technique: synthesis and mechanical properties. *Polymer* **2002**, 43, 2123–2132.

7. Ray, S.S.; Okamoto, M. Polymer/layered silicate nanocomposites: a review from preparation to processing. *Prog. Polym. Sci.* **2003**, 28, 1539–1641.

8. Song, L.; Hu, Y.; Li, B.G.; Wang, S.F.; Fan, W.C.; Chen, Z.Y. A study on the synthesis and properties of polyurethane/clay nanocomposites. *Int. J. Polym. Anal. Char.* **2003**, 8, 317–326.

9. Bourbigot, S.; Le Bras, M.; Dabrowski, F.; Gilman, J.W.; Kashiwagi, T. PA-6 clay nanocomposite hybrid as char forming agent in intumescent formulations. *Fire Mater.* **2000**, 24, 201–208.

10. Bourbigot, S.; Devaux, E.; Flambard, X. Flammability of polyamide-6/clay hybrid nanocomposite textiles. *Polym. Degrad. Stab.* **2002**, 75, 397–402.

11. Zhu, J.; Wilkie, C.A. Thermal and fire studies on polystyrene–clay nanocomposites. *Polym. Int.* **2000**, 49, 1158–1163.

12. Gilman, J.W.; Jackson, C.L.; Morgan, A.B.; Harris, R.; Manias, E.; Giannelis, E.P.; Wuthenow, M.; Hilton, D.; Phillips, S.H. Flammability properties of polymer–layered-silicate nanocomposites: polypropylene and polystyrene nanocomposites. *Chem. Mater.* **2000**, 12, 1866–1873.

13. Gilman, J.W. Flammability and thermal stability studies of polymer layered-silicate (clay) nanocomposites. *Appl. Clay Sci.* **1999**, 15, 31–49.

14. Hartwig, A.; Putz, D.; Schartel, B.; Bartholmai, M.; Wendschuh-Josties, M. Combustion behaviour of epoxide based nanocomposites with ammonium and phosphonium bentonites. *Macromol. Chem. Phys.* **2003**, 204, 2247–2257.

15. Zhu, J.; Uhl, F.M.; Wilkie, C.A. Recent studies on thermal stability and flame retardancy of polystyrene–nanocomposites. In: G.L. Nelson and C.A. Wilkie, Eds., *Fire and Polymer: Materials and Solutions for Hazard Prevention*. Oxford University Press, Oxford, England, 2001, pp. 24–33.

16. Tang, Y.; Hu, Y.; Wang, S.F.; Gui, Z.; Chen, Z.Y.; Fan, W.C. Intumescent flame retardant–montmorillonite synergism in polypropylene–layered silicate nanocomposites. *Polym. Int.* **2003**, 52, 1396–1400.

17. Camino, G. Fire retardant polymeric materials, in: G. Scott, Ed., *Atmospheric Oxidation and Antioxidants*. Elsevier, Amsterdam, The Netherlands, 1993.

18. Lewin, M. Unsolved problems and unanswered questions in flame retardance of polymers. *Polym. Degrad. Stab.* **2005**, 88(1), 13–19.

19. Levchik, S.V.; Weil, E.D.; Lewin, M. Thermal decomposition of aliphatic nylons. *Polym. Int.* **1999**, 48(7), 532–557.

20. Levchik, S.V.; Weil, E.D. Combustion and fire retardancy of aliphatic nylons. *Polym. Int.* **2000**, 49(10), 1033–1073.

21. Babrauskas, V.; Peacock, R.D. Heat release rate: the single most important variable in fire hazard. *Fire Saf. J.*, **1992**, 18(3), 255–261.

22. Camino, G.; Costa, L.; Luda, M.P. Overview of fire retardant mechanisms. *Polym. Degrad. Stab.* **1991**, 33(2), 131–154.

23. Stevens, G.C.; Mann, A.H. *Risks and Benefits in the Use of Flame Retardants in Consumer Products*. DTI Report, London, 1999.

24. Van Esch, G.J. Tris(2-butoxyethyl) phosphate, tris(2-ethylhexyl)-phosphate and tetrakis(hydroxymethyl)phosphonium salts. in: *Environmental Health Criteria 218— Flame Retardants*. WHO, Geneva, Switzerland, 2000.

25. U.S. Environmental Protection Agency. *EPA/600*, Vols. 1–3. U.S. GPO, Washington, DC, 1994.

26. Lomakin, S.M.; Zaikov, G.E. *Ecological Aspects of Polymer Flame Retardancy*. VSP, Utrecht, The Netherlands, 1999.

27. Green, J. A review of phosphorus-containing flame retardants. *J. Fire Sci.* **1996**, 14(5): 353–366.

28. Annakutty, K.S.; Kishore, K. Synthesis and properties of flame-retardant polyphosphate esters: a review. *J. Sci. Ind. Res.* **1989**, 48(10), 479–493.

29. Kashiwagi, T. Polymer combustion and flammability: role of the condensed phase. *Proc. Combust. Inst.* **1994**, 28, 1423–1437.

30. Troitzsch, J. Flame retardant polymers current status and future-trends. *Makromol. Chem. Macromol. Symp.* **1993**, 74: 125–135.

31. Horacek, H.; Grabner, W. Nitrogen based flame retardants for nitrogen-containing polymers. *Makromol. Chem. Macromol. Symp.* **1993**, 74, 271–276.

32. Chen, W.Y.; Wang, Y.Z.; Chang, F.C. Thermal and flame retardation properties of melamine phosphate-modified epoxy resins. *J. Polym. Res. Taiwan* **2004**, 11(2), 109–117.

33. Zanetti, M.; Camino, G.; Canavese, D.; Morgan, A.B.; Lamelas, F.J.; Wilkie, C.A. Fire retardant halogen–antimony–clay synergism in polypropylene layered silicate nanocomposites. *Chem. Mater.* **2002**, 14(1), 189–193.

34. Hu, Y.; Wang, S.F.; Ling, Z.H.; Zhuang, Y.L.; Chen, Z.Y.; Fan, W.C. Preparation and combustion properties of flame retardant nylon 6/montmorillonite nanocomposite. *Macromol. Mater. Eng.* **2003**, 288(3), 272–276.

35. Wang, S.F.; Hu, Y.; Zong, R.W.; Tang, Y.; Chen, Z.Y.; Fan, W.C. Preparation and characterization of flame retardant ABS/montmorillonite nanocomposite. *Appl. Clay Sci.* **2004**, 25(1–2), 49–55.

36. Lei, S.; Yuan, H.; Lin, Z.H.; Xuan, S.Y.; Wang, S.F.; Chen, Z.Y.; Fan, W.C. Preparation and properties of halogen-free flame-retarded polyamide 6/organoclay nanocomposite. *Polym. Degrad. Stab.* **2004**, 86(3), 535–540.

37. Kim, J.; Lee, K.; Lee, K.; Bae, J.; Yang, J.; Hong, S. Studies on the thermal stabilization enhancement of ABS: synergistic effect of triphenyl phosphate nanocomposite, epoxy resin, and silane coupling agent mixtures. *Polym. Degrad. Stab.* **2003**, 79(2), 201–207.

38. Song, L.; Hu, Y.; Tang, Y.; Zhang, R.; Chen, Z.Y.; Fan, W.C. Study on the proper-

ties of flame retardant polyurethane/organoclay nanocomposite. *Polym. Degrad. Stab.* **2005**, 87(1), 111–116.

39. Chigwada, G.; Wilkie, C.A. Synergy between conventional phosphorus fire retardants and organically-modified clays can lead to fire retardancy of styrenics. *Polym. Degrad. Stab.* **2003**, 80(3), 551–557.

40. Zheng, X.; Wilkie, C.A. Flame retardancy of polystyrene nanocomposites based on an oligomeric organically-modified clay containing phosphate. *Polym. Degrad. Stab.* **2003**, 81(3), 539–550.

41. Chigwada, G.; Jash, P.; Jiang, D.D.; Wilkie, C.A. Synergy between nanocomposite formation and low levels of bromine on fire retardancy in polystyrenes. *Polym. Degrad. Stab.* **2005**, 88(3), 382–393.

42. Xie, W.; Gao, Z.M.; Pan, W.P.; Hunter, D.; Singh, A.; Vaia, R. Thermal degradation chemistry of alkyl quaternary ammonium montmorillonite. *Chem. Mater.* **2001**, 13(9), 2979–2990.

43. Owen, S.R.; Harper, J.F. Mechanical, microscopical and fire retardant studies of ABS polymers. *Polym. Degrad. Stab.* **1999**, 64(3), 449–455.

44. Casu, A.; Camino, G.; De Giorgi, M.; Flath, D.; Morone, V.; Zenoni, R. Fire-retardant mechanistic aspects of melamine cyanurate in polyamide copolymer. *Polym. Degrad. Stab.* **1997**, 58(3), 297–302.

45. Shimasaki, C.; Watanabe, N.; Fukushima, K.; Rengakuji, S.; Nakamura, Y.; Ono, S.; Yoshimura, T.; Morita, H.; Takakura, M.; Shiroishi, A. Effect of the fire-retardant, melamine, on the combustion and the thermal decomposition of polyamide-6, polypropylene and low-density polyethylene. *Polym. Degrad. Stab.* **1997**, 58(1–2), 171–180.

46. Breitenfellner, F.; Kainmuelle, T. (Ciba Geigy Corp.). Flame-retarding, reinforced moulding material based on thermoplastic polyesters and the use thereof. U.S. Patent 4546126, Oct. 8, 1985.

47. Okada, K. (Sekisui Chemical Co. Ltd.). Flame-retardant polyolefin resin composition. Jpn. Patent JP11228748, Aug. 24, 1999.

48. Duquesne, S.; Le Bras, M.; Bourbigot, S.; Delobel, R.; Camino, G.; Eling, B.; Lindsay, C.; Roels, T. Thermal degradation of polyurethane and polyurethane/expandable graphite coatings. *Polym. Degrad. Stab.* **2001**, 74(3), 493–499.

49. Takekoshi, T.; Fouad, F.; Mercx, F.P.M.; De Moor, J.J.M. (General Electric). Fire retardant blends. U.S. Patent 5773502, June 30, 1998.

50. Inoue, H.; Hosokawa, T. (Showa Denko KK). Silicate–triazine complex and flame retardant resin composite containing the same complex. Jpn. Patent JP10081510, Mar. 31, 1998.

51. Sallet, D.; Mailhoslefievre, V.; Martel, B. Flame retardancy of polyamide 11 with a decabromodiphenyl–antimony trioxide mixture: a bromine–antimony–nitrogen synergism. *Polym. Degrad. Stab.* **1990**, 30(1), 29–39.

52. Lewin, M. Synergism and catalysis in flame retardancy of polymers. *Polym. Adv. Technol.* **2001**, 12(3–4), 215–222.

53. Wu, Q.; Lu, J.P.; Qu, B.J. Preparation and characterization of microcapsulated red phosphorus and its flame-retardant mechanism in halogen-free flame retardant polyolefins. *Polym. Int.* **2003**, 52(8), 1326–1331.

54. Dabrowski, F.; Le Bras, M.; Cartier, L.; Bourbigot, S. The use of clay in an EVA-

based intumescent formulation: comparison with the intumescent formulation using polyamide-6 clay nanocomposite as carbonisation agent. *J. Fire Sci.* **2001**, 19(3), 219–241.

55. Ito, K.; Hayashi, H.; Nakajima, H. (Idemitsu Petrochemical Co., Calp Corp.). Flame-retardant polyolefin resin composition and its molded article. Jpn. Patent JP2005029628, Feb. 3, 2005.

56. Lee, S.G.; Won, J.C.; Lee, J.H.; Choi, K.Y. Flame retardancy of polypropylene/montmorillonite nanocomposites. *Polymer-Korea* **2005**, 29(3), 248–252.

57. Lee, J.H.; Nam, J.H.; Lee, D.H.; Kim, M.D.; Kong, J.H.; Lee, Y.K.; Nam, J.D. Flame retardancy of polypropylene/montmorillonite nanocomposites with halogenated flame retardants. *Polymer-Korea* **2003**, 27(6), 569–575.

58. Vexler, G.; Cornibert, J. (Nordx Cdt., Inc.). Flame retardant dual insulation design and cable construction for plenum applications. Can. Patent CA2421440, Sept. 10, 2004.

59. Kaku, B.; Lee, M.S.; Ko, S.; Go, K.; Sho, S. (Industrial Technical Research Institute). ABS nano composite material and method for producing the same. Jpn. Patent JP2001200135, July 24, 2001.

60. Lee, Y.H.; Jung, W.B.; Yang J.H. (Samsung General Chemicals Co.). Polypropylene–clay composite having excellent flame-resistance and producing method thereof. Kr. Patent WO0206388, Jan. 24, 2002.

61. Vexler, G.; Cornibert, J. (Nordx Cdt., Inc.). Flame retardant foam under layer having refined micro-cellular structure. Can. Patent CA2435719, Jan. 21, 2005.

62. Goodman, H.; Legrix, A.H.R. (Imerys Minerals, Ltd.). Flame retardant polymer compositions comprising a particulate clay mineral. G.B. Patent WO03082965, Oct. 9, 2003.

63. Hashimoto, M.; Watanabe, T.; Tokuda, S. (Furukawa Electric Co., Ltd.). Flame-retardant resin composition and insulated electric wire coated therewith. Jpn. Patent JP2004075993, Mar. 11, 2004.

64. Kausch, C.; Verrocchi, A.; Pomeroy, J.E.; Peterson, K.M.; Payne, P.F. (Omnova Solutions, Inc.) Flame resistant polyolefin compositions containing organically modified clay. U.S. Patent 6414070, July 2, 2002.

65. Zhang, J.; Wilkie, C.A. Fire retardancy of polyethylene–alumina trihydrate containing clay as a synergist. *Polym. Adv. Technol.* **2005**, 16(7), 549–553.

66. Kashiwagi, T.; Harris, R.H.; Zhang, X.; Briber, R.M.; Cipriano, B.H.; Raghavan, S.R.; Awad, W.H.; Shields, J.R. Flame retardant mechanism of polyamide 6–clay nanocomposites. *Polymer* **2004**, 45(3), 881–891.

67. Gilman, J.W.; Kashiwagi, T.; Giannelis, E.P.; Manias, E.; Lomakin, S.; Lichtenham, J.D.; Jones, P. Flammability studies of polymer layered silicate nanocomposites: polyolefin, epoxy, and vinylester resins. In: M. Le Bras, G. Camino, S. Bourbigot, and R. Delobel, Eds., *Fire Retardancy of Polymers: The Use of Intumescence.* Royal Society of Chemistry, London, 1998, pp. 203–221.

68. Jahromi, S.; Gabrielse, W.; Braam, A. Effect of melamine polyphosphate on thermal degradation of polyamides: a combined x-ray diffraction and solid-state NMR study. *Polymer* **2003**, 44(1), 25–37.

69. Tang, Y.; Hu, Y.; Xiao, J.F.; Wang, J.; Song, L.; Fan, W.C. PA-6 and EVA alloy/clay nanocomposites as char forming agents in poly(propylene) intumescent formulations. *Polym. Adv. Technol.* **2005**, 16(4), 338–343.

70. Tang, Y.; Hu, Y.; Li, B.G.; Liu, L.; Wang, Z.Z.; Chen, Z.Y.; Fan, W.C. Polypropy-

lene/montmorillonite nanocomposites and intumescent, flame-retardant montmoril-lonite synergism in polypropylene nanocomposites. *J. Polym. Sci. A Polym. Chem.* **2004**, 42(23), 6163–6173.

71. Ogoshi, M.; Kondo, Y.; Kanbara, H. (Kansai Research Institute). Flame-retardant resin composition and resin composite material using the same. Jpn. Patent JP2003138072, May 14, 2003.

72. Kai, T. (Canon KK). Flame-retardant thermoplastic resin composition and flame-retardant resin molding. Jpn Patent JP2002309106, Oct. 23, 2002.

73. Gilman, J.W.; Kashiwagi, T. Use of polymer layered-silicate nanocomposites with conventional flame retardants, in: T.J. Pinnavaia and G. Beall, Eds., *Polymer–Clay Nanocomposites*. Wiley, Chichester, West Sussex, England 2000, pp. 193–206.

74. Schartel, B. Some comments on the use of cone calorimeter data. *Polym. Degrad. Stab.* **2005**, 88(3), 540–547.

75. Weil, E.D.; Hirschler, M.M.; Patel, N.G.; Said, M.M.; Shakir, S. Oxygen index: correlations to other fire tests. *Fire Mater.* **1992**, 16(4), 159–167.

76. Hong, S.; Yang, J.; Ahn, S.; Mun. Y.; Lee, G. Flame retardancy performance of various UL94 classified materials exposed to external ignition sources. *Fire Mater.* **2004**, 28(1), 25–31.

77. Murashko, E.A.; Levchik, G.F.; Levchik, S.V.; Bright, D.A.; Dashevsky, S. Fire-retardant action of resorcinol bis(diphenyl phosphate) in PC–ABS blend, II: Reactions in the condensed phase. *J. Appl. Polym. Sci.* **1999**, 71(11), 1863–1872.

78. Jang, B.N.; Wilkie, C.A. The effects of triphenylphosphate and resorcinol bis(diphenyl phosphate) on the thermal degradation of polycarbonate in air. *Thermochim. Acta* **2005**, 433, 1–12.

9. 热固性阻燃纳米复合材料①

Mauro Zammarano

Building and Fire Research Laboratory, *National Institute of Standards and Technology*, *Gaithersburg*, *Maryland*

9.1 引言

　　热固性高分子材料在许多领域里有着广泛的应用,如建筑和运输行业,由于其较高的强度与较好的抗蠕变性能（尤其是在较高温度下）,因而比热塑性材料更让人青睐。然而,像所有的有机材料一样,热固性高分子材料也是可燃的。在过去的几年里,在替代传统的非可燃材料（如金属或陶瓷）时,热固性高分子材料的使用已经带来了安全隐患,它们燃烧时产生的烟雾与有毒气体对人体与环境构成了威胁。出于这些原因,开发低可燃性的热固性树脂是必要的,这可以通过对高分子改性（如增加交联密度或在结构中引入阻燃基团）或添加阻燃剂的方法来实现。卤系阻燃剂是非常有效的阻燃剂,但由于它们燃烧时释放腐蚀性、有毒性的化学物质,已引起人们广泛关注,尤其是在欧洲[1,2]。因此,用无卤阻燃剂替代卤系阻燃剂是一种必然趋势。遗憾的是,传统的无卤阻燃剂（如 ATH、MH）的阻燃效率非常低,要达到目前的火灾安全标准,其添加量为 50%,甚至更多。如此高的添加量,大大降低了材料的力学性能;同时由于材料黏度增大,加工性能也显著恶化。另一方面,高分子纳米复合材料已经引起人们很大的兴趣:纳米粒子的添加量仅为 5% ~10% 时,HRR 便可降低 50% ~70%[3]。此外,与纯高聚物和传统的复合材料相比,纳米复合材料具有优异的物理与应用性能[4]。已有文献报道,纳米复合材料能改善拉伸与热性能[5,6],降低透气性[7]与溶剂吸收性[8],提高热变形温度。这是由于纳米粒子具有很高的比表面积与长径比,能产生独特的界面效应所致[9-11]。与传统的复合材料相比,分散在高聚物基体中的百分之几的补强剂,能产生更多的

---

　　① 本章所述研究工作是在美国国家标准与技术研究院(NIST,美国政府的一个研究所)进行的,在法律上不享有美国知识产权。任何商业产品或商标名称的使用都不是 NIST 签注或授权。NIST 的政策是在所有的出版物中使用公制计量单位,并提供所有的原始测量不准确性的声明。然而在本章中,有些数据来自 NIST 以外的组织,它们可能包括非公制计量单位,可能没有测量不准确性的声明。

表面积与更强的高分子—添加剂相互作用[12]。

高分子纳米复合材料的上述特点也对材料的可燃性产生了很大的影响,原因如下:

(1) 粒子—粒子和高分子—粒子之间的相互作用增强,通过在高聚物基体中形成混合网络结构,增大熔体黏度,使整个材料在流变学上如同溶胶[13]。这样可通过抑制熔滴限制火焰传播[14],同时降低以鼓泡形式释放可燃气体的速率[15]。

(2) 纳米粒子的长径比很高,燃烧时在高聚物基体的表面聚集,形成插层的碳—硅酸盐残留物[3],进而通过"曲径"效应[16]降低降解产物的扩散速率。

(3) 纳米粒子与高聚物接触的面积很大,这提高了对一些反应的催化效率,如成炭反应[17,18]或自由基捕获反应[19]。

黏土是目前研究最广的阻燃纳米粒子。本章论述的是热固性纳米复合材料,其纳米粒子是层状硅酸盐和最近出现的晶体类层状双氢氧化物(LDHs)。多面体低聚倍半硅氧烷(POSS)和碳纳米管(CNT)纳米复合材料将在第10章讨论。球形纳米二氧化硅基热固性纳米复合材料的制备也有文献报道过[20],这种纳米复合材料受热时,由于硅的表面势能相对较低,纳米二氧化硅粒子会迁移到材料的表面,并在表面聚集,形成保护性屏障,大大提高了氧化条件下炭的稳定性。由于缺少燃烧数据,本章对以纳米二氧化硅为基的热固性纳米复合材料不做进一步讨论。

本章将以环氧树脂纳米复合材料作为例子阐述,这是因为,在纳米复合体系的制备中,对环氧树脂的研究最广,且该体系所得的一些规律(如影响分散性的参数、改善材料性能的方法、纳米粒子与表面活性剂对交联、热稳定性和阻燃性能的影响)可以应用于其他的热固性树脂中,并能为其他热固性纳米复合材料在阻燃方面提供足够的参数数据。关于PU和乙烯基酯(VE)纳米复合材料,也将分别在9.6节和9.7节简单介绍。

9.2　黏土

黏土是地球表面上最常见的矿物质之一,它可以分为两大类:阳离子黏土和阴离子黏土。这两类黏土都具有层状结构,并且层间的可交换离子都用来平衡黏土片层上的电荷。具体而言,阳离子黏土片层带负电荷,层间的阳离子可用以平衡其负电荷;而阴离子黏土片层带正电荷(如金属氢氧化物),层间的阴离子可用以平衡其正电荷。阳离子黏土在自然界中普遍存在,通常能与矿物质分离;而阴离子黏土在自然界中的含量很少,但其合成比较简单,价格也便宜。

9.2.1　阳离子黏土

阳离子黏土片层是由两个基本的结构单元[Si(O,OH)四面体与M(O,OH)$_6$

八面体（M = Al^{3+}，Mg^{2+}，Fe^{3+}，Fe^{2+}）]构成的。如果四面体片层与八面体片层（通过氧连接）形成层状结构为1:1的矿物质（如高岭土与蛇纹岩，其M分别为Al^{3+}与Mg^{2+}），则黏土片层的厚度为0.7nm[21]。同样，层状结构为2:1的矿物质则是一个八面体片层夹在两个四面体片层之间形成的，如图9.1(a)所示。制备纳米复合材料最常用的黏土（如钠蒙脱土、锂蒙脱土、皂土）都属这种类型，其片层厚度约为1nm，并且具有很高的长径比（50~1000）。

9.2.2 阴离子黏土

阴离子黏土是一类层状混金属氢氧化物，也叫做水滑石类化合物（HTlc）（水滑石是一种特殊的矿物质，其化学式为$Mg_6Al_2(OH)_{16}CO_3^{2-}\cdot nH_2O$），或者更普遍地称之为层状双氢氧化物（LDH）。LDH的片层是由共面的八面体单元构成的，在每个八面体的中心有一个阳离子，与顶点上的六个羟基配位（图9.1(b)），而八面体单元的化学组成通常认为是

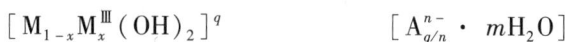

$$[M_{1-x}M_x^{\mathrm{III}}(OH)_2]^q \qquad\qquad [A_{q/n}^{n-}\cdot mH_2O]$$
$$\text{层内组成} \qquad\qquad\qquad \text{层间组成}$$

其中：M为二价阳离子（如Mg^{2+}、Zn^{2+}、Ca^{2+}、Co^{2+}、Cu^{2+}、Mn^{2+}）或一价阳离子（如Li^+）（Li-Al LDH是唯一为人所知的$M^+ - M^{3+}$ LDH，其结构是在水铝矿[γ-$Al(OH)_3$]的八面体空隙中插入Li^+）；M^{III}为三价阳离子（如Al^{3+}、Cr^{3+}、Fe^{3+}、Co^{3+}、Ni^{3+}、Ga^{3+}、Mn^{3+}）；A^{n-}是交换的层间阴离子；q是八面体单元的电荷量：当M为二价阳离子时$q=x$，当M为一价阳离子时，$q=2x-1$。

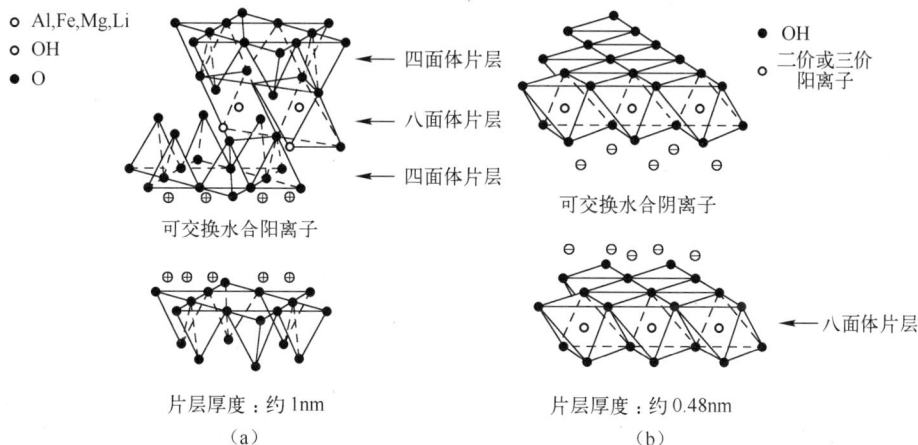

图9.1 硅酸盐与双氢氧化物的层状结构

（a）2:1的层状硅酸盐；（b）层状双氢氧化物。

LDH 的重要特征是层内组成与层间组成是可调的,这使得黏土在许多领域里(如催化剂、支撑剂、吸附剂、陶瓷体、电化学反应、稳定剂、基因治疗)有着广泛的应用[22]。

　　通过改变一价—二价阳离子与三价阳离子之比 $\rho = (1 - x)/x$,可对电荷量 q 与阴离子交换容量(AEC)进行调节。通常情况下,LDH 交换容量为 $(200 \sim 470)$ meq/100g,比相应的阳离子交换容量(CEC)高,如钠蒙脱土的 CEC 为 $(80 \sim 145)$ meq/100g。阴离子黏土的长径比与阳离子黏土相似,甚至更大。通过改变合成条件,LDH 的片层厚度可以为 0.48 nm ~ 0.49 nm[23,24],片层尺寸可以为 $0.06 \mu m \sim 20 \mu m$[25,26]。

　　LDH 是研究最广的阴离子交换层状材料,而阴离子层状材料还包括层状羟基盐[27]和层状双羟基盐[28]。通过与阴离子基团进行交换反应,层状磷酸酯[29]与膦酸酯[30]也可用来制备层状有机改性衍生物。

9.3　热固性纳米复合材料

　　研究热固性纳米复合材料时,必须考虑以下几个因素:

　　(1)纳米粒子的分散程度与高聚物的网络结构间存在复杂的相互作用,这会影响热固性纳米复合材料的性能。事实上,纳米粒子的空间排列可干扰高聚物基体的交联密度,随纳米粒子分散程度的提高,这一影响进一步增大[31]。交联密度的降低可能加速高聚物热降解,并且降低成炭量[32]。

　　(2)纳米粒子对树脂有催化作用[33],并/或改变树脂的化学性质。例如,在固化的第一阶段,由于质子化烷基铵阳离子的催化作用,环氧树脂单体双酚 A 缩水甘油醚(DGEBA)可发生自聚反应[34],如图 9.2 所示。由于 DGEBA 的自聚及其不易到达纳米粒子层间,使树脂易于形成线型而不是网络结构,而未参与反应的胺则可作为增塑剂。

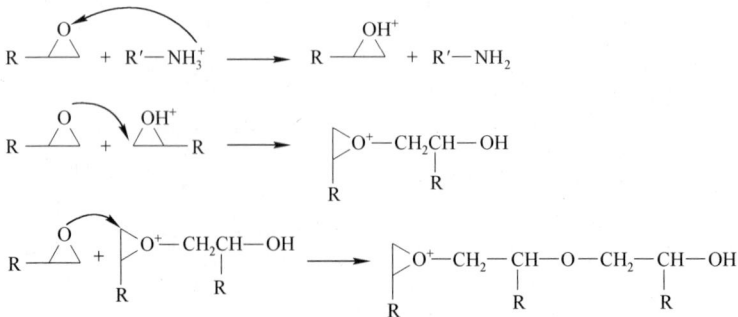

图 9.2　烷基铵离子在 DGEBA 固化过程中的催化效应[34]

（3）黏土表层与配方各组分（如固化剂、单体、催化剂、引发剂、促进剂、添加剂等）间存在不同的吸引力，由于插层或吸附到黏土表层的难易程度不同，配方各组分可能会发生分离和不均匀分布现象[35]。通过改变固化动力学[14]或提高塑化效应（该塑化效应是由未参与反应的单体形成的）[34]，可影响高聚物基体网络结构的形成。

（4）固化过程中的热历史会对 T_g 产生巨大影响，例如，对于完全固化的 DGE-BA 来说，其 T_g 可变化 30℃[36]。该影响比层状硅酸盐的添加及其在环氧树脂纳米复合材料中的分散程度所产生的影响更大[31]。

因此，应该全面、仔细比较热固性树脂本身及其纳米复合材料的性能，同时必须考虑上述几个影响因素。

9.4 阳离子黏土基环氧树脂纳米复合材料

环氧树脂纳米复合体系的制备已为人们广泛研究，因此，本章将以环氧树脂为例。该体系所得的一些规律，可以应用于其他的热固性树脂中。

9.4.1 制备过程

环氧树脂/有机黏土纳米复合材料可采用原位聚合法制备。制备时，系将预聚物溶胀插入黏土的片层间，而加热、搅拌和/或超声都可以促进这一过程。然后通过加热、辐射或合适的引发剂引发，在插层间发生聚合反应。原位聚合的变量之一是剥离—吸附工艺，在该工艺里，原位聚合前必须先将有机黏土分散在溶剂中。

烷基铵离子是最常用的有机表面活性剂，但由于其热稳定性较低，故应用受到限制[37,38]。有机增容剂除了能促进预聚物插入黏土片层外，还可以参与反应，并能加速预聚物的聚合反应。活性与惰性增容剂都能促进环氧树脂单体插入黏土片层，但只有活性增容剂才对插层中的聚合反应有催化作用。根据 Lan 等人[39]的研究，为了使黏土剥离，必须改变层间和层外的聚合反应速率之比。如果比率太小，即层外的聚合反应比层间的聚合反应快得多，则只能形成插层纳米复合材料。而如果比率太大，则固化与相分离极其快速，不利于实施原位聚合。从单烷基铵离子到四烷基铵离子，铵盐的布朗斯特酸度降低，片层剥离度下降，这对层间聚合的催化作用十分重要。图 9.3 所示为碱催化环氧丙烷（DGEBA）开环，然后与有机表面活性剂（双（2－羟乙基）甲基牛脂基铵）的羟基间的均聚反应[7]。然而，正如先前的研究所指出的[40]，烷基铵盐催化交联的活性比含羟基表面活性剂的高，能导致黏土片层发生更大程度的剥离。Camino 等人[33]也得到了类似的结论。

在聚合反应前，环氧树脂单体插入黏土片层间的数量，受表面活性剂的链长度和黏土的交换容量制约。当脂肪链的碳原子数在 8～18 时，烷基铵盐在黏土片层

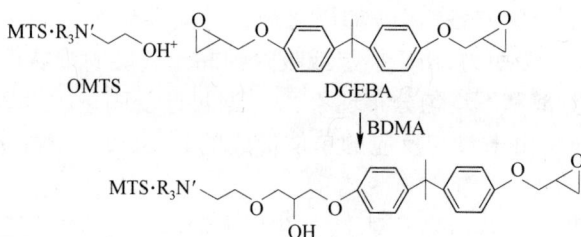

图 9.3 在碱催化作用下,DGEBA 上环氧乙烷发生开环,并与表面活性剂上的羟基反应[7]

间是垂直的或接近垂直的。所以,脂肪链越长,环氧树脂单体在黏土片层间所占的空间越大[39]。同时,为了维持电荷平衡,黏土的交换容量越大,需要的空间锇离子越多。因此,由于片层间锇离子的密度增加,片层电荷的密度也增大,插入黏土片层间的环氧树脂单体数量则减少,如图 9.4 所示。表面活性剂的密度增加,也能影响片层内环氧树脂和固化剂的分散程度,并往往导致形成插层而不是剥离纳米复合材料。蛭石、荧光锂蒙脱石、蒙脱土和锂蒙脱土的阳离子交换容量分别是1.6meq/g、1.2meq/g、0.86meq/g、0.66meq/g,其中锂蒙脱土和蒙脱土都能形成剥离结构,而蛭石和荧光锂蒙脱石形成的却是插层结构[39]。

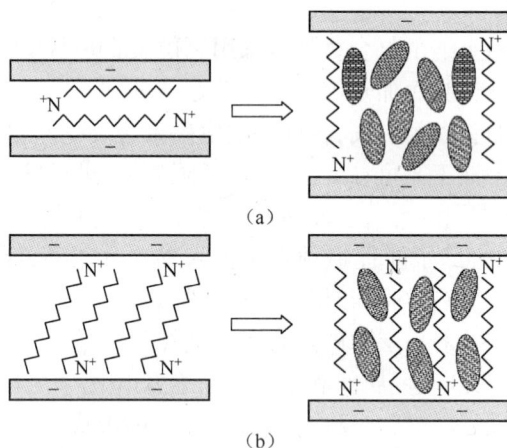

图 9.4 电荷密度对环氧树脂单体插入黏土片层间的影响

(a)低电荷密度黏土;(b)高电荷密度黏土[39](尽管片层电荷密度不同,但膨胀后层间距是一样的)。

Park 等人[41]对形成剥离结构期间的作用力进行了全面阐述。他们认为,在环氧树脂固化过程中,剥离的动力来自于黏土片层间的构象熵变化所产生的弹力。高分子链储存一定的弹性能量后会发生反弹,分子量(即固化度)越高,储存的能量越大。片层间交联的环氧树脂的反弹以及由此形成的剥离结构,受以下三种力限制:①插层阳离子与片层负电荷间的静电引力;②烷基铵盐脂肪链间的范德华

194

力;③片层外高分子网络提供的黏滞力,如图9.5所示。随着时间的推移,片层外环氧树脂分子的黏度,会对固化的环氧树脂链的驰豫过程和黏土片层从类晶团聚体中剥离产生重大影响,这是因为片层外的环氧树脂分子对黏土片层的分离提供了粘滞阻力。如果片层外环氧树脂的黏度迅速上升,黏土片层的剥离将是非常困难的。快速的固化条件导致黏度迅速上升,使得交联环氧树脂分子没有足够的时间发生回弹。

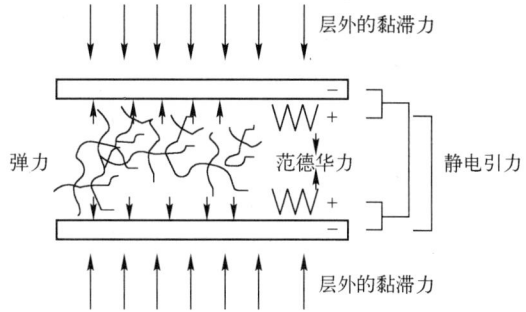

图9.5 固化过程中,黏土片层上存在的作用力[41]

对环氧树脂/黏土纳米复合材料的研究虽然广泛,但迄今报道的有序、剥离的纳米复合材料都是通过原位聚合制得的。最近的两项研究[42,43]表明,通过剥离—吸附工艺,也可以制备无序、高剥离度的环氧树脂/黏土纳米复合材料。该方法中,首先将有机黏土分散在溶剂中。众所周知,由于黏土片层堆积时所产生的引力很小,层状硅酸盐易于溶胀,并在足够的溶剂中分散。在原位聚合反应发生前,高聚物会吸附到黏土的片层上,当溶剂挥发掉时,便得到了具高度无序结构的材料。

通过乳液聚合法,Ma 等人[43]也制备出了剥离纳米复合材料,在该方法中,层状硅酸盐分布在水相中。为了催化片层内的聚合反应,用表面活性剂——质子化间二甲苯二胺(DM)对 MMT 改性。合成复合材料时,首先制备有机黏土与 DGE-BA 的乳液(溶剂为水),待水分于 105℃真空中蒸发掉后,再加入化学计量的固化剂——4-氨基苯砜。尽管黏土的 CEC(120meq/100g)比较大,但仍可用来制备无序的剥离型纳米复合材料。水分蒸发后、固化前的环氧树脂/黏土体系(环氧树脂/DM-黏土)的 XRD 图谱如图 9.6 所示,可以看到,图谱中只有一个宽而弱的衍射峰,其 $2\theta = 5.8°$。这表明,固化前,剥离—吸附工艺是能获得高度无序结构的。图 9.6 中也显示了表面活性剂(双(2 - 羟乙基)甲基牛脂基铵盐)改性过的 MMT(环氧树脂/黏土 - 30B)的 XRD 衍射峰[40],第一与第二衍射峰的衍射角分别为 2.3°与 4.7°,这说明,黏土的层间距增加到 3.8nm,但仍保持层状结构。

Chen 等人[42]采用类似的剥离—吸附工艺制备了黏土泥浆,不过溶剂不是水而是丙酮。他们用固化剂甲基四氢邻苯二甲酸酐固化环氧树脂单体(DGEBA),用表面活性剂 2,4,6 - 三(二甲氨基甲基)苯酚改性黏土(CEC 为 92.6meq/100g),且该表面活性剂对环氧树脂的固化有加速作用。图 9.7 是固化后所得产品的 TEM 照片,而图 9.8 是标准的原位聚合法[7]制备的环氧树脂/黏土纳米复合材料的 TEM 照片。显然,在原位聚合制得的材料中,黏土类晶团聚体是大量存在的,尽

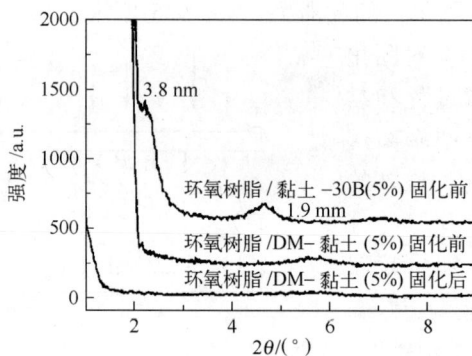

图 9.6　剥离—吸附工艺中,环氧树脂/DM-黏土在固化前与固化后,以及环氧树脂/黏土-30B(双(2-羟乙基)甲基牛脂铵盐改性过的 MMT)在固化前的 XRD 图谱[43]

管黏土层膨胀(层间距 d 在 8nm ~ 12nm),但仍保持原始的平行排列。而剥离—吸附工艺制备的纳米复合材料,其黏土是高度无序、剥离的。

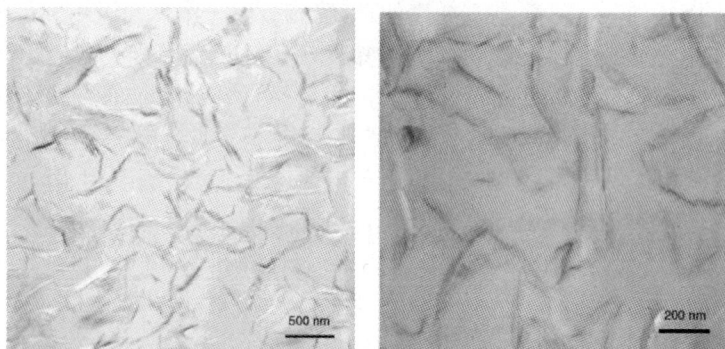

图 9.7　剥离—吸附工艺制备的纳米复合材料的 TEM 照片[42](黏土是高度无序、剥离的)

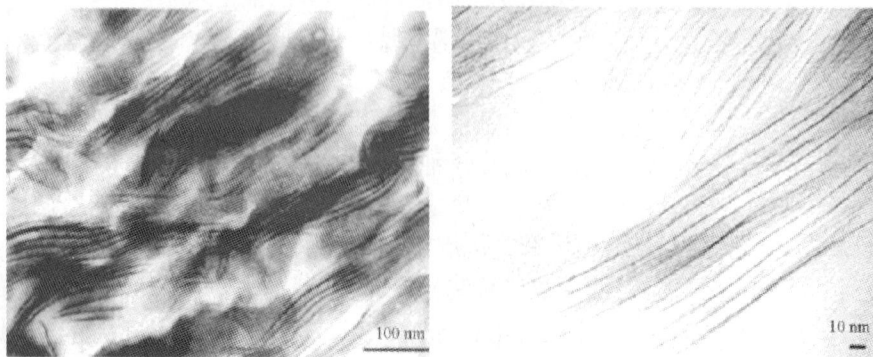

图 9.8　标准的原位聚合法制备的环氧树脂/黏土(4%)纳米复合材料的 TEM 照片[7]

196

9.4.2 特征

环氧树脂基纳米复合材料表现出完全不同的行为与 T_g 有关, T_g 较低的体系能够获得最佳的力学性能。在弹性环氧树脂基体系中,断裂拉力、伸长率、弹性模量能同时提高[44]。图 9.9 显示了三种复合材料环氧树脂/magadiite(一种阳离子黏土,属于层状硅酸盐类,其化学式为 $Na_2Si_{14}O_{29} \cdot nH_2O$)的断裂应变曲线,这三种复合材料分别是:① 剥离型纳米复合材料,以十八烷基甲基铵离子(C18A1M)对magadiite 改性;② 插层型纳米复合材料,以十八烷基三甲基铵离子(C18A3M)对magadiite 改性;③ 传统的复合材料,以十八烷基铵离子(C18A)对 magadiite 改性。正如所预期的,纳米层分离程度越高,拉伸性能越好。

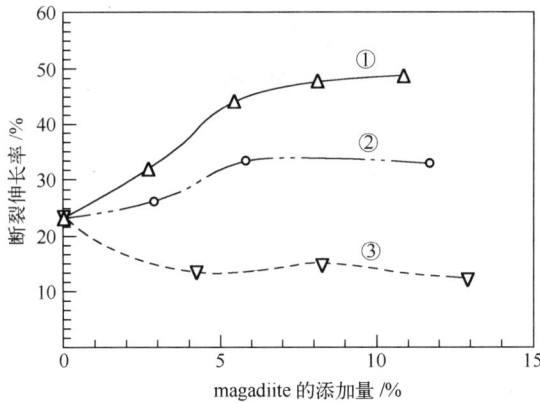

图 9.9　三种复合材料的断裂应力曲线[44]

对 T_g 较高的热固性环氧树脂材料,无论是插层型还是剥离型,其断裂拉伸强度都没有改善[39,45]。然而,即使是脆性的环氧树脂材料,也能使弹性模量有所增大,而应力强度因子使断裂能耗 (K_{IC})增高,且剥离型结构的影响似乎比插层型更明显。Becker 等人[31]对十八烷基铵改性的蒙脱土基几种官能度环氧树脂纳米复合材料进行了研究,他们发现,与单一环氧树脂相比,所有体系的 K_{IC} 都增大, T_g 都降低。环氧树脂的交联密度越大, T_g 降低的幅度越高。这表明,纳米粒子的空间排列干扰了基体的交联密度,基体的交联密度越大和黏土层的分散程度越高,这种影响越明显。正如前面所讨论的, T_g 降低的另一个原因是均聚反应和质子化烷基铵产生的增塑效应(图 9.2)。Messersmith 等人[7]以双(2 - 羟乙基)甲基牛脂基烷基铵改性的云母型硅酸盐,制备出了玻璃状环氧树脂纳米复合材料,发现其 T_g 明显升高(约 4℃),且范围变宽。这表明,采用合适的活性增容剂,硅酸盐与环氧树脂基体界面处的化学键能阻碍界面附近的高聚物碎片发生弛豫迁移,并能加强由于纳米粒子的空间排列所引起的交联干扰效应。

环氧树脂纳米复合材料的动态力学分析（DMA）表明,弹性模量 E' 大大提高了,尤其是在温度高于 T_g 时。例如,用苄基二甲胺对 DGEBA 进行固化,在温度低于 T_g 时,添加4%的蒙脱土可使 E' 提高58%[7]。在40℃ 时,纳米复合材料与未添加黏土的交联基体的 E' 分别为 2.44GPa 与 1.55GPa;而在温度高于 T_g (如150℃ ）时,其 E' 分别为 50MPa 与 11MPa, E' 有了更大程度的提高。环氧树脂纳米复合材料的其他应用价值是化学稳定性与耐溶剂性[46]、尺寸稳定性[47]和透光性[48]都能得到改善。

9.4.3 热稳定性与燃烧行为

9.4.3.1 单一环氧树脂的热降解

一些研究人员采用热重分析与光谱分析对单一环氧树脂的热降解行为进行了研究[49-51]。在氮气氛中,树脂有两个主要的降解阶段。约300℃时发生第一阶段,包括仲羟基的脱水反应与不饱和结构的形成。该不饱和结构的 β 位形成较弱的脂肪 C—O 键和 C—N 键,它们发生断裂时分别形成酚端基和仲胺端基的官能团。随后发生的树脂中的交联结构的碎片化,意味链碎片挥发。双官能团环氧树脂比多官能团的更容易发生这种情况。不过,碎片挥发可为多芳烃的缩合反应所抑制。树脂热降解过程中产生元素氮,这有可能形成含氮环化结构,其稳定性超过碳结构。约400℃时发生第二阶段,残留的脂肪 C—N 键和 C—O 键及双酚 A—C 断裂,而断裂产物几乎全部挥发。少量稳定的含碳残留物是芳构化反应的产物（包括较低温度下由链断裂引起的环化与杂环聚合结构及单一树脂的芳香环）。残留物的含量为4% ～30%,随交联密度的增加,其含量增大。

在空气中500℃时,环氧树脂的热氧降解能形成含量较多的聚芳香结构,然而在较高温度下,材料完全挥发,无残留物形成。

9.4.3.2 有机改性层状硅酸盐的热降解

有机黏土的热稳定性在高聚物/层状硅酸盐纳米复合材料的制备与加工过程中起着重要作用[38]。铵盐处理的黏土包括以下四个热分解过程:

（1）低于180℃时,吸附的水与气态物挥发。

（2）200℃～500℃时,凝聚态有机物质挥发。

（3）500℃～700℃时,硅铝酸盐脱羟基。

（4）700℃～1000℃时,热降解产物与残留的有机炭残余物挥发。

在无氧热分解条件下,烷基季铵盐改性蒙脱土的初始降解温度约为180℃[37]。表面活性剂的初始降解或遵循霍夫曼消除机理或遵循 S_N2 亲核取代反应机理[37,52,53]。通常情况下,这两个机理都能影响具较高加工温度的纳米复合材料的性能,通常是热稳定性能与燃烧行为。一般而言,霍夫曼消除反应在硅酸盐片层上形成酸性位置,可如同质子化酸一样催化高聚物的降解反应[33,54,55]。与铵盐相比,咪唑盐和䏲盐的热稳定性较好[14,38],用烷基咪唑盐改性的层状硅酸盐,其初始分解温度高达 392℃。

9.4.3.3 高聚物/阳离子黏土纳米复合材料的热分解

在大多数情况下,季铵盐的初始分解温度较低,这对高聚物纳米复合材料的热稳定性有一定的影响。图 9.10 是在氮气氛下,两种有机黏土及其相应的环氧树脂纳米复合材料的 TGA 曲线[44]。这两种黏土是分别用十八烷基甲基铵离子(C18A1M)与十八烷基三甲基铵离子(C18A3M)改性的 magadiite,相应的环氧树脂纳米复合材料中黏土的添加量是 20%。C18A3M 纳米复合材料发生质量损失的温度较低,这是黏土中的季铵盐阳离子发生分解并挥发的缘故,这与 C18A3M 改性的单一 magadiite 的质量损失情况类似。与之相比,C18A1M 纳米复合材料的热稳定性较高,较低温度下表面活性剂未发生分解。这是因为,此材料中的仲铵离子与环氧乙烷反应,成为高聚物结构的一部分。因此,此型纳米复合材料中,环氧树脂基体的热稳定性不受有机黏土的影响。在制备这种纳米复合材料时,采用的弹性环氧树脂的热稳定性较低,其分解温度约为 300℃。

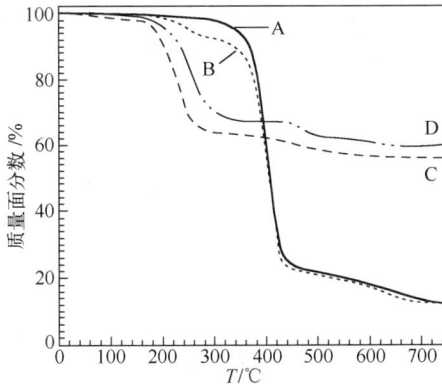

图 9.10 氮气氛中,两种黏土及其相应的环氧树脂纳米复合材料的 TGA 曲线[44]
(曲线 A:C18A1M-magadiite 添加量为 20% 的环氧树脂纳米复合材料;曲线 B:
C18A3M-magadiite 添加量为 20% 的环氧树脂纳米复合材料;曲线 C:
C18A1M-magadiite;曲线 D:C18A3M-magadiite)

对高热稳定性环氧树脂,情况大不相同,这时纳米复合材料的初始分解温度(质量损失 5% 时的温度)要比单一环氧树脂低。Hussain 等人[56]指出,氨基固化的环氧树脂的初始分解温度为 420℃,而含 5% 十八烷基铵改性的蒙脱土的纳米复合材料,在同样的温度下,其质量损失为 10%。显然,这时纳米复合材料的质量损失不仅与表面活性剂的挥发有关,而且与铵离子分解所产生的催化作用有关。

Camino 等人[33]研究了不同有机蒙脱土对甲基四氢邻苯二甲酸酐固化的 DGEBA 的热稳定性的影响。他们指出,十八烷基铵蒙脱土纳米复合材料的初始分解温度最低,为 288℃,而双(2-羟乙基)铵蒙脱土与(2-羟乙基)二甲基氢氧牛脂基铵蒙脱土纳米复合材料的初始分解温度分别为 329℃ 与 342℃。他们认为,这是由于与二、三、四取代烷基铵改性的黏土相比,单取代烷基铵改性的黏土的催化活性较高的缘故。

在氮气氛中,对几种纳米复合材料所产生的残留物进行比较,结果表明,只要残留物中含有硅酸盐,炭的含量会有所增多[44,57]。而在空气中,这种现象更为明显[33]。Hussain 及其合作者[56]研究了黏土(十八烷基铵蒙脱土)和有机磷环氧树脂表面活性剂[9,10-二氢-9-氧杂-10-磷杂菲-10-氧化物(DOPO)]对 DGEBA 和四官能度四缩水甘油基二氨基二苯基甲烷(TGDDM)环氧树脂的影响,DGEBA 和 TGDDM 均系采用胺固化剂(2,4-二氨基-3,5-二乙基甲苯与 2,6-二氨基-3,5-二乙基甲苯的混合物)固化。将 DGEBA 或 TGDDM 与 DOPO 反应,制备了含磷 3% 的环氧树脂。上述用传统的和改性的环氧树脂制备的纳米复合材料具插层—剥离混合结构。在空气中,黏土能显著促进炭的形成。例如,在 600℃ 时,纯 DGEBA 的含碳残留物是 14%,而对 5% 黏土-DGEBA 与 3% 磷改性的环氧树脂,其含碳残留物分别为 38% 和 42%。在 TGDDM 基配方中也能观察到类似的结果,如图 9.11 所示。黏土还可增强炭在空气中的抗氧化性。Camino 及其合作者还观察到,在氧化条件下,环氧树脂纳米复合材料的成炭量与稳定性都有所增加[33]。在这种情况下,剥离结构的成炭量与对氧气的屏蔽效应都是最大的,而对于插层结构或微米结构,其成炭量与屏蔽效应是非常小的。Gilman 等人[3]通过辐射气化装置对高聚物纳米复合材料进行了表征。他们观察到,黏土层与高聚物基材的化学结构(热固

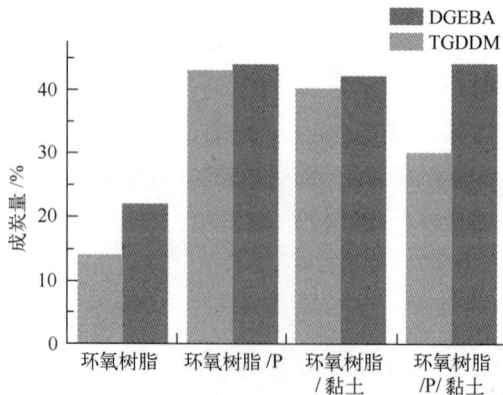

图 9.11　600℃ 时 DGEBA 与 TGDDM 基纳米复合材料的成炭量[56]
(P 和有机黏土在材料中的含量分别为 3% 和 7.5%)

性或热塑性)及纳米结构(剥离或插层)没有关联性。黏土层会在高聚物表面聚集,形成碳—硅酸盐多层结构,其层间距为 1.3nm。插层的碳—硅酸盐结构就像是传质阻隔器,抑制了高聚物产生的挥发性产物的逃逸和氧气的扩散。这也是高聚物纳米复合材料的抗氧性得以提高的原因[17,58]。

9.4.3.4 高聚物/阳离子黏土纳米复合材料的燃烧行为

在高聚物基体中呈纳米分散的层状硅酸盐的添加量为 5% 时,便可使 pHRR 降低 50% ~ 70%。黏土的分散程度会影响材料的性能:一方面,层状硅酸盐必须纳米分散在高聚物基材中,如果呈微米分散,则 HRR 不会得到明显改善[3];另一方面,黏土层不一定非要剥离在高聚物基材中,因为插层型与剥离型纳米复合材料的某些性质是一样的[59]。

在阻燃领域里,高聚物纳米复合材料由于其较低的燃烧速率,引起了人们广泛关注。初步结果显示,黏土可以减少达到阻燃标准所需的传统阻燃剂的添加量。但迄今为止,单单的纳米复合材料还不能达到工业的阻燃测试标准。例如,关于极限氧指数(LOI),添加黏土通常不能使 LOI 显著提高,5% 的黏土添加量,通常只能使 LOI 提高 1% ~ 2%[14]。但 Hussain 等人[56]曾在这方面得到过较好的结果,据他们报道,单一 DGEBA 的 LOI 为 25.0%,而添加 5.0% 和 7.5% 黏土制备成纳米复合材料后,其 LOI 分别提高到 32.7% 和 34.5%。同样,对于单一的四官能度 TGD-DM 环氧树脂,其 LOI 为 26.3%,而添加 5.0% 和 7.5% 黏土制备成纳米复合材料后,其 LOI 分别提高到 35.1% 和 36.7%。这些结果令人非常振奋,这可能与环氧树脂体系中异常高的成炭量有关(见 9.4.3.3 节)。

Cone 法测试的结果也很诱人,且能使人们更好地了解黏土在燃烧过程中的作用机理。对环氧树脂/黏土纳米复合材料的可燃性所做的第一项研究是二甲基二牛脂基铵蒙脱土对 DGEBA 的影响,其中 DGEBA 系采用双(苯氨基)甲烷(MDA)或苄基二甲胺(BDMA)固化的[3]。XRD 图谱显示,MDA 固化或 BDMA 固化的纳米复合材料都具插层结构,其层间距分别为 3.5nm 和 4.3nm。Cone 数据显示,添加 6% 的有机黏土,pHRR 和 mHRR 都显著降低了。图 9.12 是 DGEBA-MDA 与 DGEBA-MDA/黏土纳米复合材料的 HRR 曲线,pHRR、HRR 与 MLR 降低了约 40%,而燃烧热、生烟量与 CO 的生成量并没有发生变化。这些结果表明,黏土纳米复合材料主要在凝聚相中发挥作用。然而,纳米复合材料的 TTI 缩短,这可能是非活性有机表面活性剂的热稳定性较低的缘故。

曾用活性羟乙基取代的季铵盐表面活性剂、非活性季铵盐表面活性剂分别制备出了"限制性"与非"限制性"环氧树脂纳米复合材料,并对其性能进行了比较[59]。酸酐(六氢 -4 - 甲基邻苯二甲酸酐)与活性羟乙基取代季铵盐的羟基反应,形成了"限制性"纳米复合材料。图 9.13 为"限制性"与非"限制性"环氧树脂纳米复合材料的 HRR 曲线,两者并无明显不同,TTI 的差别也很小,pHRR 的降低

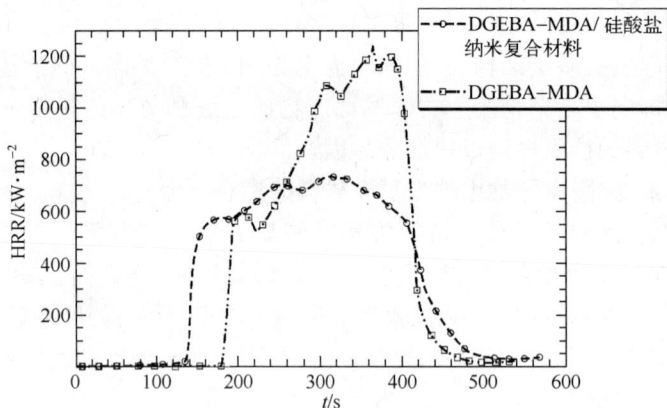

图 9.12　DGEBA-MDA 与 DGEBA-MDA/硅酸盐纳米复合材料的 HRR 曲线[3]
（所用硅酸盐是二甲基二牛脂基铵改性的蒙脱土,添加量为 6%）

值为 10% ~ 20%。文献[59]的作者还发现,与不含黏土的芳香胺固化处理的 DGEBA 相比,添加 5% 季铵盐改性蒙脱土的纳米复合材料的 pHRR 略有升高。在所有情况下,黏土导致 T_g 降低了约 14℃。这表明,纳米粒子不仅可以干预高聚物形成网络结构,也能促进高聚物燃烧。

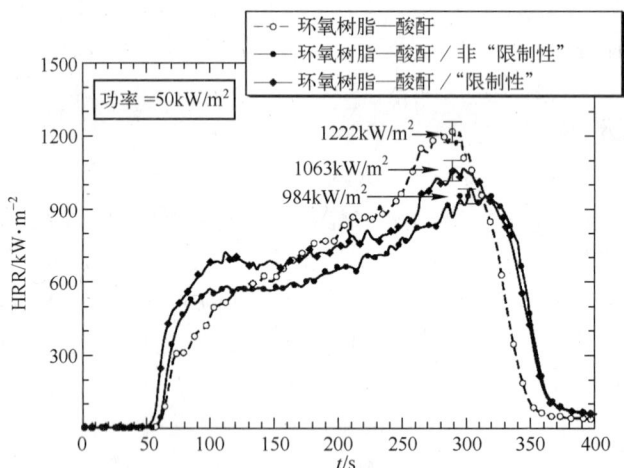

图 9.13　环氧树脂—酸酐、环氧树脂—酸酐/非"限制性"纳米复合材料、
环氧树脂—酸酐/"限制性"纳米复合材料的 HRR 曲线[60]

Camino 等人[31]发现,在类似的 DGEBA—酸酐体系中,pHRR 降低的幅度比较大。该体系中添加了固化剂甲基四氢邻苯二甲酸酐和 10% 的有机黏土,形成的纳米复合材料具有序的插层—剥离结构。与单一环氧树脂相比,添加双(2-羟乙基)

铵蒙脱土与十八烷基铵蒙脱土的纳米复合材料,其 pHRR 分别降低了 68% 与 38%。必须指出,用来作对比的单一环氧树脂与纳米复合材料的固化条件是不一样的。事实上,在单一的环氧树脂—酸酐混合物中加入 1% 的咪唑作为催化剂,而在纳米材料的制备过程中是不需要加入咪唑的,因为黏土本身对环氧乙烷开环反应就有催化作用。因此,pHRR 降低不能排除固化条件的影响。还有报道[14]与本文所得出的结论一样,即酸性引发剂能降低材料的初始分解温度。

Hartwig 等人[14]研究了外部辐射条件对脂环族环氧树脂(3,4-环氧环己甲基-3′,4′-环氧环己羧酸酯)/黏土(十六烷基三甲基铵或十六烷基三苯基鏻改性的层状硅酸盐)纳米复合材料燃烧行为的影响。体系中黏土的添加量为 4.7%,固化剂为端羟基聚四氢呋喃,而引发剂为苄基四氢噻吩鎓。由于黏土减慢了反应动力学,因而必须采用较高的固化温度。作者认为,黏土片层上可能会吸附过多的酸性 $HSbF_6$,而这些 $HSbF_6$ 是由引发剂分解或起初形成的碳阳离子与质子给予体反应形成的,这便减少了能引发反应的酸性物质的量。通过 Cone,以不同的外部辐射热流量($30、50、70kW/m^2$)对单一环氧树脂(E + T)、添加十六烷基三甲基铵改性硅酸盐的纳米复合材料(E + T + TMA)、添加十六烷基三苯基▨改性硅酸盐的纳米复合材料(E + T + TPP)进行了表征,图 9.14 为其 pHRR 与 TTI 曲线。辐射热流量越高,pHRR 降低得越明显:当辐射热流量为 $70kW/m^2$ 与 $30kW/m^2$ 时,pHRR 分别降低 33% 与 20%。同时,纳米复合材料的 TTI 比单一环氧树脂长,尤其是在较低的辐射热流量条件下。这一结果初看是不能理解的,可能与体系的固化化学有关。事实上,黏土表层上吸附的酸性引发剂使得纳米复合材料的热稳定性提高。

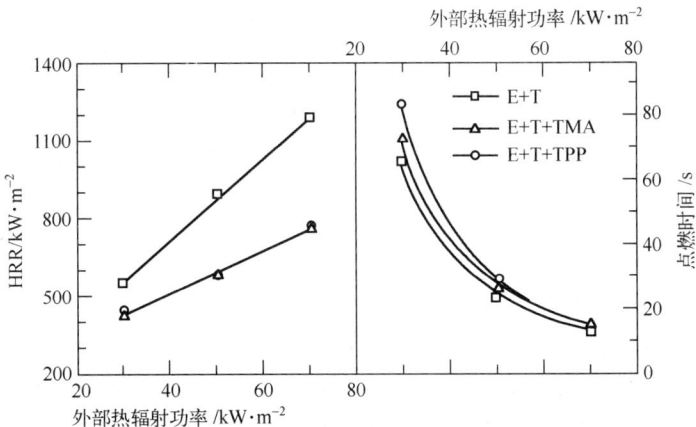

图 9.14　外部辐射热流量对 pHRR 与 TTI 的影响[14](通过 Cone,以不同的外部辐射热流量($30kW/m^2$、$50kW/m^2$、$70kW/m^2$),对单一环氧树脂(E + T)、添加十六烷基三甲基铵改性硅酸盐的纳米复合材料(E + T + TMA)、添加十六烷基三苯基鏻改性硅酸盐的纳米复合材料(E + T + TPP)进行表征)

通过水平本生灯测试,如 UL-94 水平燃烧测试或 FAR25.853,也易于观察到纳米复合材料的燃烧速率减慢了。在配备甲烷火焰的水平装置中点燃样条,记录火焰的传播速度。从图 9.15 中能够看出,添加 4.7% 的有机黏土,环氧树脂纳米复合材料前焰到达 150mm 标志处的时间增加了 78%[14]。然而,所有样条都完全燃烧,这与 9.5.3.3 节中所得到的结论(阴离子黏土纳米复合材料可能具自熄性)是相悖的。

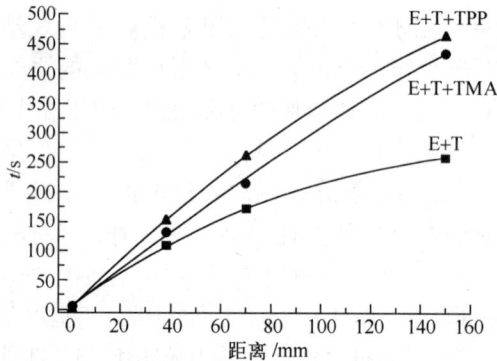

图 9.15　单一环氧树脂(E + T)、添加十六烷基三甲基铵改性膨润土的纳米复合材料
(E + T + TMA)、添加十六烷基三苯基镩改性膨润土的纳米复合材料(E + T + TPP)
在水平燃烧测试中火焰传播所需的时间[14](黏土添加量为 4.7%,树脂是脂环
族环氧树脂(3,4-环氧己基甲基-3′,4′-环氧己烷羧酸酯),以端羟基聚四氢
呋喃为固化剂,苯基四氢噻吩为引发剂)

由于材料中含硅酸盐,可燃有机物质减少,故纳米复合材料总燃烧热有所降低。与单一环氧树脂相比,纳米复合材料的总释热量降低 1% ~ 3%[14],这远远低于添加传统阻燃剂所引起的降低幅度。为此,研究人员把注意力转移到黏土与传统阻燃剂的协同效应上,把纳米复合材料较低的燃烧速率与传统阻燃剂较低的释热量相配合。有人已对添加磷系阻燃剂(如 APP)和黏土的配方进行了研究,在膨胀型热塑性体系中得到了很好的结果[60]。也有人对环氧树脂体系中的有机磷与黏土的协同效应进行了研究[56],DGEBA 和四官能度 TGDDA 环氧树脂系采用磷系有机物改性的。标准树脂与磷改性树脂纳米复合材料中黏土的添加量均为 7.5%,含磷环氧树脂与黏土表现出对抗效应。例如,与单一环氧树脂相比,DGEBA/黏土纳米复合材料、3% P—DGEBA、3% P—DGEBA/黏土纳米复合材料的 pHRR 分别降低了 40%、50% 和 38%。在 TGDDM 基配方中也观察到了类似的现象,但是黏土的效用较低(pHRR 只降低了 17%)。

9.5　阴离子黏土基环氧树脂纳米复合材料

正如9.2.2节所讨论的,LDH 的阴离子交换能力比硅酸盐黏土(如钠蒙脱土)的阳离子交换能力高约三四倍。随离子交换能力增加,片层与插入阴离子间的静电引力增大,但对剥离过程帮助甚少[61,62],这可能是目前关于 LDH 基纳米复合材料的文献数量不多的原因。

9.5.1　制备过程

通常,采用 LDH 作为填料只能获得层间距较小的插层结构,如聚苯乙烯磺酸酯、聚乙烯磺酸酯、聚丙烯酸、聚氧乙烯和磺基琥珀酸二辛酯/LDH 纳米复合材料[63-66]等几乎都是插层型的。LDH 基热塑性纳米复合材料通常采用溶液插层法或原位聚合法制备。在先前的工作中,人们认为,只要 LDH 层内及层间组分与加工条件适宜,热塑性高聚物也可通过熔融混炼法制得分层结构[67]。

阴离子黏土基热固性纳米复合材料可以采用原位聚合法制备,其制备过程和原理与9.4.1节中讨论的阳离子黏土基纳米复合材料类似。对剥离—吸附工艺的原位聚合法,在聚合前将有机黏土均匀分散在溶剂中,而这对制备 LDH 纳米复合材料来说似乎作用不大。这是因为,阴离子黏土不像阳离子黏土那样易于在溶剂中分散。有报道说,长径比较高的 LDH 能以硝酸盐的形式在甲酰胺中完全分层[68]。然而,甲酰胺较高的沸点(210℃)给溶剂的回收带来了不便。据报道,乙醇或乙二醇也可以插入 LDH 的层间,促进膨胀与分层[69]。然而,乙醇是不宜使用的,它会阻止溶胀的黏土层发生进一步膨胀,这将在后面讨论。

在恒定的 pH 值下,Hsueh 和 Chen[70]以共沉淀法合成了氨基月桂酸酯改性的 LDH,然后通过标准的原位聚合法制备了环氧树脂/LDH 纳米复合材料。具体制备过程如下:首先,在55℃时,将 LDH(添加量为3%～7%)添加到 DGEBA 中溶胀3h;然后,于室温下加入固化剂——工业聚氧丙烯二胺(Jeffamine D400),混合2h;最后,于75℃下固化3h,于135℃下再固化3h。其 XRD 图谱显示,在溶胀过程中,LDH 的层间距从2.1nm 增大至约3.0nm;在75℃时的固化过程中,其层间距进一步扩大;而于135℃下固化3h 后,图谱中观察不到衍射峰。TEM 照片显示了材料中由数个有序的剥离层组成的堆积,其层间距约为8nm。

作者的研究表明,无需使用长脂肪链表面活性剂或膨胀剂,DGEBA 也能在有机改性 LDH 中形成完全的插层结构[40]。作者曾合成了三种不同的有机 LDH——Mg61/TS、Mg61/ABS 和 Mg61/HBS,其表面活性剂分别是4-甲苯磺酸酯、3-氨基苯磺酸酯和羟基苯磺酸酯。在酸性适中的镁—铝碳酸盐 LDH(Pural MG61HT)中,通过离子交换,获得有机 LDH。LDH 的八面体结构单元的化学式为

$$Mg_{1-x}Al_x(OH)_2(CO_3^{2-})_{x/2} \cdot nH_2O$$

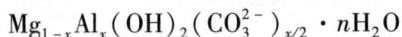

其中：$x = 0.33$，$n \approx 0.5$。其 XRD 图谱如图 9.16 所示，图中显示有层间距与相应的米勒指数（Miller indexing）。尽管碳酸根离子与 LDH 层间的亲和力很强，但碳酸根离子与有机磺酸酯间的交换仍然易于进行。在有机改性 LDH 的 XRD 图谱中观察不到碳酸盐 LDH 的衍射峰（其层间距为 0.76nm），如图 9.17 所示。其实，残留的碳酸根离子与有机磺酸酯插入 LDH 片层这一事实，从红外光谱与元素分析数据也可看出[40]。XRD 图谱中 0.76nm 处不存在衍射峰并不意味着碳酸根离子完全不存在。事实上，少量的碳酸根离子溶解在大分子有机阴离子的层间，不能反映层间距的任何变化。这是具刚性层的层状块材所表现的正常现象。

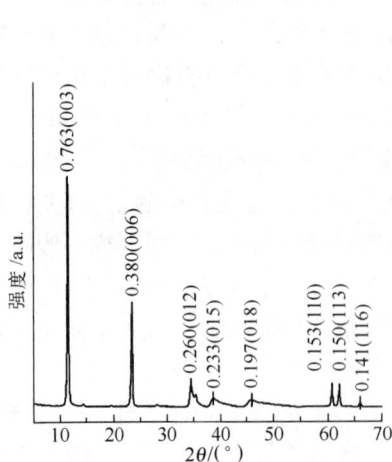

图 9.16　镁—铝碳酸盐 LDH(Mg61)的 XRD 图谱[40]（$d_{003} = 0.76$nm 是镁—铝碳酸盐 LDH 的特征峰，而碳酸盐是黏土层间的交换离子）

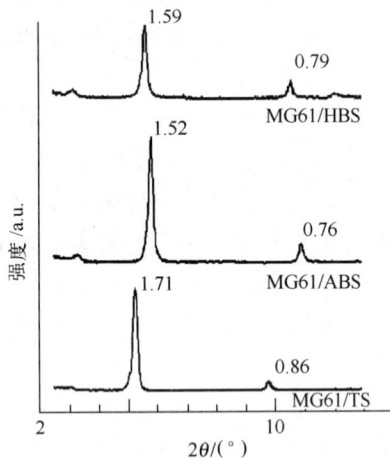

图 9.17　Mg61/TS、Mg61/ABS 和 Mg61/HBS 的 XRD 图谱

将两种有机 LDH——Mg61/ABS（氨基苯磺酸酯改性）和 Mg61/HBS（羟基苯磺酸酯改性）分别添加到 DGEBA 中（添加量为 6.4%），于 80℃下膨胀 12h，于 120℃下膨胀 2h。两者所得结果是不一样的，添加 Mg61/ABS 时，环氧树脂单体完全插入到片层间，而添加 Mg61/HBS 却没有出现插层。这可能是由于有机阴离子的酚羟基（羟基苯磺酸酯）与 LDH 层上的羟基间发生了缩合反应而热激活了接枝反应的缘故。相反，添加 Mg61/ABS 的液体试样的 XRD 图谱中出现了四级衍射峰，如图 9.18 所示，这表明，体系中形成了层间距为 3.51nm、高度有序的插层结构。图 9.19（a）是添加 Mg61/ABS 的薄层液体试样的 TEM 照片，可以看到，黏土层是清晰可见的，图中所显示出来的层间距，与 XRD 结果是相吻合的。

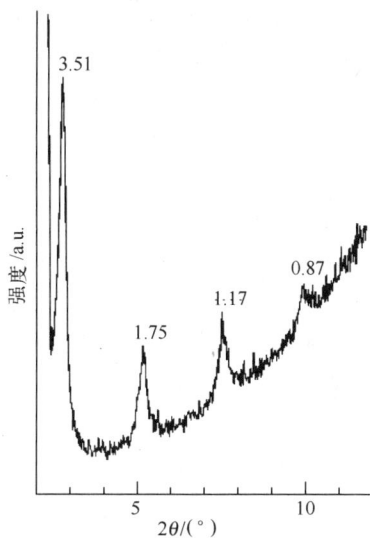

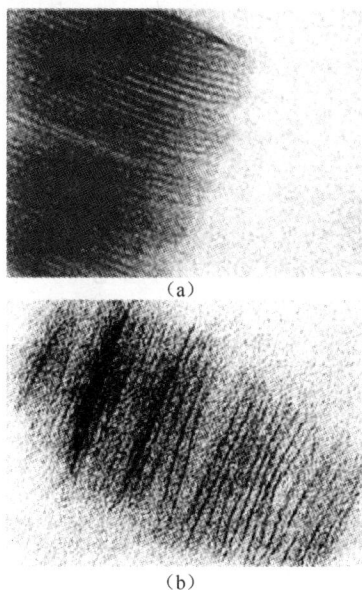

图 9.18 向环氧树脂单体中添加 6.4% 的
Mg61/ABS,体系(液态)发生膨胀后的
XRD 图谱[40](图中显示的是相对
靠前的基础反射的四级峰)

图 9.19 液态环氧树脂单体插入到
Mg61/ABS(6.4%)中的 TEM 照片[40]
(a)发生膨胀后;(b)添加 D230
固化后。

添加有机 LDH 的环氧树脂发生膨胀后,向配方中添加化学计量的固化剂——聚(丙二醇)双(2-氨丙基)醚(Jeffamine D230)。黏土在最终配方中的添加量为 5%。图 9.20 是固化后体系的 XRD 图谱,在 Mg61/TS-DGEBA 体系中,能够观察到插层结构,层间距从最初的 1.71nm(LDH)增加到 2.33nm。而对于 Mg61/ABS-DGEBA 体系来说,图谱中能观察到两个衍射峰,其层间距分别为 2.84nm 和 1.86nm。这两个峰分别是二级和三级衍射峰,据此能粗略算出其层间距为 5.6nm,这与 TEM 照片(图 9.19(b))所得的结果是相吻合的。

与 LDH 相比,Mg61/TS 与 Mg61/ABS 基纳米复合材料的层间距分别增加了约 0.6nm 和 4.0nm,这说明有机表面活性剂,尤其是有机表面活性剂与环

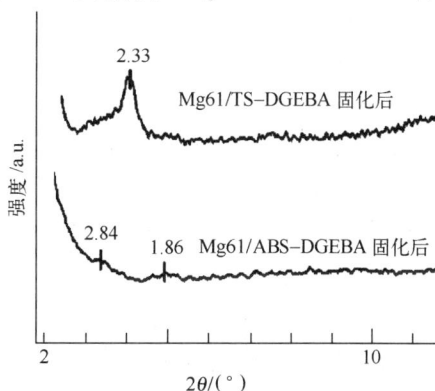

图 9.20 含 5% Mg61/TS 或 Mg61/ABS,
以固化剂 Jeffamine D230 固化后的环氧
树脂纳米复合材料的 XRD 图谱

氧树脂单体间反应活性的重要性。Mg61/TS 的表面活性剂是非活性的,而 Mg61/ABS 则是活性氨取代的苯磺酸酯改性的。氨取代苯磺酸酯对层间的聚合反应有催化作用,同时还能改善黏土的分散性。在 9.4.1 节,关于阳离子基纳米复合材料也得到过类似的结论。

也有人研究了 DGEBA-Mg61/ABS 体系中膨胀条件与固化剂对纳米复合材料的形态所产生的影响。正丁醇为膨胀剂,化学计量的三乙烯四胺(TTA)或 4,4′二氨基二苯砜(DDS)为固化剂。制备过程如下:首先将 Mg61/ABS 分散在正丁醇中,然后加入 DGEBA,在真空条件下于 120℃ 膨胀 2h,于 145℃ 再膨胀 2h。体系中 LDH 的添加量为 5%。用 TTA 与 DDS 固化的试样,其层间距分别为 3.3nm 和 3.4nm,比膨胀后观察到的层间距稍小(3.5nm)。根据 Chen 等人[71]的研究,层间距缩小了约 0.2nm,这可能与层外聚合物的硬度有关。在固化过程中,层外聚合物的硬度比层内聚合物的硬度提高的速度快,于是层内材料被压缩了。作者认为,环氧树脂单体与两相邻片层上氨基间的反应(桥反应)阻止了黏土层的进一步分离。事实上,在膨胀过程中,正丁醇对该反应起了促进作用,这是由于链转移而增加了环氧乙烷成环反应的活性[72]。固化剂的扩散速率(与极性及流动性有关)与反应活性的差异,可能是 TTA、DDS 固化试样与 Jeffamine D230 固化试样(层间距增大的幅度较大)行为差异的原因[39,73]。

9.5.2 特征

Hsueh 和 Chen[70]认为,在聚氧丙烯二胺(Jeffamine D400)固化的 DGEBA 体系中,添加氨基月桂酸酯改性的 LDH 能提高基体的热力学性能。DMA 分析表明,复合材料的 T_g 随有机 LDH 含量的增多而升高。例如,单一环氧树脂的 T_g 为 48℃,而添加 1%、3%、5%、7% 有机 LDH 的纳米复合材料,其 T_g 分别为 53℃、55℃、58℃、61℃。图 9.21 显示,材料的拉伸强度和弹性模量随有机 LDH 含量的增多都升高,而断裂伸长率在有机 LDH 含量为 3% 时出现最大值。材料的热膨胀系数在 T_g 附近显著降低,而材料的光学透明度与单一环氧树脂相差无几。

Gensler 等人[74]用硬脂酸阴离子对 LDH 改性,研究了环氧树脂/有机 LDH 纳米复合材料的透水汽性能。制备研究用材料时,首先在较高的剪切作用和室温下,将黏土在 DGEBA 单体中分散 2h。膨胀后,将酸酐固化剂(六氢苯酐)和催化剂添加到上述混合液中,于 120℃ 下固化 2h,于 140℃ 下进一步固化 5h。在膨胀和固化过程中,LDH 的层间距从 1.65nm(最初的有机改性 LDH)增加到 6.5nm(纳米复合材料)。根据 DIN 53122-1 标准,在 23℃ 和 85% 相对湿度下,对环氧树脂纳米复合薄膜的透水汽性能进行了测试,结果如图 9.22 所示。LDH 的添加量为 3% 和 5% 时,透水汽性能分别降低到 $10g/(m^2 \cdot d)$ 和 $5g/(m^2 \cdot d)$。

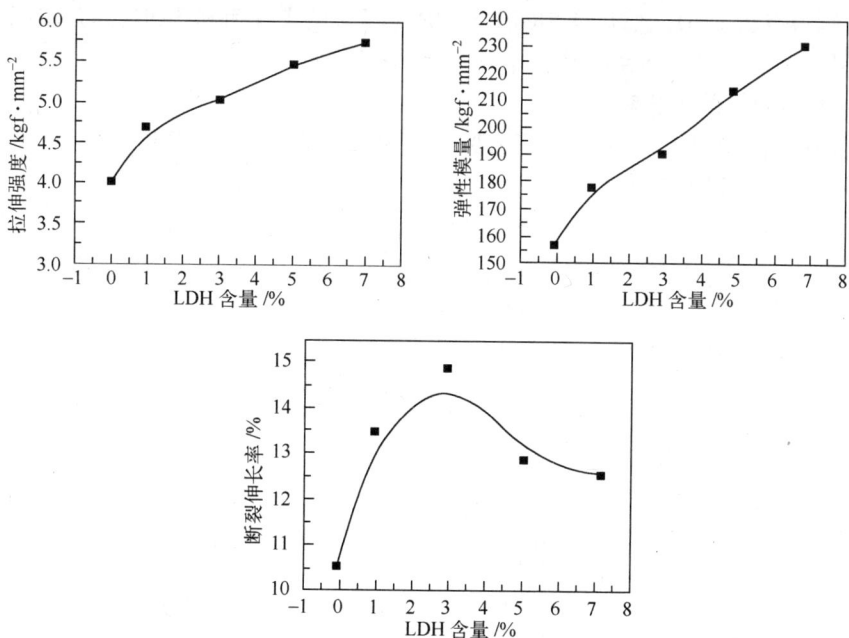

图 9.21 环氧树脂/有机 LDH 纳米复合材料拉伸性能(拉伸强度、
弹性模量和断裂伸长率)随有机 LDH 含量的变化曲线[70]

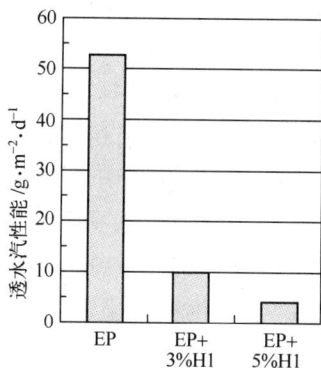

图 9.22 单一环氧树脂(EP)与含有3%(3% H1)和5%(5% H1)硬脂酸阴
离子改性 LDH 的环氧树脂纳米复合材料的透水汽性能[74]

9.5.3 热稳定性与燃烧行为

在先前的研究中[40],镁—铝碳酸盐 LDH(Pural MG61HT)在有机 LDH 的合成
过程中做前驱体,在酸性介质中,与 4-甲苯磺酸酯或 3-氨基苯磺酸酯进行离子交

换后,制得有机 LDH。然后向 DGEBA 中添加 5% 的上述有机 LDH,制备出纳米复合材料。本节将对该体系的热稳定性与燃烧行为展开讨论。

9.5.3.1 LDH 的热分解

LDH 的降解过程可分为三个阶段,如图 9.23 所示。第一阶段,在低温下脱除层间水,该过程是可逆的[75]。第二和第三阶段,在较高温度下八面体层羟基缩合与 CO_3^{2-} 分解。最后约 56.0% 的无机残留物是由 MgO 和具类尖晶石结构的 $MgAl_2O_4$ 组成的。LDH 的整个分解是强烈的吸热过程:第一阶段的反应焓是 356J/g,第二和第三阶段的是 594J/g。总反应焓(950J/g)与 MH(1200J/g)、ATH(1190J/g)热解时相当[76]。

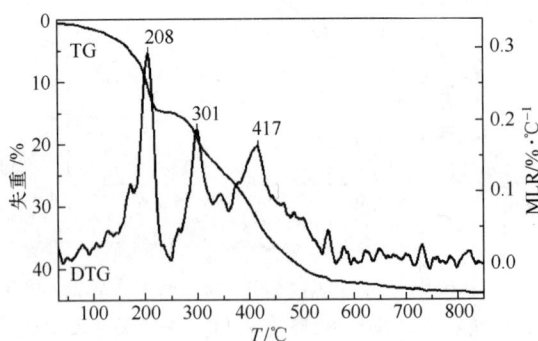

图 9.23 镁—铝碳酸盐 LDH(Pural MG61HT)的热失重曲线[40]

阴离子交换后,有机 LDH 有两个主要的热分解过程:第一阶段是吸附水与插层水的脱除;第二阶段是羟基层吸热降解与有机阴离子放热分解,这两个过程是重叠的。热解后的残留物主要由镁—铝氧化物组成,但表面活性剂也能促进高温稳定炭的形成。例如,Mg61/ABS 的 TGA 曲线在 900℃ 时有 40% 的残留物,但理论上的无机残留物(MgO 和 $MgAl_2O_4$)只有 37.6%,这说明,有机 LDH 中还有一些物质(如硫酸盐和含硫有机基团)在 900℃ 时仍是稳定存在的。残留物的红外吸收光谱图进一步证实了这一结论[40]。

9.5.3.2 高聚物/阴离子黏土纳米复合材料的热分解

在空气中,采用同步热分析法(STA),对聚氧丙烯二胺(Jeffamine D230)固化的、添加有 4-甲苯磺酸酯/LDH 的 DGEBA 纳米复合材料的热分解行为进行分析,同时对该 LDH 纳米复合材料(TS/LDH)与单一环氧树脂、双(2-羟乙基)铵蒙脱土纳米复合材料(30B)进行了比较。其中,黏土在两种纳米复合材料中的添加量都是 5%。图 9.24 是从 STA 中得到的 DTA 曲线,从图中可以看出,单一环氧树脂在约 550℃ 时有一个主要的吸热峰;TS/LDH 则有两个吸热峰,致使 HRR 降低,热释

210

放推迟;而 30B 的热分解情况与单一环氧树脂的差不多。

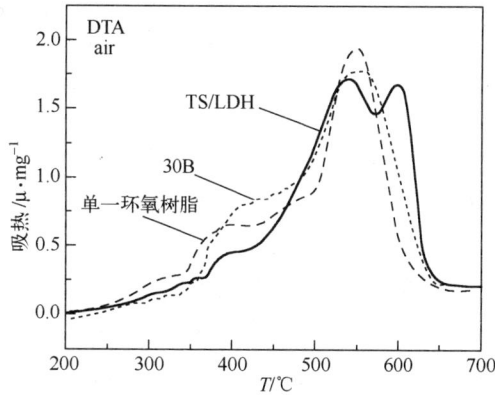

图 9.24　在空气中,单一环氧树脂、添加 4-甲苯磺酸酯/LDH 的环氧树脂纳米复合材料
(TS/LDH)和添加双(2-羟乙基)铵蒙脱土纳米复合材料(30B)的 DTA 曲线(纳米添
加剂的含量为 5%,单一环氧树脂的主要吸热峰在 TS/LDH 中演化成两个峰)

从有机磺酸酯改性的 LDH 基纳米复合材料的 TGA 曲线中可看到,黏土能
促进炭的形成。例如,图 9.25 是单一环氧树脂(二氨基二苯砜固化的 DGEBA)
和添加 5% 3-氨基苯磺酸酯改性 LDH 的纳米复合材料的 TGA 曲线,与单一环氧
树脂相比,纳米复合材料的初始分解温度降低了约 15℃,且 550℃时残留物的量
增加了约 36%。另外,添加磷系阻燃剂(如 APP)的环氧树脂的成炭量增加,热
稳定性降低。这是因为,在约 200℃时,APP 降解,生成聚磷酸和氨。在复合材
料降解的第一阶段,环氧树脂发生脱水反应,而聚磷酸对该过程有催化作用。同
时,聚磷酸还能促进不饱和物和炭的形成[49,77]。膨胀系统中的成炭剂前驱体通
常是磷化合物,在大多数情况下是 APP,但也可以是硫化合物。加热时,磺酸酯
分解生成强矿物酸,而后者对脱水反应有催化作用[78]。因此可以认为,环氧树
脂纳米复合材料中的表面活性剂有机磺酸酯能促进成炭。在先前的研究中得到
的另一个有参考价值的结论是,成炭反应与表面活性剂的性质有关,而与 LDH
本身无关。Hsueh 和 Chen[70]制备的环氧树脂/有机 LDH 纳米复合材料,系采用
氨基羧酸酯(12-氨基月桂酸酯)对 LDH 改性。对该材料的研究结果表明:与单
一环氧树脂相比,由于黏土典型的阻隔效应,纳米复合材料的热稳定性提高,但
较高温度下残留物的量却没有增加。同时,Chen 和 Qu[79]发现,PP-g-MA/LDH
(用十二烷基硫酸酯对 LDH 改性)纳米复合材料的热稳定性降低,而成炭量却
增加了。根据成炭机理,插层阴离子,尤其是它的酸度,似乎是影响降解过程的
主要因素。

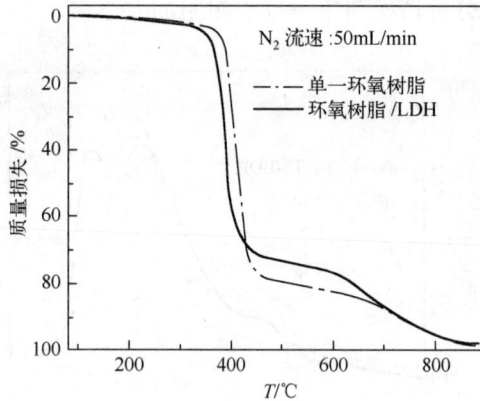

图 9.25　单一环氧树脂(二氨基二苯砜固化的 DGEBA)和添加 5%、
3-氨基苯磺酸酯改性 LDH 纳米复合材料的 TGA 曲线[40]

9.5.3.3　高聚物/阴离子黏土纳米复合材料的燃烧行为

　　LDH 作为一种传统添加剂,分解时能在材料表面形成难熔的氧化物,同时释放出水蒸气和二氧化碳,因而能提高基体的阻燃性能。燃烧时,通过吸收大量的热和稀释高温分解生成的可燃气体,延长了 TTI,降低了总释热量[76]。当 LDH 在基体中呈纳米级分散时,会产生纳米复合材料的典型效应。下文中,以环氧树脂为基,将纳米分散 LDH 的阻燃效果与纳米分散蒙脱土和传统添加剂(如 ATH 和 APP)的阻燃效果进行了比较,通过 UL-94 试验和 Cone 研究了高聚物纳米复合材料的燃烧行为。表 9.1 列出了研究用配方及相应纳米复合材料的层间距。

表 9.1　环氧树脂微米复合材料与纳米复合材料比较[①]

试　样	添　加　剂	层间距[②]/nm
环氧树脂	—	—
环氧树脂/LDH/CO₃	碳酸盐 LDH	0.8
环氧树脂/LDH1	3-氨基苯磺酸酯改性 LDH	5.6
环氧树脂/LDH2	4-甲苯磺酸酯改性 LDH	2.3
环氧树脂/MMT1	双(2-羟乙基)铵改性 MMT	4.0
环氧树脂/MMT2	C14～C18 铵改性 MMT	7.0
环氧树脂/ATH	ATH	—
环氧树脂/APP	APP	—

　　① 所有试样都以聚氧丙烯二胺固化的 DGEBA(Jeffamine D230)为基,于 50℃下固化 5h,于 110℃再固化 2h。添加剂的添加量为 5%。
　　② 通过 XRD 确定材料的层间距。如果 XRD 图谱中的衍射峰不明显,通过 TEM 确定层间距

212

UL-94 水平测试的结果是:有机 LDH 纳米复合材料(环氧树脂/LDH1 和 环氧树脂/LDH2)的阻燃性能优于传统有机蒙脱土纳米复合材料(环氧树脂/MMT1 和环氧树脂/MMT2)和添加传统阻燃剂的微米复合材料(环氧树脂/ATH),也优于碳酸盐 LDH 基微米复合材料(环氧树脂/LDH/CO₃)。事实上,在 UL-94 水平燃烧测试中,只有 LDH 基纳米复合材料有自熄行为;而 LDH 基微米复合材料和蒙脱土基纳米复合材料试样则完全燃烧。这说明,LDH 基纳米复合材料的阻燃性能与改性 LDH 的分散情况和内在特性有关,如图 9.26 所示。据作者所知,这是第一例不添加其他阻燃剂而具自熄性的纳米复合材料。

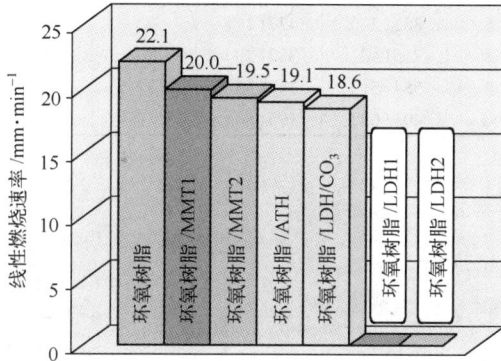

图 9.26   UL-94 水平燃烧测试中,环氧树脂试样的线性燃烧速率(只有 LDH
基纳米复合材料(环氧树脂/LDH1 和环氧树脂/LDH2)具自熄性,
即燃烧前沿没有达到第一标线 25mm 处,或在前 30mm 处自熄)

LDH 基纳米复合材料燃烧时形成了混合金属氧化物(由 LDH 热降解生成)与炭的插层纳米结构,XRD 图谱支持了这一假设:UL-94 燃烧后,环氧树脂/LDH1 和环氧树脂/LDH2 的 XRD 图谱在 1.28nm 处出现衍射峰。类似的是,Gilman 等人[3]报道,蒙脱土纳米复合材料形成的炭插层结构也有相同的炭层间距(为 1.3nm),且与高聚物的类型(热固性或热塑性)及纳米结构(插层或分层)均无关。这说明,炭的层间距与层状晶体的性质无关。

表 9.2 列出了环氧树脂试样的 Cone 数据,它们进一步证实了 LDH 基纳米复合材料的阻燃性能优于蒙脱土基纳米复合材料。与单一环氧树脂相比,环氧树脂/LDH1 和环氧树脂/LDH2 的 pHRR 分别降低了 51% 和 40%。这一结果明显优于环氧树脂/MMT2,后者的 pHRR 只降低了 27%。这是因为,Cone 测试后,在环氧树脂/LDH1 和环氧树脂/LDH2 中形成了膨胀的、密实且连续的残留物,而环氧树脂/MMT2 形成的残留物则是破碎的,如图 9.27 所示。环氧树脂/LDH1 的残留物呈薄壳结构,保护层厚度约为 1mm,最大厚度能达 5cm。该残留物具有优异的机械强度,也具有完整性、连续性和对基质的黏附性。燃烧后试样表面所形成的保护层具

213

有双层结构:白色、多孔的内层是由金属氧化物形成的,而黑色、紧凑的外层是由含碳残留物形成的(部分可能由气相中的烟灰形成)。

表 9.2　Cone 数据(外部辐射功率为 $35kW/m^2$;pHRR、MLR 和

SEA 数据可重复,误差为 ±10%;H_c 和 TTI 数据也可重复,误差为 ±15%;

Cone 数据是三个相同试样的平均值;试样是 100mm 的方板,厚度是 8mm)

试 样	残留物的量/%	pHRR/kW·m^{-2}(降低百分数)	mHRR/kW·m^{-2}(降低百分数)	mHc/MJ·kg^{-1}	mMLR/g·m^{-2}·s^{-1}	mSEA/m^2·kg^{-1}	TTI/s
环氧树脂	3.3	1181	533	26	23	750	109
环氧树脂/MMT2	8.6	862(27)	477(11)	23	21	773	110
环氧树脂/LDH1	8.4	715(40)	382(28)	23	17	724	98
环氧树脂/LDH2	9.5	584(51)	347(35)	22	15	743	112
环氧树脂/APP	90.1	491(62)	105(80)	17	6	720	78

(a)　　　　　　　　　　　　(b)

图 9.27　Cone 测试后的含碳残留物[40]

(a) 环氧树脂/LDH1 纳米复合材料形成的密实炭层,具膨胀性,炭层厚度能
达 50mm;(b) 环氧树脂/MMT2 纳米复合材料形成的破碎炭层。

前文已提及,UL-94 HB 测试后,LDH 基纳米复合材料的残留物呈插层结构,其层间距为 1.28nm。而 Cone 测试后,残留物的 XRD 图谱中观察不到衍射峰。事实上,UL-94 HB 与 Cone 的测试条件是不一样的。在 UL-94 中,施于试样的火焰是唯一的热源,所以火焰自熄后,残炭是不能被氧化的。相反,在 Cone 中,燃烧时与火焰自熄后,残留物一直暴露于外部热辐射中,直到将试样移开装置为止(约 2min)。火焰自熄后,LDH 基纳米复合材料仍有强烈的白炽余晖,将残留炭部分氧化成 CO 和 CO_2。这是由于 LDH 的降解产物(即镁铝氧化物)催化了氧化反应,形成了余晖的缘故[80,81]。因此可以认为,在燃烧过程中,LDH 基纳米复合材料首先形成了金属氧化物与炭的插层结构,然后,插层的含碳残留物在余晖时被氧化成

CO 和 CO$_2$,而金属氧化物催化了该反应。

图 9.28 是环氧树脂试样的 HRR 曲线。值得注意的是,在 160s 后,环氧树脂/LDH1 和环氧树脂/LDH2 体系的 HRR 显著降低了,这与炭层的迅速膨胀有关。因此,环氧树脂/有机磺酸酯改性 LDH 体系犹如纳米膨胀系统,在该体系中环氧树脂是碳源,磺酸酯是成炭剂(参考 9.5.3.2 小节),水和 CO$_2$(由 LDH 的羟基层热分解产生)是发泡剂。

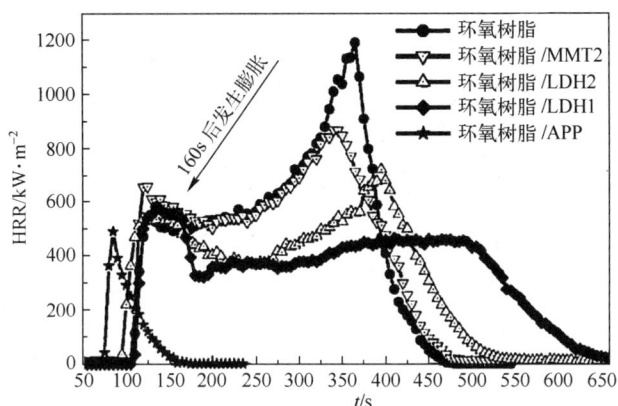

图 9.28 单一环氧树脂、环氧树脂/LDH1、环氧树脂/LDH2、环氧树脂/MMT2、环氧树脂/
APP 材料的 HRR 曲线[40](LDH 基纳米复合材料在约 160s 时发生膨胀)

对于降低失重和减少热释放来说,纳米复合材料的效果较环氧树脂/APP 差,但 APP 却使材料的热稳定性降低,并使 TTI 缩短了 29%。而环氧树脂/LDH1 和环氧树脂/LDH2 的 TTI 与单一环氧树脂差不多。此外,APP 使环氧树脂的力学性能下降,而 LDH 基纳米复合材料的拉伸强度、弹性模量、断裂伸长率均有提高,热膨胀和渗透性能下降[70,74]。

最重要的是,尽管 LDH 的阻燃效果较 APP 差,但 LDH 与 APP 间却存在协同效应。事实上,对于 3mm 试样来说,达到 UL-94 V-0 标准,在环氧树脂中需添加 30% 的 APP,而如果添加 4%3-氨基苯磺酸酯改性的 LDH,APP 的添加量只要 16% ~20%。

在 Cone 测试中,试样的厚度是一个重要参数,它会影响纳米复合材料与单一聚合物间 pHRR 的相对降低幅度。例如,在三乙烯四胺固化的 DGEBA 中添加 5% 的 3-氨基苯磺酸酯改性的 LDH,当试样厚度为 3mm 和 8mm 时,pHRR 分别降低了 45% 和 19%。因此,较薄试样的阻燃效果显著。Gilman 等人[82]报道,对于 PA6/5% MMT 来说,其结果是相反的,即较厚试样的 pHRR 下降较多。当试样的厚度为 8mm 和 1.6mm 时,其 pHRR 分别降低 60% 和 20%。在成炭体系中,上述结论是普遍适用的。这说明,对于 LDH 纳米复合材料来说,厚度较小的试样适于开发薄壁的阻燃产品。

将 3-氨基苯磺酸酯改性的 LDH 添加到含 APP 的环氧树脂配方（DGEBA/聚氧丙烯二胺，Jeffamine D230）中，研究了 LDH 在环氧树脂基阻燃涂层中所起的作用。将含 30% APP 的配方（microcoat）与含 3.7% 3-氨基苯磺酸酯改性的 LDH 和 26.3% APP 的纳米复合配方（nanocoat）进行比较，而在这两种配方中，阻燃剂的总添加量都是 30%。在玻纤增强的 PP（PP-GF）层压板（玻纤含量为 60%）上涂以 1mm 厚的 microcoat 或 nanocoat，通过 Cone，在 25kW/m² 的辐射热流量条件下，对试样的燃烧行为进行测定，其结果（取两相同试样的平均值）见表 9.3。配方中 LDH 的添加使 pHRR、SEM、CO/CO_2 比分别降低了 45%、55% 和 93%。这可能是由于纳米分散的镁铝氧化物[81,83]（由 LDH 分解产生）的催化作用，促进了 CO 氧化成 CO_2，并降低了气相中烟尘的形成，因而 SEM 和 CO/CO_2 比都降低。上述试样也具有很明显的的膨胀效果，如图 9.29 所示。

表 9.3　涂有 1mm 厚 nanocoat 与 microcoat 的 PP - GF 层压板在 25kW/m² 的辐射热流量条件下的 Cone 数据

	TTI/s	质量损失/g	HRR /kW·m⁻²	pHRR /kW·m⁻²	Hc /MJ·kg⁻¹	SEA /m²·kg⁻¹	CO/CO_2
microcoat	95	18.3	37.3	511	17.6	790	0.288
nanocoat	108	12.7	22.3	280	16.9	355	0.020

图 9.29　层压板 PP-GF 在 Cone 测试后的残留物（PP-GF 表面涂有 1mm 厚的涂层：左边板涂 microcoat，右边板涂 nanocoat）

9.6　聚氨酯纳米复合材料

聚氨酯（PU）是一类用量很大、适用范围很广的工业高分子材料，是由多元醇与多异氰酸酯反应制得的。PU 制品有硬质或软质泡沫、胶黏剂、涂料、弹性体和橡胶。通过改变反应原料、催化剂、表面活性剂的类型或比例，以及改变固化条件等，可以改善聚氨酯的性能,从而扩大其应用领域。制备 PU 涉及的主要反应可分为两大类:异氰酸酯与活泼氢化合物(如含羟基或氨基化合物,分别形成氨基甲酸酯基和脲基)反应;异氰酸酯自加成反应[84]。

9.6.1　制备过程

层状硅酸盐[55,85-90]或 SiO_2[91]基 PU 纳米复合材料的制备过程已有文献报道,其中合成 PU 纳米复合材料最常用的方法是利用多元醇对纳米粒子的溶剂化作用。Wang 和 Pinnavaia[85]发现 C12～C18 镉离子交换的蒙脱土易被多种工业多元醇溶剂化。溶剂化后,黏土的层间距主要取决于镉离子的链长,而黏土层上的电荷、多元醇分子量及官能度对层间距的影响是不明显的。Yao 等人[89]认为,通过选择合适的多元醇,不必使用有机表面活性剂,可以直接用无机钠基蒙脱土制备出具插层结构的纳米复合材料。

9.6.2　特征

与单一 PU 相比,T_g 低于室温的 PU 纳米复合材料的力学性能显著提高[85]。有机黏土添加量为 10% 时,拉伸强度、拉伸模量和断裂伸长率都提高了至少100%。在弹性环氧树脂中也能得到类似的结果,这在 9.4.2 小节中已经讨论过。对于不同的纳米复合体系,当测试温度高于 T_g 时,力学性能都能得到改善。这要归因于黏土层在外加应力场作用下的方向和排列发生改变时的能量消耗[92]。当纳米硅酸盐(4%)在 PU 基体中均匀分散时,O_2 的渗透率明显降低(约 50%)[90]。对于不同的蒸汽(水和二氯甲烷),随黏土含量的增加,其渗透性也降低;但当黏土含量达 20% 时,随黏土含量的继续增加,其渗透性不再发生变化[86]。

9.6.3　热稳定性与燃烧行为

人们对 PU 材料的热分解、燃烧与阻燃性已进行了研究[84],在加热过程中,PU 的热分解主要是产生制备它的前驱体(多元醇、异氰酸酯和胺)。热稳定性能优异的异氰酸酯环(由异氰酸酯三聚生成)和取代脲(由异氰酸酯二聚产生碳化二亚胺,后者又与羟基化合物反应生成取代脲)的形成,抑制了产物的完全挥发[87]。

阻燃剂能改变 PU 的热分解过程。例如,在 TPU 中,APP 或 MPP 降解产生多磷酸,后者与 PU 的氨基甲酸酯基团间的反应可催化脱水、促进成炭[84]。有机黏土对 PU 的热降解也可能产生类似的影响。镉离子盐分解,在黏土表面形成酸性位置,对 PU 的分解有催化作用[55]。如果无机磷系阻燃剂(APP、MPP)与层状硅酸盐同时添加,两者间的协同作用可进一步促进成炭反应。

有机黏土与 MPP 间存在协同效应,对阻燃 PU 的 LOI 值也有影响。PU、PU/

5% OMT、PU/6% MPP、PU/6% MPP/5% OMT 的 LOI 值分别为 19.0%、20.5%、24.0%、27.5%,其中 OMT 为十六烷基三甲基氯化铵改性的蒙脱土。与单一 PU 相比,PU/OMT 纳米复合材料的 pHRR 显著降低[55,87,88]。如图 9.30 所示,配方中添加 2.5% 的有机黏土(Cloisite 30B),pHRR 便可降低 68%,阻燃性能得到明显改善。然而,在纳米复合材料中,TTI 不变或缩短,初始 HRR 提高。这与先前提到的、黏土对聚合物的降解具催化作用的论点是相吻合的。

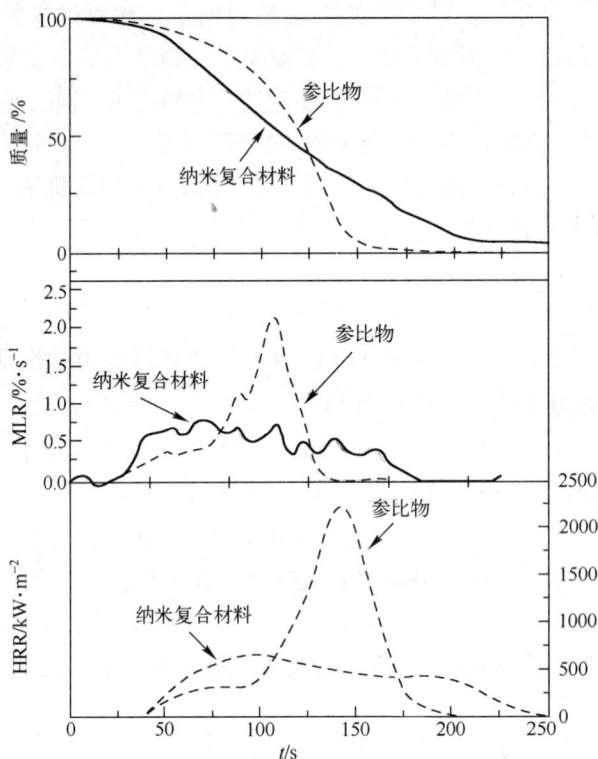

图 9.30　单一 PU(参比物)与 PU/2.5% 有机黏土(纳米复合材料)的 Cone 曲线[87]

　　正如 9.4.3.4 小节所讨论的,黏土可以减少达到阻燃标准所需的传统阻燃剂的添加量,但仅仅依靠纳米复合技术是不能达到商业测试标准的。例如,能够达到 UL-94 V-2 级的 PU 材料,添加 2.5% 的有机黏土制成纳米复合材料后,强烈地抑制了滴落,但是材料完全燃烧,不能达到 UL-94 任何燃烧级别[87]。

9.7　乙烯基酯纳米复合材料

　　乙烯基酯(VE)树脂主要用于制备高性能、纤维增强的复合材料[93],是在过氧化物引发剂和催化剂的作用下,由甲基丙烯酸酯化的环氧树脂与苯乙烯(可用甲基丙烯酸酯或丙烯酸酯低分子量单体(如甲基丙烯酸丁酯或丙烯酸丁酯)替代苯乙烯)反应制成。VE 单体有几个乙烯基端基,有交联能力。室温下,VE 是固体还是高黏度液体,取决于它们的分子量。对 VE 单体而言,苯乙烯相当溶剂和链扩链剂,是降低黏度和提高加工性能不可或缺的。

9.7.1 制备过程

VE/层状硅酸盐纳米复合材料可以通过原位聚合法制备[3,94,95]。Gilman 等人[3]将 VE 单体、有机黏土(二甲基二牛脂基铵蒙脱土)、催化剂和引发剂共混 5min,即制备出层间距为 4.8nm ~ 6.2nm 的插层纳米复合材料。经较长时间共混而制得的纳米复合材料,其层间距并没有进一步增加[94]。这是因为,在室温下,有机黏土很容易短时间内被 VE 溶剂化。而对环氧树脂来说,较长的膨胀时间和较高的温度是必不可少的[7,36]。这可能是由于苯乙烯的扩散系数比环氧树脂和 VE 单体大的缘故[35]。由于 VE 树脂中苯乙烯的含量较高(40% ~ 70%)、扩散系数较大,在混合过程中,苯乙烯比 VE 单体更快地扩散到黏土片层间。这样,苯乙烯在配方中便不再是均匀分布了。在这种情况下,固化时苯乙烯在黏土的片层间形成了均聚物,而层外的交联密度则由于苯乙烯的含量低而受到影响。对不饱和聚酯树脂/层状硅酸盐纳米复合材料,其黏土的分散、交联、T_g 和力学性能均为人们详细研究过[35]。

9.7.2 特征

Shah 等人[95]对 VE/黏土纳米复合材料的力学性能和水扩撒性能进行了研究。他们使用的 VE 树脂单体(Derakane 411-350)是双酚 A 环氧树脂—苯乙烯(双酚 A 环氧树脂在苯乙烯中所占的比例为 45%),而两种有机黏土是苄基(氢化牛脂烷基)二甲基季铵盐改性的蒙脱土(Cloisite 10A)和乙烯基苯基三甲基铵盐改性的蒙脱土(VMC)。添加 Cloisite 10A 所形成的纳米复合材料具插层结构,其层间距是 5.4nm ~ 6.0nm,与先前报道的一致[3]。而添加 VMC 形成的却是微米复合材料,固化后的 XRD 图谱中也显示层间距没有明显增加。这可能是由于邻近黏土层表面的不饱和位发生了交联反应的缘故。

将复合材料浸泡在水中的扩散实验表明,5% 有机黏土的添加使扩散系数降至原来的 1/7,但平衡湿气的含量提高至原来的 3 倍,并且这些数值受黏土表面活性剂类型的影响甚小。平衡水汽含量的增加是黏土的吸水趋势使然,即使黏土经有机处理后,这种趋势依然存在。

与单一 VE 树脂相比,上述两种有机黏土都使 T_g 提高,如图 9.31 所示,T_g 随 Cloisite 10A 含量增多而增高,但随 VMC 含量变化则没有规律性。必须提及的是,随 Cloisite 10A 含量增多,会有更多的苯乙烯插入和分散在黏土片层内,导致 VE 树脂在层外的交联密度增加,而在微米复合材料中是不存在这种情况的。

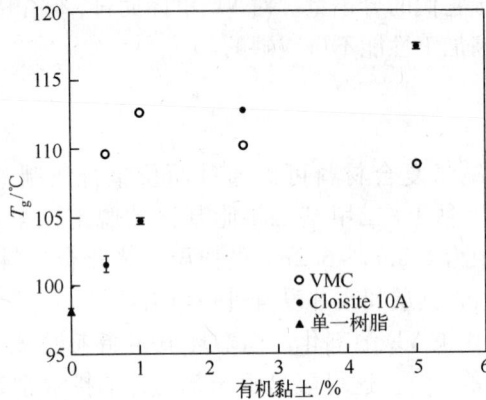

图 9.31　单一 VE 树脂、VE 插层纳米复合材料(Cloisite 10A)、VE
微米复合材料(VMC)的 T_g 与黏土含量的关系[95]

就拉伸强度和冲击强度而言,微米复合材料比高聚物基材高,但当黏土的含量在 0.5% ~ 5.0% 时,提高幅度不明显。而对纳米复合材料,随黏土含量的增多,拉伸强度和冲击强度都是降低的。

9.7.3　热稳定性与燃烧行为

Chigwada 等人[94]对添加不同纳米粒子——有机黏土（改性 MMT、改性 maga-diite）和 POSS(乙烯基-POSS)的 VE 纳米复合材料的热稳定性与燃烧行为进行了研究。TGA 表明,在氮气氛中,形成的纳米复合材料对初始分解温度没有影响。但在 600℃ 时,成炭率从 7%(单一高聚物)提高到 13%(添加 6% 纳米粒子的纳米复合材料)。改性 MMT、改性 magadiite 和 POSS 三者形成的纳米复合材料的成炭量没有明显差异。

通过 Cone 对各配方的阻燃性能进行了比较。当二甲基脱氢牛脂铵改性蒙脱土(Cloisite 15A)或低聚苯乙烯与二苯基乙烯基苯基磷酸酯改性蒙脱土的添加量为 6% 时,pHRR 降低了 31%。添加 POSS 也得到了类似的结果,当其添加量为 5% 时,pHRR 降低了 29%。当 POSS 的添加量继续增多,直到 10% 时,pHRR 并没有进一步降低。而采用与上述蒙脱土相同的表面活性剂对 magadiite 改性,其阻燃效率比较低,pHRR 仅降低了 14%。

Gilman 等人[3]得到的有关黏土纳米复合材料 pHRR 降低的情况,也与上述结论相似。他们添加 6% 的 Cloisite15A 制备了纳米复合材料,Cloisite15A 系分散在丁腈橡胶——改性双酚 A 环氧树脂基 VE(mod – bis – A)或双酚 A 与酚醛环氧树脂基 VE 的混合液(bis – A/novolac)中。这两种纳米复合材料的 pHRR 分别降低了 25% 和 39%。同时,黏土能促进成炭:单一高聚物中没有残留物,而纳米复合材料中的残留物分别是 8% 和 9%。Hc、SEA 和 CO 的生成量都没有因为纳米粒子的加入而发生变化。

有人对纳米添加剂与磷系阻燃剂(如 TCP、RDP)间可能存在的协同效应进行了研究[94]。例如,当 RDP 的添加量为 30% 时,VE 树脂的 pHRR 可降低 47% ~ 61%。而将有机黏土(Cloisite15A)和 RDP(30%)复配,pHRR 并没有显著改变,降低率为 48% ~ 55%。

同时含磷系阻燃剂和黏土（30% TCP 和 6% 黏土）的 VE 配方中,pHRR 为 299kW/m^2,这比标准的溴化 VE 配方的 pHRR 低。如果用上述两种配方制备玻纤增强的复合材料,则情况正好相反(图 9.32)。在玻纤增强的复合材料中,溴化 VE 配方和含 TCP 与黏土的配方,其 pHRR 分别为 141kW/m^2 和 197kW/m^2。添加 RDP 与黏土的配方也能得到类似结果。另外,较高的阻燃剂添加量会影响复合材料的力学性能,这主要基于两个原因:①降低基体本身的力学性能;②降低纤维的润湿性和基体—纤维黏附性。从这个角度而言,本质阻燃体系如溴化树脂,似乎是纤维增强复合材料的最佳选择,但无卤阻燃体系在降低释烟量、毒性和对环境的影响方面更胜一筹[2]。

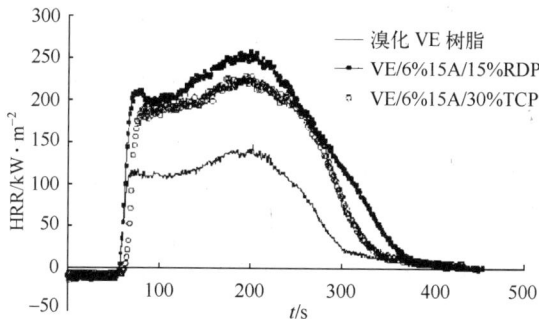

图 9.32　标准的溴化 VE 树脂、添加 6% Cloisite15A 与 15% RDP 及添加 6% Cloisite15A 与 30% TCP 的 VE 纳米复合材料的 HRR 曲线[94]

9.8　总结和结论

与单一高聚物相比,热固性纳米复合材料的 HRR 是降低的,但仅仅依赖纳米复合技术是不能通过阻燃测试标准的。传统阻燃剂与纳米粒子复配所产生的协效作用是这一领域的研究重点。阴离子黏土能改善材料的阻燃性能,可替代最常见的阳离子黏土。在 UL-94 水平测试中,阴离子黏土基环氧树脂纳米复合材料具有独特的自熄性,而这在以前的纳米复合材料中是没有过的。阴离子黏土材料在燃烧过程中,聚合物表面能形成连续的膨胀陶瓷状保护层,使这种材料的 HRR 降低幅度比蒙脱土纳米复合材料的更大。此外,阴离子黏土可以与磷系阻燃剂有效复配,改善膨胀性,同时降低 HRR 与烟雾释放量。

参考文献

1. Dumler, R.; Thoma, H.; Lenoir, D.; Hutzinger, O. Thermal formation of polybrominated dibenzodioxins (PBDD) and dibenzofurans (PBDF) from bromine containing flame retardants. *Chemosphere* **1989**, 19, 305–308.

2. Camino, G.; Lomakin, S. Intumescent materials, in: Horrocks, A.R.; Price, D., Eds., *Fire Retardant Materials*. Woodhead Publishing, Cambridge, England, 2001, pp. 318–336.

3. Gilman, J.W.; Kashiwagi, T.; Nyden, M.; Brown, J.E.T.; Jackson, C.L.; Lomakin, S.; Giannelis, E.P.; Manias, E. Flammability studies of polymer–layered silicate nanocomposites: polyolefin, epoxy, and vinyl ester resins, in: S. Ak-Malaika, A. Colovoy, and C.A. Wilkie Eds., *Chemistry and Technology of Polymer Additives*. Blackwell Science, Malden, MA, 1990, pp. 249–265.

4. LeBaron, P.C.; Wang, Z.; Pinnavaia, T.J. Polymer–layered silicate nanocomposites: an overview. *Appl. Clay Sci.* **1999**, 15, 11–29.

5. Okada, A.; Kawasumi, M.; Kuraurchi, T.; Kamigaito, O. Synthesis and characterization of a nylon 6–clay hybrid. *Polym. Prepr.* **1987**, 28, 447–452.

6. Lan, T.; Pinnavaia, T.J. On the nature of polyimide clay hybrid composites. *Chem. Mater.* 1994, 6, 573–575.

7. Messersmith, P.; Giannelis, E.P. Synthesis and characterization of layered silicate–epoxy nanocomposites. *Chem. Mater.* **1994**, 6, 1719–1725.

8. Burnside, S.D.; Giannelis, E.P. Synthesis and properties of new poly(dimethylsiloxane) nanocomposites. *Chem. Mater.* **1995**, 7, 1597–1600.

9. Pinnavaia, T.J. Intercalated clay catalysts. *Science* 1983, 220, 365–371.

10. Giannelis, E.P. Polymer layered silicate nanocomposites. *Adv. Mater.* **1996**, 8, 29–35.

11. Vaia, R.A.; Giannelis, E.P. Polymer nanocomposites: status and opportunities. *MRS Bull.* **2001**, 26, 394–401.

12. Giannelis, E.P.; Krishnamoorti, R.; Manias, E. Polymer–silicate nanocomposites: model systems for confined polymers and polymer brushes, in: Granick, S., Ed., *Polymers in Confined Environments*. Springer-Verlag, Berlin, 1998, pp. 107–147.

13. Kashiwagi, T.; Du, F.; Douglas, J.F.; Winey K.I.; Harris, R.H.; Shields, J.R. Nanoparticle networks reduce the flammability of polymer nanocomposites. *Nat. Mater.* **2005**, 4, 928–933.

14. Hartwig, A.; Putz, D.; Schartel, B.; Bartholmai, M.; Wendschuh-Josties, M. Combustion behaviour of epoxide based nanocomposites with ammonium and phosphonium bentonites. *Macromol. Chem. Phys.* **2003**, 204, 2247–2257.

15. Kashiwagi, T.; Harris, R.H.; Zhang X.; Briber, R.M.; Cipriano, B.H.; Raghavan, S.R.; Awad, W.H.; Shields, J.R. Flame retardant mechanism of polyamide 6–clay

nanocomposites. *Polymer* **2004**, 45, 881–891.

16. Zanetti, M.; Camino, G.; Thomann, R.; Mullhaupt, R. Synthesis and thermal behavior of layered silicate–EVA nanocomposites. *Polymer* **2001**, 42, 4501–4507.

17. Zanetti, M.; Kashiwagi, T.; Falqui, L.; Camino, G. Cone calorimeter combustion and gasification studies of polymer layered silicate nanocomposites. *Chem. Mater.* **2002**, 14, 881–887.

18. Tang, T.; Chen, X.; Chen, H.; Meng, X.; Jiang, Z.; Bi, W. Catalyzing carbonization of polypropylene itself by supported nickel catalyst during combustion of polypropylene/clay nanocomposite for improving fire retardancy. *Chem. Mater.* **2005**, 17, 2802.

19. Zhu, J.; Uhl, F.M.; Morgan, A.B.; Wilkie, C.A. Studies on the mechanism by which the formation of nanocomposites enhances thermal stability. *Chem. Mater.* **2001**, 13, 4649–4654.

20. Hsiue, G.H.; Liu, Y.L.; Liao, H.H. Flame-retardant epoxy resins: an approach from organic–inorganic hybrid nanocomposites. *J. Polym. Sci. A Polym. Chem.* **2001**, 39, 986–996.

21. Vaccari, A. Preparation and catalytic properties of cationic and anionic clays. *Catal. Today* **1998**, 41, 53–71.

22. Crepaldi, E.L.; Pavan, P.C.; Valim, J.B. Anion exchange in layered double hydroxides by surfactant salt formation. *J. Mater. Chem.* **2000**, 10, 1337–1343.

23. Meyn, M.; Beneke, K.; Lagaly, G. Anion-exchange reactions of layered double hydroxides. *Inorg. Chem.* **1990**, 29, 5201–5207.

24. Borja, M.; Dutta, P.K. Fatty-acids in layered metal-hydroxides: membrane-like structure and dynamics. *J. Phys. Chem.* **1992**, 96, 5434–5444.

25. Zhao, Y.; Li, F.; Zhang, R.; Evans, D.G.; Duan, X. Preparation of layered double-hydroxide nanomaterials with a uniform crystallite size using a new method involving separate nucleation and aging steps. *Chem. Mater.* **2002**, 14, 4286–4291.

26. Ogawa, M.; Kaiho, H. Homogeneous precipitation of uniform hydrotalcite particles. *Langmuir* **2002**, 18, 4240–4242.

27. Newman, S.P.; Jones, W. Comparative study of some layered hydroxide salts containing exchangeable interlayer anions. *J. Solid State Chem.* **1999**, 148, 26–40.

28. Choy, J.H.; Kwon, Y.M.; Song, S.W.; Chang, S.H. Structural phase transformation of layered hydroxy double salts depending on hydration degree. *Bull. Korean Chem. Soc.* **1997**, 18, 450–453.

29. Alberti, G.; Bartocci, M.; Santarelli, M.; Vivani, R. Zirconium phosphate chloride dimethyl sulfoxide, a reactive precursor of a large family of layered compounds. *Inorg. Chem.* 1997, 36, 3574–3575.

30. Vivani, R.; Costantino, U.; Nocchetti, M. Crystal engineering on layered zirconium phosphonates: crystal structure (from x-ray powder data) and non-covalent interactions on the layered zirconium compound of 4-[bis(phosphonomethyl)amino]butanoic acid. *J. Mater. Chem.* **2002**, 12, 3254–3260.

31. Becker, O.; Cheng, Y.B.; Varley, R.J.; Simon, G.P. Layered silicate nanocomposites based on various high-functionality epoxy resins: the influence of cure temperature on morphology, mechanical properties, and free volume. *Macromolecules* **2003**, 36, 1616–1625.

32. Bharadwaj, R.K.; Mehrabi, A.R.; Hamilton, C.; Trujillo, C.; Murga, M.; Fan, R.; Ch-

avira, A.; Thompson, A.K. Structure–property relationships in cross-linked polyester–clay nanocomposites. *Polymer* **2002**, 43, 3699–3705.

33. Camino, G.; Tartaglione, G.; Frache, A.; Manferti, C.; Costa, G. Thermal and combustion behaviour of layered silicate–epoxy nanocomposites. *Polym. Degrad. Stab.* **2005**, 90, 354–362.

34. Lan, T.; Kaviratna, P.D.; Pinnavaia, T.J. Epoxy self-polymerization in smectite clays. *J. Phys. Chem. Solids* **1996**, 57, 1005–1010.

35. Suh, D.J.; Lim, Y.T.; Park, O.O. The property and formation mechanism of unsaturated polyester–layered silicate nanocomposite depending on the fabrication methods. *Polymer* **2000**, 41, 8557–8563.

36. Lewis, A.F.; Doyle, M.J.; Gillham, J.K. Effect of cure history on dynamic mechanical properties of an epoxy-resin. *Polym. Eng. Sci.* **1979**, 19, 683–686.

37. Xie, W.; Gao, Z.; Pan, W.P.; Hunter, D.; Singh, A.; Vaia, R.A. Thermal degradation chemistry of alkyl quaternary ammonium montmorillonite. *Chem. Mater.* **2001**, 13, 2979–2990.

38. Gilman, J.W.; Awad, W.H.; Davis, R.D.; Shields, J.R.; Harris, R.H.; Davis, C.; Morgan, A.B.; Sutto, T.E.; Callahan, J.; Trulove, P.C.; DeLong, H.C. Polymer/layered silicate nanocomposites from thermally stable trialkylimidazolium-treated montmorillonite. *Chem. Mater.* **2002**, 14, 3776–3785.

39. Lan, T.; Kadiratna, K.D.; Pinnavaia, T.J. Mechanism of clay tactoid exfoliation in epoxy–clay nanocomposites. *Chem. Mater.* **1995**, 7, 2144–2150.

40. Zammarano, M.; Franceschi, M.; Bellayer, S.; Gilman, J.W.; Meriani, S. Preparation and flame resistance properties of revolutionary self-extinguishing epoxy nanocomposites based on layered double hydroxides. *Polymer* **2005**, 46, 9314–9328.

41. Park, J.H., Jana, S.C. Mechanism of exfoliation of nanoclay particles in epoxy–clay nanocomposites. *Macromolecules* **2003**, 36, 2758–2768.

42. Chen, B.; Liu, J.; Chen, H.; Wu, J. Synthesis of disordered and highly exfoliated epoxy/clay nanocomposites using organoclay with catalytic function via acetone–clay slurry method. *Chem. Mater.* **2004**, 16, 4864–4866.

43. Ma, J.; Yu, Z.Z.; Zhang, Q.X.; Xie, X.L.; Mai, Y.W.; Luck, I. A novel method for preparation of disorderly exfoliated epoxy/clay nanocomposite. *Chem. Mater.* **2004**, 16, 757–759.

44. Wang, Z.; Pinnavaia, T.J. Hybrid organic–inorganic nanocomposites: exfoliation of magadiite nanolayers in an elastomeric epoxy polymer. *Chem. Mater.* **1998**, 10, 1820–1826.

45. Zilg, C.; Mulhaupt, R.; Finter, J. Morphology and toughness/stiffness balance of nanocomposites based upon anhydride-cured epoxy resins and layered silicates. *Macromol. Chem. Phys.* **1999**, 200, 661–670.

46. Alexandre, M.; Dubois, P. Polymer-layered silicate nanocomposites: preparation, properties and uses of a new class of materials. *Mater. Sci. Eng. Rep.* **2000**, 28, 1–63.

47. Wang, Z.; Massam, J.; Pinnavaia, T.J. Epoxy–clay nanocomposites, in: T.J. Pinnavaia and G.W. Beall, Eds. *Polymer–Clay Nanocomposites*. Wiley, New York; **2001**, pp. 127–149.

48. Wang, Z.; Lan, T.; Pinnavaia, T.J. Hybrid organic–inorganic nanocomposites formed from an epoxy polymer and a layered silicic acid (magadiite). *Chem. Mater.* **1996**, 8, 2200–2204.

49. Levchik, S.V.; Camino, G.; Costa, L.; Luda, M.P. Mechanistic study of thermal behaviour and combustion performance of carbon fibre–epoxy resin composites fire retarded with a phosphorus-based curing system. *Polym. Degrad. Stab.* **1996**, 54, 317–322.

50. Levchik, S.V.; Camino, G.; Luda, M.P.; Costa, L.; Muller, G.; Costes, B. Epoxy resins cured with aminophenylmethylphosphine oxide—II. Mechanism of thermal decomposition. *Polym. Degrad. Stab.* **1998**, 60, 169–183.

51. Rose, N.; LeBras, M.; Delobel, R.; Costes, B.; Henry, Y. Thermal oxidative-degradation of an epoxy-resin. *Polym. Degrad. Stab.* **1993**, 42, 307–316.

52. Davis, R.D.; Gilman, J.W.; Sutto, T.E.; Callahan, J.H; Trulove, P.C.; DeLong, H.C. Improved thermal stability of organically modified layered silicates. *Clays Clay Miner.* **2004**, 52, 171–179.

53. VanderHart, D.L.; Asano, A.; Gilman, J.W. Solid-state NMR investigation of paramagnetic nylon-6 clay nanocomposites, 2: Measurement of clay dispersion, crystal stratification, and stability of organic modifiers. *Chem. Mater.* **2001**, 13, 3796–3809.

54. Zanetti, M.; Camino, G.; Reichert, P.; Mulhaupt, R. Thermal behaviour of poly(propylene) layered silicate nanocomposites. *Macromol Rapid Commun.* **2001**, 22, 176–180.

55. Song, L.; Hu, Y.; Tang, Y.; Zhang, R.; Chen, Z.; Fan, W. Study on the properties of flame retardant polyurethane/organoclay nanocomposite. *Polym. Degrad. Stab.* **2005**, 87, 111–116.

56. Hussain, M.; Varley, R.J.; Mathys, Z.; Cheng, Y.B.; Simon, G.P. Effect of organophosphorus and nano-clay materials on the thermal and fire performance of epoxy resins. *J. Appl. Polym. Sci.* **2004**, 91, 1233–1253.

57. Triantafillidis, C.S.; LeBaron, P.C.; Pinnavaia, T.J. Thermoset epoxy–clay nanocomposites: the dual role of alpha,omega-diamines as clay surface modifiers and polymer curing agents. *J. Solid State Chem.* **2002**, 167, 354–362.

58. Zanetti, M.; Lomakis, L.S.; Camino, G. Polymer layered silicate nanocomposites. *Macromol. Mater. Eng.* **2000**, 279, 1–9.

59. Gilman, J.W.; Kashiwagi, T.; Morgan, A.B.; Harris, R.H.; Brassell, L.; Landingham, M.V.; Jackson, C.L. Flammability of polymer clay nanocomposites consortium. http://fire.nist.gov/bfrlpubs/fire00/PDF/f00026.pdf. Accessed Mar. 28, 2006.

60. Bourbigot, S.; Le Bras, M.; Dabrowski, F.; Gilman, J.W.; Kashiwagi, T. PA-6 clay nanocomposite hybrid as char forming agent in intumescent formulations. *Fire Mater.* **2000**, 24, 201–208.

61. Jacobson, A.J. Colloid dispersions of compounds with layer and chain structures. *J. Mater. Sci. Forum* **1994**, 152–153, 1–12.

62. Hibino, T.; Jones, W. New approach to the delamination of layered double hydroxides. *J. Mater. Chem.* **2001**, 11, 1321–1323.

63. Hussein, M.Z.B.; Yun-Hin, T.Y.; Tawang, M.M.; Shahadan, R. Thermal degradation of (zinc–aluminium-layered double hydroxide–dioctyl sulphosuccinate) nanocomposite. *Mater. Chem. Phys.* **2002**, 74, 265–271.

64. Oriakhi, C.O.; Farr, I.V.; Lerner, M.M. Thermal characterization of poly(styrenesulfonate) layered double hydroxide nanocomposites. *Clays Clay Miner.* **1997**, 45, 194–202.

65. Oriakhi, C.O.; Farr, I.V.; Lerner, M.M. Incorporation of poly(acrylic acid), poly(vinylsulfonate) and poly(styrenesulfonate) within layered double hydroxides. *J. Mater. Chem.* **1996**, 6, 103–107.

66. Leroux, F.; Aranda, P.; Besse, J.P.; Ruiz-Hitzky, E. Intercalation of poly(ethylene oxide) derivatives into layered double hydroxides. *Eur. J. Inorg. Chem.* **2003**, 6, 1242–1251.

67. Zammarano, M.; Bellayer, S.; Gilman, J.W.; Franceschi, M.; Beyer, F.L.; Harris, R.H.; Meriani, S. Delamination of organo-modified layered double hydroxides in polyamide 6 by melt processing. *Polymer* **2006**, 47, 652–662.

68. Liang, L.; Ma, R.; Ebina, Y.; Iyi, Y.; Sasaki, T. Positively charged nanosheets derived via total delamination of layered double hydroxides. *Chem. Mater.* **2005**, 17, 4386–4391.

69. Leroux, F.; Adachi-Pagano, M.; Intissar, M.; Chauviere, S.; Forano, C.; Besse, J.P. Delamination and restacking of layered double hydroxides. *J. Mater. Chem.* **2001**, 11, 105–112.

70. Hsueh, H.B.; Chen, C.Y. Preparation and properties of LDHs/epoxy nanocomposites. *Polymer* **2003**, 44, 5275–5283.

71. Chen, J.S.; Poliks, M.D.; Ober, C.K.; Zhang, Y.M.; Wiesner, U.; Giannelis, E.P. Study of the interlayer expansion mechanism and thermal–mechanical properties of surface-initiated epoxy nanocomposites. *Polymer* **2002**, 43, 4895–4904.

72. Hartwig, A.; Schneider, B.; Luhring, A. Influence of moisture on the photochemically induced polymerisation of epoxy groups in different chemical environment. *Polymer* **2002**, 43, 4243–4250.

73. Kornman, X.; Lindbergh, H.; Berglunda, L.A. Synthesis of epoxy–clay nanocomposites: influence of the nature of the curing agent on structure. *Polymer* **2001**, 42, 4493–4499.

74. Gensler, R.; Groppel, P.; Muhrer, V.; Muller, N. Application of nanoparticles in polymers for electronics and electrical engineering. *Part. Part. Syst. Char.* **2002**, 19, 293–299.

75. Bellotto, M.; Rebours, B.; Clause, O.; Lynch, J.; Bazin, D.; Elkaim, E. Hydrotalcite decomposition mechanism: a clue to the structure and reactivity of spinel-like mixed oxides. *J. Phys. Chem.* **1996**, 100, 8535–8542.

76. Camino, G.; Maffezzoli, A.; Braglia, M.; De Lazzaro, M.; Zammarano, M. Effect of hydroxides and hydroxycarbonate structure on fire retardant effectiveness and mechanical properties in ethylene–vinyl acetate copolymer. *Polym. Degrad. Stab.* **2001**, 74, 457–464.

77. Hörold, S. Phosphorus flame retardants in thermoset resins. *Polym. Degrad. Stab.* **1999**, 64, 427–431.

78. Lewin, M.; Brozek, J.; Marvin, M.M. The system polyamide/sulfamate/dipentaerythritol: flame retardancy and chemical reactions. *Polym. Adv. Technol.* **2002**, 13, 1091–1102.

79. Chen, W.; Qu, B.J. Structural characteristics and thermal properties of PE-g-MA/MgAl-LDH exfoliation nanocomposites synthesized by solution intercalation. *Chem. Mater.* **2003**, 15, 3208–3213.

80. Delfosse, L.; Baillet, C.; Brault, A.; Brault, D. Combustion of ethylene–vinyl acetate copolymer filled with aluminium and magnesium hydroxides. *Polym. Degrad. Stab.* **1989**, 23, 337–347.

81. Rychly, J.; Vesely, K.; Gal, E.; Kummer, M.; Jancar, J.; Rychla, L. Use of thermal methods in the characterization of the high-temperature decomposition and ignition of polyolefins and EVA copolymers filled with Mg(OH)$_2$, Al(OH)$_3$ and CaCO$_3$. *Polym.*

Degrad. Stab. **1990**, 30, 57–72.

82. Gilman, J.W.; Bourbigot, S.; Shields, J.R.; Nyden, M.; Kashiwagi, T.; Davis, R.D.; VanderHart, D.L.; Demory, W.; Wilkie, C.A.; Morgan, A.B.; Harris, J.; Lyon, R.E. High throughput methods for polymer nanocomposites research: extrusion, NMR characterization and flammability property screening. *J. Mater. Sci.* **2003**, 38, 4451–4460.

83. Delfosse, L.; Baillet, C.; Brault, A.; Brault, D. Combustion of ethylene vinyl-acetate copolymer filled with aluminum and magnesium hydroxides. *Polym. Degrad. Stab.* **1989**, 23, 337–347.

84. Levchik, S.V.; Weil, E.D. Thermal decomposition, combustion and fire-retardancy of polyurethanes: a review of the recent literature. *Polym. Int.* **2004**, 53, 1585–1610.

85. Wang, Z.; Pinnavaia, T.J. Nanolayer reinforcement of elastomeric polyurethane. *Chem. Mater.* **1998**, 10, 3769–3771.

86. Tortora, M.; Gorrasi, G.; Vittoria, V.; Galli, G.; Ritrovati, S.; Chiellini, E. Structural characterization and transport properties of organically modified montmorillonite/polyurethane nanocomposites. *Polymer* **2002**, 43, 6147–6157.

87. Berta, M.; Lindsay, C.; Pans, G.; Camino, G. Effect of chemical structure on combustion and thermal behaviour of polyurethane elastomers layered silicate nanocomposites. *Polym. degrad. Stab.* **2006**, 91, 1179–1191.

88. Devaux, E.; Rouchery, M.; Bourbigot, S. Polyurethane/clay and polyurethane/POSS nanocomposites as flame retarded coating for polyester and cotton fabrics. *Fire Mater.* **2002**, 26, 149–154.

89. Yao, K.J.; Song, M.; Hourston, D.J.; Luo, D.Z. Polymer/layered clay nanocomposites, 2: Polyurethane nanocomposites. *Polymer* 2002, 43, 1017–1020.

90. Chang, J.H.; An, Y.U. Nanocomposites of polyurethane with various organoclays: thermomechanical properties, morphology, and gas permeability. *J. Polym. Sci. B Polym. Phys.* **2002**, 40, 670–677.

91. Petrovic, Z.S.; Javni, I.; Waddan, A.; Banhegyi, G. Structure and properties of polyurethane–silica nanocomposites. *J. Appl. Polym. Sci.* **2000**, 76, 133–151.

92. Shah, D.; Maiti, P.; Jiang, D.D.; Giannelis, E.P. *Adv. Mater.* **2005**, 17, 525.

93. Abadie, M.J.M.; Mekhissi, K.; Burchill, P.J. Effects of processing conditions on the curing of a vinyl ester resin. *J. Appl. Polym. Sci.* **2002**, 84, 1146–1154.

94. Chigwada, G.; Jash, P.; Jiang, D.D.; Wilkie, C.A. Fire retardancy of vinyl ester nanocomposites: synergy with phosphorus-based fire retardants. *Polym. Degrad. Stab.* **2005**, 89, 85–100.

95. Shah, A.P.; Gupta, R.K.; Gangarao, H.V.S.; Powell, C.E. Moisture diffusion through vinyl ester nanocomposites made with montmorillonite clay. *Polym. Eng. Sci.* **2002**, 42, 1852–1863.

10. 含新型纳米粒子的纳米复合材料阻燃研究进展

Takashi Kashiwagi

Fire Research Division, National Institute of Standards and Technology, Gaitherburg, Maryland

10.1 导言

将微米尺度的粒子作为填料添加至聚合物中可制备聚合物微米复合材料,该类材料已为人们广泛开发和使用,但若将粒子进一步缩小至纳米尺度,增大粒子的表面能,则可赋予材料某些新的特性[1-4]。例如,纳米粒子可改善聚合物的阻燃性能。现在,纳米粒子已成为传统阻燃剂的有效替代品。尽管纳米粒子(此处所指纳米粒子指至少有一维为纳米尺度的粒子)的形状和类型多种多样,但目前最常用的是层状硅酸盐(见第3章)。三维均为纳米尺度的粒子,如球形硅胶粒子,是真正的纳米粒子,长径比为1。纳米片和纳米层仅有一维是纳米尺度,如层状硅酸盐和层状石墨,只有一维是一至几十个纳米,另外两维则是几百至上千纳米。此外,也有一些两维处于纳米尺度的长条形纳米粒子,如碳纳米管、晶须和高长径比的纳米棒等。

研究除层状硅酸盐外的纳米粒子的形状和种类对聚合物阻燃性能的影响,寻找对工业聚合物阻燃效率优异的纳米粒子是众多业内人士的兴趣所在。本章描述含新型纳米粒子(包括纳米氧化物,如纳米二氧化硅、纳米金属氧化物、聚倍半硅氧烷(POSS),也包括碳基纳米颗粒,如层状石墨、单壁碳纳米管(SWNT)、多壁碳纳米管(MWNT)和碳纳米纤维(CNF))聚合物纳米复合材料的阻燃性能,并探讨上述纳米粒子对聚合物的阻燃机理。

10.2 聚合物/纳米氧化物复合材料

10.2.1 纳米二氧化硅

只要粒径为纳米尺度,纳米二氧化硅就有很大的界面。据报道,尽管纳米二氧化硅没有层状黏土的窄道结构,但它仍可改善聚合物的力学性能[5-8]和热稳定性[9,10]。热稳定性的改善是由于纳米颗粒在各种聚合物中紧密堆积,从而显著降低了颗粒周围聚合物链的热运动和松弛所致[11]。此外,纳米尺度的二氧化硅还显著降低了聚合物的燃烧速率[12,13]。文献报道了PMMA/二氧化硅纳米复合材料[14-16]和PA/二氧化硅纳米复合材料[17]的阻燃性能。这类材料是分别通过溶液共混法[14,17]、单螺杆熔融共混法[16]和原位聚合法[15]将纳米粒子均匀分散于聚合物中制得的。

如前所述,如何实现粒子在聚合物基材的均匀分散是制备具有良好阻燃性能材料的关键所在。透射电镜(TEM)是观察纳米粒子在聚合物中分散状况的常用手段。PMMA/二氧化硅纳米复合材料的分散状况和HRR曲线如图10.1和图10.2所示。图10.1表明,粒子在基材中分散良好,平均粒径约为12nm。图10.2表明,往PMMA中分散13%的二氧化硅颗粒[15],材料的pHRR可降低约50%。往PMMA中添加10%粒径为7nm的二氧化硅(颗粒分散状况图中未示出),材料的极限氧指数(LOI)则改善不多,甚至没有改善。若要将材料的LOI由36%提高至44%,则需添加28%的二氧化硅颗粒(粒径为50nm~300nm)。图10.2的HRR曲线表明,二氧化硅颗粒不能降低材料燃烧早期的HRR。此外,实践证实,纳米二氧化硅也不能显著改善材料的UL94阻燃性[16]。因此,如本书前几章所述,纳米二氧化硅对聚合物的总体阻燃效率与纳米黏土相比,前者略逊一筹。

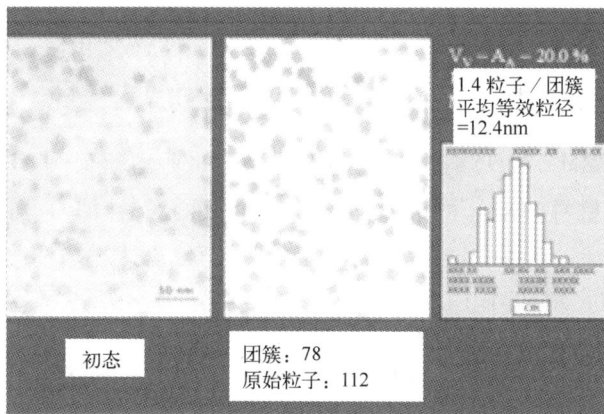

图10.1 PMMA/二氧化硅纳米复合材料的TEM照片(左)、
分析照片(中)和粒径分布图(右)[15]

在氮气氛、辐射热流量40kW/m² 的条件下,PMMA/二氧化硅纳米复合材料热裂气化分解时,材料先形成许多小泡,随后形成许多硬质白色小岛[15]。在小岛周围有小泡喷溅,小岛似乎由粗糙的颗粒状团簇组成。由于材料表面仅部分由这些松散的颗粒或团簇覆盖,颗粒或团簇间的表面部分依旧暴露于外部热源,所以减缓

PMMA 降解产物挥发的阻隔效应不是十分有效。在添加有二氧化硅颗粒（粒径 15nm）的 PC 中也是如此[18]。锥形量热仪测试后，盛放试样容器底部残留有黑色的粗糙粉末（图 10.3），但其中未形成覆盖整个样品表面的网状结构保护层。一种可能形成这种二氧化硅原位结构的办法是将纳米二氧化硅进行表面改性以促进颗粒间的交联，但至今尚未见类似工作报道。

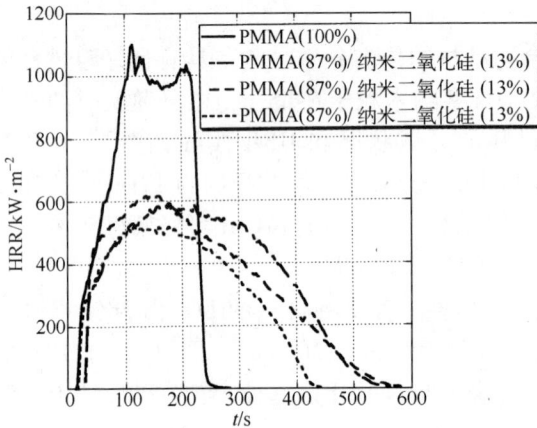

图 10.2　纳米二氧化硅对 PMMA HRR 的影响
（锥形量热仪测定，热流量 50kW/m²）

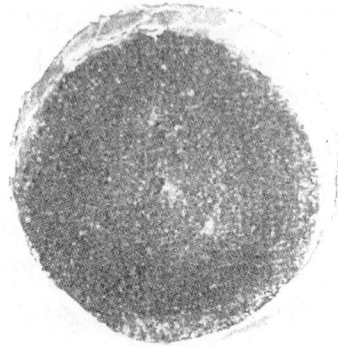

图 10.3　PMMA/二氧化硅纳米复合材料热裂气化试验（热流量 40kW/m²，氮气氛）后的残渣[15]

10.2.2　金属氧化物

曾测定了 PMMA/TiO_2 纳米复合材料（TiO_2 的平均粒径为 21nm）和 PMMA/Fe_2O_3 纳米复合材料（Fe_2O_3 的平均粒径为 23nm）的阻燃性能[19]，所用样品系以熔融共混法制得。样品形貌显示，纳米粒子在样品中分散良好，但由于纳米粒子未经任何表面处理，部分粒子倾向于团聚。对比 PMMA/TiO_2 纳米复合材料和 PMMA/TiO_2 微米复合材料（TiO_2 粒径 0.2μm）的 HRR 曲线（图 10.4），研究了粒子的尺寸效应。图 10.4 表明，前者的 pHRR 比后者低约 10%。在 PMMA/Fe_2O_3 体系中也发现类似效果。图 10.5 说明，PMMA 的 pHRR 随 TiO_2 纳米粒子用量的增加而降低，但降幅没有其他纳米粒子（如后文将提及的黏土和碳纳米管）大。将纳米金属氧化物与有机改性蒙脱土（OMMT）混用，研究了二者对 PMMA HRR 降幅的协同作用，结果如图 10.6 所示。在 PMMA/OMMT 中添加纳米金属氧化物颗粒，材料的释热性进一步降低，即蒙脱土与金属氧化物具有协同作用。原因解释如下：①TiO_2 可作为隔热屏障，降低了材料的热传导；②熔融材料黏度增加导致挥发性气体释放不畅；③聚合物熔融引起无机粒子的增润。

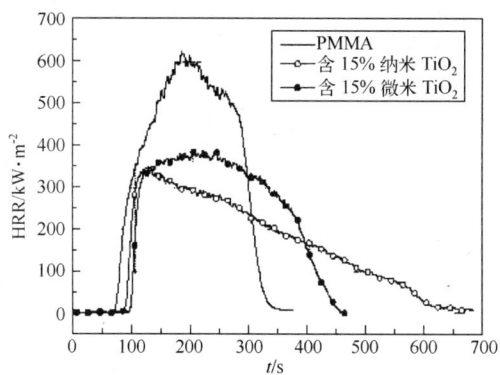

图 10.4 TiO$_2$ 粒径对 PMMA- TiO$_2$ 材料 HRR 的影响(热流量 35kW/m^2)[19]

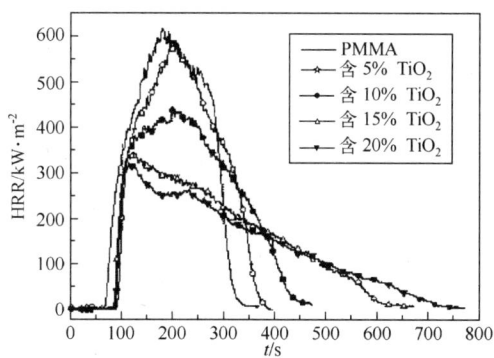

图 10.5 TiO$_2$ 纳米粒子用量对材料 HRR 的影响(热流量 35kW/m^2)[19]

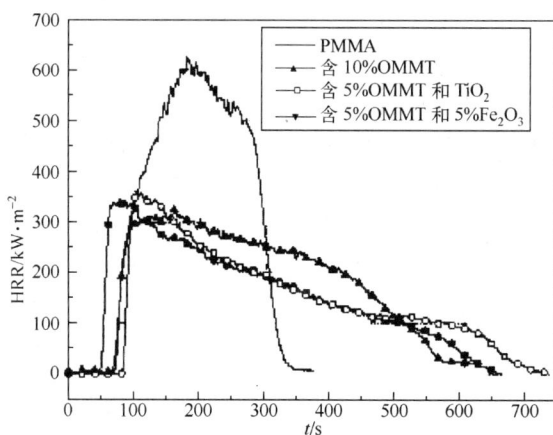

图 10.6 纳米复合材料(分别含有 OMMT、OMMT-TiO$_2$ 及
OMMT-Fe$_2$O$_3$)的 HRR 曲线(热流量 35kW/m^2)[19]

10.2.3　聚倍半硅氧烷

　　近年来,纳米聚倍半硅氧烷(POSS)的衍生物层出不穷[20-22],以 POSS 为基的杂化纳米复合材料正受到越来越多的关注。POSS 大分子单体具有独特的三维结构[23](图 10.7),其化学结构介于硅树脂和二氧化硅之间,具有优异的氧化安定性和耐火性能。POSS 由类似二氧化硅的无机核(Si_8O_{12})和围绕无机核的 8 个有机基团(位于无机核的 8 个角上,这增加了 POSS 与有机聚合物相容性)组成。POSS 具有纳米结构,优化它与聚合物间的界面和化学增强作用,可将 POSS 片段有效结合至聚合物链段中,也可在分子水平上控制聚合物链的运动。这方面应用的早期例子是硅氧烷[24,25],随后,添加纳米 POSS 以改善聚合物热稳定性和阻燃性的应用迅速发展。

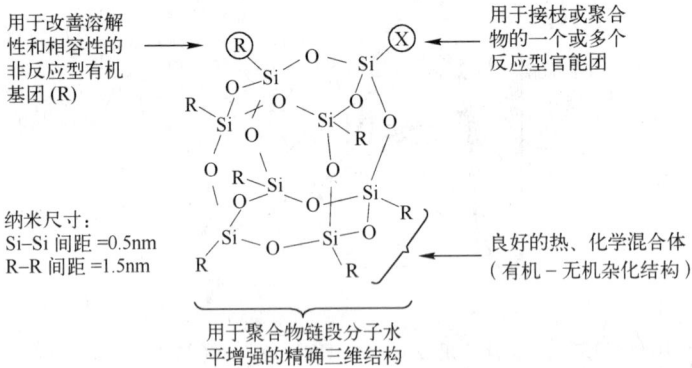

图 10.7　POSS 的大体结构[23]

　　如官能团不发生交联反应,POSS 大分子单体就会在高温下缓慢升华。一旦以化学键发生聚合,POSS 大分子单体就不会升华,而只是丢失其部分有机取代基,但这并不显著影响聚合物基材的降解[26]。由于随后发生交联反应,会在 POSS-硅氧烷共聚物中形成 SiO_xC_y 网状结构(残渣)[24]。这些纳米复合材料的热失重分析显示,随 POSS 用量的增加,材料的初始分解温度和固体(陶瓷和/或炭)残留率均得以提高[24,26-28],这意味材料热稳定性的改善。因此,增加 POSS 的用量,可显著提高纳米复合材料的热稳定性。

　　上述的热分析表明,既然聚合物/POSS 纳米复合材料的热稳定性得到提高,聚合物基材的阻燃性能也可能得到改善。然而,许多研究证实,往聚合物中引入 POSS 以改善聚合物阻燃性能,收效甚为有限。其中一个例子[29]是,将聚四甲基醚 – 乙二醇-b-聚酰胺-12、1% 聚酰胺-12(PTME-PA)、苯乙烯 – 丁二烯 – 苯乙烯三嵌段共聚物(SBS)和 PP 分别与 POSS(结构式如图 10.8 所示,添加量 10% ~ 20%)在四氢呋喃(THF)中溶液共混制得纳米复合材料。为方便比较,还以同样方法制备了其他硅化合物(如聚碳硅烷(PCS)、聚硅苯乙烯(PSS))纳米复合材料。所得纳米复合材料由锥形量热仪(热流量 35kW/m²)测得的的阻燃性能如图 10.9 所示和表 10.1 所列。结果说明,POSS 和 PCS(用量是 POSS 的两倍)对降低材料的 HRR 相当有效。但是,纳米复合材料的总释热量(THR,HRR 对时间积分)与纯树脂基材相差不大。此外,固体残留率也与理论计算值基本一致(表 10.1 括弧中的数值)。这表明,添加 POSS 并不能显著增加材料的成炭率,残渣主要是 POSS 的无机组分。

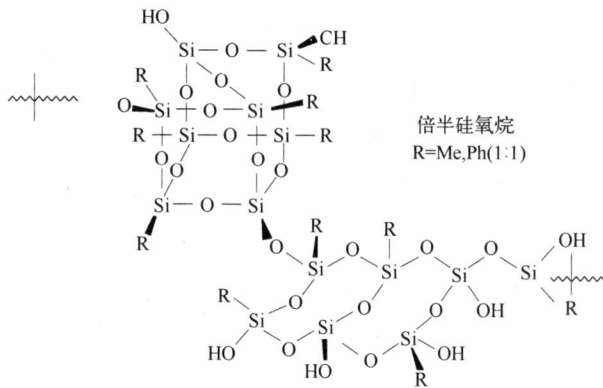

图 10.8　POSS 的结构

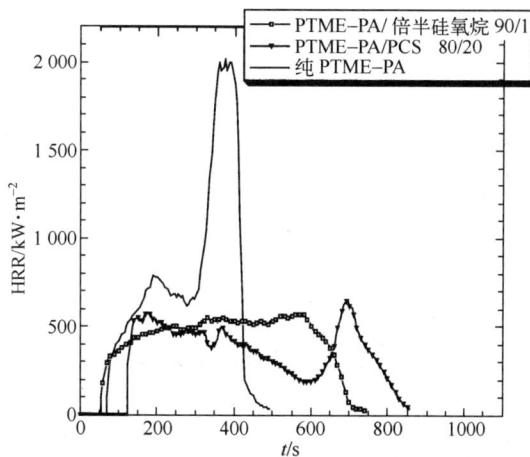

图 10.9　PTME-PA、PTME-PA-硅氧烷及 PTME-PA-POSS 的 HRR 曲线[29]

表 10.1 PP、PTME – PA 及 SBS(分别含有硅氧烷和 POSS)的
锥形量热仪测试结果①(热流量 35kW/m²)[29]

试 样	残炭率 /%	mMLR/g· m⁻²·s⁻¹	pHRR /kW·m⁻²	mHRR /kW·m⁻²	H_C/MJ· kg⁻¹	SEA/m²· kg⁻¹	平均CO 生成量/ kg·kg⁻¹
PP	0	25.4	1466	741	34.7	650	0.03
PP/POSS 80/20	17(16)②	19.1	892(40%)③	432(42%)③	29.8	820	0.03
PTME-PA	0	34.2	2020	780	29.0	190	0.02
PTME-PA/PCS 80/20	15(15)②	14.8	699(65%)③	419(46%)③	28.5	260	0.02
PTME-PA/PCS 90/10	6(8)②	19.8	578(72%)③	437(44%)③	25.2	370	0.02
SBS	1	36.2	1405	976	29.3	1750	0.08
SBS/PCS 80/20	20(15)②	18.5	825(42%)③	362(63%)③	26.4	1550	0.07
SBS/PCS 90/10	6(8)②	31.2	1027(27%)③	755(23%)③	26.9	1490	0.07

① mMLR 为平均质量损失速率,mHRR 为平均释热速率,H_C 为平均燃烧热,SEA 为比消光面积。残炭率、HRR 及 H_C 的测定误差为 ±5%,CO 生成量及 SEA 的测定误差为 ±10%。
② 括弧中为理论残炭量。
③ 降低百分数

往 PU 乳液中添加 10% 的 POSS,所得 PU/POSS 纳米复合材料(用作 PET 织物涂层)的 HRR 和 THR 均可大幅降低,如图 10.10 所示。在该研究中,使用了两种不同的 POSS:一种是八甲基 POSS(POSS MS,结构如图 10.7 所示,R 为甲基);另一种是聚乙烯基 POSS(POSS FQ,结构如图 10.8 所示,R 为乙烯基)。为方便比较,还选用了黏土(Closite 30B)作为纳米填料。结果表明,以 PU/POSS FQ2(2 表示在样品制备的第二阶段加入纳米粒子)纳米涂料处理的 PET 织物,其 HRR 和

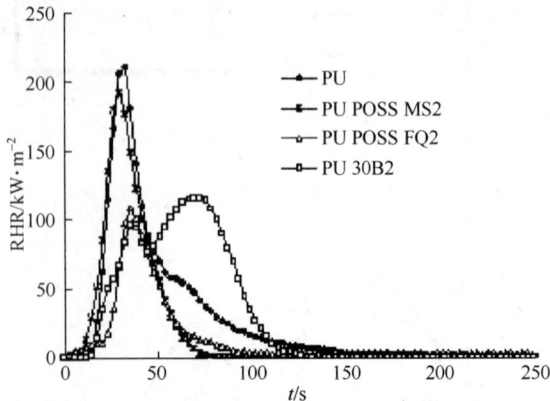

图 10.10 PU/POSS 纳米复合涂料(在制样的第二阶段加入纳米粒子)
处理的 PET 织物的 HRR 曲线(热流量 35kW/m²)[30]

THR 显著降低;而以 PU/POSS MS2(2 的意义同上)纳米涂料处理的 PET 织物,HRR 和 THR 几乎没有下降。TGA 数据显示,含有 POSS MS2 的背涂 PET 织物,其热稳定性与以纯 PU 背涂的 PET 织物相比,有所降低。含 POSS MS2 织物的耐热温度为 200℃,POSS MS2 的升华温度约为 300℃,以 PU/POSS MS2 纳米涂料处理的 PET 织物的阻燃性能如图 10.10 所示。另一方面,由于发生交联,POSS FQ 具有优异的热稳定性(380℃下无质量损失,700℃下仅失重 6%)。

以 PU/POSS FQ2 处理的 PET 织物,燃烧形成的残渣(包括残炭和可能的陶瓷组分)更为均匀,表面仅显现一些小裂缝。这种残渣对火焰有更强的抑制作用[30]。文献[18] 报道,PC/微胶囊化 POSS 纳米复合材料的情况与此类似,材料燃烧后,在 PC 表面形成了一层坚硬均匀的阻隔保护层。但是,由 PP/POSS FQ 纳米复合材料制备的长纱束,与 PP 相比,虽然 HRR 和 THR 均没有降低,但 TTI 明显延长,如图 10.11[31] 所示。因此,POSS FQ 对 PP 而言仅起到热稳定作用,而未起到阻燃作用。这些结果表明,聚合物/POSS 纳米复合材料的阻燃性与聚合物基材的种类、POSS 的结构及 POSS 与聚合物的混合效果紧密相关。如果某一特定结构的 POSS 可与聚合物基材发生高度交联而形成大量的 SiO_xC_y 网状结构,则可同时降低材料的 HRR 和 THR。此外,POSS 在聚合物基材中的分散状况也是导致阻燃性能不稳定的另一个重要因素。POSS 在聚合物中良好分散有助于形成对氧化稳定、均匀覆盖的致密表面炭层,而利于提高其对聚合物的阻燃效率[32]。许多研究结果表明,POSS 是极为有效的阻燃剂,但最近的一项研究显示,将苯基 POSS 三硅烷醇用于 PMMA,几乎不具有任何阻燃作用(锥形量热仪测试)[33]。总体而言,POSS 在降低材料的 HRR 方面有很大潜力,但具体选择何种 POSS 原料,必须仔细。

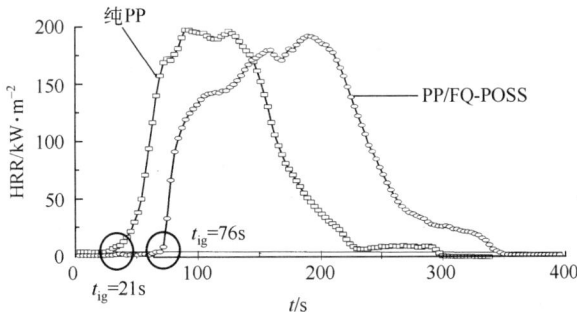

图 10.11　PP 及 PP/POSS-FQ 织物的 HRR 曲线(热流量 35kW/m²)[31]

10.3　碳基纳米复合材料

碳基纳米粒子多种多样,石墨是其中的一种,它是厚度为纳米尺度的层状粒子,类似于黏土颗粒。其他直径为纳米尺度的碳基纳米颗粒则是管状粒子。由于膨胀石墨(一种膨胀材料)已在第 6 章着重讨论,本章不再多述。

10.3.1　氧化石墨

　　石墨是由成叠的炭层构成的。每一层中,碳原子通过共价键连接,按六边形的方式排列;层间则以微弱的范德华力结合,这使得有可能成为插层。不能使石墨发生离子交换,但可向氧化石墨(GO)片层间引入亲有机的铵根阳离子。在873K 下,人们模拟了一系列 PP/石墨纳米复合材料(石墨片层间距不同)的热降解分子动力学[34]。模拟所得质量损失曲线表明,当层间距为 3nm(PP-PP 及 PP/石墨共同作用的结果)时,材料的稳定性得以显著改善;当层间距低于 2.5nm时,由于石墨片层间产生大量的狭窄通道,原子间的范德华斥力增大,从而降低了聚合物的热稳定性;当层间距较大时,体系无法提供足够的阻力阻止降解产物从层间快速挥发。

　　在前人研究的基础上,Uhl 和 Wilkie 研究了 PS/石墨纳米复合材料的热稳定性和阻燃性[35,36]。他们用原位聚合和熔融共混的方法分别制备了石墨浓度为1%、3% 和 5% 的 PS/石墨纳米复合材料。氧化石墨先以三种不同的表面活性剂(GO-C14、GO-10A 和 GO-VB16,结构式如图 10.12 所示)处理。X 射线衍射(XRD)数据显示,添加量为 1% 时,三种改性的氧化石墨均没有吸收峰,均已发生剥离;添加量为 3% 时,有两种无吸收峰,发生剥离;添加量为 5% 时,三种均可清晰完整地看到 XRD 吸收峰,表明 d - 间距(层与层之间的距离)比未改性的 GO 要大得多。XRD 谱图上的吸收峰意味氧化石墨发生插层。熔融共混样品(d - 间距较原位聚合样品小)中也观察到类似现象。图 10.13 表明,材料 pHRR 的降幅随 GO添加量的增加而增加,由 27% 增至 54%。此外,无论是 GO 还是改性 GO,均能几乎同幅度(从 1% 至 27%)降低材料的 pHRR。但是,无论是原位聚合法制得的PS/GO 纳米复合材料,还是熔融共混法制得的 PS/GO 纳米复合材料,其 TTI,与纯PS 相比,均大幅降低,前者的降幅更大。由于所有样品的热稳定性差异不大(事实

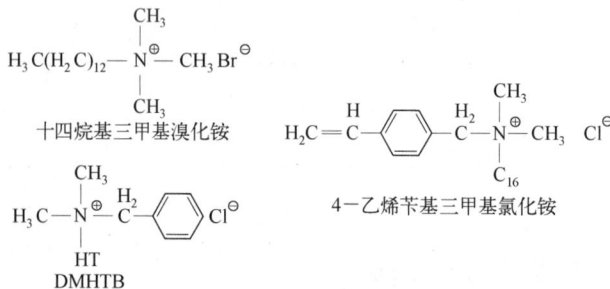

图 10.12　表面活性剂的结构

236

上,原位聚合法和熔融共混法制备的纳米复合材料的热稳定性均稍有提高),因此 TTI 的降低可能是其他原因造成的。另有工作表明,环氧树脂/GO 纳米复合材料[37]和聚乙烯醇/GO 纳米复合材料[38]的热稳定性较纯树脂相比,均有很大提高。10.4.1 小节部分将对以石墨为基的聚合物纳米复合材料 TTI 降低的可能原因进行讨论。所得原位聚合 PS/GO 纳米复合材料的 pHRR 降幅约为 PS/黏土(添加量 3% ~5%)纳米复合材料的 1/2[39]。

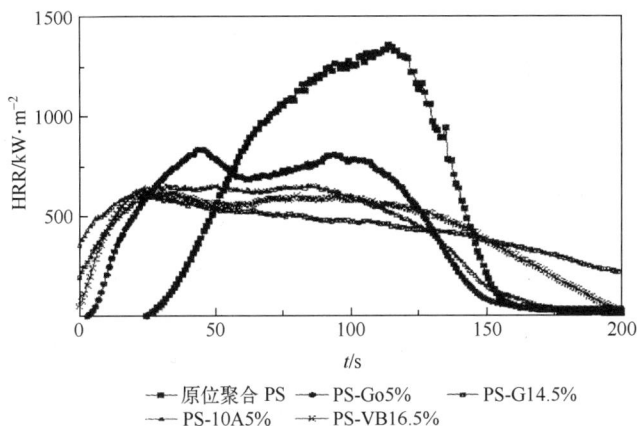

图 10.13　原位聚合法制备的 PS/GO 纳米复合材料的 HRR 曲线(热流量 35kW/m²)[36]

　　酚醛树脂/石墨纳米复合材料及环氧树脂/石墨纳米复合材料与对应的玻纤增强材料及芳纶增强材料的综合阻燃性能的对比表明,未增强酚醛树脂/石墨复合材料的阻燃性最好,未增强环氧树脂/石墨复合材料的阻燃性最差[40]。由于原文献未说明石墨在聚合物中的分散状况,因此不知研究的样品是纳米复合材料还是微米复合材料。

　　苯乙烯—丙烯酸丁酯共聚物/石墨(St-BA/GO)纳米复合材料具有非常优异的阻燃性能[41,42]。将膨胀石墨氧化可得 GO,先经 GO 剥离—单体吸附,再经原位乳液聚合可得 St-BA/GO(4%)纳米复合材料。GO 颗粒的分散状况由 XRD 和 TEM 测定,晶体结构中可观察到剥离脱离的 GO 片层。TGA 数据表明,材料的热稳定性略有改善(3% 的 GO 可使热稳定性提高 15℃)。增加 GO 的用量,材料的 HRR 显著降低。所有纳米复合材料的 THR,与 St-BA 相比,均降低约 40%,如图 10.14 和图 10.15 所示。但是,纳米复合材料的 TTI 要比纯样品短,这可能是有机乳化剂发生热降解,形成挥发性可燃气体造成的,也可能是由于 GO 片层中的 Lewis 酸或 Bronsted 酸活性中心对起始热降解有催化作用所致。GO 的阻燃机理是燃烧过程中形成含有 GO 的炭层,阻碍传热传质,减缓 St-BA 热降解挥发性产物的释放。

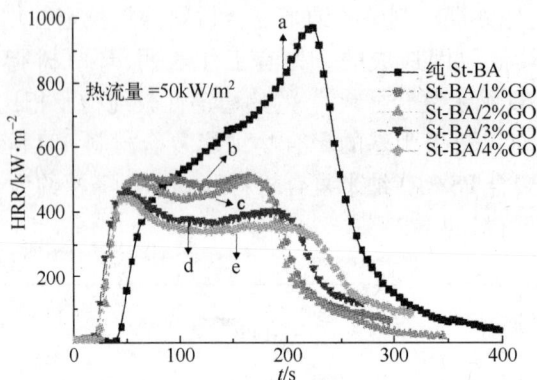

图 10.14　St-BA 和 St-BA 纳米复合材料的 HRR 曲线[41]

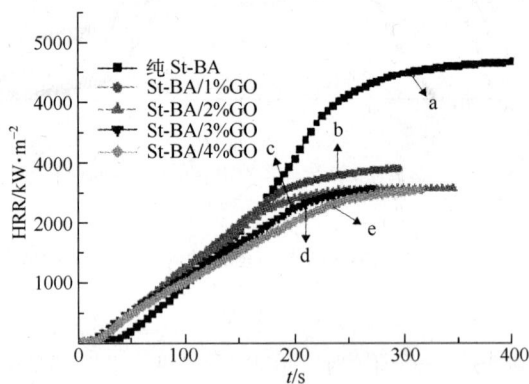

图 10.15　St-BA 和 St-BA/GO 纳米复合材料的 THR(热流量 50kW/m²)[41]

10.3.2　碳纳米管

　　自 1991 年首次[44]合成碳纳米管(CNT)以来,其合成和应用(利用 CNT 特有的物理性能,如高热导率(高于 3000W/mK[45])和高电导率)便成为研究热点,相关研究不计其数。CNT 有两种:直径较小(1nm ~ 2nm)的单层 CNT(SWNT)和直径较大(10nm ~ 100nm)的多层 CNT(MWNT)。CNT 的制备方法主要有直流电弧放电法[46]、激光烧蚀法[47]、化学气相沉积法(热增强及等离子增强)[48,49]及燃烧合成法[50]。上述诸法制得的 CNT 通常含有各种各样的杂质,如残留的催化剂、无定形碳和富勒烯。因此,CNT 必须纯化处理,如浓酸氧化[51]、湿空气氧化[52]和高温处理[53]。近几年来,已有相关文献[51,54-57]研究了纯化对CNT 性能的影响。CNT 的纯化对制备良好分散的纳米复合材料和提高材料热

238

稳定性而言,非常关键。

10.3.2.1　SWNT

图 10.16 所示为 SWNT 的 TEM 照片。一般说来,SWNT 通过管间的范德华力吸引成束,图中的黑点为残留的催化剂颗粒。已有不少研究表明,往聚合物中引入 SWNT,可提高材料的物理性能,如电导率[59,60]和力学性能[61-63]。此外,也有一些文献[60,63-65]研究了聚合物/SWNT 纳米复合材料的热稳定性,但据笔者所知,研究其阻燃性的文章仅有两篇[58,66]。PMMA/SWNT 纳米复合材料在空气中的热稳定性较纯 PMMA 有显著提高[60]。但是,PMMA/SWNT 纳米复合材料在氮气中的热稳定性则与纯 PMMA 相差不大[58,63],氟化环氧树脂/SWNT 纳米复合材料在氮气中的热稳定性较纯树脂有所降低。

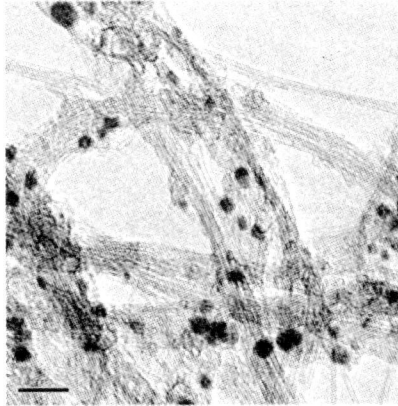

图 10.16　SWNT 束的 TEM 照片(比例尺度 10nm)[58]

下述研究中所用 SWNT 通过高压一氧化碳法(HiPCO)[48]制备。为有效控制 SWNT 在基材中的分散,PMMA/SWNT 纳米复合材料[60]以固化法制备。固化过程中,选用二甲基甲酰胺(DMF)将 PMMA 溶解以保证 SWNT 可由超声处理后分散。通过调节 DMF 中的 SWNT 浓度,来控制其在纳米材料中的分散状况。通过对比良好分散纳米复合材料及分散不均纳米复合材料的阻燃性,研究了 CNT 分散状况对材料阻燃性能的影响。用光学显微镜观察 CNT 的总体分散状况,结果如图 10.17 所示。图(a)显示,在微米尺度下,CNT 在聚合物基材中的分散相当均一。但是,增加 DMF 中 SWNT 的浓度,所得样品中就有部分 SWNT 发生团聚,如图 10.17(b)所示。前者(图(a))定义为分散良好的纳米复合材料样品,后者定义为分散不均的纳米复合材料样品。纯化后 SWNT 的 TEM 照片表明,其中存在大量的 CNT 束、少量的无定形碳及含有大量金属颗粒(残留催化剂)的富勒烯(图 10.16)。

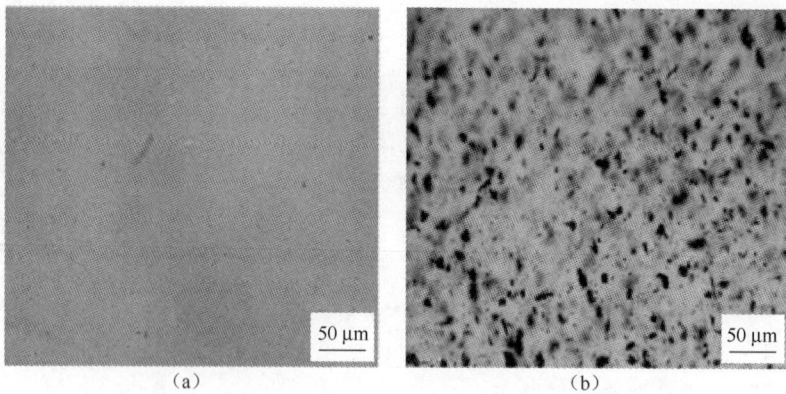

图 10.17　PMMA/SWNT(0.5%)样品的光学显微照片图[58]
(a) 分散良好;(b) 分散不好。

以热流量为 50kW/m² 的锥形量热仪测试了三种不同样品(PMMA、PMMA/SWNT(分散良好)纳米复合材料及 PMMA/SWNT(分散不好)纳米复合材料)的 HRR 曲线,结果如图 10.18 所示。分散良好纳米复合材料的 HRR,比纯 PMMA 和分散不好纳米复合材料的低得多。PMMA/SWNT(分散不好)纳米复合材料的 HRR,与纯 PMMA 相比,仅略有下降,但降幅不能令人满意。但是,所有样品的 THR 基本相同。这表明,虽然良好分散样品比分散不好样品燃烧得更为缓慢,但在 50kW/m² 热流辐射下,两种样品最终均几乎完全烧尽。

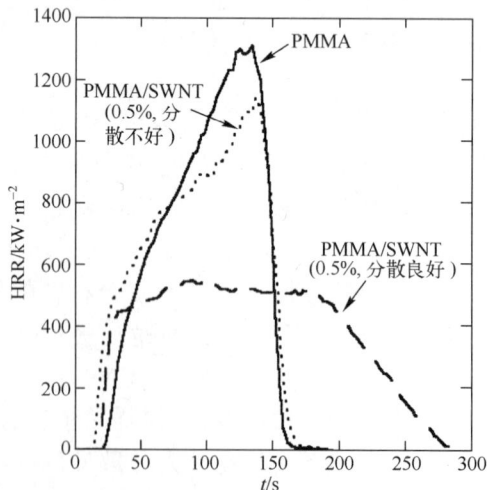

图 10.18　SWNT 的分散状况对 PMMA/SWNT(0.5%)纳米复合材料
HRR 的影响(热流量 50kW/m²)[58]

240

为阐明 SWNT 分散状况对纳米复合材料 HRR 的影响,以录像记录了两种样品的气化热裂情况(外部辐射热流量 $50kW/m^2$)。图 10.19 所示为从录像中选出的照片。分散良好的样品,在热裂过程中,先在材料表面形成大量喷溅的小泡,随后形成固体状物(无任何液体特征),最后形成连续的黑色炭层,覆盖整个样品容器。分散不好的样品,先形成大量小泡,随后小泡在材料表面发生喷溅形成许多黑色小岛,再后在小岛间为形成多孔结构,最后小岛连接成整体结构。两种样品的质量损失速率曲线(气化热裂)与图 10.18 所示的 HRR 曲线,变化趋势相同。

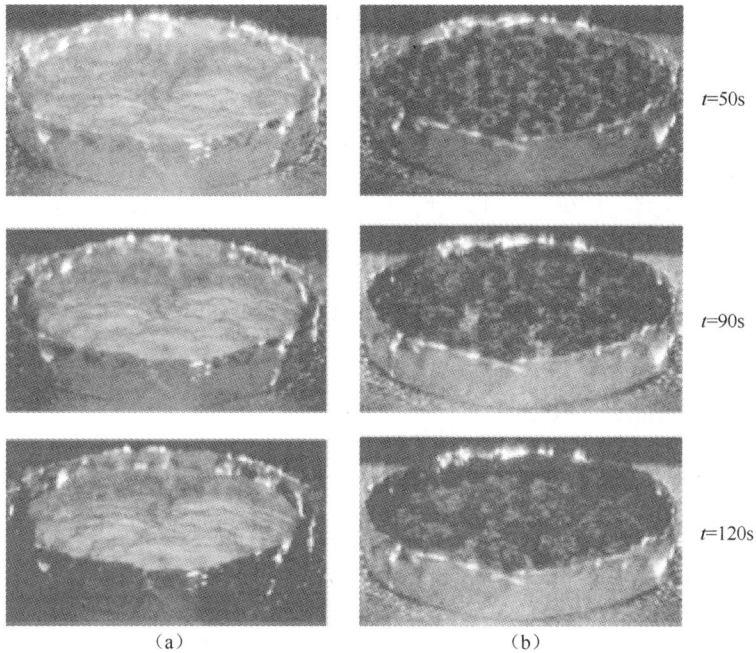

图 10.19　PMMA/SWNT 样品在气化热裂过程($50kW/m^2$,氮气氛)中的录像片[58]
(a) CNT 分散良好;(b) CNT 分散不好。

根据 PMMA/SWNT 纳米复合材料(分散良好,浓度为 0.1% ~ 1%,固化法合成)的 HRR 曲线(图 10.20),研究了 SWNT 用量对材料阻燃性能的影响。结果表明,SWNT 的用量为 0.1% 时,材料 HRR 的降幅不大;用量为 0.5% 时,材料 HRR 的降幅达最大值(约 60%,添加 3% 的黏土所得降幅仅为 28%[67])。PMMA/SWNT 纳米复合材料(用量为 0.2%)在氮气氛下的气化分解行为与 PMMA/SWNT 纳米复合材料(用量为 0.5%,但分散不好)类似,即在形成大量小泡、表面喷溅后形成许多坚硬的黑色小岛,在小岛间可观察到泡孔,似乎是气泡将 SWNT 推向小岛,使小岛逐渐变大,最后部分小岛相互连接在一起(图 10.21(b))。SWNT 用量为 0.5% 和 1% 的纳米复合材料,在整个气化热裂过程中,热裂行为类似于固体,样品表面始终被网状结构保护层所覆盖,最终形成均匀、致密、没有明显裂缝的固体残渣层(图 10.21(c)和(d))。PMMA/SWNT 纳米复合材料(用量为 1 %)热裂残渣的 TEM 照片(图 10.22)显示,网状结构由成束的相互盘绕的 CNT 构成。残渣坚固,不易破损。将所得残渣收集称量,CNT 仅略提高 PMMA 的残炭率。

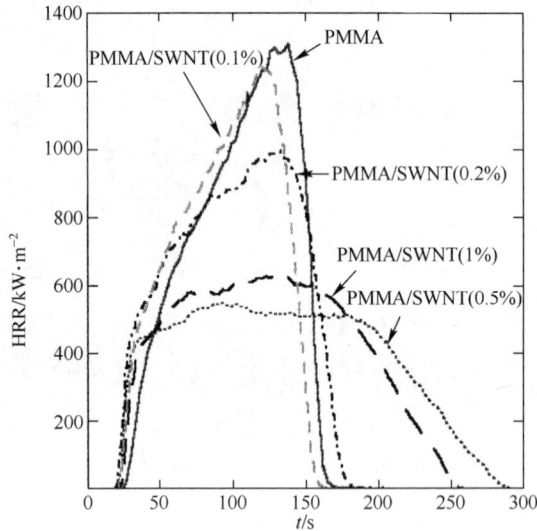

图 10.20　SWNT 用量对 PMMA/SWNT 纳米复合材料 HRR 的影响(热流量 50 kW/m^2)

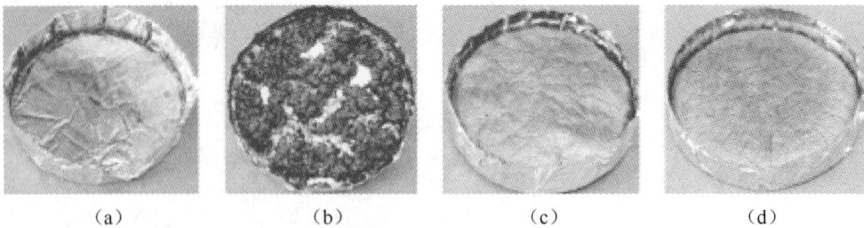

图 10.21　气化热裂(50kW/m^2,氮气氛)PMMA/SWNT 样品的残渣
(a) PMMA;(b) PMMA/SWNT(0.2%);(c) PMMA/SWNT(0.5%);(b) PMMA/SWNT(1%)。

　　许多研究均发现 CNT 具有优异的阻燃效率[58],但最近一项研究[66]表明,PE/SWNT 纳米复合材料(SWNT 用量为 5% 和 10%,熔融共混法制备,分散状况未说明)中的 SWNT 没有出任何阻燃作用。鉴于 SWNT 在聚合物中均匀分散的难度较大,笔者认为这可能是由于 SWNT 分散不良造成的。

242

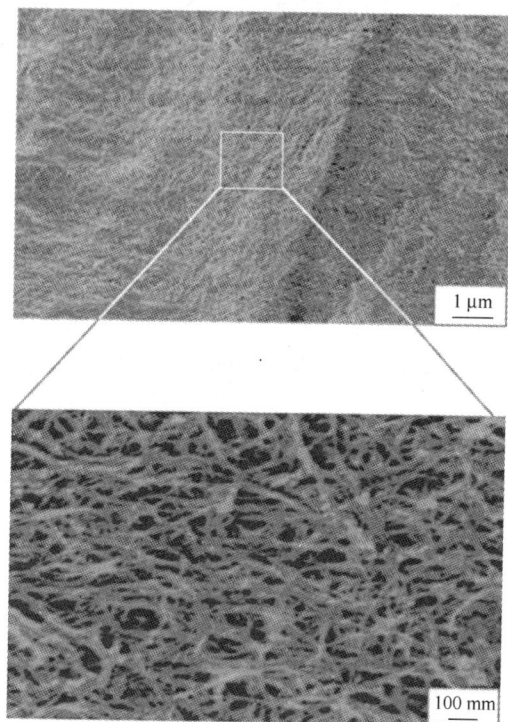

图 10.22　气化热裂所得 PMMA/SWNT(1%)残渣的 SEM 照片

10.3.2.2　MWNT

MWNT 的 TEM 照片如图 10.23 所示。图中的低倍照片表明,CNT 具有较好的柔顺性,不似绳索,更像面条。迄今为止,已有很多有关 MWNT 提高聚合物电导

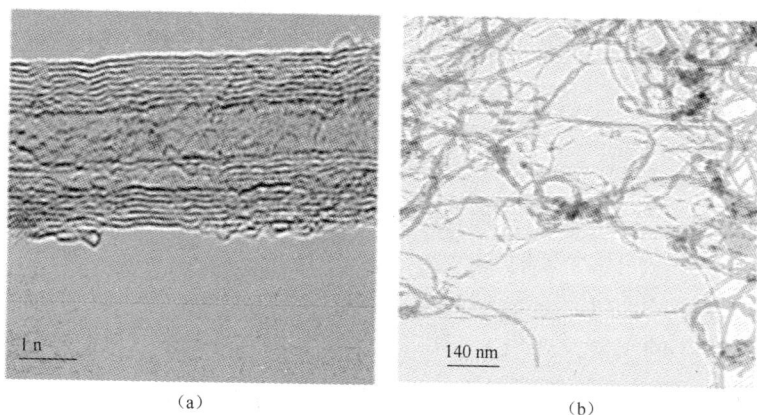

（a）　　　　　　　　　　　　　　　（b）

图 10.23　MWNT 的 TEM 照片

（a）比例尺度 5nm;（b）比例尺度 140nm。

率[68-71]、力学性能[72-75]和阻燃性能[76-81]的研究文献相继出版。此外,也有文献[82]报道,MWNT 可提高 PS、PP 及聚氟乙烯的抗氧化性。

下文用于研究的 PP/MWNT 纳米复合材料(MWNT 的用量为 1%、2% 和 4%)由剪切熔融共混法制备,所用 MWNT 系以化学气相沉积法(二甲苯为碳源,Fe 为催化剂,反应温度约 675℃[83])制备。以两种不同的方法和放大倍率研究了样品中 MWNT 的分散情况。PP/MWNT(4%)纳米复合材料(经溶剂抽提 PP 后)的扫描电镜(SEM)照片如图 10.24(a)所示,PP/MWNT(1%)纳米复合材料的光学显微镜照片如图 10.24(b)所示。从图(b)可以看到,各种不同直径和长度的 MWNT 在 PP 中总体分散良好。从图(a)可以看到,MWNT 的内部和末端均包含有残留催化剂(Fe)颗粒。纳米 Fe 颗粒可产生火花,降低 MWNT 的热氧化稳定性,也可催化 PP/MWNT 纳米复合材料的氧化降解。PP/石墨化 MWNT(高温退火除去 Fe 颗粒)纳米复合材料和 PP/MWNT(未高温退火)纳米复合材料的 HRR 曲线较为相似,因此,残留 Fe 颗粒对样品燃烧过程中的 HRR 无明显负面影响(燃烧过程中,氧气主要被气相氧化反应消耗,样品表面的氧气浓度较低)[78]。但是,锥形量热仪测试有焰燃烧结束后所得残留物(此时,氧气可到达残渣表面),阴燃(闷烧)严重。而在同样条件下,PP/石墨化 MWNT 纳米复合材料样品则未发生阴燃。

图 10.24　照片
(a) PP/MWNT(4%)纳米复合材料经溶剂抽提 PP 后残余物的 SEM 照片;
(b) PP/MWNT(1%)纳米复合材料熔融状态下的光学纤维照片。

MWNT 用量对 PP/MWNT 纳米复合材料 HRR 曲线的影响如图 10.25 所示。MWNT 具有两种截然不同的效果:首先,PP/MWNT(0.5%)的 TTI 较纯 PP 有所缩短,增大 MWNT 的用量,TTI 增加。其次,MWNT 的用量高于 1% 时,增加 MWNT 的用量,样品的 pHRR 反而略有增加。在 PMMA/SWNT 纳米复合材料中也发现类似现象(图 10.20),只是由于 SWNT 的添加量较小,变化趋势没有 PP/MWNT 明显。当 MWNT 的用量为 1% 时,PP/MWNT 的 pHRR 达最小值(对于 SWNT 而言,pHRR 达到最小值时的用量则为 0.5%)。当 MWNT 的用量高于 1% 时,增大 MWNT 的用量,pHRR 反而有所增加,这可能是由于 MWNT 的添加导致材料热导率的升高所引起的[78]。

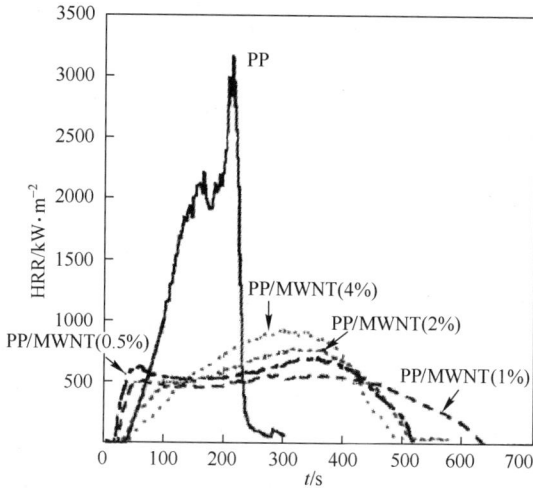

图 10.25　MWNT 用量对 PP/MWNT 纳米复合材料 HRR 的影响(热流量,50kW/m²)

PP/MWNT 纳米复合材料与纯 PP 在气化热裂过程(氮气氛)中的物理行为截然不同,如图 10.26 所示。PP 样品在整个过程中表现类似于液体,大量小泡在样品表面喷溅,热裂后未留下任何残炭。然而,所有 PP/MWNT 样品表现类似于固体,除热裂起始阶段外,未发现样品熔融,测试过程中样品的形状与尺寸未发生明显变化。将所有样品残渣收集,残渣表面未发现裂纹。热裂形成的网状结构保护层覆盖整个样品表面,并延伸至残渣底部,如图 10.27 所示。残渣由相互缠结的成束的 CNT(缠结程度和 CNT 尺寸均比起始样品大)构成。网状层为多孔结构,但仍具有物理整体性,触摸时不会发生断裂。PP/MWNT 的残渣结构与起始 PMMA/SWNT 样品十分相似。网状结构层的质量与样品中 MWNT 的质量甚为接近。这表明,网状结构的形成并不能促进 PP 成炭。文献[80]研究了在 PA6/MWNT 纳米复合材料(由市售母粒制备)中形成网状结构的重要性和熔融黏度对阻燃效率的影响。

炭黑(CB)通常用于橡胶补强的填料。假设 MWNT 和 SWNT 提高材料阻燃性能的原因可能是由于碳的引入,而与碳的形状和尺寸无关。为了检验这个假设是否正确,制备了两种不同的 PP/炭黑复合材料(两者炭黑的表面积不同,但炭黑的用量均与 PP/MWNT 中的 MWNT 用量相同)。N299 炭黑的表面积为 $102m^2/g$,N762 炭黑的表面积为 $27.3m^2/g$。对比了 PP 和 PP/CB 复合材料的质量损失速率曲线(热流量为 $50kW/m^2$,氮气氛),如图 10.28 所示。与在 PP 中添加 MWNT 一样(图 10.25,质量损失速率曲线的变化趋势与 HRR 曲线十分相似[76]),两种炭黑均增加了材料的起始质量损失速率。但是,pHRR 的降幅与 PP/MWNT(1%)纳米

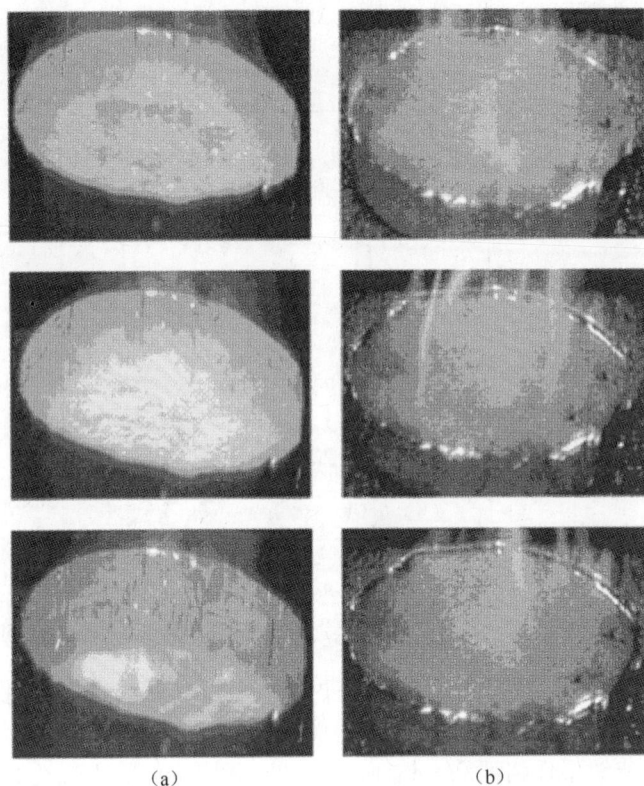

图 10.26　热裂试验(50 kW/m², 氮气氛)中的样品行为
(a) PP; (b) PP/MWNT(1%)纳米复合材料。

图 10.27　PP/MWNT(1%)纳米复合材料热裂生成炭层的横截面

复合材料相比,则要小得多。

　　在气化热裂(氮气氛)测试中,PP/CB 复合材料的表现类似粘性液体,形成频繁在样品表面喷溅的大泡。PP/MWNT(1%)纳米复合材料的残渣是填充整个样品容器的无裂缝的光滑层,尺寸与起始样品相当。但是,两种 PP/CB 复合材料均仅在样品容器底部留下团聚颗粒,如图 10.29 所示。

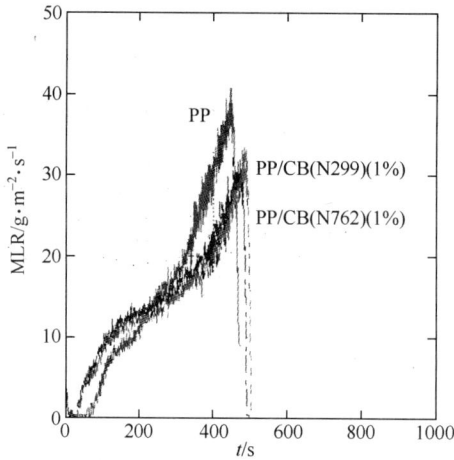

图 10.28　添加炭黑对 PP 质量损失速率的影响
（气化热裂测定，50 kW/m²，氮气氛）

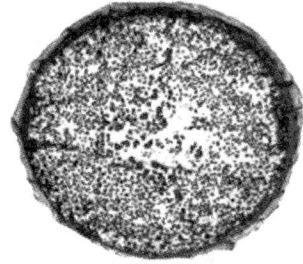

图 10.29　气化热裂所得 PP/CB 复合
材料的残渣（50kW/m²，氮气氛）

文献[66,77,79]研究了 EVA/有机黏土-MWNT 纳米复合材料中有机黏土和 MWNT 的协同阻燃作用。所用 MWNT 系以乙炔催化降解法（以矾土支撑的钴（Co）和 Fe 为催化剂）制得。合成的 MWNT 粗品可直接用作原料，也可将其纯化（在浓氢氧化钠溶液中煮沸后再在浓盐酸中除去矾土）后使用。在添加量相同的情况下，无论是经纯化的 MWNT，还是粗品 MWNT，较有机黏土相比，均表现出更佳的阻燃性能（pHRR 的降幅更大，且几乎不影响 TTI），见表 10.2。在降低材料的 pHRR 方面，粗品 MWNT 与纯化 MWNT 同样有效。EVA/有机黏土(2.4%)—纯化 MWNT(2.4%)纳米复合材料的 pHRR，比 EVA/纯化 MWNT(4.8%)纳米复合材料和 EVA/粗品 MWNT(4.8%)纳米复合材料两者均低。三者的 HRR 曲线如图 10.30 所示。笔者认为，当有机黏土和 MWNT（无论纯化与否）共用时，炭层中的石墨碳含量增加，从而直接导致 pHRR 的进一步降低。另外，如前所述，CNT 可减少炭层表面的裂纹，从而可更好地阻隔可燃物的挥发和氧气往凝聚相的渗入[81]。

表 10.2　样品的阻燃性能（热流量 35kW/m²）

试样	MWNT		有机黏土/%	TTI/s	pHRR/kW·m⁻²
	纯品/%	粗品/%			
1	—	—	—	84	580
2	2.4	—	—	85	520
3	4.8	—	—	83	405
4	—	—	2.4	70	530
5	—	—	4.8	67	470
6	2.5	—	2.5	71	370
7	—	4.8	—	83	403

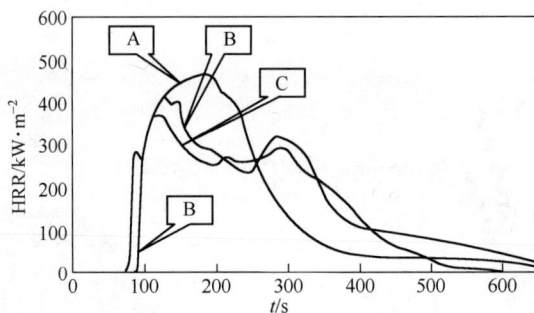

图 10.30　纳米复合材料的 HRR 曲线（热流量 35kW/m²）[77]

A—EVA/黏土（4.8%）；B—EVA/MWNT（4.8%）；C—EVA/黏土（2.4%）/MWNT（2.4%）。

10.3.2.3　碳纳米纤维

　　另一种具纳米尺度的纳米材料是气相生长碳纳米纤维（VGCNF）或碳纳米纤维（CNF），它的直径在 20nm 到 200nm 间，长度为十到几百微米（比 SWNT 和 MWNT 要大得多）。各种纯度的 CNF（千克级包装）均可从市场上直接购买。CNF 的 TEM 照片如图 10.31 所示。到目前为止，已有不少文献[85-87]研究了 CNF 与聚合物熔融共混的流变学。将 CNF 与聚合物熔融共混，可提高材料的物理性能[88]和电导率[85,89]。但是，有关聚合物/CNF 纳米复合材料的阻燃性能研究，为数甚少。实践已经证实，CNF 可提高材料的诸多物理性能，人们期望 CNF 对聚合物的阻燃作用能像 SWNT 和 MWNT 一样有效（即便是在添加量较 SWNT 和 MWNT 大时）。本章将讨论 PMMA/CNF 纳米复合材料和 PP/CNF 纳米复合材料的研究结果。

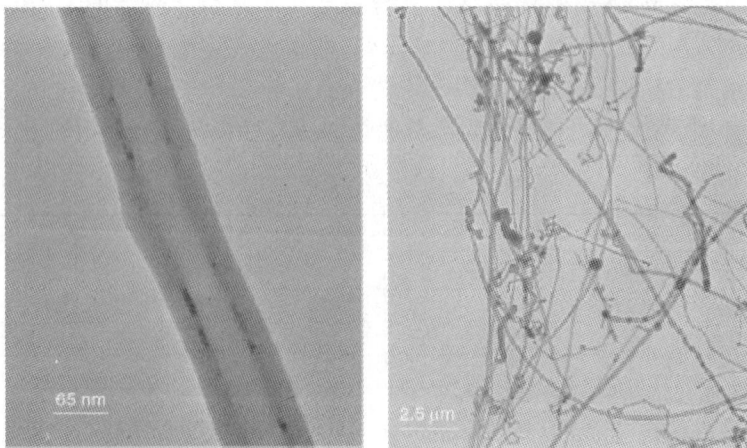

图 10.31　CNF 的 TEM 照片（两种不同放大倍率）

研究用的 PMMA/CNF 纳米复合材料系以固化法（DMF 为溶剂）制备（与10.3.2.1 小节中 PMMA/SWNT 纳米复合材料的制备方法相同）。选用了两种不同的 CNF：PR-1 和 PR-24LHT，后者的 TEM 照片如图 10.31 所示。据 CNF 生产商（Applied Science Inc.）的资料介绍，PR-1 的直径为 100nm ~ 200nm，含无定形碳；

PR-24LHT 是经热处理的石墨化纤维，直径为 60nm ~ 150nm，不含无定形碳。测定了 PMMA/CNF 纳米复合材料的 HRR 曲线（热流量50kW/m^2），以研究 CNF 的阻燃效率，结果如图 10.32 所示。纳米复合材料的 HRR 随 PR-24 添加量（1% ~ 4%）的增加而降低（尽管2% ~ 4% 的降幅小于 1% ~ 2% 的降幅）。在气化热裂测试中，PMMA/PR-24（1%）纳米复合材料像泥浆一样，先形成许多黑色小岛，然后黑色小岛相互连接在一起，最终在样品容器底部形成相互连接的小岛薄层（图 10.33（a））；PMMA/

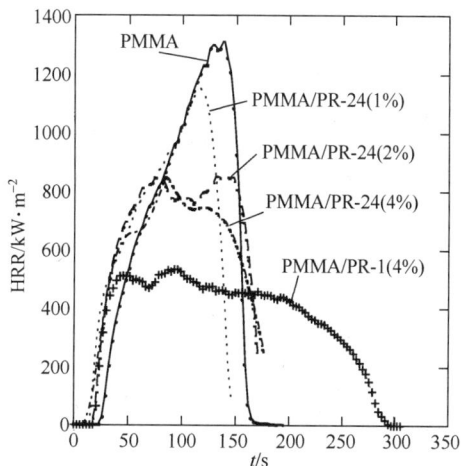

图 10.32　PMMA/CNF 纳米复合材料的质量损失速率曲线（50kW/m^2，氮气氛）

PR-24（2%）纳米复合材料的气化热裂过程与 PMMA/PR-24（1%）相似，但更为黏稠，先形成喷溅的大泡，最后形成高低不平的无裂缝岛状固体层（图 10.33（b））。PMMA/PR-24（4%）纳米复合材料在气化热裂过程中类似于固体物质，先形成喷溅的大泡，随后轻微膨胀，最后形成较为平整的无裂缝固体层（图 10.33（c））。PMMA/PR-1（4%）纳米复合材料在气化热裂过程中与固体物质更为类似，整个过程中未形成大量的气泡，最终形成光滑的表面保护层（几乎与初始样品相同，图 10.33（d））。

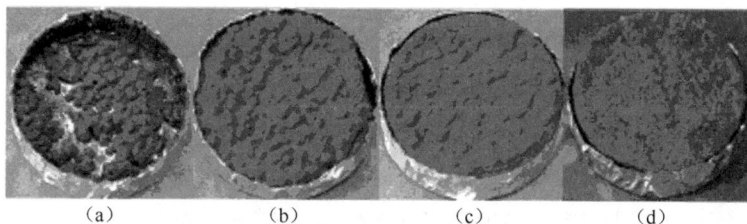

图 10.33　气化热裂后所得残渣（50kW/m^2，氮气氛）
（a）含 PR-24（1%）；（b）含 PR-24（2%）；（c）含 PR-24（4%）；（d）含 PR-1（4%）。

含 PR-1(4%)纳米复合材料的 HRR 比含 PR-24 的低得多,如图 10.32 所示。PR-1 中含无定形碳,纯度不高;PR-24 中不含无定形碳,纯度很高,但前者的阻燃效率比后者高,结果出人意料。究其原因,可能是 PR-24 经过热处理,去除了碳纳米纤维中的缺陷及表面的-COOH 和-OH[51],因此 PR-24 的极性要比 PR-1 小,其在极性高聚物 PMMA 中的分散状况不如 PR-1 所致。PM-MA/PR-24(2%)纳米复合材料的光学显微照片表明,碳纳米纤维有团聚现象发生,如图 10.34(a)所示。但是,PMMA/PR-1(2%)纳米复合材料中则不存在团聚现象,如图 10.34(b)所示。另外,两种碳纳米纤维的尺寸不同可能是导致阻燃性能差异的另一个原因。照片显示,PR-24 与 PR-1 相比,直径更小,长度更短。因此,后者在 PMMA 中的阻燃效能比前者高的原因可能是后者在材料中的分散性更好或是两者的尺寸差异造成的。

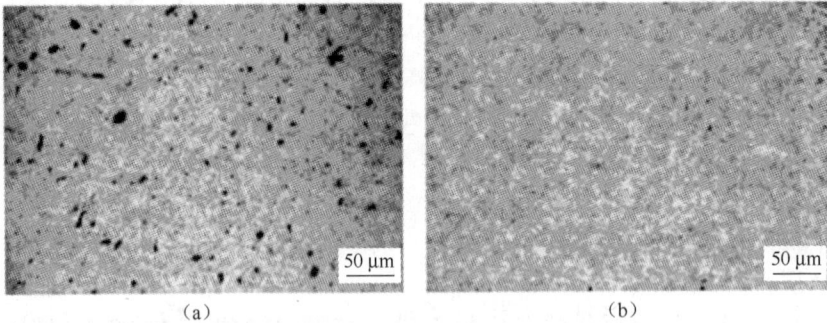

图 10.34　光学显微镜照片
(a) PMMA/PR-24(2%);(b) PMMA/PR-1(2%)。

　　PR-1 在 PP 中也具有优异的阻燃性。以熔融共混法制备了 PP/PR-1 (4%)纳米复合材料,在氮气氛、热流量 $50kW/m^2$ 下测定了质量损失速率。在测试试验中,纳米材料除在起始阶段于材料表面形成无数喷溅的小泡外,其他时间均表现固体的性质,形成光滑无裂纹的表面。测试后所得的残渣,其大小几乎与原始样品相同。将测得的质量损失速率曲线与 10.3.2.2 小节部分中的 PP/MWNT 纳米复合材料进行对比,结果如图 10.35 所示。PP/PR-1 (4%)纳米复合材料的质量损失速率比 PP/MWNT(0.5%)及 PP/MWNT (1%)略低。因此,只要选择合适的 CNF,并使其均匀分散于材料中,CNF 就可发挥优异的阻燃效能,如图 10.32 所示的 HRR 曲线和图 10.35 所示的质量损失速率曲线。添加 CNF 可取得与 SWNT 和 MWNT 相近的阻燃效果,但 CNF 的添加量往往较高(一般为 CNT 的 4 倍~8 倍)。获得同等的阻燃效果,CNF 显然更为经济,成本只为 SWNT 的 1/1000。

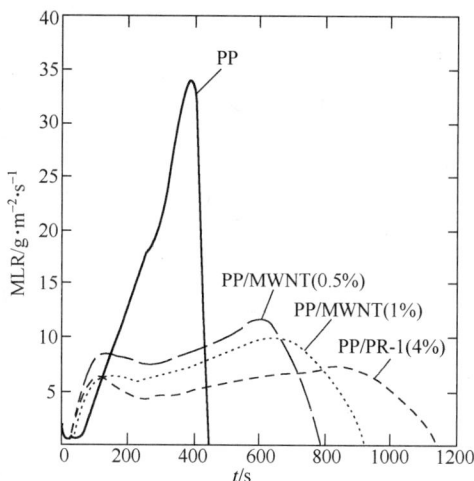

图 10.35 PP、PP/MWNT 纳米复合材料及 PP/PR-1 纳米复合材料的
质量损失速率曲线(热流量 50kW/m²;氮气氛)

10.4 结果讨论

10.4.1 阻燃机理

本章业已讨论,纳米粒子的阻燃机理是因为能形成连续的含有纳米粒子的网状结构保护层,而保护层可作为传质传热的屏障。本章所有数据表明,往聚合物基材中添加纳米管状材料可显著降低材料的 pHRR。最近有研究显示,黏弹性(储能模量)与 HRR 的降幅直接相关[90]。这说明,通过测试样品的黏弹性,可预知聚合物纳米复合材料的阻燃性能。尽管 HRR 是火焰增长的关键参数[91],但聚合物纳米复合材料的 THR 降幅则不明显(除图 10.15 所示结果外)。这意味这些聚合物纳米复合材料的燃速及火焰大小虽然有所降低,但它们的燃烧时间更长,最终大部分基材裂解(提供可燃性气体)。此外,锥形量热仪测试表明,碳基聚合物纳米复合材料的 TTI 比聚合物基材要短,尽管两者的热稳定性几乎没有差别(在某些情况下,聚合物纳米复合材料的热稳定性要略优于聚合物基材)。曾以 PP/MWNT 纳米复合材料为例研究了碳基聚合物纳米复合材料 TTI 缩短的原因。

在锥形量热仪测试中,材料系以热辐射(来自一个温度约 750℃ 的锥形电加热器件)点燃。热源释放的光谱为覆盖可见区至远红外区的灰体,峰位置约为 2.7μm。因此,PP/MWNT 纳米复合材料与纯 PP 对外部辐射的吸收特征,可能存在重大差异。曾对比了两者的红外透射光谱,结果如图 10.36 所示。PP 在不同的振动模式下产生了许多吸收带,但这些吸收带存在相当明显的透射。这表明,PP

样品吸收了50kW/m²的外部辐射热流。另一方面,PP/MWNT纳米复合材料则没有明显的透射带,当试样与辐射热源接非常接近(200μm)时,几乎吸收了所有的50kW/m²热流。因此,在热辐射下,PP/MWNT纳米复合材料样品表面的薄层被快速加热,然后迅速升至足以使PP发生热解的高温,随后PP发生热解形成挥发性产物(单体、二聚体、三聚体及低聚体),最后材料被引燃。而PP受热时,热量可深入至材料内部,所以将样品加热至热降解,所需时间更长。因此,PP/MWNT纳米复合材料,尤其是低浓度MWNT的材料,其TTI要比纯PP材料短。聚合物结构不同,会导致材料在吸收离散带辐射能上的差异。上述解释适用于任何碳基聚合物纳米复合材料。

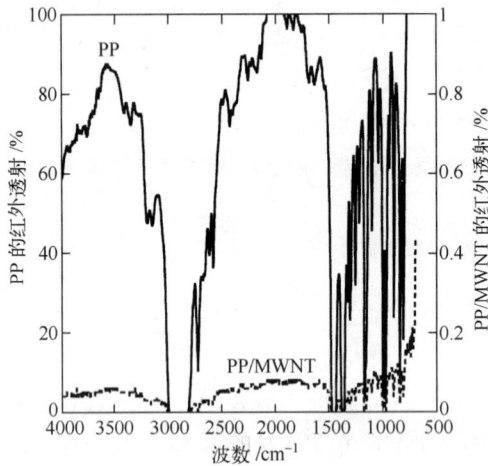

图10.36　PP及PP/MWNT(1%)纳米复合材料的透射光谱图[78]
(薄膜厚度20μm)

10.4.2　形貌

纳米粒子在聚合物纳米复合材料中的分散状况对材料的阻燃性能至关重要,如图10.18所示。人们通常使用TEM和(或)SEM照片研究纳米粒子在材料中的分散质量。但是,这些照片只能观察到样品的极小部分区域,约100nm×100nm。照片虽然可显示纳米粒子的形状、尺寸和相互作用,但不能显示纳米粒子在样品中分散的全貌。此外,还有两方面因素影响了TEM分析的研究效率。首先是样品的制备。制备的样品非常小(如前所述),观察到的区域不能代表总体分散情况。第二,由于人们倾向于把目光集中于想要的结果,制备样品的人就有可能选择使用结果较优的区域。由于所选照片可能不能完全代表样品的真实情况,故人们对采用TEM技术研究纳米粒子在聚合物中的分散情况仍颇有疑虑。所以,研究者们在使

252

用 TEM 时,应在更多更广的区域内收集多幅照片,以增加准确性和说服力。这虽然增加了研究的工作量,但对保证分析结果的一致性和准确性而言,十分必要。

在微米尺度(如 $100\mu m \times 100\mu m$)上观察粒子的分散状况,研究纳米粒子的团聚对材料阻燃性能的影响,也许更为合适。这可选用共聚焦显微镜或光学纤维镜在样品的不同位置进行观测。PA6/黏土(2%)纳米复合材料的共聚焦显微镜照片如图 10.37 所示。所选材料为厚 $200\mu m$ 的片材,照片由 300 张取自样品表面和样品内部 $0.1\mu m$ 之间的小照片构成。照片显示了较大范围内黏土在纳米材料中的分散状况(包含有少许团聚),而这用 TEM 和 SEM 是观测不到的。理想的情况是,采用统计分析将纳米粒子的分散量化,取代常用的照片定性观察。

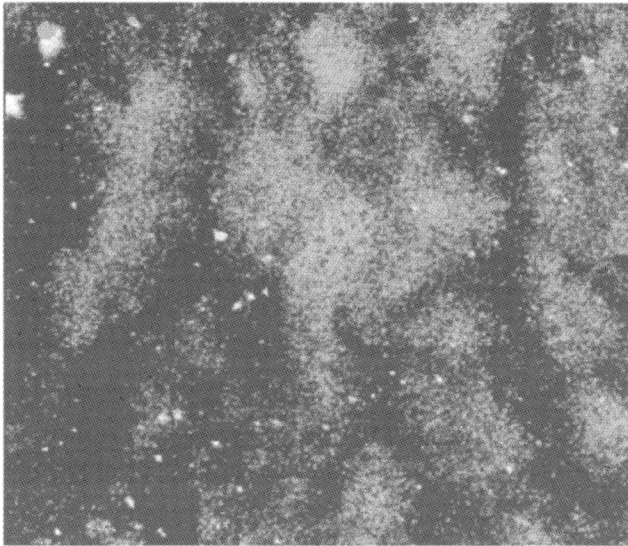

图 10.37 PA6/黏土(2%)纳米复合材料的共聚焦显微镜照片
(尺寸约为 $100\mu m \times 100\mu m$,观察厚度 $30\mu m$)

10.4.3 热失重分析

以 TGA 研究聚合物纳米复合材料的热稳定性,对理解材料的阻燃机理十分有用。聚合物纳米复合材料燃烧过程中,氧气主要通过气相氧化的方式消耗,难以到达位于挥发性气体下面的热解材料表面。因此,TGA 测试过程中,往往选用惰性气体取代空气作为测试气氛。在空气中进行 TGA 测试常用于阴燃而非明燃。通常,TGA 测试中的加热速率通常比真实火灾的加热速率低至少 1 个 ~ 3 个数量级。加热速率不同,热解产物的组成的差异很大。此外,TGA 样品通常很小(几毫克),热解产物在通过材料(真实材料比 TGA 样品厚得多)表面时不发生二次反应。因此,人们必须审慎对待 TGA 研究所获得的结果,尤其是热解产物及火焰条件。

10.5 总结和结论

与聚合物黏土纳米复合材料一样,在燃烧初始阶段(由开始引燃至形成保护层),含 CNT 的碳基纳米复合材料的 HRR 与聚合物基材相比,差异不大。但是,CNT 的阻燃效率(以 HRR 降幅衡量)比纳米黏土高[92]。由于这些粒子不能使材料通过类似于 UL94 阻燃性的小火焰试验[80],有人认为不能将纳米粒子视为全面有效的阻燃剂。但是,许多国家在考虑以一种基于火安全性能的科学测试方法取代简单的"行"或"不行"的测试方法,并着重于材料的燃烧性能,包括引燃性、HRR、CO 生成率等。纳米复合材料虽可降低热释放和火焰增长,但为了使其得到更为广泛的应用,需进一步改善它们的阻燃效果。将纳米粒子官能团化以促进材料交联(使聚合物基材中的碳原子更多地留在凝聚相)或将纳米粒子与传统的阻燃剂共用以提高材料的成炭率是提高其阻燃效率的有效途径。

参考文献

1. Kojima, Y.; Usuki, A.; Kawasumi, M.; Okada, A.; Fukushima, Y.; Kurauchi, T.; Kamigaito, O. Mechanical properties of nylon 6-clay hybrid. *J. Mater. Res.* **1993**, 8, 1185–1189.

2. Novak, B.M. Hybrid nanocomposite materials: between inorganic glasses and organic polymers. *Adv. Mater.* **1993**, 5, 422–433.

3. Giannelis, E. Polymer layered silicate nanocomposites. *Adv. Mater.* **1996**, 8, 29–35.

4. Alexandre, M.; Dubois, P. Polymer-layered silicate nanocomposites: preparation, properties and uses of a new class of materials. *Mater. Sci. Eng.* **2000**, R28, 1.

5. Landry, C.J.T.; Coltrain, B.K.; Landry, M.R.; Fitzgerald, J.J.; Long, V.K. Poly(vinyl acetate) silica filled materials: material properties of in-situ vs. fumed silica particles. *Macromolecules* **1993**, 26, 3702–3712.

6. Hajji, P.; David, L.; Gerard, J.F.; Pascault, J.P.; Vigier, G. Synthesis, structure, and morphology of polymer–silica hybrid nanocomposites based on hydroxyethyl methacrylate. *J. Polym. Sci. B* **1999**, 37, 3172–3187.

7. Ou, Y.; Yang, F.; Yu, Z.-Z. New conception on the toughness of nylon 6/silica nanocomposite prepared via in situ polymerization. *J. Polym. Sci. B*, **1998**, 36, 789–795.

8. Reynaud, E.; Jouen, T.; Gauthier, C.; Vigier, G.; Varlet, J. Nanofillers in polymeric matrix: a study on silica reinforced PA6. *Polymer* **2001**, 42, 8759–8768.

9. Hsiue, G.-H.; Kuo, W.-J.; Huang, Y.-P.; Jeng, R.-J. Microstructural and morphological characteristics of PS–SiO$_2$ nanocomposites. *Polymer* **2000**, 41, 2813–2825.

10. Liu, Y.L.; Hsu, C.Y.; Wei, W.L.; Jeng, R.J. Preparation and thermal properties of epoxy–silica nanocomposites from nanoscale colloidal silica. *Polymer* **2003**, 44, 5159–5167.

11. Tsagaropoulos, G.; Eisenberg, A. Direct observation of 2 glass transitions in silica-

filled polymers: implications for the morphology of random ionomers. *Macromolecules* **1995**, 28, 396–398.

12. Kashiwagi, T.; Gilman, J.W.; Butler, K.M.; Harris, R.H.; Shields, J.R. Flame retardant mechanism of silica gel/silica. *Fire Mater.* **2000**, 24, 277–289.

13. Kashiwagi, T.; Shields, J.R.; Harris, R.H.; Davis, R.D. Flame-retardant mechanism of silica: effects of resin molecular weight. *J. Appl. Polym. Sci.* **2003**, 87, 1541–1553.

14. Yang, F.; Nelson, G.L. PMMA/silica nanocomposite studies: synthesis and properties. *J. Appl. Polym. Sci.* **2004**, 91, 3844–3850.

15. Kashiwagi, T.; Morgan, A.B.; Antonucci, J.M.; VanLandingham, M.R.; Harris, R.H.; Awad, W.H.; Shields, J.R. Thermal and flammability properties of a silica-poly(methylmethacrylate) nanocomposite. *J. Appl. Polym. Sci.* **2003**, 89, 2072–2078.

16. Yang, F.; Yngard, R.; Nelson, G.L. Flammability of polymer–clay and polymer–silica nanocomposites. *J. Fire Sci.* **2005**, 23, 209–226.

17. Liu, J.; Gao, Y.; Wang, F.; Wu, M. Preparation and characteristics of nonflammable polyimide materials. *J. Appl. Polym. Sci.* **2000**, 75, 384–389.

18. Okoshi, M.; Nishizawa, H. Flame retardancy of nanocomposites. *Fire Mater.* **2004**, 28, 423–429.

19. Laachachi, A.; Leroy, E.; Cochez, M.; Ferriol, M.; Lopez Cuesta, J.M. Use of oxide nanoparticles and organoclays to improve thermal stability and fire retardancy of poly(methyl methacrylate). *Polym. Degrad. Stab.* **2005**, 89, 344–352.

20. Lichtenhan, J.D.; Vu, N.Q.; Carter, J.A.; Gilman, J.W.; Feher, F.J. Silsesquioxane siloxane copolymers from polyhedral silsesquioxanes. *Macromolecules* **1993**, 26, 2141–2142.

21. Lichtenhan, J.D.; Otonari, Y.A.; Carr, M.J. Linear hybrid polymer building-blocks: methacrylate-functionalized polyhedral oligomeric silsesquioxane monomers and polymers. *Macromolecules* **1995**, 28, 8435–8437.

22. Haddad, T.S.; Lichtenhan, J.D. Hybrid organic–inorganic thermoplastics: styryl-based polyhedral oligomeric silsesquioxane polymers. *Macromolecules* **1996**, 29, 7302–7304.

23. http://www.hybridplastics.com.

24. Mantz, R.A.; Jones, P.F.; Chaffee, K.P.; Lichtenhan, J.D.; Gilman, J.W.; Ismail, I.M.K.; Burmeister, M.J. Thermolysis of polyhedral oligomeric silsesquioxane (POSS) macromers and POSS–siloxane copolymers. *Chem. Mater.* **1996**, 8, 1250–1259.

25. Schwab, J.J.; Lichtenhan, J.D. Polyhedral oligomeric silsesquioxane (POSS)-based polymers. *Appl. Organomet. Chem.* **1998**, 12, 707–713.

26. Ni, Y.; Zheng, S. A novel photocrosslinkable polyhedral oligomeric silsesquioxane and its nanocomposites with poly(vinyl cinnamate). *Chem. Mater.* **2004**, 16, 5141–5148.

27. Zheng, L.; Kasi, R.M.; Farris, R.J.; Coughlin, E.B. Synthesis and thermal properties of hybrid copolymers of syndiotactic polystyrene and polyhedral oligomeric silsesquioxane. *J. Polym. Sci. A, Polym. Chem.* **2002**, 40, 885–891.

28. Huang, J.C.; He, C.B.; Xiao, Y.; Mya, K.Y.; Dai, J.; Siow, Y.P. Polyimide/POSS nanocomposites: interfacial, interaction, thermal properties and mechanical properties. *Polymer* **2003**, 44, 4491–4499.

29. Kashiwagi, T.; Gilman, J.W. Silicon-based flame retardants, in: A.F. Grand, and

C.A. Wilkie, Eds., *Fire Retardancy of Polymeric Materials*. Marcel Dekker, New York, 2000, pp. 353–389.

30. Devaux, E.; Rochery, M.; Bourbigot, S. Polyurethane/clay and polyurethane/POSS nanocomposites as flame retarded coating for polyester and cotton fabrics. *Fire Mater.* **2002**, 26, 149–154.

31. Bourgiot, S.; Flambard, X.; Rochery, M.; Le Bras, M.; Devaux, E.; Lichtenhan, J.D. Polyhedral oligomeric silsesquioxanes: application to flame retardant textile, in: M. Le Bras, C.A. Wilkie, and S. Bourbigot, Eds., *Fire Retardancy of Polymers*. Royal Society of Chemistry, London, 2005, pp. 189–201.

32. Gupta, S.K.; Schwab, J.J.; Lee, A.; Fu, B.X.; Hsiao, B.S. POSS reinforced fire retarding EVE resins, in: B.M. Rasmussen, L.A. Pilato, and H.S. Kliger, Eds., *Affordable Materials Technology: Platform to Global Value and Performance. SAMPE Pub.* **2002**, 47(2), 1517–1526.

33. Jash, P.; Wilkie, C.A. Effects of surfactants on the thermal and fire properties of poly(methyl methacrylate)/clay nanocomposites. *Polym. Degrad. Stab.* **2005**, 88, 401–406.

34. Nyden, M.R.; Gilman, J.W. Molecular dynamics simulations of the thermal degradation of nano-confined polypropylene. *Compos. Theor. Polym. Sci.*, **1997**, 7, 191–198.

35. Uhl, F.W.; Wilkie, C.A. Polystyrene/graphite nanocomposites: effect on thermal stability. *Polym. Degrad. Stab.* **2002**, 76, 111–122.

36. Uhl, F.M.; Wilkie, C.A. Preparation of nanocomposites from styrene and modified graphite oxides. *Polym. Degrad. Stab.* **2004**, 84, 215–226.

37. Xu, J.; Hu, Y.; Song, L.; Wang, Q.; Fan, W.; Liao, G.; Chen, Z. Thermal analysis of poly(vinyl alcohol)/graphite oxide intercalated composites. *Polym. Degrad. Stab.* **2001**, 73, 29–31.

38. Yasmin, A.; Daniel, I.M. Mechanical and thermal properties of graphite plated/epoxy composites. *Polymer* **2004**, 45, 8211–8219.

39. Zhu, J.; Wilkie, C.A. Thermal and fire studies on polystyrene–clay nanocomposites. *Polym. Int.* **2000**, 49, 1158–1163.

40. Hshieh, F.Y.; Beeson, H.D. Flammability testing of flame-retarded epoxy composites and phenolic composites. *Fire Mater.* **1997**, 21, 41–49.

41. Zhang, R.; Hu, Y.; Xu, J.; Fan, W.; Chen, Z. Flammability and thermal stability studies of styrene–butyl acrylate copolymer/graphite oxide nanocomposite. *Polym Degrad Stab.* **2004**, 85, 583–588.

42. Zhang, R.; Hu, Y.; Xu, J.; Fan, W.; Chen, Z.; Wang, Q. Preparation and combustion properties of flame retardant styrene–butyl acrylate copolymer/graphite oxide nanocomposite. *Macromol. Mater. Eng.* **2004**, 289, 355–359.

43. Zanetti, M.; Kashiwagi, T.; Falqui, L.; Camino, G. Cone calorimeter combustion and gasification studies of polymer layered silicate nanocomposites. *Chem. Mater.* **2002**, 14, 881–887.

44. Iijima, S. Helical microtubules of graphitic carbon. *Nature* **1991**, 354, 56–58.

45. Kim, P.; Shi, L. Majumdar, A. McEuen, P.L. Thermal transport measurements of individual multiwalled nanotubes. *Phys. Rev. Lett.*, **2001**, 87, 215502.

46. Journet, C.; Maser, W.K.; Bernier, P.; Loiseau, A.; Lamy de la Chapelle, M.; Lefrant, A.; Deniard, P.; Lee, R.; Fischer, J.E. Large-scale production of single-walled carbon nanotubes by the electric-arc technique. *Nature* **1997**, 388, 756–758.

47. Rinzler, A.G.; Liu, J.; Dai, H.; Nikolaev, P.; Huffman, C.B.; Todriguez-Macias, F.J.; Boul, P.J.; Lu, A.H.; Heymann, D.; Colbert, D.T.; Lee, R.S.; Fischer, J.E.; Rao, A.M.; Eklund, P.C.; Smalley, R.E. Large-scale purification of single-wall carbon nanotubes: process, product, and characterization. *Appl. Phys. A* **1998**, 67, 29–37.

48. Nikolaev, P.; Bronikowski, M.J.; Bradley, R.K.; Fohmund, F.; Colbert, D.T.; Smith, K.A.; Smalley, R.E. Gas-phase catalytic growth of single-walled carbon nanotubes from carbon monoxide. *Chem. Phys. Lett.* **1999**, 313, 91–97.

49. Hata, K.; Futaba, D.N.; Mizuno, K.; Namai, T.; Yumura, M.; Iijima, S. Water-assisted highly efficient synthesis of impurity-free single-walled carbon nanotubes. *Science* **2004**, 306, 1362–1364.

50. Height, M.J.; Howard, J.B.; Tester, J.W.; Vander Sande, J.B. Flame synthesis of single-walled carbon nanotubes. *Carbon* **2004**, 42, 2295–2307.

51. Furtado, C.A.; Kim, U.J.; Gutierrez, H.R.; Pan, L.; Dickey, E.C.; Eklund, P.C. Debundling and dissolution of single-walled carbon nanotubes in amide solvents. *J. Am. Chem. Soc.*, **2004**, 126, 6095–6105.

52. Chiang, I.W.; Brinson, B.E.; Huang, A.Y.; Willis, P.A.; Bronikowski, M.J.; Margrave, J.L.; Smalley, R.E.; Hauge, R.H. Purification and characterization of single-wall carbon nanotubes (SWNTs) obtained from the gas-phase decomposition of CO (HiPco process). *J. Phys. Chem. B* **2001**, 105, 8297–8301.

53. Andrews, R.; Jacques, D.; Qian, D.; Dickey, E.C. Purification and structural annealing of multiwalled carbon nanotubes at graphitization temperatures. *Carbon* **2001**, 39, 1681–1687.

54. Monthioux, M.; Smith, B.W.; Burteax, B.; Claye, A.; Fischer, J.E.; Luzzi, D.E. Sensitivity of single-wall carbon nanotubes to chemical processing: an electron microscopy investigation. *Carbon* **2001**, 39, 1251–1272.

55. Zhang, M.; Yudasaka, M.; Koshio, A.; Iijima, S. Thermogravimetric analysis of single-wall carbon nanotubes ultrasonicated in monochlorobenzene. *Chem. Phys. Lett.* **2002**, 364, 420–426.

56. Jang, J.; Bae, J.; Yoon, S.H. A study on the effect of surface treatment of carbon nanotubes for liquid crystalline epoxide–carbon nanotube composites. *J. Mater. Chem.* **2003**, 13, 676–681.

57. Ziegler, K.J.; Gu, Z.; Peng, H.; Flor, E.L.; Hauge, R.H.; Smalley, R.E. Controlled oxidative cutting of single-walled carbon nanotubes. *J. Am. Chem. Soc.* **2005**, 127, 1541–1547.

58. Kashiwagi, T.; Du, F.; Winey, K.I.; Groth, K.M.; Shields, J.R.; Bellayer, S.P.; Kim, H.; Douglas, J.F. Flammability properties of polymer nanocomposites with single-walled carbon nanotubes: effects of nanotube dispersion and concentration. *Polymer* **2005**, 46, 471–481.

59. Tchmutin, I.A.; Ponomarenko, A.T.; Krinichnaya, E.P.; Kozub, G.I.; Efimov, O.N. Electrical properties of composites based on conjugated polymers and conductive fillers. *Carbon* **2003**, 41, 1391–1395.

60. Du, F.; Fischer, J.E.; Winey, K.I. Coagulation method for preparing single-walled carbon nanotube/poly(methyl methacrylate) composites and their, modulus, electrical, conductivity, and thermal stability. *J. Polym. Sci. B Polym. Phys.* **2003**, 41, 3333–3338.

61. Ajayan, P.M.; Schadler, L.S.; Giannaris, C.; Rubio, A. Single-walled carbon nanotube–polymer composites: strength and weakness. *Adv. Mater.* **2000**, 12, 750–753.

62. Chang, T.E.; Jensen, L.R.; Kisliuk, A.; Pipes, R.B.; Pyrz, R.; Sokolov, A.P. Microscopic mechanism of reinforcement in single-wall carbon nanotube/polypropylene nanocomposite. *Polymer* **2004**, 46, 439–444.

63. Putz, K.W.; Mitchell, C.A.; Krishnamoorti, R.; Green, P.F. Elastic modulus of single-walled carbon nanotube/poly(methyl methacrylate) nanocomposites. *J. Polym. Sci. B Polym. Phys.* **2004**, 42, 2286–2293.

64. Yang, S.; Castilleja, J.R.; Barrera, E.V.; Lozano, K. Thermal analysis of an acrylonitrile–butadiene–styrene/SWNT composite. *Polym. Degrad. Stab.* **2004**, 83, 383–388.

65. Miyagawa, H.; Drzal, L.T. Thermo-physical and impact properties of epoxy nanocomposites reinforced by single-wall carbon nanotubes. *Polymer* **2004**, 45, 5163–5170.

66. Beyer, G. Filled blend of carbon nanotubes and organoclays with improved char as a new flame retardant system for polymers and cable applications. *Fire Mater.*, **2005**, 29, 61–69.

67. Zhu, J.; Start, P.; Mauritz, K.A.; Wilkie, C.A. Thermal stability and flame retardancy of poly(methyl methacrylate)–clay nanocomposites. *Polym. Degrad. Stab.* **2002**, 77, 253–258.

68. Stephan, C.; Nguyen, T.P.; Lahr, B.; Blau, W.; Lefrant, S.; Chauvet, O. Raman spectroscopy and conductivity measurements on polymer–multiwalled carbon nanotubes composites. *J. Mater. Res.* **2002**, 17, 396–400.

69. Kilbride, B.E.; Coleman, J.N.; Fraysse, J.; Fournet, P.; Cadek, M.; Drury, A.; Hutzler, S.; Roth, S.; Blau, W.J. Experimental observation of scaling laws for alternating current and direct current conductivity in polymer–carbon nanotube composite thin films. *J. Appl. Phys.* **2002**, 92, 4024–4030.

70. Barrau, S.; Demont, P.; Peigney, A.; Laurent, C.; Lacabanne, C Dc and ac conductivity of carbon nanotubes–polyepoxy composites. *Macromolecules* **2003**, 36, 5187–5194.

71. Hsu, W.K.; Koteva, V.; Watts, P.C.P.; Chen, G.Z. Circuit elements in carbon nanotube–polymer composites. *Carbon* **2004**, 42, 1707–1712.

72. Ruan, S.L.; Gao, P.; Yang, X.G.; Yu, T.X. Toughening high performance ultrahigh molecular weight polyethylene using multiwalled carbon nanotubes. *Polymer* **2003**, 44, 5643–5654.

73. Breton, Y.; Desarmot, G.; Salvetat, J.P.; Delpeux, S.; Sinturel, C.; Beguin, F.; Bonnamy, S. Mechanical properties of multiwall carbon nanotubes/epoxy composites: influence of network morphology. *Carbon* **2004**, 42, 1027–1030.

74. Meincke, O.; Kaempfer, D.; Weickmann, H.; Friedrich, C.; Vathauer, M.; Warth, H. Mechanical properties and electrical conductivity of carbon-nanotube filled polyamide-6 and its blends with acrylonitrile/butadiene/styrene. *Polymer* **2004**, 45, 739–748.

75. Liu, T.; Phang, I.Y.; Shen, L.; Chow, S.Y.; Zhang, W.D. Morphology and mechanical properties of multiwalled carbon nanotubes reinforced nylon-6 composites. *Macromolecules* **2004**, 37, 7214–7222.

76. Kashiwagi, T.; Grulke, E.; Hilding, J.; Harris, R.H.; Awad, W.H.; Douglas, J. Thermal degradation and flammability properties of poly(propylene)/carbon nanotube composites. *Macromol. Rapid Commun.* **2002**, 23, 761–765.

77. Beyer, G. Short communication: carbon nanotubes as flame retardants for polymers. *Fire Mater.* **2002**, 26, 291–293.

78. Kashiwagi, T.; Grulke, E.; Hilding, J.; Groth, K.; Harris, R.H.; Butler, K.; Shields, J.; Kharchenko, S.; Douglas, J. Thermal and flammability properties of polypropylene/carbon nanotube nanocomposites. *Polymer* **2004**, 45, 4227–4239.

79. Peeterbroeck, S.; Alexandre, M.; Nagy, J.B.; Pirlot, C.; Fonseca, A.; Morea, N.; Philippin, G.; Delhalle, J.; Mekhalif, Z.; Sporken, R.; Beyer, G.; Dubois, P. Polymer-layered silicate–carbon nanotube nanocomposites: unique nanofiller synergistic effect. *Compos. Sci. Technol.*, **2004**, 64, 2317–2323.

80. Schartel, B.; Pötschke, P.; Knoll, U.; Abdel-Goad, M. Fire behaviour of polyamide 6/multiwall carbon nanotube nanocomposites. *Eur. Polym. J.* **2005**, 41, 1061–1070.

81. Gao, F.; Beyer, G.; Yuan, Q. A mechanistic study of fire retardancy of carbon nanotube/ethylene vinyl acetate copolymers and their clay composites. *Polym. Degrad. Stab.* **2005**, 89, 559–564.

82. Watts, P.C.P.; Fearon, P.K.; Hsu, W.K.; Billingham, N.C.; Kroto, H.W.; Walton, D.R.M. Carbon nanotubes as polymer antioxidants. *J. Mater. Chem.* **2003**, 13, 491–495.

83. Andrews, R.; Jacques, D.; Rao, A.M.; Derbyshire, F.; Qian, D.; Fan, X.; Dickey, E.C.; Chen, J. Continuous production of aligned carbon nanotubes: a step closer to commercial realization. *Chem. Phys. Lett.* **1999**, 303, 467–474.

84. Bom, D.; Andrews, R.; Jacques, D.; Anthony, J.; Chen, B.; Meier, M.S.; Selegue, J.P. Thermogravimetric analysis of the oxidation of multiwalled carbon nanotubes: evidence for the role of defect sites in carbon nanotube chemistry. *Nano Lett.* **2002**, 2(6), 615–619.

85. Lozano, K.; Bonilla-Rios, J.; Barrera, E.V. A study on nanofiber-reinforced thermoplastic composites, II: Investigation of the mixing rheology and conduction properties. *J. Appl. Polym. Sci.* **2001**, 80, 1162–1172.

86. Zeng, J.; Saltysiak, B.; Johnson, W.S.; Schiraldi, D.A.; Kumar, S. Processing and properties of poly(methyl methacrylate)/carbon nano fiber composites. *Composites B*, **2004**, 35, 173–178.

87. Lozano, K.; Yang, S.; Zeng, Q. Rheological analysis of vapor-grown carbon nanofiber-reinforced polyethylene composites. *J. Appl. Polym. Sci.* **2004**, 93, 155–162.

88. Gauthier, C.; Chazeau, L.; Prasse, T.; Cavaille, J.Y. Reinforcement effects of vapour grown carbon nanofibres as fillers in rubbery matrices. *Compos. Sci. Technol.*, **2005**, 65, 335–343.

89. Xu, Y.J.; Higgins, B.; Brittain, J. Bottom-up synthesis of PS-CNF nanocomposites. *Polymer* **2005**, 46, 799–810.

90. Kashiwagi, T.; Du, F.; Douglas, J.F.; Winey, K.I.; Harris, R.H.; Shields, J.R. Nanoparticles networks reduce the flammability of polymer, nanocomposites. *Nat. Mater.*, **2005**, 928–933.

91. Quintiere, J.Q. Surface flame spread, in: *SFPE Handbook of Fire Protection, Engineering*, 3rd ed. Society of Fire Protection Engineers, Bethesda, MD, 2002, Chap. 2–12.

92. Kashiwagi, T. Flammability of nanocomposites: effects of the shape of nanoparticles, in: M. Le Bras, C.A. Wilkie, S. Bourbigot, S. Duquesne, and C. Jama, Eds., *Fire Retardancy of Polymers*. Royal Society of Chemistry, London, 2005, pp. 81–99.

11. 聚合物纳米复合材料的阻燃应用前景

A. Richard Horrocks and Baljinder K. Kandola

Fire Materials Laboratory, Centre for Materials Research and Innovation, University of Bolton, Bolton, UK

11.1 导言

20世纪80年代,Toyota研究小组首次发现,将纳米黏土粒子作为增强相分散于聚合物中,可改善材料的许多力学性能(如拉伸强度和拉伸模量)[1,2]。此外,材料的阻隔性能、烧蚀性能、热稳定性及阻燃性能均能得以改善[3,4]。但是,纳米复合材料提高的阻燃性能仅限于释热性,且往往会恶化材料的 TTI 和自熄时间。事实上,极限氧指数(LOI)等简单阻燃测试结果表明,单纯引入纳米黏土或其他纳米粒子(如气相二氧化硅)并不能明显改善材料的 LOI 值[5,6],除非纳米粒子能改变聚合物的燃烧行为或熔滴状况(如 PA6/MMT 或 PA66/MMT 的情况)[7]。因此,以纳米形态分散于聚合物基体中的纳米粒子的阻燃作用取决于纳米粒子的功能性以及其与其他阻燃剂或基材(如果是本质阻燃)间的协同作用。所以,含纳米粒子的阻燃配方比传统的配方更为高效,或者可在降低添加剂用量的情况下达到同样的阻燃效果。这在传统阻燃剂添加量大时特别重要。如第7章和第8章所述,在不使用纳米粒子时阻燃剂的添加量为60%,若添加1%~5%的纳米粒子,则可使传统阻燃剂的添加量大幅下降。往材料中同时引入纳米粒子与传统阻燃剂,可降低添加剂的使用量,提高材料的物理机械性能,提高材料的环境可持续性以及材料的所有阻燃性能,具有实际应用价值。显然,纳米粒子的优势可确保其在聚合物材料中得到应用,尤其是阻燃剂用量小、物理力学性能要求高的领域。早期的应用领域包括纤维(纺织品)、薄膜、泡沫塑料及一些对比表面积和材料物理力学性能要求较高的复合材料。

11.2 纳米复合材料应用要求

如前几章所描述,纳米分散的、功能化的惰性颗粒,如黏土及许多合成纳米粒子,单独使用时并不能显著改善材料的阻燃性能,需与传统阻燃剂共用,才能发挥它们的阻燃作用。而且,纳米粒子的阻燃功效也受加工过程及加工方法的影响。

纳米粒子与聚合物基材及其他添加剂的相容性、如何在整个加工过程中维持纳米粒子的均匀分散、纳米粒子对材料流变性的影响及纳米粒子有效浓度与参数优化设计间的平衡等是必需考虑和解决的重要问题。

目前,有很多制备聚合物纳米复合材料的方法,常用的有溶胶—凝胶法[8]、原位聚合法[9]、聚合物插层法[1]、溶液共混法及熔融插层法[2]。上述方法中,将已成功的小规模试验工艺参数向完全工业化生产转化至关重要。另外,改性剂的官能团也在很大程度上决定了黏土与聚合物的相容性。例如,对黏土而言,季铵盐改性剂中的疏水性长链脂肪烷基可促进其在非极性聚合物(如聚烯烃及聚苯乙烯)基材中的插层和剥离;而含有极性官能团(如 – OH、NH – 及 – NH$_2$)的取代基则可促进其在极性聚合物(如聚甲基丙烯酸甲酯)及含氢键聚合物(如 PA6、PA66 及聚乙烯醇)中的分散。典型的官能团化黏土(Southern Clay 公司)及其适用的聚合物见表 11.1。为了说明官能改性剂,尤其是大端基官能团改性剂对黏土的降密度作用(通过增加片层间距),在表 11.1 中列出了各种黏土的密度。改性黏土也可从其他公司购得,如美国 Nanocor 公司及德国 Sud-Chemie 公司。令人惊奇的是,即便是未官能化的黏土也可纳米分散至高极性聚合物中,最近研究发现,这在 PA6 及 PA66 中具有可用性。

表 11.1　黏土商品的典型特征(南方黏土公司)

黏　土	改性剂①	改性剂用量 /mg·(100g)$^{-1}$	d – 间距 /nm	密度 /g·cm^{-3}	兼容的 聚合物②
Cloisite Na$^+$	无	93	1.17	2.86	PVOH、PA6 及 PA66
Cloisite 10A	CH$_3$—N$^+$—CH$_2$—⟨○⟩ 上CH$_3$ 下HT	125	1.92	1.90	PET、PBT 及 PS
Cloisite 15A	CH$_3$—N$^+$—HT 上CH$_3$ 下HT	125	3.15	1.66	PLA、EVA 及 PS
Cloisite 25A	CH$_3$—N$^+$—CH$_2$CH(CH$_2$)$_3$CH$_3$ 上CH$_3$ 下HT C$_2$H$_5$	95	1.86	1.87	PLA、PMMA 及 PS
Cloisite 30B	CH$_3$—N$^+$—T 上CH$_2$CH$_2$OH 下CH$_2$CH$_2$OH	90	1.85	1.98	EVA、环氧树脂、 PC 及 PBT

① HT,氢化(~65% C$_{18}$;~30% C$_{16}$;~5% C$_{14}$),阴离子:硫酸根离子;T,牛油(~65% C$_{18}$;~30% C$_{16}$;~5% C$_{14}$),阴离子:10A、15A 及 30A 中为氯离子,25A 中为硫酸根离子。

② 各代号表示的高聚物见书末目录,以下同

但是,如 Gilman 及其合作者所述[11,12],含有脂肪烃端基的季铵盐在200℃~250℃内会发生分解,这意味着其在大多数热塑性聚合物(如 PA6、PA66、PET 及 PS)加工过程中会发生降解。图 11.1(a)及图 11.1(b)分别为未官能团化的 Cloisite Na+ 及官能团化黏土 Cloisite10A、15A、25A、30B 的 TGA 和 DTA(测试气氛均为空气)曲线图。如人们所预料,未官能团化的钠基黏土在600℃(达该温度后,样品发生脱水)以下仅有少量失重,且在800℃时,样品残留率依旧很高,如图 11.1(a)所示。与之相对应的 DTA 曲线则未观察到明显特征峰,如图 11.1(b)所示。但是,所有有机改性黏土,则有两个阶段的质量损失:第一阶段如 DTA 曲线上的双峰(温度范围为235℃~293℃及307℃~348℃)所示;第二阶段如 DTA 曲线上的单峰(575℃~605℃)所示,如图 11.1(b)所示。第一阶段可能是由于各种有机改性黏土在空气中发生分解和氧化所致,第二阶段则是黏土的脱水(如上所述)造成的[14]。尽管 TGA 曲线是在空气中测得的,所得热稳定性可能会比氮气中的略低,但是,很显然,改性黏土的功能基团在聚合物熔融加工时很可能发生降解(见前)。

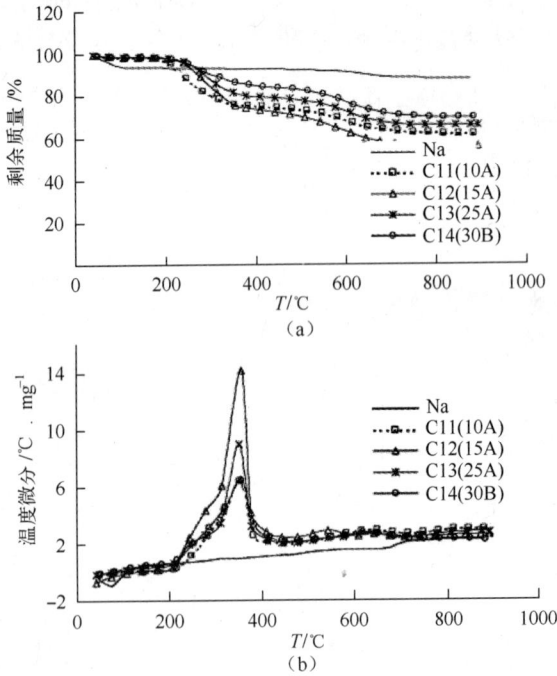

图 11.1 黏土的 TGA(a)及 DTA(b)曲线(测试气氛:空气)[13]

研制更为稳定的改性剂是十分重要的课题。Gilman 及他的合作者们[11,12]以更稳定的改性剂(如咪唑化合物及冠醚)将层状硅酸盐纳米粒子官能团化改性,所得样品的热稳定性可达262℃~343℃(氮气氛),而典型季铵盐(如双十八烷基二

262

甲基溴化铵)改性样品则在225℃时便开始降解。图 11.2 为不同二甲基十六烷基咪唑(DMHDIM)盐(包括阴离子为 Cl$^-$、Br$^-$、BF$_4^-$ 及 PF$_6^-$ 的盐)及以其制备的离子交换蒙脱土的 TGA 曲线图[12]。由图可知,DMHDIM 插层蒙脱土的热稳定性显著改善,且阴离子的类型对改性剂的热稳定性影响很大。显然,卤离子降低了盐的稳定性,因此,除去改性黏土中的所有的卤化物残渣十分重要,因为它可能会在离子交换后降低插层样品的热稳定性。另外,用于插层的四氟硼酸盐及磷酸盐的热稳定性较为相似。但是,对于加工温度低于200℃的聚合物(如 EVA[15])而言,简单的季铵盐改性剂(如二甲基二硬脂酸铵)即可满足应用。

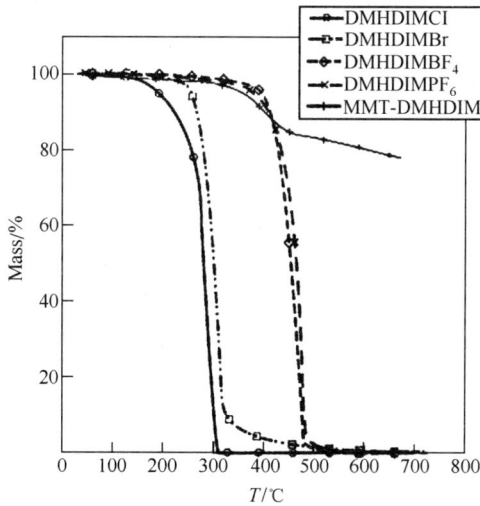

图 11.2　二甲基十六烷基咪唑(DMHDIM)盐(包括阴离子为 Cl$^-$、Br$^-$、BF$_4^-$ 及 PF$_6^-$ 的盐)
及以 DMHDIM 盐改性的蒙脱土的 TGA 曲线[12]

　　一般说来,添加纳米分散相会使聚合物的熔融黏度(剪切力和温度一定时)增加,剪切敏感性可能也有所增加(如对 PA6,如图 11.3 所示)[16]。Sihna Ray 和 Okamoto[17]在熔融聚乳酸(PLA)/层状硅酸盐纳米复合材料(175℃)中也发现了类似的现象。这会影响高产量工艺(如纤维的熔融挤出)中产品的加工速度。因此,使用纳米分散的黏土和其他粒子时,可能存在用量上限(材料性能与加工速率平衡决定)。此外,在高挤出速率下,增加剪切可使黏度敏感性增大,从而影响聚合物的熔融黏度及弹性恢复效率[18]。尽管添加纳米黏土能改善材料的力学性能,但是也有一些材料(如 PET)会因此而易于降解。Matayabas 等[19]研究发现,当黏土的含量由 0.36% 增至 6.7% 时,高分子量 PET 在熔融共混过程中的固有黏度由 0.98dL/g 降至 0.48dL/g。Davies 等[20]研究发现,PA6/蒙脱土复合材料(原位聚合法制备)注射成型时会发生明显的热降解。显然,往聚合物熔体或溶液中添加纳米粒子以改善材料的性能(包括阻燃性能)的情况十分复杂,例如往往会影响纳米复合材料的加工性能。

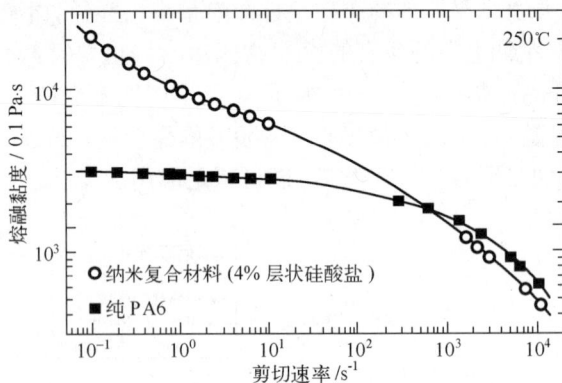

图 11.3　PA 6(含有黏土或不含黏土)黏度随剪切速率的变化[16]

　　诚然,纳米粒子的均匀分散对材料阻燃性能的优化至关重要。但如何选用合适的方法,将功能黏土有效引入到特定聚合物中,也颇具难度。薄膜用产品 Nano-mer I 30P 及工程材料用产品 I. 44 PA 均为 Nanocor 公司产品,两者均为季铵盐改性蒙脱土,将其用于聚烯烃,具有优异的相容性和分散稳定性。目前,上述产品有流散性粉末(粒径为 $15\mu m \sim 25\mu m$)或母粒(黏土含量为 40% ~50%,质量分数)两种,均可在传统的双螺杆挤出机内分散至纳米水平。

　　作者实验室研究了水性共聚乳液(用于织物涂层配方)配制过程中样品的流变效应。试验发现,无论是添加纳米黏土(5% Cloisite 15A,用作覆膜固体),还是添加雾化二氧化硅(最大添加量可达 17%,用作覆膜固体),均改变了浆料的流变性能,后者的黏度变化尤为显著。因此,要维持涂层的均一性和可重复性,难度较大。要使材料达到高的阻燃级别,通常的办法是加入高浓度的二氧化硅,但事实证明这是不可行的(见 11.3.3 小节)。如同 Matayabas 和 Turner[18] 所述,与纳米粒子会促进 PET 降解一样,增大纳米粒子的用量,具有负面作用。

11.3　应用领域

11.3.1　本体聚合物

　　尽管有很多关于纳米粒子改善材料阻燃性能的专利报道,但目前仅有一小部分产品工业化。其中最著名的例子是利用纳米技术改善线缆包皮的阻燃性能。Kabelwerk Eupen AG 公司市场化的电缆料,是含有纳米黏土的 EVA 基电缆料,所需传统阻燃剂(如氢氧化铝)添加量,较一般产品少[15,22]。通常情况下,为达到所需的阻燃要求,需添加65%的ATH,这意味着电缆料的所有物理性能会大幅下降。若引入5%的功能黏土(二甲基二硬脂酸铵盐改性),所需ATH添加量则可降至45%。相比传统材料,不但性能得以改善,还可降低阻燃剂的成本。此外,含有纳米粒子的配方,与传统配方相比,燃烧形成的炭层更为坚硬和致密。随后,Beyer[23]研究发现,若以MCNT代替功能黏土(质量分数不变),所得材料的pHRR与上述材料相比,略有升高。将纳米黏土用于其他可用于电缆的聚合物,如TPU、PVC及两者的混合物,结果不一。例如,往TPU和含有一定磷酸酯阻燃剂的TPU中加入4.5%的有机黏土,可使材料的pHRR值降低,TTI值下降、燃尽时间延长[24]。磷酸酯可使TPU的TTI(测试条件:热流量为35kW/m^2)由约70s增至85s,而加入纳米黏土则使含有磷酸酯的TPU的TTI又降至约70s。另一方面,添加纳米黏土对PVC-EVA和PVC-TPU合金的HRR曲线影响甚微,但会降低材料的TTI。显然,材料阻燃性能与聚合物的种类、所使用的传统阻燃剂及纳米粒子密切相关。

另一个例子是由Nanocor公司产品制备的系列阻燃聚合物纳米复合材料[25],其中有一种用作重型电子应用外壳,通过注塑PP配方制得,产品尺寸各异,最大可达1m^3。添加纳米粒子,可显著下降阻燃剂的添加量(可下降18%)。尽管材料的UL94阻燃级别不变,均为V-0级,但材料的弯曲模量和拉伸模量可增加约25%(不降低抗冲性能)。

这些工业化实例表明,添加纳米粒子确实可在维持材料所需阻燃性能前提下,降低阻燃剂的用量。作者实验室的有关工作(涉及PA6薄膜、PA66薄膜和某些含磷阻燃剂)[10,26-28]也证实了这一点。

对有些聚合物(如PS),阻燃剂用量的降低则不甚明显。最近,Wang等[29]研究发现,在PS中加入纳米黏土和溴系阻燃剂,可使材料的pHRR值(锥形量热仪测得)显著降低。尽管TTI略有缩短,也就是说材料更易点燃,但材料在实际燃烧测试(如UL94阻燃性)中的燃烧行为则更为复杂。例如,添加3%的Cloisite 30B(表11.1),可使共聚PS(含有10%的二溴苯乙烯(DBS))达到V-2级;若不添加纳米粒子,要达到V-2级,DBS的含量则需增至20%;若单纯使用Cloisite 30B或二甲基正十六烷基-4-乙烯苄基季铵盐(VB16)改性的黏土,则不能通过任何阻燃级别。结果见表11.2。但是,对于含有40%DBS的共聚物,本身即可达V-2级,添加Cloisite 30B则可使材料达最高阻燃级别V-0级。人们还研究了不同有机磷酸酯和Cloisite 10A(表11.1)对PS的阻燃作用,并研究了配方的热降解性能、燃烧性能和锥形量热仪测得的有关参数,结果见表11.2,结果表明,磷酸酯阻燃剂仅在较高用量时才能使材料的pHRR值有明显的下降,但降幅不及PS/黏土(3%)纳米复合材料大。此外,当黏土和磷酸酯共用时,不仅可降低pHRR值,而且可使材料的总释热量大幅下降(与纯 PS 和 PS 纳米复合材料相比)。表 11.2 中还列有阻燃性能(UL94 阻燃性测试,点燃后阻止火焰燃烧的能力)最佳的含磷酸酯样品。可以看到,不仅纳米粒子与磷酸酯的混用可提高材料的 UL94 阻燃性,增加纳米粒子的用量(如由 3% 增至 10%)也可取得同样的效果。

表 11.2 PS/黏土纳米复合材料(含有 DBS 共聚单体或磷酸酯)[29,30]的某些阻燃性

阻燃共聚单体或添加剂	黏土	pHRR/kW·m^{-2}	UL94阻燃性	阻燃共聚单体或添加剂	黏土	pHRR/kW·m^{-2}	UL94阻燃性
纯 PS	无	1419	无级别	30% TCP	3% Cloisite 10A	378	V-2
	3% Cloisite 10A	310	—		5% Cloisite 10A	342	V-1
10% DBS	3% Cloisite 30B	—	V-2		10% Cloisite 10A	324	V-1/V-0
20% DBS	无	—	V-2	30% RDP	无	499	—
	3% Cloisite 30B	—	无级别		3% Cloisite 10A	110	V-2
	3% VB16	—	无级别		5% Cloisite 10A	307	V-1/V-0
40% DBS	无	—	V-2	30% TXP	无	864	—
	3% Cloisite 30B	—	V-0		5% Cloisite 10A	313	V-2
15% TCP	无	1122	—				

由上述研究结果,可得出以下结论:尽管纳米黏土与阻燃剂间的相互作用较为复杂,且可能与两者的浓度有很大的相关性,但是,纳米粒子有可能降低阻燃剂添加量及提高材料的阻燃性能则是可以肯定的。

第 7 章已详细地讨论了纳米复合材料与金属氢氧化物的协同作用。通常情况下,要达到所需的阻燃级别(如 Beyer[15,22,23]所述),聚合物基材中的所需金属氢氧化物用量较大(往往高于 50%),从而严重影响材料的流变性能和加工性能。Hornsby 和 Rothon[31]对此进行了研究,他们指出,共混聚合物的熔融黏度和剪切敏感性,由氢氧化物的种类、粒度、表面状况和用量等因素决定。任何降低微米阻燃剂用量的方法,均有利于改善材料的加工性能和最终性能。因此,纳米粒子可能会在该领域找到实际应用。最近,Lomakin 等[32]往氢氧化镁填充的 PP 中加入纳米硅铝酸盐(Cloisite 15A),并研究了其对材料的影响。结果显示,PP/MH(50%)/Cloisite 15A(10%)样品的热稳定性与 PP/MH(60%)样品相当,加工性能也未得到明显改善。然而,据 Song 等[33]报道,添加纳米黏土可提高 PA66(以 MH 和红磷为阻燃剂)的力学性能。此外,两种阻燃剂与纳米黏土间均存在协同作用,因此所需阻燃剂的用量得以降低。Fu 和 Qu[34]也发现了类似的协同效应:添加雾化二氧化硅,不仅可降低 EVA/MH 样品中的 MH 使用量,而且还可以提高材料的断裂伸长率。

Gilman 和 Kashiwagi[35]首先研究了膨胀型阻燃剂与纳米粒子的协同复配(已

在第6章讨论），最近 Duquesne 等[36]也进行了这方面研究。将微米分散的膨胀型阻燃剂和纳米粒子混用，可能具有协同作用，从而降低添加剂的添加量和改善聚合物的加工性能，尽管目前尚未见有工业化应用。Bourbigot 等[37]研究发现，添加少量 PA6/蒙脱土纳米复合材料，可使 EVA/APP（传统阻燃剂）体系中 APP 的用量减少至原来的 2/3，且阻燃性能依旧维持 V-0 级。随后，Vyver-Berg 和 Chapman[38]报道，将功能黏土（1% ~ 3%）与膨胀型阻燃剂（如三聚氰胺磷酸盐、聚磷酸铵、季戊四醇磷酸酯、硼酸锌）以合适的配方复配使用，可在维持 PP 材料达 UL94 V-0 级的情况下将膨胀型阻燃剂的用量降低至 20% 以下。

11.3.2　薄膜、纤维和纺织品

对合成纤维而言，如果添加剂用量超过 10%（质量分数），则会使纺丝和后续操作工艺变得困难，从而恶化纺织品的诸多性能。因此，降低合成纤维中阻燃剂的用量尤为重要。纤维与本体聚合物（包括薄膜和复合材料）的最大区别在于单纤的厚度很小，纤维的直径为 $15\mu m \sim 30\mu m$，纱线直径为 $50\mu m \sim 100\mu m$，织物的厚度为 $100\mu m$ 到几毫米。如前所述，材料[11,35,39]的阻燃性能通常以锥形量热仪测定，纳米黏土可使材料的 pHRR 值下降，但通常会降低 TTI 和延长整体燃烧时间，对聚合物基材的总释热量则几乎没有影响。然而，在促进材料引燃和延缓材料燃烧的同时，纳米黏土也可促进材料成炭。事实上，纳米黏土可使部分非成炭聚合物成炭[35,39]，这对成炭极微的热塑性成纤聚合物（如 PET 和 PP）来说尤为重要。

Bourbigot 等[40,41]最先研究了 PA6 纳米复合纤维（表观密度 $1020g/m^3$，厚度 2.5mm）的阻燃性能。将普通 PA6 纤维及其纳米复合纤维用热流量为 $35kW/m^2$ 的锥形量热仪测定，测得前者的 TTI 为 70s，pHRR 值为 $375kW/m^2$，后者的 TTI 为 20s，pHRR 值为 $250kW/m^2$。与前者相比，后者的 pHRR 值尽管下降了 33.3%，但 TTI 也显著下降，总释热量则几乎无变化。TTI 是衡量材料阻燃性能的重要指标，但纳米复合纤维的 TTI 非但没有延长，反而缩短。热失重分析结果表明，低于 400℃时，纳米黏土对材料的热失重行为影响较小；高于 450℃时，则可促进材料成炭。与本体聚合物相比，纤维及织物的一大问题在于它们均具有较大的比表面积和受热时显示薄膜特性。最近，Kashiwagi 等[42]发现了一个有趣的现象，PA6 纳米复合纤维的 pHRR 降幅及相关阻燃性能与样品的厚度间存在函数关系。以热流量为 $50kW/m^2$ 的锥形量热仪测试了厚度为 8mm 和 1.6mm 的 PA6/黏土纳米复合材料的阻燃性能，结果见表 11.3。表中还在括号中列出了纳米复合材料 pHRR 与聚合物基材 pHRR 的比值，以突出纳米粒子对材料阻燃性能的作用。

表 11.3　PA6/黏土纳米复合材料的 pHRR 值[27,42]

纳米黏土添加量/%	pHRR/kW·m⁻²		
	8mm	1.6mm	220μm①
0	1950	1690	1634
2	1025(53)	1615(95.5)	1742(约100)
5	690(36)	1360(80)	1505
① 250g/m² 纤维的预测值			

还测试了不同厚度(介于 3.2mm 和 4mm 之间)纳米复合材料的质量损失速率,结果表明,厚度越小,阻燃性能越差。这是表面硅碳阻隔层的形成与聚合物周围可燃物的挥发共同作用的结果。对于较厚的样品,陶瓷阻隔层的形成占主导因素;而对于薄壁样品,则由有机燃料的挥发占主导[43],这可认为是由于样品薄厚所造成的热行为差异[44]。因此,适用于本体聚合物纳米复合材料的屏障阻隔机理,对薄壁的织物纤维,则由于成炭不够快而不甚有效。Kashiwagi 及他的合作者们发现的厚度效应,可能会受到热流量的影响,因为两种相互竞争的机理均与热有关,但受影响的程度不同。

如果上述 Kashiwagi 关于厚度效应的结论正确,则纳米复合材料的厚度与 HRR 间存在简单的线性反比关系。上文已经对比了厚度为 1.6mm 及 8mm 的 PA6/纳米黏土复合材料在热流量为 50kW/m² 的锥形量热仪中的 pHRR 值,文献[27]在同等条件下测试了 PA6 织物纤维(密度 250g/m²,相当于厚度为 220μm 的薄膜)的 pHRR,结果见表 11.3。显然,纤维的 pHRR 降幅最小。此外,Bourbigot 等[40,41]在较低热流量(35kW/m²)下测试了厚度为 2.5mm、密度为 1020g/m² 的 PA6 织物(相当于厚度为 0.9mm 的薄膜)的 pHRR,所得结果比高热流量(50kW/m²)下测得结果降低了 33.3%。这表明,由于两种相互竞争的机理均为热驱动,但受影响程度不同,因此,厚度效应会受到热流量的影响,低热流量有利于黏土粒子迁移至材料表面和表面炭层的形成。

纳米黏土或其他纳米粒子的改性基团也可能进一步促进成炭,但由于存在于颗粒内部的改性剂浓度很低,且纳米粒子的添加量通常也仅在 2% 至 5% 之间,因此,改性剂在聚合物中含量 ≪1%,其成炭促进作用或气相阻燃作用尚存在疑问。然而,鉴于改性剂的热稳定性会显著影响纳米黏土的加工性能[11,12](如前所述),所以也许不该忽略改性剂的成炭促进作用和气相阻燃作用,尽管其在聚合物中的浓度甚微。

研究发现,在 PA6 和 PA66 薄膜(用作各自纤维的参考模型)中,纳米黏土与传统阻燃剂存在明显的协同效应[7,10,13,26,27]。如对 11.3.1 所述的聚合物,通过添加纳米黏土可显著降低阻燃剂的添加量。通常,要使传统的合成纤维达到足够的阻燃性,至少需要添加 15%～20% 的阻燃剂,这显然太大。对可熔性成纤聚合物(如 PA6、PA66、PET 和 PP),其阻燃性能与阻燃剂的用量并不呈线性关系,而是呈 S 形曲线变化[45-47]。通常认为,要使材料具有较好的阻燃性,形成的炭层需要贯穿于整个聚合物表面,且均一致密。因此,对给定的阻燃剂和聚合物,存在一个使阻燃性能较佳的临界浓度。

前已述及,在 PA6 或 PA66 薄膜(厚度约 80μm)中,纳米黏土与传统的阻燃剂,如聚磷酸铵(Antiblaze MCM)、三聚氰胺磷酸盐(Antiblaze NH)、季戊四醇(PER)、季戊四醇磷酸酯[NH1197]、环状磷酸酯(Antiblaze CU)、膨胀阻燃体系(含有 APP、PER 及三聚氰胺,Amgard MPC)及四(羟基鏻盐)—脲交联聚合物(Proban CC 聚合物,Rhodia 公司),混用时可能具有加和效应或协同效应[10,13,26,27]。分析多种阻燃剂—纳米黏土–PA66 薄膜配方及对应的阻燃剂–PA66 薄膜配方的阻燃性能差异可知,仅 APP、Proban CC 及膨胀型 Amgard MPC 与纳米黏土共用时显著提高了材料的 LOI 值,它们间可能存在协同作用(根据 Lewin 协同效应测试)[10,27]。在 LOI 与阻燃剂用量变化曲线(图 11.4[27])中可清晰地看到添加纳米黏土对材料 LOI 的影响。尚待研究的是,为什么仅有少部分所选阻燃剂与纳米黏土间存在协同效应。聚磷酸铵不仅与纳米黏土间的协同作用最大,且其分解温度在 250℃～300℃之间,覆盖了 PA66 的熔点(约 265℃)。因此,有助于在聚合物熔化时,APP 可发挥阻燃作用。然而,令人不解的是,APP-PER 混合阻燃剂与纳米黏土间则无协同效应,只有简单的加和效应(且略降低)。膨胀型 Amgard MPC 与纳米黏土间存在明显的协同效应。季戊四醇磷酸酯衍生物[Chemtura(原 Great Lake)NH1197]的分解温度比 APP 更高,三聚氰胺磷酸盐(Antiblaze NH)[49]也是如此。图 11.4 中的曲线均为典型的 S 形曲线[45-47],根据曲线可评估达到特定阻燃级别所需阻燃剂的用量。达到特定 LOI 值所需阻燃剂的浓度见表 11.4。

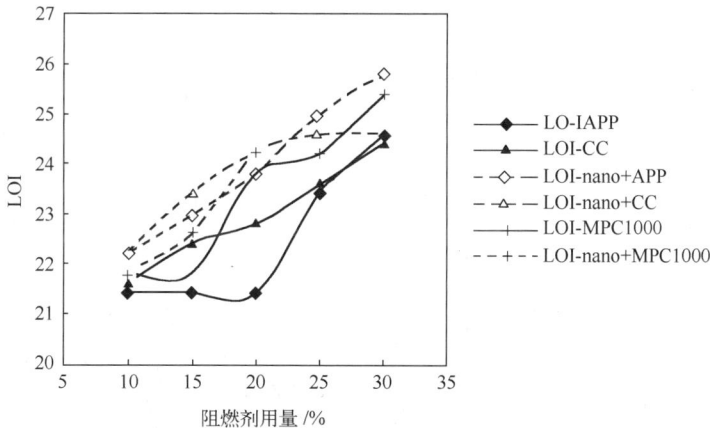

图 11.4　阻燃剂/PA66 及阻燃剂/PA66/纳米黏土复合薄膜材料的 LOI 值[27]

表 11.4 使 PA66 薄膜达到特定 LOI 值所需阻燃剂的用量[26]

阻燃剂	LOI = 23		LOI = 24		LOI = 25	
	PA66	PA66 + 纳米黏土	PA66	PA66 + 纳米黏土	PA66	PA66 + 纳米黏土
APP	23.8	15	28.5	20.1	33.3①	25
MPC	16.3	14.5	20.5	18	30	>30
CC	20.5	10.5	28.5	17.5	36.3①	25
① 由图11.4 外推而得						

因此,为使 LOI 值达 24.2% 的纳米黏土即可显著降低阻燃剂的添加量。在 LOI = 25 时,对 PA66/CC 薄膜及 PA66/APP 薄膜也具有类似效果,但对 PA66/MPC 薄膜则完全相反。遗憾的是,尽管存在如上所述的协同效应[7,10],但这种简单分析方法不宜用于 PA6 薄膜体系,这是由于纳米黏土明显改变了 PA6 薄膜的燃烧方式,难以用简单的 LOI 值对比法有效研究协同效应。

将表 11.1 中的黏土与阻燃剂共用于 PA6 和 PA66 薄膜,研究了黏土改性剂对材料性能的影响。首先,选择对 PA66 薄膜 LOI 增幅最大的黏土。因此,所选黏土为 Cloisite30B,它可使 PA66 薄膜的氧指数达 28.0%,而纯 PA66 薄膜仅有 21.0%。未改性黏土(Cloisite Na+),极易分散于极性的 PA 薄膜中,可使 PA 薄膜的 LOI 值达 25.2%。不同的黏土对薄膜 LOI 测试实验中燃烧行为的影响不同,导致各种薄膜(含 2% 纳米黏土)的 LOI 不一。PA6 薄膜也存在类似现象,但 PA6 薄膜中阻燃剂与纳米黏土的相互作用不甚有效。这是由于,PA6 的熔点太低(约215℃),在该温度下,大多数阻燃剂尚未开始发挥作用。

PA66 薄膜(含/不含纳米黏土 Cloisite30B)的 LOI 结果如图 11.5 所示。为方便比较,图中还列有将前述工业化的 PA66/纳米黏土薄膜的 LOI 值[7,26,28]。由于黏土对材料燃烧行为的影响似乎与阻燃剂的添加量无关,因而,将 LOI 与阻燃剂用量的关系图外推可得到不含阻燃剂的纳米黏土薄膜的 LOI 值,结果也包含在图 11.5 中。由图 11.5 可知,所有含有阻燃剂但不含纳米黏土的 PA66 薄膜,其 LOI 值要比对应的含阻燃剂又含纳米黏土的低。此外,这些曲线均呈 S 形,对只含阻燃剂的 PA66 薄膜,仅当阻燃剂用量超过 20% 时材料的 LOI 值才得以显著增加。纳米黏土的加入似乎能使材料的 LOI 与阻燃剂含量的关系更具线性,且一般而言,纳米黏土能进一步改善阻燃聚合物的燃烧行为。

对 PA6 薄膜(含有阻燃剂、含有 Cloisite Na+ 黏土或 Cloisite 30B 黏土),也得到了类似结果,见表 11.5。如同在 PA66 体系中一样,纳米黏土通过促进成炭和减少熔滴[7]明显改变了 PA6 的燃烧行为,在不含阻燃剂的情况下提高了材料的 LOI 值(此 LOI(无阻燃剂)值系通过外推法得到,列于表 11.5 中)。所得结果是很有意义的,与 APP 和 APP – PER 阻燃体系相比,含有环状有机磷酸酯(Antiblaze CU,

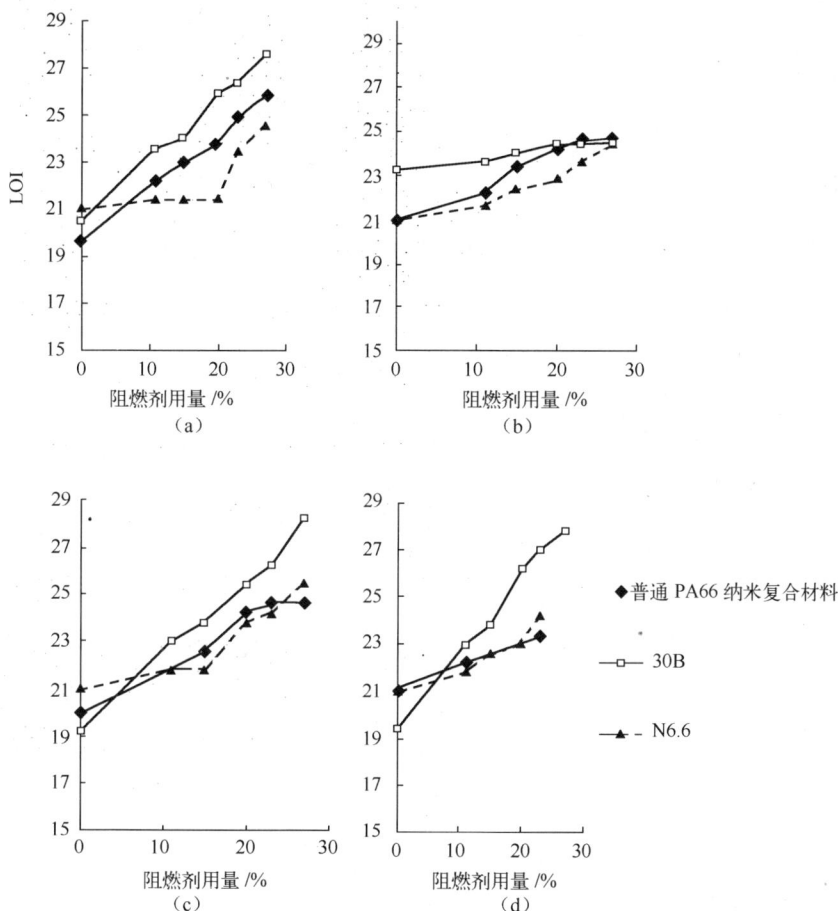

图 11.5　PA66 薄膜(含/不含各种阻燃剂;含/不含纳米黏土 Cloisite30B)的 LOI 值[26]

(无阻燃剂且含有纳米黏土薄膜的 LOI 值通过外推法得到)

(a) APP;(b) CC;(c) MPC1000;(d) APP/PER。

Rhodia 公司)及黏土的 PA6 薄膜,在各自的添加量下,均达到了最高的 LOI 值。然而,测试过程中,薄膜在暴露于火焰时持续熔融滴落,而不形成炭层,且这与阻燃剂的添加量无关。熔滴加剧导致样品难以点燃,因此,材料的 LOI 值较高。有趣的是,Cloisite Na⁺ 对 PA66 薄膜燃烧行为的影响与 Cloisite 30B(改性黏土)类似,但 Cloisite 30B 能更好地分散于样品中,因此以 Cloisite 30B 改性的样品,LOI 理应更高,但事实上并非如此。

对于以 APP 为阻燃剂的 PA6 体系,当 APP < 11% 时(阻燃剂用量一定), LOI 如下排列:纯 PA6 > Cloisite Na⁺ > Cloisite 30B > 商品化纳米黏土;当 APP 浓度等于或高于 20% 时(阻燃剂用量一定), LOI 如下排列: Cloisite 30B > Cloisite Na⁺ >

商品化纳米黏土 > 纯 PA6。

表 11.5　阻燃 PA6(含有 Cloisite Na$^+$、Cloisite 30B 和阻燃剂)的 LOI 值[26]

阻燃剂及含量	PA6	PA6 + Cloisite Na$^+$	PA6 + Cloisite 30B	阻燃剂及含量	PA6	PA6 + Cloisite Na$^+$	PA6 + Cloisite 30B
标准薄膜	22.6	23.0	23.4	15% APP-PER	24.2	23.8	25.0
0%(外推)	20.9	18.5	17.5	20% APP-PER	24.6	23.8	25.0
11% APP	23.4	22.6	21.8	23% APP-PER	24.6	25.0	25.0
15% APP	23.4	23.4	24.2	27% APP-PER	—	26.2	26.2
20% APP	24.2	25.6	26.4	0%(外推)	—	19.3	
23% APP	26.0	26.8	27.2	11% CU	—	24.2	
27% APP	26.0	28.0	28.8	15% CU	—	26.8	
0%(外推)	23.1	21.7	24.1	23% CU	—	30.0	
11% APP-PER	23.8	23.8	25.0				

对于以 APP-PER 阻燃的 PA6,在大多数用量情况下,材料的 LOI 按 Cloisite 30B > 纯 PA6 > Cloisite Na$^+$ > 商品化纳米黏土递减。对于基材为 PA66 的试样,顺序则不太一样,按 Cloisite Na$^+$ > Cloisite 30B > 商品化纳米黏土 > 纯 PA66 递减。

分散黏土的真实物理形貌及所用 PA 树脂的性能对排列次序(见上)和是否能形成纳米复合材料有显著的影响。有关这方面的初步研究结果显示,以商品 PA6 及 PA66 纳米复合材料制备的薄膜,纳米黏土依旧维持着较好的纳米分散[7]。然而,含有 Cloisite 30B 或 Cloisite Na$^+$(纳米分散或微米分散)的薄膜,在成膜过程中会促进 PA6 或 PA66 球晶的形成。无疑,球晶的形成会导致成纤性能的变化。

显然,对维持某一特定的 LOI 值,添加黏土可显著降低阻燃剂的需用量,这可见表 11.4 所列的商品 PA66 纳米复合材料薄膜及图 11.6 所示的 PA66 薄膜的有关数据。结果显示,本研究所选的两种黏土相对于商品 PA66 纳米复合材料(前已研究)而言,优势更为明显。就 LOI 而言,若要使 LOI 达到 23%,阻燃剂的添加量只需 10%;若要使 LOI 达 24%,添加 15% 的阻燃剂也已足够。为了解释这一结果,以前曾已建立过一个模型[26-28],假定存在一个交联网状结构区域(由平均粒径为 6μm 的微米分散阻燃剂构成),且平均阻燃剂颗粒间距或反应区长度为 1μm。当温度高于阻燃剂颗粒的分解温度时,任何微米或纳米分散体系都将被活化。以 APP 为例,分解区间在 250℃～300℃,此时已发生成炭反应[50]。

这个简单的模型可用于上述实例中的阻燃机理。例如,表 11.4 显示,为使 PA66 的 LOI 值达 24%,在不存在纳米黏土的情况下,单独使用 APP,添加量需达 28.5%。假定 APP 的平均粒径为 25μm,根据模型预测可得,APP 颗粒的平均距离 d_a 或反应区为 8μm。然而,若体系中含有 2% 的 Na$^+$ 黏土,APP 的添加量则仅需

12.3%。此时，d_a 值增至 19μm，同时纳米黏土间的反应区间距约为 0.5μm。这意味着，悬浮的 APP 粒子可通过许多纳米粒子连接，且纳米粒子本身能促进成炭。显然，图 11.6 所示阻燃剂用量的下降支持了这一假说，尽管将此假说完善仍需大量细致工作。遗憾的是，由于纳米黏土会导致 PA6 薄膜的燃烧方式发生变化，故无法对 PA6 膜进行类似分析。

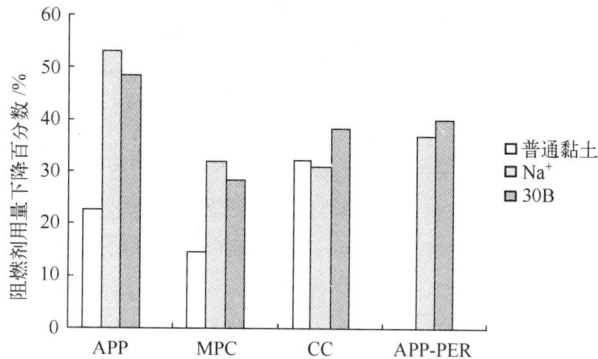

图 11.6 使材料维持 LOI 值 24%，分别加入三种黏土（未处理黏土、Cloisite Na⁺ 及 Cloisite 30B）可减少的阻燃剂用量[26]

尽管有人将纳米黏土与阻燃剂共用于其他成纤高聚物（如聚丙烯[51]和聚酯[52]），但目前尚无人将它们直接混用于纤维。在 PP 阻燃配方（含有受阻胺稳定剂和成炭促进剂聚磷酸铵）中加入 5% 的纳米黏土，尽管不足以将材料的 LOI 值提高至 22% 以上，但其成炭性的确得以改善。Wang 等[52]研究发现，在共聚 PET（含有含磷单体）中添加功能化的蒙脱土，也具有类似的促进成炭效应，所得材料在 450℃ 以上的残炭率得以提高。

作者最近的工作（尚未出版）[53]显示，将丙烯腈在功能黏土存在下聚合制得的共聚物，其性能适合于用作纤维，该聚合物在纤维挤出过程中可吸收聚磷酸铵，制得 LOI >35% 的纤维。在这些纤维中，纳米黏土与阻燃剂间存在明显的协同效应，且所得纤维，其性能可满足一般应用领域的要求。

11.3.3 涂层

聚合物/纳米粒子阻燃涂层的潜在应用领域主要是阻燃织物。据 Bourbigot 等[40,41,54,55]报道，添加纳米黏土和聚硅氧烷可降低聚酯织物用聚氨酯涂层的 pHRR，如图 11.7 所示。然而，单纯使用这些纳米粒子会降低 TTI、延长燃烧时间，这与阻燃涂层织物的要求是矛盾的。

最近，Horrocks 等[21]研究表明，许多织物的燃烧试验，如 BS5852 第 1 部分及 EN8191 第 1 部分及第 2 部分[56]等，均从正面点燃织物，因此，要使阻燃涂层发挥

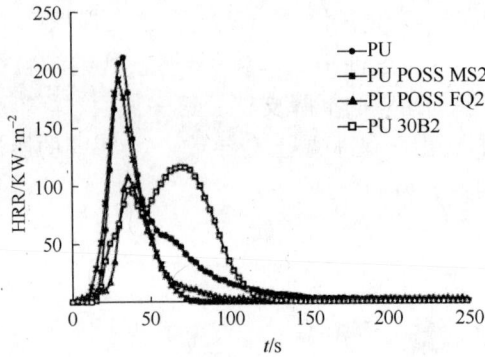

图 11.7　PET 织物用 PU 纳米复合涂层材料(含有 10% 的八甲基 POSS(POSS MS2)、
聚乙烯基 POSS(POSS FQ2)或纳米黏土(Cloisite 30B))
的 HRR 曲线(热流量 35kW/m²)[41]

功效,必须存在由涂层往纤维正面的阻燃迁移活性。单独使用成炭型阻燃剂时,若要有效阻燃织物,只有使其通过迁移或熔化通过纤维到达纤维正面[49]。在背涂配方中,单独使用纳米黏土没什么阻燃效果[24],但将气相二氧化硅(纳米)与聚磷酸铵共用于背涂配方,不仅会恶化配方的流变性能,而且随着二氧化硅用量的增加,配方的阻燃性能(由 LOI 表征)反而下降。以含有二氧化硅(最大用量 17%)的固体涂料层,制备了一系列 Vycar PVC 共聚物(Noveon,Cleveland)悬浮液。这些悬浮液中的阻燃剂总含量是相同的,即每 100 份干树脂使用 250 份阻燃剂,但二氧化硅/APP 摩尔比则由 1:0 到 0:1 不等,步长为 0.1。曾试图制备含有 30% 阻燃剂的背涂织物样品,但随二氧化硅含量的增加,导致流变性能恶化,最后阻燃剂(SiO₂/APP >0.6:1)的添加量只好降至 10% 以下。然而,LOI 测试结果(图 11.8)证实,二氧化硅对背涂材料的阻燃性能起负面效果。显然,现有研究结果表明,纳米复合材料在涂层领域、尤其是背涂织物上的潜在应用,前景还存有疑问。

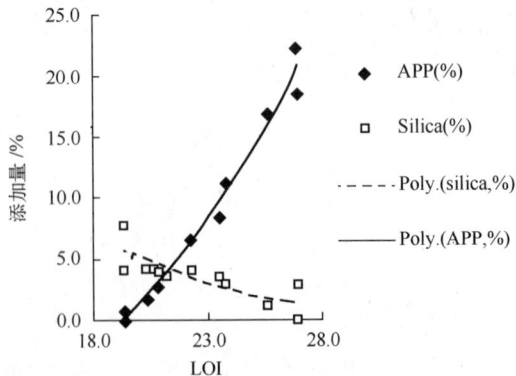

图 11.8　聚磷酸铵、气相二氧化硅用量对背涂织物 LOI 值的影响[21]

11.3.4 复合材料

质硬增强复合材料对阻燃性能的要求主要包括难于引燃、火焰传播慢、HRR小及低烟等。目前常用的溴系阻燃剂，无论是添加型的还是反应型的，由于更大的生烟量及有关环境问题而广受质疑。有望成为溴系阻燃剂代用品的，一是膨胀型阻燃体系，二是纳米复合材料(已有文献[57,58]对此进行了综述)。Sorathia[59]综述了终端用户(如美国海军)的要求，并引用了 Wilkie 的有关工作[60]。Wilkie 将纳米黏土与含磷阻燃剂(如磷酸三甲苯酯及间苯二酚双(二苯基磷酸酯))共用于乙烯基酯树脂，研究表明，尽管黏土不能增加材料的 TTI(锥形量热仪测试)，但6%的黏土降低了材料的 pHRR 值，且降幅与磷酸酯的用量成正比。

作者实验室先后研究了改性纳米黏土和含磷阻燃剂对乙烯基酯树脂材料热降解行为[13]和锥形量热仪所测阻燃参数[61]的影响。用 DTA-TGA 研究了含有一系列纳米黏土(Cloisite Na$^+$、10A、15A、25A 及 30B)和传统阻燃剂(聚磷酸铵(Antiblaze MCM)、三聚氰胺磷酸盐(Antiblaze NH)、双季戊四醇—三聚氰胺磷酸盐膨胀阻燃体系(Antiblaze NW)和氢氧化铝)的特定聚合物。初步结果[13]显示，纳米黏土降低了材料的热稳定性和成炭性(600℃以上)。往树脂中加入具有凝聚相活性的阻燃剂，可提高树脂在400℃以上的成炭性，此时加入纳米黏土，成炭性变化不大。事实上，对于含有聚磷酸铵的树脂，残炭量会降低。图11.9定量描述了树脂—阻燃剂—黏土体系与对应的树脂-阻燃剂体系在 TGA行为上的差异。因此，添加 Cloisite 25A 黏土对含有上述阻燃剂(APP 除外)的乙烯基酯树脂热降解稳定性的影响最小，说明由此造成的阻燃性能变化甚微。此外，最近有一篇文献[61]选用 X 射线衍射来表征树脂—黏土复合材料是不是具有纳米复合材料结构，研究结果表明，添加阻燃剂既不影响黏土的分散状况，也不能促进纳米复合材料的形成。样品的燃烧性能由热流量为 $50kW/m^2$ 的锥形量热仪测定，以 pHRR、总释热量(THR)、火焰增长指数(FIGRA)及生烟性等参数表征。往乙烯基酯树脂中添加5%的黏土会导致材料在上述参数上发生变化，详情已在文献[61]中报道，如图11.10(a)所示。此外，将含有20%阻燃剂的乙烯基酯树脂的有关锥形量热仪测试结果如图11.10(b)所示。可近似认为，每种黏土具有相同的 pHRR 及 FIGRA 抑制效应，尽管一般而言生烟性会有所增加。添加阻燃剂同样可降低材料的 HRR，但生烟性也有所增加。图11.11(a)为含有5%黏土 Cloisite 25a、20%不同阻燃剂的材料的有关阻燃性能；图11.11(b)为含有20%阻燃剂 APP、5%不同黏土的材料的有关阻燃性能。图11.11(a)可表征给定纳米黏土对含有各种阻燃剂材料阻燃性能的影响。由图可知，对于 Antiblaze NW(三聚氰胺磷酸盐和双季戊四醇)或氢氧化铝阻燃配方，添加纳米黏土可进一步降低材料的 pHRR 及 FIGRA；对于单纯以三聚氰胺磷酸盐(Antiblaze

NH)阻燃的配方,添加纳米黏土反而会恶化材料的 pHRR 及 FIGRA,尤其是材料的生烟性。但是,对以 APP 阻燃的配方,所有的黏土均能进一步降低材料的 pHRR、FIGRA 及生烟性(Cloisite 25A 除外)。

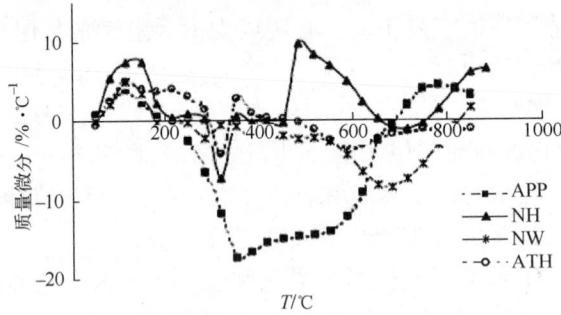

图 11.9 树脂—阻燃剂体系与对应的树脂—阻燃剂—黏土体系的残炭率
(以 TGA 测定),表征 Cloisite25A 黏土对含有聚磷酸铵(APP)、三聚氰胺磷酸盐(NH)、三聚氰胺磷酸盐和双季戊四醇(NW)及氢氧化铝(ATH)的乙烯基酯热降解性能的影响[13]

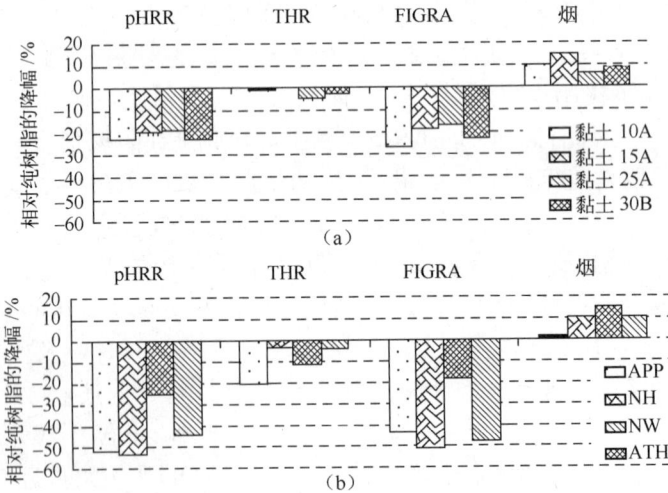

图 11.10 锥形量热仪测定的乙烯基酯的阻燃性[61]
(a) 含5%的不同功能黏土;(b) 含20%不同阻燃剂。

总而言之,尽管往传统的阻燃材料中引入纳米黏土并不全都能改善材料的阻燃性能,但已有证据表明,在某些特定配方(如含有 APP 或 ATH 的配方)中引入纳米黏土,阻燃性能有所改善。这说明,往增强的阻燃复合材料添加纳米黏土或其他纳米粒子进一步提高材料的阻燃性是可行的。

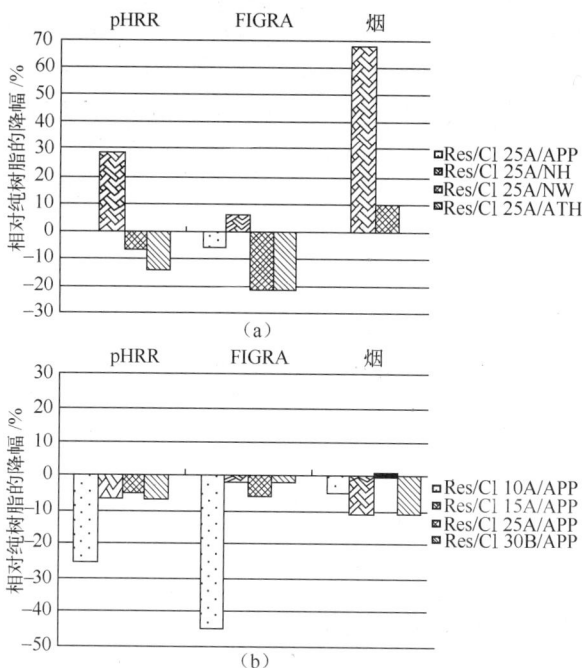

图 11.11　含 5% 黏土及 20% 阻燃剂乙烯基酯的阻燃性能[61]
（a）黏土为 Cloisite 25a，阻燃剂各不相同；（b）阻燃剂为 APP，黏土不同。

11.3.5　泡沫塑料

研制含有纳米粒子的新型阻燃泡沫塑料，其挑战不仅在于应选择和优化配方以达到较佳的阻燃协同效应，而且还应调整由于引入纳米结构带来的硬度变化量。因此，纳米粒子在泡沫塑料上的探索应用主要限于硬质泡沫塑料，尽管也可能用于少数软质泡沫塑料，如装饰用包装材料。此外，由于许多泡沫塑料是由聚氨酯原位聚合制成的，而聚合时往往会产生膨胀，所以形成真正的纳米分散相难度较大。但是，已有证据表明，如果有效选择含有大量羟基的改性剂，就可能使纳米粒子在材料中真正达到纳米分散[62]。最近有研究表明，通过熔融挤出和惰性气体的物理膨胀作用，可使层状硅酸盐在聚乳酸泡沫中实现良好的纳米分散。层状硅酸盐可作为泡孔成核中心，以改善泡孔的尺寸和密度[17]，从而使得泡孔结构更为均匀。在含有机黏土的 PS泡沫塑料中也发现了类似的现象[17]，添加黏土后其阻燃性也可得以改善。

11.4　未来展望

Beyer[15,22-24] 及 Kabelwerk Eupen AG 将纳米粒子与传统阻燃剂（如 ATH）共用

于 EVA 基电缆护套料可降低 ATH 的用量。显然,这将开创未来纳米复合材料在提高材料火性能方面的工业化应用。此外,由于纳米分散相与非纳米分散相间存在协同作用,故使材料达到一定的阻燃性能时两者的总用量仍比阻燃剂(ATH)单独使用时所需用量要低。因此,这可使材料的力学性能得以改善。文献报道,还有一些聚合物基材中也存在纳米粒子与传统阻燃剂间的协同效应。尽管不是所有的纳米粒子与传统阻燃剂间均存在协同效应,但很多纳米粒子的确可使某些阻燃剂用量大幅降低,因而可使材料在达到所需阻燃级别的同时具有力学性能及成本优势。当然,这仅在加工过程中纳米粒子对聚合物流变行为影响较小或可控的条件下才能付诸实用。纳米粒子与传统阻燃剂间的协同效应对薄膜或纤维材料尤有价值,因为对这些材料,要维持材料的拉伸性能,阻燃剂的用量必须很低。

参考文献

1. Kojima, Y.; Usuki, A.; Kawasumi, M.; Okada, A.; Kurauchi, T.; Kamigaito, O. Synthesis of polyamide 6–clay hybrid by montmorillonite intercalated with ε-caprolactam. *J. Polym. Sci. Polym. Chem.* **1993**, 34(4), 983–986.

2. Usuki, A.; Kojima, Y.; Kawasumi, M.; Okada, A.; Fukushima, Y.; Kurauchi, T.; Kamigaito, O. Synthesis of nylon 6–clay hybrid. *J. Mater. Res.*, **1993**, 8, 1179.

3. Pinnavia, T.J.; Beall, G.W., Eds. *Polymer–Clay Nanocomposites*. Wiley Series in Polymer Science. Wiley, New York, 2000.

4. Vaia, R.A. Structure characterisation of polymer–layered silicate nanocomposites, in: T.J. Pinnavia and G.W. Beall, Eds., *Polymer–Clay Nanocomposites*. Wiley Series in Polymer Science. Wiley, New York, 2000, pp. 229–266.

5. Yngard, R.; Yang, F.; Nelson, G.L. Flame retardant or not: fire performance of polystyrene/silica nanocomposites prepared via extrusion, in: *Proceedings of the 14th Conference on Advances in Flame Retardant Polymers*, Stamford, CT, 2003.

6. Yang, F.; Nelson, G.L. PETg/PMMA/silica nanocomposites prepared via extrusion, in: *Proceedings of the 5th Conference on Advances in Flame Retardant Polymers*, Stamford, CT, 2004.

7. Padbury, S.A. Possible interactions between char-promoting flame retardants and nanoclays in polyamide films. Ph.D. dissertation. University of Bolton, Bolton, Lancashire, England, 2004.

8. Carrado, K.A.; Xu, L.; Seifert, S.; Csencsits, R.; Bloomquist, C.A.A. Polymer–clay nanocomposites derived from polymer–silicate gels, in: T.J. Pinnavia and G.W. Beall, Eds., *Polymer–Clay Nanocomposites*. Wiley Series in Polymer Science. Wiley, New York, 2000, pp. 47–63.

9. Lan, T.; Pinnavaia, T.J. Clay-reinforced epoxy nanocomposites. *Chem. Mater.* **1994**, 6, 2216.

10. Padbury, S.A.; Horrocks, A.R.; Kandola, B.K. The effect of phosphorus containing flame retardants and nanoclay on the burning behaviour of polyamides 6 and 6.6, in: *Proceedings of the 14th Conference on Advances in Flame* Retardant Polymers, Stamford, CT, 2003.

11. Gilman, J.W.; Awad, W.; Davis, R.; Morgan A.B.; Trulove, P.C.; DeLong, H.C.; Sutto, T.E.; Mathias, L.; Davies, C.; Chiraldi, D. Improved thermal stability of crown ether and imidazolium treatments for flame retardant polymer-layered silicate nanocomposites, in: *Flame Retardants 2002*. Interscience Publications, London, 2002, pp. 139–146.

12. Awad, W.H.; Gilman, J.W.; Nyden, M.; Harris, R.H., Jr.; Sutto, T.E.; Callahan, J.; Trulove, P.C.; DeLong, H.C.; Fox, M. Thermal degradation studies of alkyl-imidazolium salts and their application in nanocomposites. *Thermochim. Acta* **2004**, 409(1), 3–11.

13. Kandola, B.K.; Nazaré, S.; Horrocks, A.R. Thermal degradation behaviour of flame retardant unsaturated polyester resins incorporating functionalised nanoclays, in: M. Le Bras, C.A. Wilkie, S. Bourbigot, S. Duquesne, and C. Jama, Eds., *Fire Retardancy of Polymers: New Applications of Mineral Fillers*. Royal Society of Chemistry, London, 2005, pp. 147–160.

14. Pramoda, K.P.; Liu, T.; Liu, Z.; He, C.; Sue, H.-J. Thermal degradation behaviour of polyamide 6/clay nanocomposites. *Polym. Degrad. Stab.* **2003**, 81, 47–56.

15. Beyer, G. Flame retardant properties of EVA-nanocomposites and improvements by combination of nanofillers with aluminium trihydrate. *Fire Mater.* **2001**, 25, 193–197.

16. Yasue, K.; Katahira, S.; Yoshikawa, M.; Fujimoto, K. In situ polymerisation route to nylon 6–clay nanocomposites, in: T.J. Pinnavia and G.W. Beall Eds., *Polymer–clay Nanocomposites*. Wiley Series in Polymer Science. Wiley, New York, 2000, pp. 111–126.

17. Sinha Ray, S.; Okamoto, M. New polylactide/layered silicate nanocomposites, 6: Melt rheology and foam processing. *Macromol. Mater. Eng.* **2003**, 288, 936–944.

18. Matayabas, J.C.; Turner, S.R. Nanocomposite technology for enhancing the gas barrier of polyethylene terephthalate, in: T.J. Pinnavia and G.W. Beall Eds., *Polymer–Clay Nanocomposites*. Wiley Series in Polymer Science. Wiley, New York, 2000, pp. 207–226.

19. Matayabas, J.C.; Turner, S.R.; Sublett, B.J.; Connell G.W.; Barbee, R.B. (Eastmann Chemical Co.). PCT Int. Patent Appl. WO 98/29499, Aug. 9, 1998.

20. Davies, R.D.; Gilman, J.W.; VanderHart, D.L. Processing degradation of polyamide 6–montmorillonite nanocomposites in: *Proceedings of the 13th Conference on Advances in Flame Retardant Polymers*, Stamford, CT, 2002.

21. Horrocks, A.R.; Davies, P.J.; Alderson, A.; Kandola, B.K. The challenge of replacing halogen flame retardants in textile applications: phosphorus mobility in back-coating formulations, in *Proceedings of the 10th European Conference on Flame Retardant Polymeric Materials* (FRPM05), Berlin, 6–9Sept. 2005.

22. Beyer, G. Flame retardancy of nanocomposites: from research to technical products. *J. Fire Sci.* **2005**, 23, 75–87.

23. Beyer, G. Carbon nanotubes as flame retardants in polymers. *Fire Mater.* **2002**, 26, 291–294.

24. Beyer, G. Progress with nanocomposites and new nanostructures, in: *Flame Retardants 2006*. Interscience Publications, London, 2006, pp. 123–133.

25. Lan, T.; Qian, G.; Liang, Y.; Cho, J.W. FR application of plastic nanocomposites. Technical paper. http://www.nanocor.com/tech_papers/FRAppsPlastic.asp.

26. Horrocks, A.R.; Kandola, B.K.; Padbury, S.A. The effect of functional nanoclays in enhancing the fire performance of fiber-forming polymers. *J. Text. Inst.* **2003** (pub-

lished 2005), 94(3), 46–66.

27. Horrocks, A.R.; Kandola, B.K.; Padbury, S.A. Effectiveness of nanoclays as flame retardants for fibers, in: *Flame Retardants 2004*. Interscience Publications, London, 2004, pp. 97–108.

28. Horrocks, A.R.; Kandola, B.K.; Padbury, S.A. Interaction between nanoclays and flame retardant additives in polyamide 6 and polyamide 6.6 films, in: M. Le Bras, C.A. Wilkie, S. Bourbigot, S. Duquesne, and C. Jama, Eds., *Fire Retardancy of Polymers: New Applications of Mineral Fillers*. Royal Society of Chemistry, London, 2005, pp. 223–238.

29. Wang, D.; Echols, K.; Wilkie, C.A. Cone calorimetric and thermogravimetric analysis evaluation of halogen-containing polymer nanocomposites. *Fire Mater.* **2005**, 29, 283–294.

30. Chigwada, G.; Wilkie, C.A. Synergy between conventional phosphorus fire retardants and organically-modified clays can lead to fire retardancy of styrenics. *Polym. Degrad. Stab.* **2003**, 81, 551–557.

31. Hornsby, P.R.; Rothon, R.N. Fire retardant fillers for polymers, in: M. Le Bras, C.A. Wilkie, S. Bourbigot, S. Duquesne, and C. Jama, Eds., *Fire Retardancy of Polymers: New Applications of Mineral Fillers*. Royal Society of Chemistry, London, 2005, pp. 19–41.

32. Lomakin, S.; Zaikov, G.E.; Koverzanova, E.V. Thermal degradation and combustibility of polypropylene filled with magnesium hydroxide micro-filler and polypropylene nano-filled aluminosilicate composites, in: M. Le Bras, C.A. Wilkie, S. Bourbigot, S. Duquesne, and C. Jama, Eds., *Fire Retardancy of Polymers: New Applications of Mineral Fillers*. Royal Society of Chemistry, London, 2005, pp. 100–113.

33. Song, L.; Hu, Y.; Lin, Z.; Xuan, S.; Wang, S.; Chen, Z.; Fan, W. Preparation and properties of halogen-free flame-retarded polyamide 6/organoclay nanocomposite. *Polym. Degrad. Stab.* **2004**, 86, 535–540.

34. Fu, M.; Qu, B. Synergistic flame retardant mechanism of fumed silica in ethylene–vinyl acetate/magnesium hydroxide blends. *Polym. Degrad. Stab.* **2004**, 85, 633–639.

35. Gilman, J.W.; Kashiwagi, T. Polymer-layered silicate nanocomposites with conventional flame retardants, in: T.J. Pinnavia and G.W. Beall, Eds., *Polymer–Clay Nanocomposites*. Wiley Series in Polymer Science. Wiley, New York, 2000, pp. 193–206.

36. Duquesne, S.; Bourbigot, S.; Le Bras, M.; Jama, C.; Delobel, R. Use of clay–nanocomposite matrixes, in: M. Le Bras, C.A. Wilkie, S. Bourbigot, S. Duquesne, and C. Jama, Eds., *Fire Retardancy of Polymers: New Applications of Mineral Fillers*. Royal Society of Chemistry, London, 2005 pp. 239–247.

37. Bourbigot, S.; Le Bras, M.; Dabrowski, F.; Gilman, J.W.; Kashiwagi, T. PA-6 clay nanocomposite hybrid as char-forming agent in intumescent formulations. *Fire Mater.* **2000**, 24, 201–208.

38. Vyver-Berg, F.J.; Chapman, R.W. (Great Lakes Chemical Corporation). World Patent WO 01/10944, Feb. 15, 2001.

39. Gilman, J.W. Flammability and thermal stability studies of polymer layered-silicate (clay) nanocomposites. *Appl. Clay Sci.* **1997**, 15(1–2), 31–49.

40. Bourbigot, S.; Devaux, E.; Rochery, M.; Flambard, X. Nanocomposite textiles: new routes for flame retardancy, in: *Proceedings of the 47th International SAMPE Symposium*, May 12–16, 2000. **2002**, 47, 1108–1118.

41. Bourbigot, S.; Devaux, E.; Flambard, X. Flammability of polyamide-6/clay hybrid nanocomposite textiles. *Polym. Degrad. Stab.* **2002**, 75, 397–402.

42. Kashiwagi, T.; Shields, J.R.; Harris, R.H., Jr. Awad, W.A. Flame retardant mechanism of a polymer clay nanocomposite, in: *Proceedings of the 14th Conference on Advances in Flame Retardant Polymers*, Stamford, CT, 2003.

43. Kashiwagi, T.; Harris, R.H., Jr.; Zhang, X.; Briber, R.H.; Cipriano, B.H.; Raghavan, S.R.; Awad, W.H.; Shields, J.R. Flame retardant mechanism of polyamide 6–clay nanocomposites. *Polymer* **2004**, 45(23), 881–891.

44. Drysdale, D. *An Introduction to Fire Dynamics*, 2nd ed. Wiley, Chichester, West Sussex, England, 1999, pp. 212–222.

45. Levchik, S.V.; Weil, E.D. Combustion and fire retardancy of aliphatic nylons. *Polym. Int.* **2000**, 49(10), 1033–1073.

46. Horrocks, A.R.; Price, D.; Tankard, C. Unpublished results, 1995. See also Tankard, C. Flame retardant systems for polypropylene. M.Phil. dissertation. University of Manchester, Manchester, Lancashire, England, 1995.

47. Zhang, S.; Horrocks, A.R. A review of flame retardant polypropylene fibres. *Prog. Polym. Sci.* **2003**, 28(11), 1517–1538.

48. Lewin, M.; Weil, E.D. Mechanisms and modes of action in flame retardant polymers, in: A.R. Horrocks and D. Price, Eds., *Fire Retardant Materials*. Woodhead Publishing Cambridge, England, 2001, p. 39.

49. Horrocks, A.R.; Wang, M.Y.; Hall, M.E.; Sunmomu, F.; Pearson, J.S. Flame retardant textile back-coatings, 2: Effectiveness of phosphorus-containing retardants in textile back-coating formulations. *Polym. Int.* **2000**, 49, 1079–1091.

50. Horrocks, A.R. Developments in flame retardants for heat and fire resistant textiles: the role of char formation and intumescence. *Polym. Degrad. Stab.* **1996**, 54, 143–154.

51. Zhang, S.; Horrocks, A.R.; Hull, T.R.; Kandola, B.K. Flammability, degradation and structural characterization of fiber-forming polypropylene containing nanoclay–flame retardant combinations. *Polym. Degrad. Stab.* **2006**, 91(4), 719–725.

52. Wang, D.-Y.; Wang, Y.-Z.; Wang, J.-S.; Chen, D.-Q.; Zhou, Q.; Yang, B.; Li, W.-Y. Thermal oxidative degradation behaviours of flame-retardant copolyesters containing phosphorous linked pendent group/montmorillonite nanocomposites. *Polym. Degrad. Stab.* **2005**, 87, 171–176.

53. Hicks, J. Flame retardant investigations in acrylic fibre-forming copolymers. Ph.D. dissertation. University of Bolton, Bolton, Lancashire, England, 2005.

54. Bourbigot, S.; Devaux, E.; Rochery, M. Polyurethane/clay and polyurethane/POSS nanocomposites as flame retarded coating for polyester and cotton fabrics. *Fire Mater.* **2002**, 26, 149–154.

55. Bourbigot, S.; Le Bras, M.; Flambard, X.; Rochery, M.; Devaux, E.; Lichtenhan, J.D. Polyhedral oligomeric silsesquioxanes: applications to flame retardant textiles, in: M. Le Bras, C.A. Wilkie, S. Bourbigot, S. Duquesne, and C. Jama, Eds., *Fire Retardancy of Polymers: New Applications of Mineral Fillers*. Royal Society of Chemistry, London, 2005, pp. 189–201.

56. Horrocks, A.R. Textiles, in: A.R. Horrocks and D. Price, Eds., *Fire Retardant Materials*. Woodhead Publishing, Cambridge, England, 2001, pp. 128–181.

57. Kandola, B.K.; Horrocks, A.R. Composites, in: A.R. Horrocks and D. Price, Eds., *Fire Retardant Materials*. Woodhead Publishing, Cambridge, England, 2001, pp. 182–203.

58. Horrocks, A.R.; Kandola, B.K. Flammability and fire resistance of composites, in: A.C. Long, Ed., *Design and Manufacture of Textile Composites*. Woodhead Publishing, Cambridge, England, 2005, pp. 330–363.

59. Sorathia, U. Improving the fire performance characteristics of composite materials for naval applications, in: *Proceedings of the Conference on Fire and Materials, 2005*. Interscience Communications, London, 2005, pp. 415–424.

60. Wilkie, C.A. Fire retardancy of vinyl ester nanocomposites: synergy with phosphorus-based fire retardants. *Polym. Degrad Stab.* **2005**, 89, 85–100.

61. Nazaré, S.; Kandola, B.K.; Horrocks, A.R. Flame-retardant unsaturated polyester resin incorporating nanoclays, in: B. Schartel C.A. Wilkie, Eds., special edition, *Polymers for Advanced Technologies*, **2006**, 17, 294–303.

62. Tien, Y.I.; Wei, K.H. High-tensile-property layered silicates/polyurethane nanocomposites by using reactive silicates as pseudo chain extenders. *Macromolecules* **2001**, 34(26), 9045.

63. Han, X.; Zeng, C.; Lee, L.J.; Koelling, K.W.; Tomasko, D.L. Extrusion of polystyrene nanocomposite foams with supercritical CO_2. *Polym. Eng. Sci.* **2003**, 43(6), 1261.

12. 聚合物纳米复合材料阻燃研究中的实际问题及发展趋势

Alexander B. Morgan

Nonmetallic Materials Division, *University of Dayton Research Institute*, *Dayton*, *Ohio*

Charles A. Wilkie

Marquette University, *Milwaukee*, *Wisconsin*

12.1 导言

当前,有关聚合物纳米复合材料阻燃性的研究相当活跃,因此将这些信息归纳总结以形成对其全面而合理的认识是十分必要的。我们认为,以下几点对充分理解聚合物纳米复合材料的阻燃性至关重要。

(1)纳米复合材料的结构类型和分散状况由很多因素决定,因此,若要成功制备聚合物纳米复合材料,需充分考虑各影响因素(见第2章和第4章)。此外,纳米复合材料阻燃性能的改善与纳米粒子的分散状况与聚合物的降解化学密切相关(见第3章、第5章及第10章)。

(2)聚合物/黏土纳米复合材料通过降低质量损失速率(损失的质量为有焰燃烧的燃料)来降低材料的燃烧性能,因此,纳米复合材料的释热速率(HRR)也维持在较低水平(见第3章)。但是,材料最终将会完全燃尽,仅留下一小部分不燃残炭,材料的总释热量下降不多,难以同时满足现有测试标准(见第5章)。

(3)在聚合物/黏土纳米复合材料中观察到的阻燃性对于其他纳米粒子同样适用,如碳纳米管、碳纳米纤维及一些胶粒,且阻燃机理十分类似(见第10章)。

(4)由于聚合物纳米复合材料自身难以通过阻燃测试标准(见第5章和第11章),若要使其获得工业化应用(见第6章和第11章),则需添加额外的阻燃剂(见第1章、第6章~第9章)。

尽管已有纳米复合材料获得工业化应用,但仍存在不少问题和挑战,本章将就这些问题进行讨论,并探讨它们与纳米复合材料未来发展趋势的相关性。必须注意的是,所有的新技术在从实验室到工业化应用的转化过程中都会面临各种各样的问题和挑战,纳米复合材料也不例外。

12.2　聚合物纳米复合材料的结构与分散

　　制备聚合物纳米复合材料的工艺多种多样,但其根本目标均在于有效解除纳米粒子的团聚,这也是制备聚合物纳米复合材料的关键所在。为了实现这一目标,必须调整和优化实验条件,以使其同时适应聚合物化学、纳米粒子化学及加工工艺的要求。如第2章所细述,聚合物纳米复合材料的制备方法主要有三种:原位聚合、溶液共混及熔融共混。尽管可能会有一些更新的技术出现,但其实质仍归属于以上三类。

12.2.1　原位聚合

　　原位聚合需满足两个条件:纳米粒子良好分散和单体发生聚合。以黏土为例,制备过程中,黏土要么被剥离,要么被良好插层。利用原位聚合法通常能制得分散良好的聚合物/黏土纳米复合材料,有以下两种成因:一是黏土剥离至未聚合的单体(和/或溶剂)中,随后单体聚合;二是聚合导致黏土膨胀、促使黏土片层分离,最终形成聚合物纳米复合材料。原位聚合可使纳米复合材料中无论是在微米尺度还是纳米尺度上粒子均能良好分散,但这也取决于聚合物与纳米粒子间的最终界面。如果最终界面处于热动力学不稳定态,在加工过程中则可能发生形态转换[1]。这方面的例子很多,建议读者参考有关综述[1-4]。

　　乳液聚合和悬浮聚合是用于制备聚合物/黏土纳米复合材料的常用方法。与原位聚合法类似,制备过程中,黏土剥离后单体聚合,不同的是,黏土剥离至溶液(或水相)中,而不是单体中。在某些情况下,聚合过程中使用的表面活性剂(用于制备有机黏土或用作聚合物与有机黏土的相容剂)也转化为最终纳米复合材料的一部分[5-8]。乳化和悬浮正越来越多地被用于聚合前的黏土片层分离。这项技术应用量日益增长,部分原因在于本体聚合法不总是能够工业化,而乳液聚合或悬浮聚合则可能正好在这方面具有优势。最后,具体选用哪一种方法则由聚合物体系而定。

　　Unitika和Ube/Toyota公司的工业化产品PA6纳米复合材料是唯一已规模化生产的原位聚合产品。由于大多数能够进行原位聚合的聚合反应器往往用于基础树脂的连续生产,将生产装置(中试或大生产)进行改造以适用于新工艺可能存在不少问题,出于利润和成本方面的考虑,通常不被选用。更为重要的是,如果要利用现有设备,那么引入新工艺及适应添加纳米粒子或纳米复合材料聚合需要所带来工艺变化的相关成本,可能会成为工业应用的巨大障碍。从头开始设计和制造新生产线比改进现有聚合生产线,可能更为简单。制备更多原位聚合纳米复合材料的建议,至少是对多种热塑性材料为基的材料,如今并不很为人感兴趣。在正确的商业模式及目标市场下,重新审视原位聚合工艺,建造除 PA6 外的其他聚合物纳米复合材料的生产装置可能具有一定的意义。最快达到经济规模的人可能在捕捉这些聚合物纳米复合材料的市场上占据先机,并最终获得足够的利润——但前提是他们必须愿意承担风险,而规避风险似乎是多数潜在供应商不愿介入的关键所在。

上一段提到了一种观点,制备多种热塑性聚合物纳米复合材料存在相关固定设备问题。对于热固性纳米复合材料而言,投资问题不是十分重要的,而需要仔细考虑的是生产规模问题。而其合成工艺多采用原位聚合法,纳米粒子与单体可均匀混合。当然,加工过程中可能会采用一些特殊工艺(如添加溶剂以增加混合均匀性),以便于纳米复合材料的制备,但是,原位聚合法依旧是制备热固性聚合物纳米复合材料的唯一可行途径。这样的话,人们不必担心制备纳米复合材料过程中针对特定的单体和聚合条件而改变固定设备。要制备优良的热固性纳米复合材料,仅需能分散良好的且易于加工处理的单体及纳米颗粒即能满足要求。热固性纳米复合材料的加工同样影响了这些材料的工业化,但与热塑性纳米复合材料工业化所面临的问题不同。许多纳米粒子,尤其是黏土,可明显改变流体[9]的流变性能,纯聚合物与含有纳米粒子聚合物的特性差异将对常年致力于热固性配方生产的生产商带来不少障碍和困难。研究表明,采用溶剂法[10]能解决这一问题,或者将这一问题简单化,这便于人们更好地理解黏土和其他纳米填料的流变特性[11]。不通过化学转换,而是通过优化工艺及操作步骤,可更好地解决这一加工难题。尽管黏度的增加可能是一个问题,但也可将其有目的地进行黏度设计,以制备有序排列的聚合物纳米复合材料结构。例如,在聚合前利用磁场将黏土粒子在环氧树脂基体中进行有序排列,固化后可得到一些有趣的结果[12]。

众所周知,以原位聚合法制备热固性及热塑性纳米复合材料,需考虑一些基本问题,其中最重要的是终端应用聚合物与纳米粒子间的界面:没有良好的聚合物与纳米粒子间的界面,就没有合理的聚合物纳米复合材料的合成工艺。对于原位聚合而言,重点在于黏土纳米复合材料,因为该领域已有不少有关聚合物与黏土间的结构—性能关系的有用信息。作者认为,下述几点是必须重视的。

(1)聚合物的有机界面改性:聚合物与改性剂是否相容?

(2)有机改性剂的官能团:在聚合过程中是否有反应活性?

(3)有机改性剂的热稳定性:是否能承受后聚合工艺?

(4)有机改性剂在纳米粒子中的添加量:所用添加量是否可达到分散需要与不恶化最终纳米复合材料性能间的平衡?

在本章,有机改性的目的在于改善纳米粒子与聚合物间的界面。所用有机改性剂可以是鎓离子,离子交换至黏土表面形成有机黏土;也可以是反应型分子,通过共价反应包裹于纳米粒子外表面形成新的纳米粒子表面,从而使其可与聚合物间形成良好界面,并得到良好的聚合物纳米复合材料。有机改性不涉及使用加工助剂或相容剂,尽管它们也可促进纳米粒子在聚合物基材中的分散,这里指的有助于形成纳米复合材料的结构,但它们通常不一定是聚合物与纳米粒子间界面的组成部分。至于它们被称作相容剂还是加工助剂,则依据它们的作用模式而定。

是否含有与聚合物基材相类似的化学结构,是评价有机改性粒子与聚合物基材可混合性强弱的常用标准,如苄基胺改性剂往往用于芳香族聚合物。也有一些使用溶度参数来预测黏土与聚合物相容性的尝试[13,14]。此外,聚合物链与有机改性剂间的缠结能力、氢键键合及有机改性剂在黏土表面的排列等因素,也是十分重要的[15-18]。其他因素,如聚合物与有机改性烷基链间的混合熵及混合焓也同样重要。对于黏土而言,烷基链的长度影响较大,烷基链越长,就可促进在黏土片层间的膨胀,形成足够大的空隙以便于聚合物材料的插层。12 个 ~16 个碳原子的链长似乎是较优的选择[19-21]。最后还应考虑有机黏土在单体或聚合溶剂中的分散。通常情况下,如果有机黏土易于与聚合物基材混合,也可在溶解聚合物的溶剂中良好分散。目前已有一些测试溶剂中有机黏土分散度的方法[22-25],可将它们用于原位聚合前的筛选试验。一个更为简单和原始的方法是通过简单混合将黏土分散至溶剂中,观察黏土是否会随时间而沉降。

有机改性纳米粒子时,首先应考虑的是,用于原位聚合的纳米粒子表面是否含有官能团。官能团可使聚合反应也在纳米粒子表面发生,因此,部分聚合物链可化学键合到纳米粒子上。官能团也可能引起最终聚合物的相互交联,而多官能团的纳米粒子则可作为交联点。使用不含官能团的改性剂,则不会产生交联,且聚合物与纳米粒子间的界面则没有含官能团的改性剂强。至于选择何种改性剂,人们依旧众说纷纭,有时依所用聚合物而定。对于聚合物/黏土纳米复合材料而言,官能团似乎能在纳米复合材料中产生更多的剥离,且颗粒表面含有能引发聚合的官能团的纳米黏土,剥离效果似乎更为显著[26-30]。有机改性技术最早由 Toyota[31,32] 公司用于制备尼龙 6 纳米复合材料,在该体系中,黏土的有机改性十分奏效,且已有产品市售。但是,对于其他聚合物,同样的黏土有机改性,则尚未商业化。因此,截至目前为止,利用该法制备热塑性纳米复合材料仅局限于聚酰胺。热固性树脂,尤其是聚氨酯和环氧树脂,由于能同官能化有机黏土[9,33,34]存在一些反应性问题,聚合条件难以控制。

此外,还应考虑到有机改性剂的热稳定性。有关改性剂热稳定性的研究多见于有机黏土纳米复合材料,其中的烷基铵改性剂在 180℃ ~200℃ 下即可通过 Hofmann 反应引发降解[35-38]。尽管原位聚合通常达不到这个温度,但由于聚合升温,导致局部可超过这个温度,从而诱发有机改性剂的降解[39]。由于不是所有的聚合物后聚合温度都低于 200℃,因此,也必须考虑后聚合工艺及其对聚合物纳米复合材料的影响。这对热塑性聚合物而言至关重要,因为在注塑、平板硫化及后聚合挤出中材料可能会经历额外强热。因此,有机改性剂需满足热稳定性高及与终端聚合物相容性好等特点。在这方面,已取得一些突破:如官能化咪唑改性黏土[40],但工作仍有待进一步开展。

最后,还必须考虑有机改性剂添加量对黏土的影响。不同黏土,其交换容量变化很大。例如,蒙脱土的交换容量接近 100meq/100g,为层状双羟基氢氧化物的两倍多。这可产生巨大的无机离子—亲有机离子交换效应。很多有机改性虽可保证纳米粒子在聚合物基材中分散得更为均匀,但也会使材料的力学性能和热性能受到影响。如果有机改性不完全,由于粒子与聚合物的界面面积不够大,纳米粒子可能难以分散或不能从原始颗粒中分开,这会使纳米粒子在聚合物基材中的分散不够均匀。所用黏土的添加量同样也会影响分散状况,黏土的添加量越大,获得良好分散的可能性就越小。对于阻燃应用配方,5% 的黏土对降低材料的燃烧性能而言似乎是较佳的选择,但若综合平衡其他性能(热、力学),最终聚合物纳米复合材料的黏土用量则很可能发生变化。有关纳米粒子添加量对纳米复合材料性能影响的详细情况,可参见第 2 章。

12.2.2　溶液共混

一般认为,溶液共混法制备聚合物/黏土纳米复合材料是仅用于研究的制备工艺,但是,事实上,至少是对初级聚合物生产商而言,该法可能比原位聚合法更为工业友好,不过对下游用户而言情况有所不同。溶液共混主要是用于制备热固性纳米复合材料,而在热塑性塑料或可在溶剂中良好溶胀的聚合物(可使聚合物链和黏土自由混合)上的应用则十分有限。

工业上,许多聚合工艺中都可使用各式各样的溶剂,无论是在聚合过程(如自由基聚合),还是后聚合工艺(如茂金属催化聚烯烃合成)。随后,通过大规模蒸发蒸馏及脱挥技术将溶剂移除,最终可制成颗粒状聚合物。为了解决如何在聚合过程中往溶剂中加入纳米粒子的问题,可能需要将工艺明显改变。如果一个聚合反应器既被用于制备一般聚合物,又被用于以溶液共混法制备纳米复合材料,那么在制备一般聚合物时,可能会存在纳米粒子(纳米复合材料制备过程中引入,清洗不净)的污染。尽管溶液共混法的固定设备问题比原位聚合法少,但若要使产品能实现工业化,这些问题依然需要克服和解决。

溶液共混中,设计聚合物与纳米粒子间的界面(或有机改性)时,人们必须考虑三大参数,即有机改性剂的结构、热稳定性及与聚合物的可混合性。热稳定性的重要性仅体现于溶液共混的后处理工艺(如成型)和材料的使用条件(可能暴露于强热)。有机改性及其可混合性在溶液共混中是更为重要的因素。有机改性剂不仅要与聚合物的可混性好,也必须易混于所选用的聚合物溶剂。一些聚合物仅可在特定溶剂中共混,这些溶剂可能会进攻纳米粒子改性剂(或纳米粒子本身),从而改变最终纳米复合材料的化学特性。例如,聚苯乙烯可溶于很多溶剂,因此,要选择一种与纳米粒子和聚合物同时相容的溶剂,难度不大。但是,聚烯烃通常只溶于高沸点溶剂,因此可能会造成改性剂的热降解;聚酰胺需要酸性溶剂,而其可能会与一些有机改性剂发生反应。

正如原位聚合法中所提到的,将纳米粒子团聚体分散对制备好的聚合物纳米复合材料而言至关重要。溶液共混法制备纳米复合材料时,稀释剂—固体含量、混合强度和混合均匀性十分关键。将多种高强度混合法用于分散纳米粒子团聚体,均取得了不同程度的成功[41-43]。超声是一种高强度混合法,有足够的能量将团聚体分散,已在 PS/黏土纳米复合材料上获得成功应用[44,45]。但无论何种方法,将团聚体完全打散的能力(对于黏土而言,提供纳米分散),均受聚合物基材中纳米粒子的总添加量(此量取决于粒子的几何形貌)限制。对于黏土而言,保证其加入溶剂后能得到剥离结构的最大添加量 1%~3%(假定长径比与蒙脱土类似);保证得到聚合物/黏土纳米复合材料的所能承受的最大添加量也在这一范围内,这已经过充分研究证实。因此,所有的溶液共混实验必须在高度稀释的条件下进行。溶液共混法制备纳米复合材料工业化可行性的困难是:需要大量溶剂,尽管通过后聚合工艺过程中的脱挥能完全回收溶剂,但是,如此高的溶剂用量严重限制了纳米复合材料的产量和生产速度,而且,要将大量的溶剂混合均匀使黏土剥离则可能面临大量工程上的挑战。但是,在卓有成效的化学及机械工程研究基础下(如用连续工艺代替间歇工艺),有望克服这一难题。

12.2.3 熔融共混

截至目前,熔融共混法是所有制备纳米复合材料方法中研究得最为广泛的一种。该项技术的推广应用,其原因在于热塑性塑料加工设备已为很多生产商拥有,易于放大,固定投资也相对较低。一般而言,熔融共混法制备纳米复合材料的应用通常局限于热塑性材料,但也可用于某些热固性材料的加工,尤其是以反应注射模塑(RIM)或树脂转换模塑(RTM)制备终端纳米复合材料部件。

熔融共混形式多种多样,包括挤出(双螺杆和单螺杆)、混炼(加热辊筒,也称为二辊或三辊密炼机)、分批混合(间歇式混料罐/头)和静态混合(聚合物和纳米粒子熔融在一起)。但无论采用上述哪种工艺,均需考虑到纳米粒子的界面情况。熔融共混法制备纳米复合材料,考虑得最多的两个因素是有机改性剂的热稳定性及其与聚合物的可混性。此外,可化学键合至聚合物和纳米粒子的官能团,对该技术而言,不是十分重要,但如果聚合物和纳米粒子间有原位接枝或反应需求,则官能团也是综合设计中的一个重要因素。除界面设计之外,混合强度是另一个需要考虑的因素。此外,熔融共混时所采用的混合类型对最后的纳米复合材料也有不可忽视的影响。

在研究有机改性剂热稳定性的影响时,集中关注了聚合物/黏土纳米复合材料体系。如前所述,目前使用的市售有机黏土,或任何以烷基铵盐有机改性剂改性的有机黏土,均在180℃~200℃[35-38]下开始分解(图12.1)。关注有机改性剂分解带来的影响(可能是多方面的)非常重要。通常情况下,黏土分解促使其表面极性增大,从而使黏土重新聚集。因此,在此情况下,不能成功地制备纳米复合材料,而只得到传统的填充型复合材料或微米复合材料。有机改性剂的热降解可使聚合物链的分子量下降,这是由于热降解形成的位于黏土表面的酸性中心可在高温下使C—C键发生断裂造成的。事实上,酸性中心可将聚合物链分裂成小片段,从而对材料的力学性能和阻燃性能造成负面影响。倘若挤出过程中有O₂存在,也会产生类似的影响。研究发现,连续挤出纳米复合材料时,剪切黏度会降低。这是由于,O₂消耗了降解过程中形成的双键,从而使聚合物链降解断裂[46]。此外,有机改性剂的分解会导致材料阻燃性能下降[47],还有人认为,有机改性剂降解会缩短聚合物纳米复合材料的点燃时间,相关这方面的讨论仍在继续中[48,49](详细讨论,见第3章及第5章)。

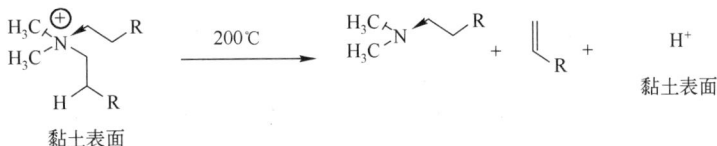

图 12.1　Hofmann 消除反应(烷基铵失去 β-氢)

使用鳞盐改性剂[50]或采用低于化学计量的传统有机改性剂,能部分提高改性蒙脱土的热稳定性[36]。使用各种溶剂洗涤除去过量的改性剂,或采用索氏抽提法[52]除去过量的改性剂,也可提高烷基铵的热稳定性,有时可达220℃。但是,若延长暴露于强热下的时间,C-N键(铵盐结构中最为薄弱的化学键)最终仍会断裂。由于大多数热塑性塑料的加工温度高于200℃,尤其是注射成型时温度更高,因此,有机改性剂需要在更高的温度下保持稳定。此外,在聚合物加工过程中,高剪切会使局部熔体的温度比设定温度高出20℃~30℃,这也可能加速有机改性剂的分解。使用咪唑盐有机改性剂可使纳米黏土的热稳定性得以显著改善(图12.2),所得有机黏土可满足高温塑料(如间规 PS[54]和尼龙 6(PA6)[55])的熔融共混。但这类咪唑盐改性剂目前尚未实现商业化。不过,有一些咪唑盐已在部分领域(主要是保健品)中较大量使用。因此,假以时日,这些咪唑盐改性剂可能有望实现工业化和商业化。

最近探索了一个新领域,即低聚物改性黏土(以低聚物离子(阳离子基团数 >1)

为有机改性剂)的应用。一般说来,低聚物改性黏土的热稳定性比传统有机黏土要高。将一系列不同的聚阳离子低聚物用于改性黏土,在一些情况下,所得改性黏土的热稳定性确保其能与 PET 熔融共混(共混温度约 280℃),其中所用的一种低聚阳离子改性剂如图 12.3 所示。这些低聚阳离子体系可以是以苯乙烯、甲基丙烯酸酯、丁二烯、丙烯酸月桂醇酯低聚物等为基的[56-62]。

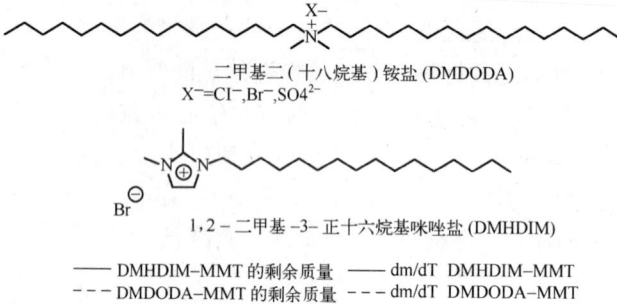

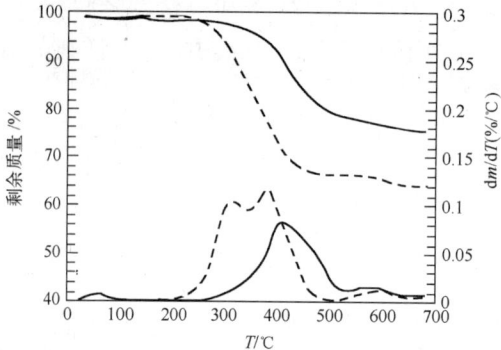

二甲基二(十八烷基)铵盐 (DMDODA)
$X^-=Cl^-, Br^-, SO_4^{2-}$

1,2-二甲基-3-正十六烷基咪唑盐 (DMHDIM)

—— DMHDIM-MMT 的剩余质量   —— dm/dT DMHDIM-MMT
- - - DMDODA-MMT 的剩余质量   - - - dm/dT DMDODA-MMT

图 12.2   咪唑盐的结构及咪唑盐改性黏土和
烷基铵盐改性黏土的 TGA 曲线[53]

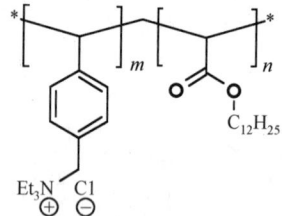

图 12.3   用于黏土改性的
阳离子低聚改性剂

　　假定热稳定性固定,熔融共混法制备纳米复合材料的另一个问题是加工设备的选择。二辊轧机及混合罐为间歇式设备,因此,仅能制备有限量的纳米复合材料。这些间歇式生产工艺在实验室使用是可行的,它们依旧是用于小规模实验的老式技术。然而,若要实现工业化或即使是为全面的材料测试提供足够多的原料,双螺杆挤出机是最佳的选择。单螺杆挤出机与拉伸流动混合机联用是代替双螺杆挤出机的一个可行选择。据报道,该体系与双螺杆挤出机相比,能使黏土在 PA6和聚丙烯(PP)基材中的分散得更为均匀[63]。双螺杆挤出机可能会引起插层剂和基材的降解,也可能引起纳米粒子的重新聚集,此外,还可能存在局部高应力区(该区内,剪切热可导致高达 50℃ 的温升)。显然,挤出温度会影响纳米复合材料结构,挤出温度必须控制在有机改性剂的分解温度以下[64-67]。在挤出机内的停留时间也能影响有机改性黏土的热降解。有研究者发现,随着停留时间的延长,纳米复合材料的 X 射线衍射(XRD)峰的强度减弱,而产生了一个与降解对应的新峰[68]。现在还得到了一些有意义的新结果,即通过工程上的改变,可将剥离的黏土直接添加到聚合物基材中。最近有研究工作证实,水浆中的钠基黏土可与 PA6 或 PP 同时加入至挤出机(传统的双螺杆挤出机,长径比为 77)中,将水分蒸除,可制得剥离型聚合物/黏土纳米复合材料[69,70]。据认为,通过合理的工艺设计,其他溶剂或液体也可能产生类似效果。有一家新兴企业已开始使用类似工艺,将纳米粒子在溶剂中剥离和分散,然后将该材料挤出成可方便使用的纳米环氧母粒[71,72]。

12.3　聚合物纳米复合材料的分析

纳米复合材料制备后,需对其进行分析以确定其是否形成纳米复合材料结构或是否达到纳米分散。聚合物/黏土纳米复合材料可为剥离型、混合的插层—剥离型、插层型及不混溶型(微米复合材料)等;所有上述情况均有有序区及无序区。

对于纳米粒子(如纳米管、纳米纤维和胶粒(球形粒子))而言,上述有关纳米粒子分散度的概念没有明确的含义。用于纳米管和纳米纤维时,"剥离"意味初级纳米管和纳米纤维聚集体已经分散;用于胶体时,也意味初级凝胶聚集体已被分散。由于纳米管、纳米纤维及胶体粒子中没有层状结构,这些纳米粒子不能以"插层"来描述。"不混溶的"和"微米复合材料"系指填料不是以纳米尺度分散在高聚物基体。

上述术语可用于说明填料以纳米尺度、微米尺度及宏观尺度在基体材料中的分散度。由于没有衡量纳米粒子在聚合物基材中分散程度的量化标准,这些术语只是定性的,且依旧存在争议,因为分散等级在很大程度上由使用者的主观意愿决定。遗憾的是,并不是所有纳米复合材料领域的研究人员都以同样的方式和标准使用这些术语。插层的定义源自于 XRD 测试,其中黏土片层依旧有序;而剥离则指黏土片层脱离无序的状态。一些研究者将插层的、剥离的,或是插层—剥离混合的纳米水平的良好分散,都简单地称作"剥离"。另一个问题是:一些研究者同时使用剥离和剥落来说明相同的分散性,而其他研究者则认为剥落的分散状况比剥离要好。因此,近期人们仍不可能就这一问题达成共识,而只能以见仁见智的眼光来评价所描述的体系。

已有一些文献[73,74]尝试为黏土的分散水平提出标准的描述方法,也有一些研究者使用图像分析[74-76]试图对纳米粒子的分散水平进行定量分析,但总体说来,研究工作有待继续深入和拓展。截至撰写本书时,已有一些关于聚合物纳米复合材料的分析技术,且它们已被广泛接受和使用,这也确实有助于加深人们对纳米粒子分散度的理解。用于纳米复合材料的分析技术有两大类,即纳米级的和微米/宏观级的,各有其优缺点。从以下的讨论可清楚地得到结论:没有一种技术可给纳米复合材料研究人员提供他们想知道的所有信息。要充分理解纳米复合材料体系,建立纳米粒子分散状况与材料性能间的关系,需要使用多种技术。

12.3.1 纳米级分析技术

12.3.1.1 X 射线衍射(XRD)

有两种常用的 XRD 或 X 射线散射,即广角 X 射线散射(WAXS)和小角 X 射线散射(SAXS)。两种方法覆盖的尺寸范围及分散度不同,可参见文献[25,77]所述。需要注意的是,对于任何一种 X 射线技术而言,只有当被散射或衍射材料的有序性足够好时,才能检测到 X 射线信号;若将 X 射线技术用于不规则材料(图12.4),则检测不到相关信息。由于黏土易于衍射,X 射线散射及 X 射线衍射广泛应用于聚合物/黏土纳米复合材料的表征,且使用该方法可很容易地检测到聚合物插层引起的黏土片层间距的变化。事实上,术语"剥离"和"插层"均源自于黏土的XRD 分析,用于描述聚合物基材中黏土的分散情况。XRD 最适用于聚合物/黏土纳米复合材料,而不适用于含有纳米管或胶体颗粒的纳米复合材料,因为对于黏土与其他层状材料(如层状双羟基氢氧化物,见第 9 章)而言,形成纳米复合材料结构前后的 XRD 曲线会发生变化,但对于纳米管和胶体粒子,无论是否与聚合物发生插层,材料的 XRD 图都不会有任何改变。

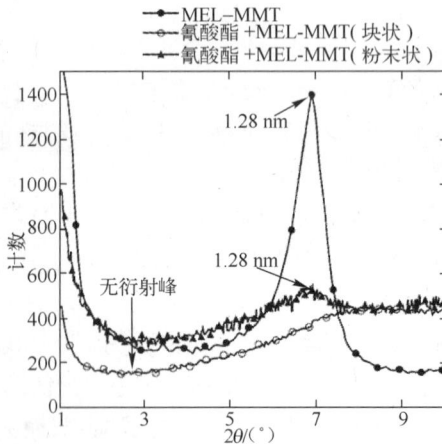

图 12.4 块状和粉末状氰酸酯黏土纳米复合材料的 XRD 图[73]

使用 XRD 测试技术时,需考虑以下实验细节:
① 散射/衍射模式(透射或反射)。
② 样品形状(粉末状或块状)。

③ 数据收集参数(2θ 步长和计数时间)。

④ 纳米粒子衍射峰及衍射信号。

⑤ 设备参数(如束流强度、狭缝尺寸及检测模式)。

有关详细描述可参见文献[77]及一些有关 XRD 的专著[78-80]。建议读者在最后阐述纳米复合材料的 XRD 数据之前,掌握更多 XRD 测试过程中的数据参数。

(1) 对于衍射或散射模式而言,选择透射还是反射至关重要。厚度大样品会阻止 X 射线的全透射,可能导致检测不到信号。任何一种聚合物材料都能阻碍 X 射线的传播,但对于 X 射线透射块状聚合物纳米复合材料而言,厚度小于 2mm 的试样是最佳的。反射模式大多用于粉末状样品和块状样品,但用于块状样品时可能会导致测试结果有偏差。在反射模式中,由于 X 射线仅可渗透至样品的某一特定深度,仅有样品表面的有序颗粒才能产生 XRD 信号。一些文献表明,在注射成型过程中,尤其是注射件的表面,黏土颗粒随着流场发生有序排列[81-83]。这种加工工艺在样品表面形成了极为有序排列的纳米粒子,但在样品内部,则不甚有序[2,65,84]。因此,反射模式测得的结果可能并不代表整个样品的全貌,但可描述样品的表面结构。透射模式及粉末反射模式可反映材料的全貌,但不能表征样品的表面结构。

(2) 样品形状(块状或粉末状)与上述提及的衍射模式密切相关。粉末样品随机分布,不具任何有序性,因此在样品表面收集到的 XRD 数据确实反映了样品散射材料的大体真实形貌,但是,并不是所有的聚合物纳米复合材料易于转化为粉末,如软性材料、弹性体及玻璃化温度(T_g)低于室温的材料,即便是通过低温研磨上述纳米复合材料,也难以得到可用于 XRD 分析的良好粉末,这就是为什么通常使用块状样品进行 XRD 分析的原因所在。使用块状样品时,样品的表面粗糙度会影响 XRD 测试结果的准确性,因此,实验者需尽可能确保测试样品表面光滑。

(3) 数据收集参数对数据质量至关重要,尤其是黏土在样品中含量非常小时。如无机黏土的含量为 1% ~3% 时,XRD 信号相当微弱,要收集到准确的信号,可能需要更长的计数时间和更小的步长。样品表面的光滑程度、样品形状(块状或粉末状)以及其他一些参数,也能影响数据的收集[73]。例如,在反射模式下测试一种表面粗糙的含有 10% 有机黏土的块状氰酸酯纳米复合材料,未检出任何信号;但将其粉碎后,通过其他技术可得到与样品形貌相应的检测信号(图 12.4)。

(4) 纳米填料的衍射峰及衍射信号是另一个需要考虑的因素。黏土有其独特的响应模式,但对于结晶型聚合物,聚合物的衍射峰或衍射信号可能将黏土的信号重叠或隐藏。在分析聚合物/黏土纳米复合材料前,建议分别搜集聚合物及黏土的 XRD 衍射信号。

需要注意的是,任何散射技术中的信号缺失仅是简单的信号缺失,并不是纳米粒子发生剥离的证据[73]。需要辅助分析来证实材料的形貌及 XRD 信号的含义。

最后一点,中子散射已成功用于研究溶剂中有机黏土的特征[22-24],这有利于阐述有机介质中有机黏土的一些基本特征。这时,不会收集到任何聚合材料的散射信号。这项技术可能对聚合物/黏土纳米复合材料的分析有较大的价值。

12.3.1.2 透射电镜(TEM)

TEM 是仅次于 XRD 分析而最常用的形貌分析技术。XRD 主要用于分析黏土纳米复合材料。而 TEM 可用于含所有的纳米填料材料,且能够得到纳米复合材料形貌及纳米分散水平的相关信息。通过 TEM 观察纳米粒子的分散状况,有助于对纳米复合材料的类型及纳米粒子在聚合物中的分散情况准确定性。最后需要详细说明的是,由于 TEM 照片是整体材料的极小局部(长度介于纳米与微米之间)照片,因此,为了准确描述纳米粒子分散状况及形貌,需要同时使用多张照片。此外,测试结果是定性的,而非定量。尽管上述结构的 TEM 照片在文献上已公开发表很多[2,3,39,73],研究者也可将这些照片与他们自己的材料照片进行对比,但目前尚缺乏准确评判剥离、插层及其他结构的标准。已有一些使用 TEM 图像进行定量分析的尝试[74-76],但目前似乎仅局限于实验室研究,且需要优化软件对结果进行定量,尤其是对含有非寻常形状纳米填料(黏土、层状结构、管/纤维)的情况。

由于 TEM 仅仅是定性的,因此,将 TEM 技术与其他技术联合使用以得到纳米粒子分散全貌和确定纳米结构至关重要。建议研究者在使用 TEM 时,可在不同的放大倍数下及纳米复合材料的不同部分收集多张照片。低放大倍数照片对确定纳米粒子在聚合物基材中的分布分散全貌特别重要。尽管这增加了样品分析的时间和成本,但也确实能更可靠地描述材料的形貌,尤其是与其他分析数据(如 XRD 或材料性能测试,见后)联用时更是如此。

12.3.1.3 核磁共振(NMR)谱

该项技术使用固体 NMR 来分析整个样品的纳米分散。蒙脱土结构中的铁有利于周围质子的弛豫,从而可提供聚合物基材中黏土分散状况的信息。据报道,已有人检测了聚合物中的 ^1H 信号及其弛豫时间(T_1);弛豫时间由质子与顺磁性铁原子的距离决定。平均而言,在良好剥离的纳米复合材料中,聚合物质子离黏土中铁原子最近,弛豫时间最短;在微米复合材料中,质子与铁原子相距最远,弛豫时间最长。NMR 可与 TEM 及 XRD 技术关联,也可单独用于确定形貌。由于术语(剥离、插层、不混溶)最早源自于 XRD 分析,尚不确定 NMR 描述与 XRD-NMR 描述是否完全相同。截至目前,NMR 仅研究了 PS 及 PA6 体系。NMR 单独用于测定材料形貌时功能十分强大,且与 TEM 不同,该技术测试周期短,一天就可完成很多测试。该技术也可用于定量,使得 TEM 定量的探索研究淡化[90]。

目前,由于固体 NMR 谱带较宽,且每次测试需使用同一批黏土而受到制约。如果使用了不同的黏土,黏土中顺磁性铁原子的含量可能不同,这会影响弛豫时间。因此,NMR 不能用于对比来自不同厂家的样品,甚至是同一厂家不同批次的样品。NMR 也不能用于含有顺磁性物质的样品(影响质子弛豫)。含铁原子的蒙脱土及其他天然黏土是可用 NMR 检测的,但层状双羟基氢氧化物及合成黏土(或层状硅石,如麦羟硅钠石和霓橄响斑岩)则不能用该技术分析。

12.3.1.4 其他纳米级分析技术

还有一些其他已用于测定聚合物纳米复合材料结构的技术,如原子力显微镜(AFM)、荧光技术及介电常数测定等。

已有一些研究者[91-95]报道了 AFM 的应用结果,但通常是与其他分析技术联用。AFM 也用于表征纳米粒子本身的形貌[96;97]。与其他分析技术相比,AFM 有时能将纳米结构观察得更为深入。

荧光是最近新报道的一种技术[98],它通过材料性能的变化来测试纳米形貌。当荧光分子存在于纳米粒子表面时,荧光分子与聚合物的相互作用会改变荧光分子的荧光光谱及发射时间。已报道的一个例子是,将荧光标记符(尼罗蓝 A)置于黏土表面,随后将黏土与 PA6 熔融共混。由于材料发生剥离,发射光波长发生改变,聚合物纳米复合材料的颜色也随之改变,从紫色(插层)变成红色(剥离)。使用 AFM 时,需使用辅助工具证实荧光技术测试所得结果。样品照片如图 12.5 所示,相应的 TEM 照片如图 12.6 所示。

图 12.5 处理 1min 后(插层)及 7min 后(剥离)
的 PA6 纳米复合材料的荧光谱[98]

介电常数可随纳米粒子分散状况和形貌发生变化,是另一个可测的性能。改变熔融聚合物基材中的黏土浓度和分散状况,材料的介电常数也发生变化[99-101]。使用该技术的初始目的是在熔融共混过程中,通过监测双螺杆挤出机口模处材料介电常数的变化,来分析纳米复合材料的情况,但该技术也有可能用于纳米复合材料的离线分析。

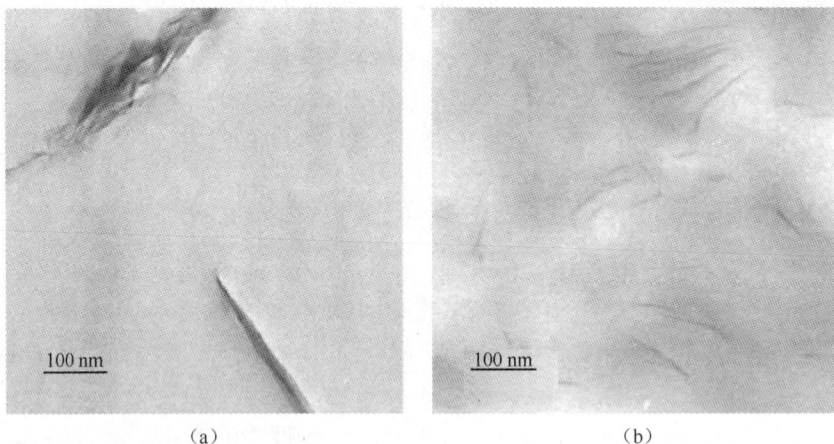

（a） 　　　　　　　　　　　　　 （b）

图 12.6　处理后的 PA6 纳米复合材料的 TEM 照片[98]

（a）1min；（b）7min。

12.3.2　微米级分析技术

除 TEM 之外,其他光学显微方法也能提供聚合物纳米复合材料形貌的相关信息。SEM 及光学显微镜的分析范围更大,粒子粒径可达微米或毫米,这有助于人们深入了解聚合物纳米复合材料分散状况的全貌,纳米粒子在 SEM 放大倍数下也可见。大多数纳米粒子的大小难以用光学显微镜测量,它们仅能通过 SEM 成像。SEM 对碳纳米管及碳纳米纤维而言是很好的技术,但对胶体粒子则不甚有效,对黏土而言则只是可能的选择。当需快速监测纳米复合材料时[102],光学显微镜及 SEM 是有用的。由于大多数纳米粒子团聚体处于微米尺度,用光学显微镜及 SEM 即易于检测到。如若观察到团聚体,则表明纳米粒子分散较差,应改变合成步骤以得到所需的纳米复合材料。具体而言,SEM 主要用于检测大的纳米粒子或类晶团聚体(分散不完全或有机改性剂降解所致)。由于纳米粒子对结晶高聚物的影响可在高放大倍数的光学显微镜下观察到,并能提供如何改进纳米复合材料的有用信息[103-105],因此,光学显微镜用于分析结晶型聚合物纳米复合材料比较有用。

12.3.3　宏观分析技术

12.3.3.1　热失重分析(TGA)

TGA 对判断纳米复合材料结构的作用似乎不大。对于某些聚合物(如 PS),形成纳米复合材料的起始分解温度显著提高;而对于另一些聚合物(包括 PA6),TGA 行为则几乎无变化。但纳米复合材料的 TGA 残留物维持原状(可能与纳米复合材料不产生熔滴有关),这也可能作为一种判定是否形成了纳米复合材料的原始方法。

12.3.3.2　锥形量热仪

纳米复合材料的早期研究发现,微米复合材料对降低材料 pHRR 几乎无贡献,而纳米复合材料,无论是插层的还是剥离的,都会降低材料的 pHRR[106]。基于这一基本效应,锥形量热仪被用于判断是否形成了纳米复合材料。如果 pHRR 比特定聚合物的最佳值小,则可粗略说明,体系中含有大量不混溶的物质。

12.3.3.3　材料性能测试

另一种判断纳米结构是否形成的办法是收集最终材料的各种性能(力学性能、热性能、电导率及气体阻隔性等),并与传统的复合材料或基体聚合物相对比,观察这些性能的变化情况。例如,往聚合物中加入 $X\%$ 的添加剂,通常情况下产生的性能增量为 Y;但若添加相同量或更少量的纳米粒子 A,产生的性能增量为 $Y+$,则说明形成了纳米复合材料。观察到的增量也可能是由于人工操作造成的,但如果增量已在类似纳米复合材料中发现,或者是使用已知分散良好的纳米粒子作为填料,则形成纳米复合材料的概率还是很大的。没有一种单项测试能提供所需的全部信息,但将材料性能测试与一种纳米级或微米级分析技术共用则有助于验证纳米复合材料结构,也有助于人们更好地理解结构—性能的关系。材料的流变性能研究可说明在热量及剪切作用下聚合物如何流动,这与材料性能测试多少有些相关。由于纳米复合材料确实影响了流变行为,这类技术不仅可用于理解材料的流变行为,而且可根据流变行为对纳米分散水平进行定量[107-111]。通过研究低频区扫描频率的变化,可研究纳米填料如何改变熔融塑料(或热固性塑料单体)的流变行为。由研究可知,有机黏土纳米复合材料在靠近 0° 的低频区有一个斜坡,比高频区有斜坡的样品有更好的剥离或脱落。然而,在使用这类分析作出结论前,需使用 TEM 或 XRD 进行佐证。关联性一旦证实,流变学自身便可作为一种纳米复合材料分析技术。

12.4　防火与环保法规的变化

火安全法律和法规是促进阻燃剂及阻燃材料研发的最大推动力。另外,有一些新的趋势、法规和法律,它们表面上虽然与材料的燃烧性能无关,但也促进了阻燃研究。另一方面有些与自然环境相关的法规,则对提高聚合物材料的火安全性产生负面影响,限制了现有一些阻燃技术的应用。

有些阻燃剂的应用前景存在问题,尤其是有持久性、生物积累性、毒性(PBT)的阻燃剂。大多数 PBT 类阻燃剂已在欧盟(EU)被法规明令禁止使用,在美国、日本及一些环太平洋国家也开始受到重视。除 PBT 问题外,有关回收废弃商用设备(尤其是信息技术设备(ITE))的要求也日益增长。在欧盟,ITE 的销售与使用需满足关于废弃电子电器设备指令(WEEE)[112]。指令要求,用于 ITE 的塑料在使用完毕后需经回收或焚烧处理。由于卤系阻燃剂存在的问题,部分卤系阻燃剂已被禁用于 ITE,ITE 更倾向于使用无卤阻燃剂。现在,该领域已使用了大量的无卤阻燃材料,但同时也使材料火安全性大幅下降[113-116]。为了重视回收结果而不用阻燃剂,会导致更多的火灾发生。与含有阻燃剂的同种塑料[91]相比,不含阻燃剂的火灾危险性更高,环境问题更多。继续使用高效的卤系阻燃剂似乎是一个较好的选择,但不是一个切乎实际的解决方案,因为卤系阻燃剂在光照等条件下确实会产生少量的强腐蚀性气体(卤化氢),这些气体虽不是火灾中最毒的气体(CO 通常是火灾的主要毒气)[117],但是,烟气将卤化氢从火焰中带走时,能进一步破环周围尚未被火灾完全破坏的敏感电子器件[118,119]。此外,卤系阻燃剂确实能产生大量的烟[120],这会妨碍消防员在着火建筑物内外的工作[121]。无卤阻燃技术的发展为纳米复合材料提供了机遇,由于纳米复合材料可降低阻燃剂的总添加量,这不仅对材料的成本和性能有利,也有助于环保和材料的循环使用。

随着环境法规的变化,促进阻燃科学发展的火安全法律法规也已发生相应变化。更为重要的是,随着科技的发展,聚合物材料越来越多地被用于许多不同的领域,导致火灾危险性激增。其中一个领域是 ITE(外部引燃源对 ITE 元器件存在威胁)[122-124]。目前,大多数用于 ITE 的阻燃剂,主要应对由电源短路及电弧引燃塑料壳体的内部引燃。外部火危险可以是明焰(如燃着的蜡烛)引燃塑料。阻燃材料至少需要达到 UL94 V-1 级或更高的阻燃级别,方可很好地降低内外部火危险性[125,126],但是,使用新的 ITE 时,其外部火危险性可能会增加。在外层塑料壳体与内部电动元件间使用金属外壳是一种解决内部引燃问题和电子干扰问题的有效方法。这意味着,任何塑料(尤其是容易回收的塑料)都可以用作外壳,而人们通常会选用廉价的、不含阻燃剂的塑料,但这些塑料在持续暴露于火源后会发生外部引燃。这种外部引燃可能会发生于平板或液晶(LCD)显示器和电视(它们的内部能量供给少,几乎不会发生内部引燃)。在现有法规下,这些设备可能不需要添加阻燃剂。ITE 通常需要使用某些类的阻燃材料,但今后采用什么样的阻燃法规测试,则尚不确定。纳米复合材料无疑能够在这方面发挥作用,特别是能同时提供电磁场屏蔽及阻燃功能的多功能纳米复合材料。

另一个可能改变火危险性及火安全法规的领域是汽车用材料的火安全性。目前,在美国,用于汽车的塑料需满足联邦机动车安全标准 302(FMVSS 302),该标准最初设计用于应对香烟引燃的情况。FMVSS 302 可追溯至 20 世纪 70 年代,当时一辆汽车的塑料总含量约 10kg,而现在,一辆汽车的塑料总含量约为 150kg[127]。最近的全火灾试验表明,一辆现代汽车一旦引燃后便可迅速发生轰燃[128,129]。因此,最近可能需要提高汽车用塑料的火安全性。已有一份有关该主题的 NFPA 工作文件公开发表,该文件可能被法规制定者以指南的形式收入或公布[130]。除了需要提高现有汽车用塑料的火安全性之外,还存在汽车本身的有关技术变化,这也可能改变火危险性。例如,为应对混合车技术,汽车电力系统的电压预计将从 12V 增至 42V,现代车中的电子电气器件所承受的电压也会增加,而更高电压系统使得通过 FMVSS302 的塑料也容易燃烧[127,131],因此,需要进一步添加阻燃剂[127]。聚合物纳米复合材料能提供更轻重量的部件和改善所用塑料的火安全性,在汽车领域使用聚合物纳米复合材料以降低汽车重量和提高燃料经济性(里程)的趋势日益显现[132]。

与汽车工业类似,运输业也对所用材料提出了新的阻燃要求,尤其是当聚合物纳米复合材料越来越多地被用作内部结构元件以降低重量和提高耐久性后。例如,最新的空客公司(A-380)及波音公司(787)的大飞机均大量使用复合材料,以大幅降低重量和燃料消耗量。经美国联邦航空局[133]鉴定合格的火安全材料可用于建造这些复合材料飞机,但是它们的成本均非常高,纳米复合材料可能是这些复合材料的更好替代品。纳米复合材料的多功能性同样可以迎合飞机用复合材料的要求,包括抗电击和抵抗由于电引发热降解而引起的燃烧等。这可通过使用具有导电性的纳米纤维(如碳纳米纤维或碳纳米管)实现,碳纳米纤维可将电从复合材料内部导走,而不是将其吸收。在不足以全部导走的情况下,纳米复合材料也可能缓慢燃烧,但这种火焰能够被扑灭,在同时含有其他阻燃的情况下则可自熄。欧盟对用于地铁和铁路的材料有很高的限烟和火焰传播要求,而聚合物纳米复合材料对减烟和降低火传播均贡献良多。

12.5　纳米粒子目前的环境健康及安全状况

纳米粒子的安全性是必须考虑的一个问题。已有一些文献[134-136]报道了对纳米粒子的健康性及安全性的研究,但目前尚无暴露于环境中纳米粒子引起的结果的全面研究,尤其是与人类健康相关的研究。但科学界及非科学界均认为,有关纳米技术的健康性及安全性目前尚不十分了解,需对其进行研究,但也有一些与纳米粒子安全性相关的已知因素,简述如下。

由大多数研究可知,纳米粒子的初级危害是吸入性危害。如果是这样,使用一些常规方法即可解决这一问题。建议将纳米粒子当作有机蒸气处理,据此可相应地使用合适的工程保护装备或个人保护装备。使用干燥的纳米粒子时,必须在空气充分流通的通风橱内操作。使用湿的纳米粒子时,不易形成粉尘,需要通风的唯一原因是不让从湿的纳米粒子挥发的烟气(如纳米分散用的溶剂)污染操作环境。在通风橱外处理纳米粒子时,应使用个人保护装备,建议使用 HEPA 灰尘类过滤呼吸器。当然,无论是在通风橱内使用纳米粒子,还是在通风橱外使用纳米粒子,均需穿实验服,戴手套,同时使用安全眼镜,护目镜或面部保护,以尽可能降低可能的纳米粒子污染及不可预见的吸收或皮肤疼痛问题。

在此需要说明的是,上述保护措施仅是推荐性的,并非来自官方。建议所有的研究者根据在纳米复合材料合成过程中的操作,决定哪些是必要的,哪些是不必要的,并进行相应调整。同时,安全组织正在研究这些粒子的暴露极限,可能会提出新的参考指南。要获得更多信息,可咨询美国国立职业安全与健康研究院(NIOSH)的网站(http://www.cdc.gov/niosh/topics/nanotech/)。

也有一些关于含有纳米粒子的终端零件安全处理的担忧。对于聚合物纳米复合材料而言,纳米粒子似乎被聚合物基材完全包裹,因此,在暴露期几乎不存在上述问题。但是,聚合物元件的环境降解(如沙化或磨蚀)可能会导致纳米粒子从聚合物基材中逃逸。已有人研究过含有传统阻燃剂的聚合物元件的沙化和磨蚀,也宜对含有纳米粒子的聚合物元件的沙化和磨蚀进行研究。从聚合物元件中逸出的纳米粒子仍然可能包覆于聚合物粒子中,但目前尚不能确定,仍需进一步研究。

12.6 工业化存在的问题

本章前已讨论过纳米复合材料的工业化障碍。现将这个问题与聚合工艺、燃烧性能一起在此重谈。在这一部分,将讨论生产工业化纳米复合材料产品所需克服的法规问题及成本问题。

上述的一些环境问题已引起有关法规的关注,在聚合物纳米复合材料能进入市场之前,必须将其阐明及解决。目前,似乎没有具体的法规要求禁止在产品中使用纳米粒子,但也有一些广泛适用于化学物质的法律法规可供借鉴。例如,欧盟的RoHS指令要求,制品中不能含有某些重金属元素或其他一些物质。这对天然的黏土纳米复合材料而言可能会有问题,因为天然黏土中含有痕量重金属,这取决于黏土取自何地以及采矿后的纯化工艺。研究天然黏土与合成黏土的差异十分重要,因为这些差异可能就会阻碍纳米复合材料的工业化。

天然黏土随产地的不同而异,其形状和组成在上千年前就已在地质作用下确定。由于以不同矿脉和不同批次的黏土制备的纳米复合材料产品差异很大,这或多或少阻碍了聚合物纳米复合材料产品的工业化。通过配方微调可解决这一问题,但会极大地增加产品的成本。颜色是天然黏土需要考虑的又一问题。大多数天然黏土,尤其是蒙脱土,会有颜色,且颜色能引入至纳米复合材料中;生产者并不能一直提供中性颜色。有时,这并不会成为一个问题,但有时,可能需要补充额外的颜料,这将导致成本上升或引发其他一些问题。碳基纳米填料,如碳纳米管及碳纳米纤维在最终的纳米复合材料中仅能体现出一种颜色:黑色。虽然材料的颜色可以调整,但当材料用于需要特定颜色的领域或美术等领域时可能会有麻烦。以合成黏土替代天然黏土可解决颜色及批次稳定性问题。但是,合成黏土会使成本上升,更高的成本是工业化的较大障碍。

最后一个阻碍纳米复合材料工业化的因素是,纳米填料对聚合物流变性能的影响会引起加工工艺的改变。如前所述,这对热固性树脂的影响比热塑性树脂更大。几乎所有的纳米填料都能改变聚合物流体的流变行为,尤其是聚合前的热固性单体。黏度的大幅增加导致难于以通常的方式处理热固性树脂,也难以制备纳米增强的传统纤维复合材料。除传统的纤维增强复合材料外,受影响的还有热固性泡沫塑料,包括聚氨酯泡沫塑料及异氰尿酸酯泡沫塑料。尽管黏土可能促进发泡(伸长黏度增加),但黏度的增加有可能会使现有工艺出现新的问题,如充模困难及液态单体难以处理等。在制备相同密度和结构的泡沫塑料时,可能需要改进工艺以适应黏度变化。由于纳米粒子在发泡过程中会促进成核[137-141],会使泡沫密度增加,而这可能造成最终泡沫塑料制品不具有所希望的结构。结构型泡沫塑料多用于低重量高结构强度的领域,这类材料宜有较高密度,但高密度对绝缘材料和软质泡沫塑料制品则不总是适宜的。

有人报道,聚合物纳米复合材料的很多性能都得以改善,这会导致材料综合性能的不平衡。还有,纳米填料对最终材料也会产生一些负面影响。例如,文献报道,聚合物纳米复合材料的紫外降解稳定性比纯树脂要差。显然,这是由于黏土表面吸收紫外光造成的,不过也可能还有其他机理。如果需要添加额外的添加剂以维持原有的紫外稳定性,这就会增加成本,降低纳米复合材料带来的益处。各种性能之间的平衡是所有聚合物材料在各种应用领域都必须面对的问题,对于聚合物纳米复合材料也不例外。

在汽车、电线电缆及运动制品中,已有一些聚合物纳米复合材料工业化成功的范例[145]。目前,已有两种聚合物纳米复合材料在文献上公开发表,它们也可在Internet 上检索到。其一是 Kabelwerk Eupen 公司的乙烯—醋酸乙烯共聚物/氢氧化铝体系,使用黏土纳米复合材料技术,可得到优于预期的火焰传播性能及力学性能[146],如第 6 章所述。其二是 Polyone 公司的聚烯烃(PE 和 PP)系列系统,但尚未披露详细细节。通过网站可知,该公司有一系列 UL94 阻燃级(包括 HB、V-2、V-0 及 5VA)的卤系阻燃纳米复合材料及无卤阻燃纳米复合材料,但至于是使用哪种纳米复合材料技术和使用什么样的阻燃体系,则尚未透露相关信息。

目前,纳米技术仅在两种体系中实现工业化,不过纳米技术似乎仍处于工业化的早期阶段。但可以肯定的是,该技术可使材料的性能得以大幅改善,因此,目光不应局限于替代现有材料。此外,也存在一些无需使用聚合物纳米复合材料的领域,尤其是那些现有材料比纳米复合材料要便宜得多的应用领域。阻燃性能只是工业材料所需的众多性能中的一种,随着聚合物纳米复合材料技术在一些应用领域的重要性日益增加,材料的阻燃性能自然也会随之得到一定程度的满足。众所周知,几乎所有的聚合物纳米复合材料都会降低 pHRR 值,即便不能通过检测标准,纳米复合材料也具有阻燃性。单独使用时,聚合物纳米复合材料确实可使pHRR 值更低、火焰传播更慢;因此,以提高材料机械性能为目的而引入汽车市场的聚合物纳米复合材料,与被其所取代的一般聚合物材料相比,火安全性更高。随着火安全测试标准的变化,目前用于对阻燃要求不严的一些领域的聚合物纳米复合材料将已经具备满意的阻燃性能,因此,预期将有越来越多的阻燃聚合物纳米复合材料实现工业化。

12.7 聚合物纳米复合材料的阻燃性机理

在讨论聚合物纳米复合材料燃烧性能的未来发展方向之前,应重新审视那些已知的东西,这样才能很好地定义那些未知的和未确定的东西。阻燃性能研究得较多的聚合物纳米复合材料是含层状纳米粒子或黏土,其次是碳纳米管和胶体颗粒的材料。黏土的阻燃机理研究得最为深入,也是在本书中阐述得最多的。当聚合物纳米复合材料暴露于火与热中时,聚合物会发生裂解,无论是通过黏土片层的坍塌或是聚合物材料的消融,聚合物纳米复合材料的表面开始富集炭和黏土,形成炭层[47,147-150]。最终,来自火焰的热量完全渗透入样品,形成均一的富含黏土的炭层,其形状通常与起始聚合物纳米复合材料的形状类似。图 12.7 简释了这一过程。

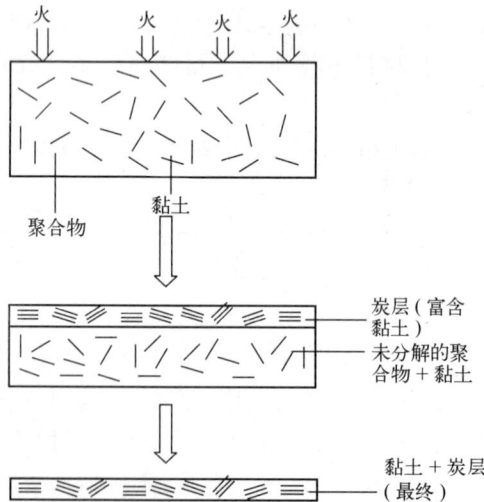

图 12.7　聚合物/黏土纳米复合材料的理想化阻燃机理

由于燃料释放速率下降,材料的 HRR 也得以下降。但是,含黏土炭层屏障仅仅是降低了燃料的释放,并不完全阻止其释放,因此,在所有炭分解和燃烧之前,聚

302

合物纳米复合材料将缓慢燃烧。这说明聚合物/黏土纳米复合材料的总释热量与基体聚合物基本一样，但 pHRR 及 mHRR 则有所降低。

聚合物/碳纳米管及聚合物/碳纳米纤维（第 10 章）纳米复合材料的阻燃机理与聚合物/黏土纳米复合材料类似，均形成富含纳米粒子的表面阻隔层，降低材料的 MLR 及 HRR[151-153]，但总释热量几乎没有下降，这表明碳纳米管及碳纳米纤维仅可降低聚合物纳米复合材料的可燃性，并不消除其可燃性。与黏土和纳米管相比，胶体粒子的阻燃机理则尚不甚明确，不过似乎在很大程度上取决于具体使用的聚合物体系和胶体粒子。有关该领域的研究正在继续广泛和深入，要充分明了聚合物纳米复合材料的基本原理及其阻燃效应，还需要更多的信息。

聚合物/黏土纳米复合材料是研究得最为深入的聚合物纳米复合材料体系，本书也主要着重于介绍这类材料。此外，本书也适当地介绍了另两类纳米粒子（碳纳米管及碳纳米纤维）。尽管人们已经熟知，对于黏土纳米复合材料而言，富含黏土的阻隔层降低了 MLR 和 HRR，但是，为什么起始阶段质量损失得以降低，则尚不明确。关于为什么聚合物/黏土纳米复合材料可降低材料的燃烧性能，已有不少假设，包括物理效应[154-156]和化学效应[157,158]，但最有可能的是物理效应与化学效应共同作用的结果。黏土可作为催化 C—C 键断裂（如石油炼制的催化剂）及 C—C 键形成（芳构化或成炭，这也有如石油炼制中不希望的副反应）的催化剂。此外，大多数黏土含有端羟基，可参与形成氢键，改变有机熔体的流变性能。在聚合物分解时，由于黏土片层使聚合物熔体的黏度增加，凝聚相中小链段的保留时间延长，该现象可参见聚合物纳米复合材料的气化热裂测试实验[150,159-161]。这些小链段有更多的时间与其他链段进行重组，形成稳定的化学键，因此黏土可使这些链段在凝聚相中的保留时间延长。此后，黏土可将这些片段被催化形成石墨碳前体。但是，不是所有的链段都有足够的时间成炭，否则，聚合物纳米复合材料将会自熄，形成大量的残炭。当聚合物纳米复合材料暴露于火焰中时，聚合物从黏土片层间流出，有机黏土自身也可发生分解[150]。位于下层的聚合物纳米复合材料则可存在一段时间，但最终也将分解。以 XRD 分析最终聚合物纳米复合材料的残炭，结果显示，黏土坍塌，其 d - 间距与脱水黏土类似[150]，但也有一些 d - 间距与脱水黏土不同，表明有少量残炭插层于黏土中[162,163]。但是，并不是在所有的聚合物纳米复合材料残炭中都可以发现这种炭，这可能是因为黏土的存在改变了聚合物的降解，与物理效应（延长聚合物降解产物在凝聚相的保留时间）及化学效应（黏土催化了通常不能进行的反应）的共同作用有关。黏土的存在，可导致降解产物发生改变，这是由于黏土通过物理或化学的方法使降解生成的自由基能存在较长时间进行重新组合的缘故。降解所得自由基的稳定能与自由基重组反应的关系符合上述假设[164-169]。

另一个需要提及的问题是形态在阻燃性能评估中的作用，特别是锥形量热仪测试实验中的 TTI 和 pHRR 值。众所周知,微米复合材料并不降低材料的 pHRR 值,而纳米复合材料(无论是插层型还是剥离型)则可显著降低材料的 pHRR 值。pHRR 的降幅似乎由所用的聚合物体系决定,但燃烧性能下降的程度(由插层结构或剥离结构造成)仍需进一步研究。为了很多需要,尤其是提升材料的力学性能及阻隔性能,纳米复合材料中的黏土应呈剥离态,而为提高材料很多性能参数,剥离态都是需要的。材料的形貌及黏土的分散状况对材料燃烧性能的影响依旧难以定量,在一些情况下,甚至难以定性。聚合物/黏土纳米复合材料中黏土分散得越均匀,pHRR 的降幅就越大,材料阻燃性能的重现性也越好。此外,无论在那种聚合物体系中[47,147,162],当无机黏土含量为约 5% 时,燃烧性能的相对降幅可达最大值。但其他一些因素(例如聚合物的降解方式,黏土的有机改性剂,和聚合物与黏土的界面)对材料燃烧性能的影响,则尚不明确。

改变聚合物纳米复合材料的结构能改善材料的某些性能(如锥形量热仪测定的 TTI)吗? 若黏土分散均匀,插层—剥离的问题是否还真的那么重要? 如果得到有序排列的剥离结构(如注塑模塑材料和模压成型材料[81-83]),有序性是否会对材料的阻燃性能造成影响呢? 与燃烧性能相比,可能剥离对最终聚合物纳米复合材料的性能平衡更为重要。聚合物纳米复合材料 TTI 的降低可能与黏土烷基铵改性剂的早期降解有关,但许多以热稳定优异的有机改性剂处理的阻燃材料,其 TTI 值依旧低于基材树脂,因此 TTI 的降低可能与添加剂有关,而与改性剂无关[170]。但是,Toyota 公司的 PA6 纳米复合材料在锥形量热仪测试中则未发现提前引燃[147,162,163],这可能是因为当黏土中的有机改性剂分解时,小分子链段并不挥发而是简单离开黏土表面并依旧作为聚合物主链的一部分(图 12.8)。黏土和聚合物紧密结合在一起,可能解决 TTI 降低这一问题。也有可能,该问题仅仅存在于一些特定的聚合物/黏土纳米复合材料体系,并不是普遍现象。目前尚不明了,剥离型聚合物/无机黏土(5%)纳米复合材料与对应的插层—剥离混合型体系相比,阻燃性能是更好、更差、或是一样? 对于不同的聚合物而言,情况可能不同。锥形量热仪测试结果表明,不同聚合物体系的纳米复合材料,其燃烧性能降幅的差异很大,这与着火条件下的化学降解方式有关。EVA 纳米复合材料的研究表明,黏土可催化炭层的形成[158,159],并使材料的燃烧性能大幅下降,这在其他聚合物体系中则未观察到,即便是在分散状况十分相似的情况下。该问题较为复杂,可能难以完全清楚。但可断言的是,材料燃烧性能的下降受多种因素影响。

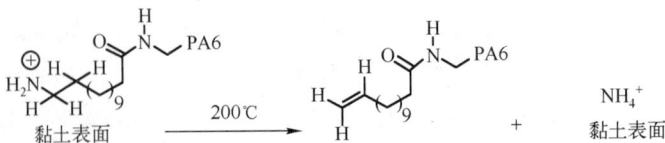

图 12.8　PA6 纳米复合材料(改性约束的)的 Hofmann 降解反应

纳米复合材料降低材料燃烧性的程度及其与真实火灾的相关性也是一个需要考虑的课题。该问题已在第 5 章详细介绍,但仍需在此进一步讨论。从某种程度上说来,聚合物纳米复合材料的锥形量热仪测试结果根本与真实火灾毫不相关,但是,锥形量热仪确实可得到材料燃烧性能的一些基础数据。借鉴这些数据,可预测该材料对于特定的火测试是否可通过或是否有价值。这就引发了一个问题,那就是在纳米复合材料中添加额外的阻燃剂或偶尔的阻燃对抗与 pHRR 降幅的相关性。

锥形量热仪测试结果表明,聚合物/黏土纳米复合材料的 pHRR 降低,但 TTI 降低,达到 pHRR 的时间提前,总释热量基本不变。一个可能的原因是低的 pHRR 能改善火焰传播性能,或至少降低火焰增长的速度。确实,如果计算聚合物纳米复合材料的 FIGRA[171](火增长速率: pHRR 与达到 pHRR 所需时间的比值;单位为 $kW/m^2 \cdot s$),它们的 FIGRA 值是降低的,即便是达到 pHRR 所需时间缩短时也是如此,因为 pHRR 值大幅度降低。但是,降低 FIGRA 对总阻燃标度的意义尚不清楚,且时至今日,仍没有研究聚合物纳米复合材料火增长速率及火焰传播速率的测试标准。聚合物纳米复合材料与传统的阻燃剂联用有相当令人鼓舞的结果,即锥形量热仪测试中材料的 pHRR 及总释热量都有协同下降。但在其他火测试中则不一定能观察到协同效应。单独使用时,聚合物/黏土纳米复合材料基本不能改善材料的极限氧指数(LOI,ASTM D2863),仅在与其他阻燃剂共用时才可能提高 LOI。在 UL94 V 测试中也发现类似现象,有时聚合物/黏土纳米复合材料的燃烧性能并未改善,有时甚至恶化。在 UL94 V 测试中,在依靠熔滴滴落阻燃的体系中,确实发现了纳米复合材料与阻燃剂间的对抗作用。由于黏土纳米复合材料可抑制聚合物滴落[48],以滴落的方式带走热量通过阻燃测试标准的材料,若与纳米复合技术联用,则不能通过测试标准,如 PA − 三聚氰胺氰尿酸盐体系[172]。尽管存在阻燃对抗的例子,也缺乏各种火测试中协同效应的持续性,但仍可将黏土纳米复合材料与气相阻燃剂或凝聚相阻燃剂共用(见第 6 章 ~ 第 9 章)。目前尚不清楚,黏土是否会与其他阻燃系统产生对抗,什么情况下适于黏土与其他阻燃剂联用。

12.8 未来展望

阻燃聚合物纳米复合材料领域已取得很多进展,据此可以分析阻燃聚合物纳米复合材料技术的未来发展趋势。在此只是讨论未来十年纳米复合材料预期的发展趋势(在已有研究基础上得出的一些观点),而不是必定会发生的事实。下面简述纳米复合材料领域未来发展的要点。

我们认为,将纳米复合材料作为有用的单一阻燃体系,几乎是不可能的;但是,将纳米复合材料作为阻燃体系的一部分,则可能是相当有效的。将纳米复合材料配方与各种传统的阻燃剂(包括卤系、磷系、矿物填料及其他一些系统)联用,已在本书的其他章节详细阐述。我们认为,联用技术还需继续深入,可选用其他纳米尺度物质,包括其他黏土(如层状双羟基氢氧化物)、聚倍半硅氧烷(POSS)、碳纳米管及球形纳米粒子;也可使用其他一些已公开的阻燃剂。

在此,将较详细地介绍 POSS。POSS 含有一个无机的类硅氧烷核(Si_8O_{12}),每个硅原子上都有有机取代基团。最近不断有人将 POSS 用于材料的阻燃研究。专利[173]报道,含有 POSS 的几种聚合物材料,其 pHRR 均显著降低。最近的一篇文献[174]研究了将 POSS 用于阻燃纤维的可能性。结果表明,尽管 pHRR 值没有降低,但 TTI 值则有所提高。也有人研究了 POSS 材料(可用作阻燃剂的前体[175-177])的热降解。限制这些材料广泛应用的原因是 POSS 十分昂贵的价格,而且要使材料达到较佳的阻燃性能,所需 POSS 添加量往往较大。将 POSS 仅仅用作纳米填料,而与其他阻燃剂或纳米粒子联用(如上所述),可能是最好最合适的选择。

鉴于天然黏土自身的缺陷,人们更多地使用合成黏土,如含氟合成云母、麦羟硅钠石及层状双羟基氢氧化物(LDH),这也是一个可能的未来趋势。LDH,由于在火灾条件下具备释放水的能力(与 $Mg(OH)_2$ 和 $Al(OH)_3$ 十分类似),可在阻燃领域找到更多应用。合成黏土的成本问题及来源问题会阻碍这些材料应用的进程,大多数工作仅见于专利或者公开发表的有关实验室研究文献。关于含有其他纳米填料(如碳纳米管及碳纳米纤维)的纳米复合材料,将来可能会有更多的研究工作,而且很可能会与传统的阻燃剂联用。

在同一聚合物中使用多种不同纳米填料以制备多组分纳米复合材料是一个已开始显现的趋势。一些研究者发现,单独使用某种纳米粒子无法满足最终材料所需的全部性能,将黏土与 MWNT 联用可使材料性能得以进一步改善[178]。对大多数聚合物添加剂而言,它们不可能适用于应用领域的所有聚合物,对纳米粒子而言也是如此。例如,黏土可提高材料的阻燃性能,但它可能需要与一种导电纳米粒子共用,才能使得终端材料具有抗静电性或导电性。多种纳米粒子联用的另一种可能原因是,每种纳米粒子在降低材料可燃性上能起到互补的作用。例如,要降低MLR 或燃料的释放速率,人们可以选择使用黏土;若将黏土与胶体颗粒联用,则在纳米复合材料分解时,胶体颗粒可填补黏土片层的空隙,甚至可能具有催化成炭作用,可迅速地形成保护炭层,保护下层聚合物。也有一些文献[179-181]研究了纳米矿物填料阻燃剂($Mg(OH)_2$ 和 $Al(OH)_3$)对材料的阻燃作用,将这些纳米矿物阻燃剂与黏土或碳纳米管联用,或许能达到类似的效果。

与多种纳米粒子联用类似,可在纳米复合材料中加入其他添加剂(可能不需要具有纳米尺度),协效提高纳米复合材料的阻燃性。可以预期,添加剂可能与胶体粒子(如上段所述)的作用一样,将炭层的裂缝密封,形成玻璃状的保护层,使聚合物纳米复合材料自熄。有一个研究小组[182-184]对此进行了详细研究,使用硅氧烷低聚物或硼化硅氧烷低聚物在聚合物与纳米粒子间形成"夹层",并在火焰条件下形成加强的炭层。可以使用聚合物添加剂,如硅氧烷或其他一些低熔点的无机氧化物,它们可在黏土粒子表面迅速熔融,形成玻璃状保护层。为找到快速形成炭层的方法必须深入了解聚合物/黏土纳米复合材料的阻燃机理。理论上,如果能足够降低燃料的释放速率,就有可能使聚合物纳米复合材料自熄。快速成炭的方法似乎仅在含有传统阻燃剂的情况下适用,但若能使聚合物纳米复合材料更快成炭,在保护下层材料的同时阻止燃料的释放,则有可能在材料阻燃上取得突破性进展。

使用纳米复合材料以拓宽传统复合材料的应用研究正日益增多,且这将是近期的一个发展趋势。但是,这些应用的重点在于进一步改善力学性能,而不是阻燃性能[185,186]。越来越多的传统纤维增强材料存在火灾危险,将纳米技术与传统复合材料结合,可同时提高材料的力学性能和阻燃性能。当然,这增加了操作的复杂性,特别是要应对大幅度的黏度增加所导致的诸多困难(类似于纳米粒子用于热固性复合材料)。目前,大多数纳米复合材料(如玻纤/碳纤复合材料)主要用于部队装备及航天领域,但是材料重量轻的特点也有望使其用于汽车工业和交通运输业(如公共汽车、火车)等对阻燃性能要求很高的领域。

关于未来发展趋势,有两大焦点领域,即纳米复合材料结构设计和真实多功能材料。具体纳米复合材料结构设计不仅仅是纳米片层的剥离或纳米粒子均匀分散,而且还应包括有价值的纳米粒子的有序排列,从而使终端纳米复合材料具备某些所需的性质。例如,用于传统复合材料的玻纤布需经机织,以使终端材料具有一些特定的性能(如硬度和抗冲击性能)。如果能将纳米粒子在纳米尺度上有序排列成某种宏观结构,则可大幅度改善材料的上述性能。如何建立这些有序结构以及这些结构将带来材料性能的何种具体变化,尚不完全清楚。加拿大国家研究委员会目前正在开展这类工作[187]。在注塑模塑过程中,黏土及其他纳米粒子确实能在流场及剪切场的作用下有序排列[81-83]。例如,通过有针对性的注射成型方案设计(利用流场和剪切场的作用,将纳米粒子按照所需的方向进行取向排列)可得到所需的有序纳米复合材料结构。已有文献[188]报道了这类体系。纳米粒子的人为定向排列的唯一例子是在磁场作用下的环氧树脂纳米复合材料,可见文献[12]。研究者利用特定黏土的磁效应,使用电场在聚合前将黏土有序排列。这也可能用于热塑性熔体,但是由于聚合物熔体黏度很大,实现的难度也很大。要得到有序排列的纳米复合材料,可能需要化学与工程学的联合。据估计,上述方案很有可能在未来找到实际应用。有关聚合物基材或聚合物纳米复合材料有序排列的文献很多,但目前尚不清楚,有序性能否改善材料的阻燃性能。例如,假定所有的纳米粒子按照一个方向排列,当黏土片层有序坍塌时,可更快地形成保护炭层。但是,由于这是一维(根据纳米尺度方向,如厚度)材料,阻燃性能可能仅在一个方向上得以改善。如果火焰作用于样品中富含黏土片层的一面,可能会很快形成炭层。另一方面,如果黏土片层与火焰平行,则燃料将更快分解(取决于燃料在黏土片层间的流动速率),反而会使样品更易燃烧。对于碳纳米纤维和碳纳米管而言,往往需要交叉网络结构,因为网状结构对降低材料的可燃性更为有效[153],仅在一个方向有序排列的结构,可能导致更差的阻燃性能,即便能改善阻燃性能,其作用也是几乎可以忽略不计的。

真实多功能材料依旧是材料科学的一个目标。尽管纳米复合材料改善了材料的许多性能,但纳米复合材料的实际应用,依旧任重道远。如今,纳米复合材料能改善一项或多项常规性能(如力学性能和热性能),但很少能多于一项人们感兴趣的性能(例如,不包括力学性能、热性能和电性能的其他性能)。尽管某些性能对终端应用领域而言可能不是必要的,但在材料中引入真实多功能性则十分必要,也应成为研究的焦点。人们首先发现的是单组分体系,并将该体系用于各种领域。从某种程度上而言,这是材料科学发展的自然过程。当人们发现单组分体系难以维持材料综合性能的平衡时,就研制出多组分体系。最终,终端商品应根据基本原理进行设计,而不只是从失败和错误中改进。在聚合物纳米复合材料领域,根据基本原理设计材料的尝试正在进行之中。

使用聚合物/黏土纳米复合材料可取代一部分阻燃剂,也可在维持(或改善)所需的阻燃性能的同时降低的阻燃剂总添加量,且能改善材料的某些物理性能,本书已经给出不少这方面的实例。设计聚合物纳米复合材料体系来完全取代阻燃剂,在维持阻燃性能的同时,改善热性能、力学性能和电磁性能(如电导率和屏蔽作用),是纳米复合材料研究一个重要目标。覆盖上述性能的多功能材料可用于航空航天及军工市场,也可能用于电子电气领域。实现该目标的途径之一是协同使用多种纳米粒子,另一种方法则是将这些功能全部依赖于同种纳米粒子。此外,将阻燃剂置于纳米粒子与聚合物间,或改进纳米阻燃剂的界面,也能实现这一目标。从某种程度上来说,纳米尺度的无机氢氧化物[179-181]已能实现这一目标,但这些纳米粒子不能改善其他性能(如力学性能和热性能)。或者含有导电纳米粒子(比原始无机填料更小)的涂层或界面,它们具有所需的电磁性能(例如,消费电子产品的EMI屏蔽)。也可为现有纳米粒子设计新的界面以使其具有所需的功能(如好的聚合物界面、阻燃结构及导电包覆),并在此基础上制备聚合物纳米复合材料。通过聚合物合金,而不是通过聚合物纳米复合材料,更易达到这一目标。可以设想,令聚合物合金中每种聚合物均在纳米尺度上分散、且有序排列,以达到多功能性。例如,聚合物合金中,一种聚合物改善力学性能,另一种改善阻燃性能,还有一种满足电性能。若使用纳米且有序排列的聚合物材料,则推荐使用含有三种聚合物的纳米复合材料体系,该体系可形成具有多种可能结构和性质的杂化材料(纳米粒子可分散于多相中,或存在于聚合物的界面间)。如果可能,使用聚合物,而不是几种不同的纳米粒子,以聚合物纳米复合材料技术实现材料的多功能性(尤其是阻燃性)将是非常有意义的。

总之,阻燃聚合物纳米复合材料领域的研究现已十分广泛深入,且进展迅速。有理由期待在未来十年将有更多的纳米复合材料商品问世,纳米复合材料将取得更新的进展。有一些研究领域还需要进一步深入,特别是纳米尺度的有序排列及纳米粒子分散的设计,尽管这些领域已取得一些初步研究结果。我们相信,随着越来越多的研究者了解到将纳米颗粒用作其他阻燃剂的协效剂的优越性,纳米技术将极大地促进阻燃领域的发展。最为重要的是,聚合物纳米复合材料技术将在未来几年或几十年为人类社会的防火安全做出贡献。火安全性仅仅是纳米复合材料性能的一个方面。如上所述,在某些情况下,纳米尺度物质可能会改善其他性能,改善阻燃性能仅仅是纳米复合材料众多潜在优势中的一点。无疑,现在已进入纳米时代,随着有关研究的进一步深入,人们会发现更多的各种性能均得以提高的纳米复合材料。

参考文献

1. Utracki, L.A. *Clay-Containing Polymeric Nanocomposites*. Rapra Technology Ltd., Shawbury, Shrewsbury, Shropshire, England, **2004**, p. 496.

2. Ray, S.S.; Okamoto, M. Polymer/layered silicate nanocomposites: a review from preparation to processing. *Prog. Polym. Sci.* **2003**, 28, 1539–1641.

3. Alexandre, M.; Dubois, P. Polymer-layered silicate nanocomposites: preparation, properties, and uses of a new class of materials. *Mater. Sci. Eng. Rep.* **2000**, 28, 1–63.

4. Pinnavaia, T.J.; Beall, G.W., Eds. *Polymer–Clay Nanocomposites*. Wiley, Chichester, West Sussex, England, 2000.

5. Hou, S.-S.; Schmidt-Rohr, K. Polymer–clay nanocomposites from directly micellized polymer/toluene in water and their characterization by WAXD and solid-state NMR spectroscopy. *Chem. Mater.* **2003**, 15, 1938–1940.

6. Xu, M.; Choi, Y.S.; Kim, Y.K.; Wang, K.H.; Chung, I.J. Synthesis and characterization of exfoliated poly(styrene-co-methyl methacrylate)/clay nanocomposites via emulsion polymerization with AMPS. *Polymer* **2003**, 44, 6387–6395.

7. Yei, D.-R.; Kuo, S.-W.; Fu, H.-K.; Chang, F.-C. Enhanced thermal properties of PS nanocomposites formed from montmorillonite treated with a surfactant/cyclodextrin inclusion complex. *Polymer* **2005**, 46, 741–750.

8. Choi, Y.S.; Xu, M.; Chung, I.J. Synthesis of exfoliated poly(styrene-co-acrylonitrile) copolymer/silicate nanocomposite by emulsion polymerization; monomer composition effect on morphology. *Polymer* **2003**, 44, 6989–6994.

9. Dean, D.; Walker, R.; Theodore, M.; Hampton, E.; Nyairo, E. Chemorheology and properties of epoxy/layered silicate nanocomposites. *Polymer* **2004**, 46, 3014–3021.

10. Chen, B.; Liu, J.; Chen, H.; Wu, J. Synthesis of disordered and highly exfoliated epoxy/clay nanocomposites using organoclay with catalytic function via acetone-clay slurry method. *Chem. Mater.* **2004**, 16, 4864–4866.

11. Park, J.H.; Jana, S.C. Mechanism of exfoliation of nanoclay particles in epoxy–clay nanocomposites. *Macromolecules* **2003**, 36, 2758–2768.

12. Koerner, H.; Hampton, E.; Dean, D.; Turgut, Z.; Drummy, L.; Mirau, P.; Vaia, R.A. Generating triaxial reinforced epoxy/montmorillonite nanocomposites with uniaxial magnetic fields. *Chem. Mater.* **2005**, 17, 1990–1996.

13. Ishida, H.; Campbell, S.; Blackwell, J. General approach to nanocomposite preparation. *Chem. Mater.* **2000**, 12, 1260–1267.

14. Jang, B.N.; Wang, D.; Wilkie, C.A. The relationship between the solubility parameter of polymers and the clay-dispersion in polymer–clay nanocomposites and the role of the surfactant. *Macromolecules* **2005**, 38, 6533–6543.

15. Fornes, T.D.; Yoon, P.J.; Hunter, D.L.; Keskkula, H.; Paul, D.R. Effect of organoclay structure on nylon 6 nanocomposite morphology and properties. *Polymer* **2002** 43, 5915–5933.

16. McAlpine, M.; Hudson, N.E.; Liggat, J.J.; Pethrick, R.A.; Pugh, D.; Rhoney, I Study of the factors influencing the exfoliation of an organically modified montmorillonite in methyl methacrylate/poly(methyl methacrylate) mixtures. *J. Appl. Polym Sci.* **2006**, 99, 2614–2626.

17. Zeng, Q.H.; Yu, A.B.; Lu, G.Q.; Standish, R.K. Molecular dynamics simulation of organic–inorganic nanocomposites: layering behavior and interlayer structure of organoclays. *Chem. Mater.* **2003**, 15, 4732–4738.

18. Heinz, H.; Koerner, H.; Anderson, K.L.; Vaia, R.A.; Farmer, B.L. Force field for mica-type silicates and dynamics of octadecylammonium chains grafted to montmorillonite. *Chem. Mater.* **2005**, 17, 5658–5669.

19. Reichert, P.; Nitz, H.; Klinke, S.; Brandsch, R.; Thomann, R.; Mulhaupt, R Poly(propylene)/organoclay nanocomposite formation: influence of compatibilizer functionality and organoclay modification. *Macromol. Mater. Eng.* **2000**, 275, 8–17

20. Usuki, A.; Kawasumi, M.; Kojima, Y.; Okada, A.; Kurauchi, T.; Kamigaito, O Swelling behavior of montmorillonite cation exchanged for ω-amino acids by ε-caprolactam. *J. Mater. Res.* **1993**, 8, 1174–1178.

21. Maiti, P.; Yamada, K.; Okamoto, M.; Ueda, K.; Okamoto, K. New polylactide/layered silicate nanocomposites: role of organoclays. *Chem. Mater.* **2002**, 14, 4654–4661.

22. Ho, D.L.; Briber, R.M.; Glinka, C.J. Characterization of organically modified clays using scattering and microscopy techniques. *Chem. Mater.* **2001**, 13, 1923–1931.

23. Ho, D.L.; Glinka, C.J. Effects of solvent solubility parameters on organoclay dispersions. *Chem. Mater.* **2003**, 15, 1309–1312.

24. Hanley, H.J.M.; Muzny, C.D.; Ho, D.L.; Glinka, C.J. A small-angle neutron scatter ing study of a commercial organoclay dispersion. *Langmuir* **2003**, 19, 5575–5580.

25. Vaia, R.A.; Liu, W.; Koerner, H. Analysis of small-angle scattering of suspensions of organically modified montmorillonite: implications to phase behavior of polymer nanocomposites. *J. Polym. Sci. B Polym. Phys.* **2003**, 41, 3214–3236.

26. Weimer, M.W.; Chen, H.; Giannelis, E.P.; Sogah, D.Y. Direct synthesis of dispersed nanocomposites by in-situ living free radical polymerization using a silicate-anchored initiator. *J. Am. Chem. Soc.* **1999**, 121, 1615–1616.

27. Fan, X.; Zhou, Q.; Xia, C.; Cristofoli, W.; Mays, J.; Advincula, R. Living anionic surface-initiated polymerization (LASIP) of styrene from clay nanoparticles using surface bound 1,1-diphenylethylene (DPE) initiators. *Langmuir* **2002**, 18, 4511–4518.

28. Zhu, J.; Morgan, A.B.; Lamelas, F.J.; Wilkie, C.A. Fire properties of polystyrene–clay nanocomposites. *Chem. Mater.* **2001**, 13, 3774–3780.

29. Imai, Y.; Nishimura, S.; Abe, E.; Tateyama, H.; Abiko, A.; Yamaguchi, A.; Aoyama, T.; Taguchi, H. High modulus poly(ethylene terephthalate)/expandable fluorine mica nanocomposites with a novel reactive compatiblizer. *Chem. Mater.* **2002**, 14, 477–479.

30. Paul, M.-A.; Alexandre, M.; Degee, P.; Calberg, C.; Jerome, R.; Dubois, P. Exfoliated polylactide/clay nanocomposites by in-situ coordination-insertion polymerization. *Macromol. Rapid Commun.* **2003**, 24, 561–566.

31. Usuki, A.; Kojima, Y.; Kawasumi, M.; Okada, A.; Fukushima, Y.; Kurauchi, T.; Kamigaito, O. Synthesis of nylon 6–clay hybrid. *J. Mater. Res.* **1993**, 8, 1179–1184.

32. Okada, A.; Usuki, A. The chemistry of polymer–clay hybrids. *Mater. Sci. Eng. C* **1995**, 3, 109–115.

33. Xu, W.-B.; Bao, S.-P.; Shen, S.-J.; Hang, G.-P.; He, P.-S. Curing kinetics of epoxy resin–imidazole–organic montmorillonite nanocomposites determined by differential scanning calorimetry. *J. Appl. Polym. Sci.* **2003**, 88, 2932–2941.

34. Ton-That, M.-T.; Ngo, T.-D.; Ding, P.; Fang, G.; Cole, K.C.; Hoa, S.V. Epoxy nanocomposites: analysis and kinetics of cure. *Polym. Eng. Sci.* **2004**, 44, 1132–1141.

35. Xie, W.; Gao, Z.; Pan, W.-P.; Hunter, D.; Singh, A.; Vaia, R. Thermal degradation chemistry of alkyl quaternary ammonium montmorillonite. *Chem. Mater.* **2001**, 13, 2979–2990.

36. He, H.; Ding, Z.; Zhu, J.; Yuan, P.; Xi, Y.; Yang, D.; Frost, R.L. Thermal characterization of surfactant-modified montmorillonites. *Clays Clay Miner.* **2005**, 53, 287–293.

37. Dharaiya, D.; Jana, S.C. Thermal decomposition of alkyl ammonium ions and its effect on surface polarity of organically treated nanoclay. *Polymer* **2005**, 46, 10139–10147.

38. Gelfer, M.; Burger, C.; Fadeev, A.; Sics, I.; Chu, B.; Hsiao, B.S.; Heintz, A.; Kojo, K.; Hsu, S.-L.; Si, M.; Rafailovich, M. Thermally induced phase transitions and morphological changes in organoclays. *Langmuir* **2004**, 20, 3746–3758.

39. Morgan, A.B.; Gilman, J.W.; Jackson, C.L. Characterization of the dispersion of clay in a polyetherimide nanocomposite. *Macromolecules* **2001**, 34, 2735–2738.

40. Bottino, F.A.; Fabbri, E.; Fragala, I.L.; Malandrino, G.; Orestano, A.; Pilati, F.; Pollicino, A. Polystyrene–clay nanocomposites prepared with polymerizable imidazolium surfactants. *Macromol. Rapid Commun.* **2003**, 24, 1079–1084.

41. Koerner, H.; Liu, W.; Alexander, M.; Mirau, P.; Dowty, H.; Vaia, R.A. Deformation–morphology correlations in electrically conductive carbon nanotube–thermoplastic polyurethane nanocomposites. *Polymer* **2005**, 46, 4405–4420.

42. Gelves, G.A.; Sundararaj, U.; Haber, J.A. Electrostatically dissipative polystyrene nanocomposites containing copper nanowires. *Macromol. Rapid Commun.* **2005**, 26, 1677–1681.

43. Mitchell, C.A.; Bahr, J.L.; Arepalli, S.; Tour, J.M.; Krishnamoorti, R. Dispersion of functionalized carbon nanotubes in polystyrene. *Macromolecules* **2002**, 35, 8825–8830.

44. Ryu, J.G.; Kim, H.; Lee, J.W. Characteristics of polystyrene/polyethylene/clay nanocomposites prepared by ultrasound-assisted mixing process. *Polym. Eng. Sci.* **2004**,

44, 1198–1204.

45. Morgan, A.B.; Harris, J.D. Exfoliated polystyrene–clay nanocomposites synthesized by solvent blending with sonication. *Polymer* **2004**, 45, 8695–8703.

46. Nassar, N.; Utracki, L.A.; Kamal, M.R. Melt intercalation in montmorillonite/polystyrene nanocomposites. *Int. Polym. Proc.* **2005**, XX, 423–431.

47. Gilman, J.W.; Jackson, C.L.; Morgan, A.B.; Harris, R.; Manias, E.; Giannelis, E.P.; Wuthenow, M.; Hilton, D.; Phillips, S.H. Flammability properties of polymer–layered silicate nanocomposites: polypropylene and polystyrene nanocomposites. *Chem. Mater.* **2000**, 12, 1866–1873.

48. Bartholmai, M.; Schartel, B. Layered silicate polymer nanocomposites: new approach or illusion for fire retardancy? Investigations of the potentials and the tasks using a model system. *Poly. Adv. Technol.* **2004**, 15, 355–364.

49. Morgan, A.B.; Chu, L.-L.; Harris, J.D. A flammability performance comparison between synthetic and natural clays in polystyrene nanocomposites. *Fire Mater.* **2005**, 29, 213–229.

50. Xie, W.; Xie, R.; Pan, W.-P.; Hunter, D.; Koene, B.; Tan, L.-S.; Vaia, R. Thermal stability of quaternary phosphonium modified montmorillonites. *Chem. Mater.* **2002**, 14, 4837–4845.

51. Davis, R.D.; Gilman, J.W.; Sutto, T.E.; Callahan, J.H.; Trulove, P.C.; De Long, H.C. Improved thermal stability of organically modified layered silicates. *Clays Clay Miner.* **2004**, 52, 171–179.

52. Morgan, A.B.; Harris, J.D. Effects of organoclay Soxhlet extraction on mechanical properties, flammability properties and organoclay dispersion of polypropylene nanocomposites. *Polymer* **2003**, 44, 2313–2320.

53. Awad, W.H.; Gilman, J.W.; Nyden, M.; Harris, R.H.; Sutto, T.E.; Callahan, J.; Trulove, P.C.; DeLong, H.C.; Fox, D.M. Thermal degradation studies of alkyl-imidazolium salts and their application in nanocomposites. *Thermochim. Acta* **2003**, 409, 3–11.

54. Wang, Z.M.; Chung, T.C.; Gilman, J.W.; Manias, E. Melt-processable syndiotactic polystyrene/montmorillonite nanocomposites. *J. Polym. Sci. B* **2003**, 41, 3173–3187.

55. Gilman, J.W.; Awad, W.H.; Davis, R.D.; Shields, J.; Harris, R.H., Jr.; Davis, C.; Morgan, A.B.; Sutto, T.E.; Callahan, J.; Trulove, P.C.; DeLong, H.C. Polymer/layered silicate nanocomposites from thermally stable trialkylimidazolium-treated montmorillonite. *Chem. Mater.* **2002**, 14, 3776.

56. Su, S.; Jiang, D.D.; Wilkie, C.A. Novel polymerically-modified clays permit the preparation of intercalated and exfoliated nanocomposites of styrene and its copolymers by melt blending. *Polym. Degrad. Stab.* **2004**, 83, 333–346.

57. Su, S.; Jiang, D.D.; Wilkie, C.A. Poly(methyl methacrylate), polypropylene and polyethylene nanocomposite formation by melt blending using novel polymerically-modified clays. *Polym. Degrad. Stab.* **2004**, 83, 321–331.

58. Su, S.; Jiang, D.D.; Wilkie, C.A. Polybutadiene modified clay and its nanocomposites. *Polym. Degrad. Stab.* **2004**, 84, 279–288.

59. Zhang, J.; Jiang, D.D.; Wilkie, C.A. Polyethylene and polypropylene nanocomposites based upon an oligomerically modified clay. *Thermochim. Acta*, **2005**, 430, 107–113.

60. Zhang, J.; Jiang, D.D.; Wang, D.; Wilkie, C.A. Mechanical and fire properties of

styrenic polymer nanocomposites based on an oligomerically modified clay. *Polym. Adv. Technol.*, **2005**, 16, 800–806.

61. Costache, M.C.; Heidecker, M.J.; Manias, E.; Wilkie, C.A. Preparation and characterization of poly(ethylene terephthalate)/clay nanocomposites by melt blending using thermally stable surfactants. *Polym. Adv. Technol.* **2006**, 17, 764–771.

62. Zhang, J.; Jiang, D.D.; Wilkie, C.A. Fire properties of styrenics polymer–clay nanocomposites based on an oligomerically modified clay. *Polym. Degrad. Stab.* **2006**, 91, 358–366.

63. Utracki, L.A.; Sepehr, M.; Li, J. Mely compounding of polymeric nanocomposites. *Int. Polym. Proc.* **2006**, XXI, 3–16.

64. Hotta, S.; Paul, D.R. Nanocomposites formed from linear low density polyethylene and organoclays. *Polymer* **2004**, 45, 7639–7654.

65. Lee, H.-S.; Fasulo, P.D.; Rodgers, W.R.; Paul, D.R. TPO based nanocomposites, 1: Morphology and mechanical properties. *Polymer* **2005**, 46, 11673–11689–.

66. Ton-That, M.-T.; Perrin-Sarazin, F.; Cole, K.C.; Bureau, M.N.; Denault, J. Polyolefin nanocomposites: formulation and development. *Polym. Eng. Sci.* **2004**, 44, 1212–1219.

67. Dennis, H.R.; Hunter, D.L.; Chang, D.; Kim, S.; White, J.L.; Cho, J.W.; Paul, D.R. Effect of melt processing conditions on the extent of exfoliation in organoclay-based nanocomposites. *Polymer* **2001**, 42, 9513–9522.

68. Tanoue, S.; Utracki, L.A.; Garcia-Rejon, A.; Tatibouët, J.; Kamal, M.R. Melt compounding of different grades polystyrene with organoclay, 3: Mechanical properties. *Polym. Eng. Sci.* **2005**, 45, 827–837.

69. Hasegawa, N.; Okamoto, H.; Kato, M.; Usuki, A.; Sato, N. Nylon-6/Na–montmorillonite nanocomposites prepared by compounding nylon-6 with na–montmorillonite slurry. *Polymer* **2003**, 44, 2933–2937.

70. Kato, M.; Matsushita, M.; Fukumori, K. Development of a new production method for a polypropylene–clay nanocomposite. *Polym. Eng. Sci.* **2004**, 44, 1205–1211.

71. Nanosperse LLC. www.nanosperse.com.

72. Klosterman, D., Fritts, A.; Galaska, M.; Gagliardi, N. Commercially scaleable and robust nanocomposite concentrate technology, in: *Nanocomposites 2004 Proceedings*, 4th World Congress, San Francisco, CA, Sept. 1–3, 2004.

73. Morgan, A.B.; Gilman, J.W. Characterization of polymer–layered silicate (clay) nanocomposites by transmission electron microscopy and x-ray diffraction: a comparative study. *J. Appl. Polym. Sci.* **2003**, 87, 1329–1338.

74. Vermogen, A.; Masenelli-Varlot, K.; Seguela, R.; Duchet-Rumeau, J.; Boucard, S.; Prele, P. Evaluation of the structure and dispersion in polymer–layered silicate nanocomposites. *Macromolecules* **2005**, 38, 9661–9669.

75. Perrin-Sarazin, F.; Ton-That, M.-T.; Bureau, M.N.; Denault, J. Micro- and nanostructure in polypropylene/clay nanocomposites. *Polymer* **2005**, 46, 11624–11634.

76. Causin, V.; Marega, C.; Mariog, A.; Ferrara, G. Assessing organo-clay dispersion in polymer layered silicate nanocomposites: a SAXS approach. *Polymer* **2005**, 46, 9533–9537.

77. Vaia, R.A.; Liu, W. X-ray powder diffraction of polymer/layered silicate nanocomposites: model and practice. *J. Polym. Sci. B Polym. Phys.* **2002**, 40, 1590–1600.

78. Drits, V.A.; Tchoubar, C. *X-ray Diffraction by Disordered Lamellar Structures: The-*

ory and Application to Microdivided Silicates and Carbons. Springer-Verlag; New York, 1990.

79. Bish, D.L.; Post, J.E.; Eds. *Modern Powder Diffraction*. Reviews in Mineralogy, vol. 20. Mineralogical Society of America; Washington, DC, 1989.

80. Roe, R.-J. *Methods of X-ray and Neutron Scattering in Polymer Science*. Oxford University Press; New York, 2000; pp. 155–210.

81. Okamoto, M.; Nam, P.H.; Maiti, P.; Kotaka, T.; Hasegawa, N.; Usuki, A. A house of cards structure in polypropylene/clay nanocomposites under elongational flow. *Nano Lett.* **2001**, 1, 295–298.

82. Koo, C.M.; Kim, S.O.; Chung, I.J. Study on morphology evaluation, orientational behavior, and anisotropic phase formation of highly filled polymer–layered silicate nanocomposites. *Macromolecules* **2003**, 36, 2748–2757.

83. Kim, G.-M.; Lee, D.-H.; Hoffmann, B.; Kressler, J.; Stoppelmann, G. Influence of nanofillers on deformation process in layered silicate/polyamide-12 nanocomposites. *Polymer* **2001**, 42, 1095–1100.

84. Wang, K.; Liang, S.; Du, R.; Zhang, Q.; Fu, Q. The interplay of thermodynamics and shear on the dispersion of polymer nanocomposite. *Polymer* **2004**, 45, 7953–7960.

85. VanderHart, D.L.; Asano, A.; Gilman, J.W. NMR measurements related to clay-dispersion quality and organic-modifier stability in nylon-6/clay nanocomposites. *Macromolecules* **2001**, 34, 3819–3822.

86. VanderHart, D.L.; Asano, A.; Gilman, J.W. Solid-state NMR investigation of paramagnetic nylon-6 clay nanocomposites, 1: Crystallinity, morphology, and the direct influence of Fe^{3+} on nuclear spins. *Chem. Mater.* **2001**, 13, 3781–3795.

87. VanderHart, D.L.; Asano, A.; Gilman, J.W. Solid-state NMR investigation of paramagnetic nylon-6 clay nanocomposites, 2: Measurement of clay dispersion, crystal stratification, and stability of organic modifiers. *Chem. Mater.* **2001**, 13, 3796–3809.

88. Bourbigot, S.; VanderHart, D.L.; Gilman, J.W.; Bellayer, S.; Stretz, H.; Paul, D.R. Solid state NMR characterization and flammability of styrene–acrylonitrile copolymer montmorillonite nanocomposite. *Polymer* **2004**, 45, 7627–7638.

89. Bourbigot, S.; Gilman, J.W.; Vanderhart, D.L.; Awad, W.H.; Davis, R.D.; Morgan, A.B.; Wilkie, C.A. Investigation of nanodispersion in polystyrene–montmorillonite nanocomposites by solid state NMR. *J. Polym. Sci. B Polym. Phys.* **2003**, 41, 3188–3213.

90. Gilman, J.W.; Bourbigot, S.; Shields, J.R.; Nyden, M.; Kashiwagi, T.; Davis, R.D.; Vanderhart, D.L.; Demory, W.; Wilkie, C.A.; Morgan, A.B.; Harris, J.; Lyon, R.E. High throughput methods for polymer nanocomposites research: extrusion, NMR characterization and flammability property screening. *J. Mater. Chem.* **2003**, 38, 4451–4460.

91. Strawhecker, K.E.; Manias, E. AFM of poly(vinyl alcohol) crystals next to an inorganic surface. *Macromolecules* **2001**, 34, 8475–8482.

92. Viville, P.; Lazzaroni, R.; Pollet, E.; Alexandre, M.; Dubois, P.; Borcia, G.; Pireaux, J.-J. Surface characterization of poly(ε-caprolactone)-based nanocomposites. *Langmuir* **2003**, 19, 9425–9433.

93. Yalcin, B.; Cakmak, M. The role of plasticizer on the exfoliation and dispersion and fracture behavior of clay particles in PVC matrix: a comprehensive morphological study. *Polymer* **2004**, 45, 6623–6638.

314

94. Fan, X.; Xia, C.; Advincula, R.C. Grafting of polymers from clay nanoparticles via in-situ free radical surface-initiated polymerization: monocationic versus bicationic initiators. *Langmuir* **2003**, 19, 4381–4389.

95. Zhu, J.; Start, P.; Mauritz, K.A.; Wilkie, C.A. Silicon-methoxide-modified clays and their polystyrene nanocomposites. *J. Polym. Sci. A Polym. Chem.* **2002**, 40, 1498–1503.

96. Schulz, J.C.; Warr, G.G. Adsorbed layer structure of cationic and anionic surfactants on mineral oxide surfaces. *Langmuir* **2002**, 18, 3191–3197.

97. Sakai, H.; Nakamura, H.; Kozawa, K.; Abe, M. Atomic force microscopy observation of the nanostructure of tetradecyltrimethylammonium bromide films adsorbed at the mica/solution interface. *Langmuir* **2001**, 17, 1817–1820.

98. Maupin, P.H.; Gilman, J.W.; Harris, R.H.; Bellayer, S.; Bur, A.J.; Roth, S.C.; Murariu, M.; Morgan, A.B.; Harris, J.D. Optical probes for monitoring intercalation and exfoliation in melt-processed polymer nanocomposites. *Macromol. Rapid Commun.* **2004**, 25, 788–792.

99. Davis, R.D.; Bur, A.J.; McBrearty, M.; Lee, Y.-H.; Gilman, J.W.; Start, P.R. Dielectric spectroscopy during extrusion processing of polymer nanocomposites: a high throughput processing/characterization method to measure layered silicate content and exfoliation. *Polymer* **2004**, 45, 6487–6493.

100. Noda, N.; Lee, Y.-S.; Bur, A.J.; Prabhu, V.M.; Snyder, C.R.; Roth, S.C.; McBrearty, M. Dielectric properties of nylon 6/clay nanocomposites from on-line process monitoring and off-line measurements. *Polymer* **2005**, 46, 7201–7217.

101. Bur, A.J.; Lee, Y.-S.; Roth, S.C.; Start, P.R. Measuring the extent of exfoliation in polymer–clay nanocomposites using real-time process monitoring methods. *Polymer* **2005**, 46, 10908–10918.

102. Fasulo, P.D.; Rodgers, W.R.; Ottaviani, A.; Hunter, D.L. Extrusion processing of TPO nanocomposites. *Polym. Eng. Sci.* **2004**, 44, 1036–1045.

103. Berta, M.; Lindsay, C.; Pans, G.; Camino, G. Effect of chemical structure on combustion and thermal behaviour of polyurethane elastomer layered silicate nanocomposites. *Polym. Degrad. Stab.* **2006**, 91, 1179–1191.

104. Kodgire, P.; Kalgaonkar, R.; Hambir, S.; Bulakh, N.; Jog, J.P. PP/clay nanocomposites: effect of clay treatment on morphology and dynamic mechanical properties. *J. Appl. Polym. Sci.* **2001**, 81, 1786–1792.

105. Hambir, S.; Bulakh, N.; Kodgire, P.; Kalgaonkar, R.; Jog, J.P. PP/clay nanocomposites: a study of crystallization and dynamic mechanical behavior. *J. Polym. Sci. B.* **2001**, 39, 446–450.

106. Gilman, J.W.; Kashiwagi, T.; Nyden, M.; Brown, J.E.T.; Jackson, C.L.; Lomakin, S.; Giannelis, E.P.; Manias, E. Flammability studies of polymer layered silicate nanocomposites: polyolefin, epoxy and vinyl ester resins, in: S.; Al-Malaika, A.; Golovoy, and C.A. Wilkie, Eds., *Chemistry and Technology of Polymer Additives.* Blackwell Science, Oxford, England, 1999, pp. 249–265.

107. Wagener, R.; Reisinger, T.J.G. A rheological method to compare the degree of exfoliation of nanocomposites. *Polymer* **2003**, 44, 7513–7518.

108. Zhao, J.; Morgan, A.B.; Harris, J.D. Rheological characterization of polystyrene–clay nanocomposites to compare the degree of exfoliation and dispersion. *Polymer* **2005**, 46, 8641–8660.

109. Lee, K.M.; Han, C.D. Effect of hydrogen bonding on the rheology of polycarbon-ate/organoclay nanocomposites. *Polymer* **2003**, 44, 4573–4588.

110. Hsieh, A.J.; Moy, P.; Beyer, F.L.; Madison, P.; Napadensky, E.; Ren, J.; Krishna-moorti, R. Mechanical response and rheological properties of polycarbonate layered-silicate nanocomposites. *Polym. Eng. Sci.* **2004**, 44, 825–837.

111. Ren, J.; Casanueva, B.F.; Mitchell, C.A.; Krishnamoorti, R. Disorientation kinet-ics of aligned polymer layered silicate nanocomposites. *Macromolecules* **2003**, 36, 4188–4194.

112. Waste electrical and electronic equipment directive (WEEE), http://europa.eu.int/eur-lex/pri/en/oj/dat/2003/l_037/l_03720030213en00240038.pdf.

113. Simonson, M.; Blomqvist, P.; Boldizar, A.; Möller, K.; Rosell, L.; Tullin, C.; Strip-ple, H.; Sundqvist, J.O. *Fire-LCA model: TV case study*. SP Report 2000: 13. ISBN 91-7848-811-7. Printed in 2000.

114. Troitzsch, J.H. The globalization of fire testing and its impact on polymers and flame retardants. *Polym. Degrad. Stab.* **2005**, 88, 146–149.

115. Wadehra, I. Designing information technology products with flame retarded plastics with special emphasis on current flammability safety and environmental concerns. *Fire Mater.* **2005**, 29, 121–126.

116. Simonson, M.; Andersson, P.; Bliss, D. Fire performance of selected IT-equipment. *Fire Technol.* **2004**, 40, 27–37.

117. Butler, K.M.; Mullholland, G.W. Generation and transport of smoke components. *Fire Technol.* **2004**, 40, 149–176.

118. Tewarson, A. Flammability, in: J.E. Mark, Ed., *Physical Properties of Polymers Handbook*. AIP Press, New York, 1996, pp. 577–604.

119. Tewarson, A. Non-thermal fire damage. *J. Fire Sci.* **1992**, 10, 188–242.

120. Purser, D. The performance of fire retardants in relation to toxicity, toxic hazard, and risk in fires, in: A.F.; Grand, and C.A. Wilkie, Eds., *Fire Retardancy of Polymeric Materials*. Marcel Dekker New York, 2000, pp. 449–500.

121. Fire at Seven Dials: Video CD. BRE Video/Publishing, London, 2002. http://www.brebookshop.com/details.jsp?id=139812 and http://www.read-eurowire.com/london.cfm.

122. Hall, J.R. Fires involving appliance housings—Is there a clear and present danger? *Fire Technol.* **2002**, 38, 179–198.

123. Hoffmann, J.M.; Hoffmann, D.J.; Kroll, E.C.; Kroll, M.J. Full scale burn tests of television sets and electronic appliances. *Fire Technol.* **2003**, 39, 207–224.

124. Hong, S.; Yang, J.; Anh, S.; Mun, Y.; Lee, G. Flame retardancy performance of various UL94 classified materials exposed to external ignition sources. *Fire Mater.* **2004**, 28, 25–31.

125. Bundy, M.; Ohlemiller, T. *Bench-scale flammability measures for electronic equip-ment*. NISTIR (National Institute of Standards and Technology Internal Report) 7031. U.S. Department of Commerce, Washington, DC, July 2003.

126. Bundy, M.; Ohlemiller, T. *Full Scale Flammability Measures for Electronic Equip-ment*. NIST Technical Note 1461. U.S. Department of Commerce, Washington, DC, Aug. 2004.

127. Geran, T.; Ben-Zvi, A.; Schneider, J.; Reznik, G.; Finberg, I.; Georlette, P. Rein-forcement of fire safety in the car industry, in: *Proceedings of the 16th Annual*

Business Communication Conference on Fire Retardancy, May 2005.

128. Carpenter, K.; Janssens, M.; Sauceda, A. Another look at cone calorimeter predictions of FMVSS 302 performance, in: *Proceedings of Fire and Materials 2005*, San Francisco, CA, Jan. 31–Feb. 1, 2005. Interscience Communications, London, pp. 469–476.

129. Hirschler, M.M. New NFPA proposed guide for identification and development of mitigation strategies for fire hazard to occupants of road vehicles, in: *Proceedings of Fire and Materials 2005*, San Francisco, CA Jan. 31–Feb. 1, 2005. Interscience Communications, London, pp. 457–468.

130. *Guide for Identification and Development of Mitigation Strategies for Fire Hazard to Occupants of Passenger Road Vehicles*. NFPA 556. http://www.nfpa.org/aboutthecodes/AboutTheCodes.asp?DocNum=556&cookie%5Ftest=1.

131. Stimitz, J.S. Properties of plastic materials for use in 42 Volt automotive applications, in: *Proceedings of the 14th Annual Conference on Fire Retardancy*, Stanford, CT, May 2003.

132. Garces, J.M.; Moll, D.J.; Bicerano, J.; Fibiger, R.; McLeod, D.G. Polymeric nanocomposites for automotive applications. *Adv. Mater.* **2000**, 12, 1835–1839.

133. http://www.fire.tc.faa.gov/research/targtare.stm.

134. Lam, C.W.; James, J.T.; McCluskey, R.; Hunter, R.L. Pulmonary toxicity of single-wall carbon nanotubes in mice 7 and 90 days after intratracheal instillation. *Toxicol. Sci.* **2004**, 77, 126–134.

135. Oberdorster, G. Pulmonary effects of inhaled ultrafine particles. *Int. Arch. Occup. Environ. Health* **2001**, 74, 1–8.

136. Oberdorster, G.; Sharp, Z.; Atudorei, V.; Elder, A.; Gelein, R.; Kreyling, W.; Cox, C. Translocation of inhaled ultrafine particles to the brain. *Inhal. Toxicol.* **2004**, 16, 437–445.

137. Taki, K.; Yanagimoto, T.; Funami, E.; Okamoto, M.; Ohshima, M. Visual observation of CO_2 foaming of polypropylene–clay nanocomposites. *Polym. Eng. Sci.* **2004**, 44, 1004–1011.

138. Han, X.; Zeng, C.; Lee, J.; Koelling, K.W.; Tomasko, D.L. Extrusion of polystyrene nanocomposite foams with supercritical CO_2. *Polym. Eng. Sci.* **2003**, 43, 1261–1275.

139. Zeng, C.; Han, X.; Lee, L.J.; Koelling, K.W.; Tomasko, D.L. Polymer–clay nanocomposite foams prepared using carbon dioxide. *Adv. Mater.* **2003**, 15, 1743–1747.

140. Fujimoto, Y.; Ray, S.S.; Okamoto, M.; Ogami, A.; Yamada, K.; Ueda, K. Well-controlled biodegradable nanocomposite foams: from microcellular to nanocellular. *Macromol. Rapid Commun.* **2003**, 24. 457–461.

141. Lee, L.J.; Zeng, C.; Cao, X.; Han, X.; Shen, J.; Xu, G. Polymer nanocomposite foams. *Composites Science and Technology* **2005**, 65, 2344–2364.

142. Morlat, S.; Mailhot, B.; Gonzalez, D.; Gardette, J.-L. Photo-oxidation of polypropylene/montmorillonite nanocomposites, 1: Influence of nanoclay and compatibilizing agent. *Chem. Mater.* **2004**, 16, 377–383.

143. Diagne, M.; Gueye, M.; Vidal, L.; Tidjani, A. Thermal stability and fire retardant performance of photo-oxidized nanocomposites of polypropylene–graft–maleic anhydride/clay. *Polym. Degrad. Stab.* **2005**, 89, 418–426.

144. Morlat-Therias, S.; Mailhot, B.; Gardette, J.-L.; Da Silva, C.; Haidar, B.; Vidal, A. Photooxidation of ethylene–propylene–diene/montmorillonite nanocomposites.

Polym. Degrad. Stab. **2005**, 90, 78–85.

145. (a) Polymer-clay nanocomposites have been used by Toyota for barrier and under-hood engine parts since the 1990s. See Okada, A.; Fukushima, Y.; Kawasumi, M.; Inagaki, S.; Usuki, A.; Sugiyama, S.; Kurauchi, T.; Kamigaito, O. U.S. Patent 4739007 1988. (b) GM has been using polyolefin nanocomposites for automotive applications since 2001. Recent usage has been in 2004 Hummer H2 and Chevrolet Impala. http://www.schwab-kolb.com/hummer/en/hummer01.htm.

146. Beyer, G. Flame retardant properties of EVA-nanocomposites and improvements by combination of nanofillers with aluminum trihydrate. *Fire Mater.* **2001**, 25, 193–197.

147. Gilman, J.W. Flammability and thermal stability studies of polymer layered-silicate (clay) nanocomposites. *Appl. Clay Sci.* **1999**, 15, 31–49.

148. Du, J.; Wang, D.; Wilkie, C.A.; Wang, J. An XPS investigation of thermal degra-dation and charring on poly(vinyl chloride)–clay nanocomposites. *Polym. Degrad. Stab.* **2003**, 79, 319–324.

149. Wang, J.; Du, J.; Zhu, J.; Wilkie, C.A. An XPS study of the thermal degradation and flame retardant mechanism of polystyrene–clay nanocomposites. *Polym. Degrad. Stab.* **2002**, 77, 249–252.

150. Gilman, J.W.; Harris, R.H.; Shields, J.R.; Kashiwagi, T.; Morgan, A.B. A study of the flammability reduction mechanism of polystyrene–layered silicate nanocompos-ite: layered silicate reinforced carbonaceous char. *Polym. Adv. Technol.* In press.

151. Kashiwagi, T.; Du, F.; Winey, K.I.; Groth, K.M.; Shields, J.R.; Bellayer, S.P.; Kim, H.; Douglas, J.F. Flammability properties of polymer nanocomposites with single-walled carbon nanotubes: effects of nanotube dispersion and concentration. *Polymer* **2005**, 46, 471–481.

152. Kashiwagi, T.; Grulke, E.; Hilding, J.; Groth, K.; Harris, R.; Butler, K.; Shields, J.; Kharchenko, S.; Douglas, J. Thermal and flammability properties of polypropy-lene/carbon nanotube nanocomposites. *Polymer* **2004**, 45, 4227–4239.

153. Kashiwagi, T.; Du, F.; Douglas, J.F.; Winey, K.I.; Harris, R.H.; Shields, J.R. Nano-particle networks reduce the flammability of polymer nanocomposites. *Nat. Mater.* **2005**, 4, 928–933.

154. Lewin, M. Unsolved problems and unanswered questions in flame retardance of polymers. *Polym. Degrad. Stab.* **2005**, 88, 13–19.

155. Gilman, J.W.; Kashiwagi, T.; Nyden, M.; Harris, R.H. Flame retardant mechanism of silica, in: *New Flame Retardants Consortium: Final Report.* NISTIR (National Institute of Standards and Technology Internal Report) 6357. U.S. Department of Commerce, Washington, DC, June 1999.

156. Kashiwagi, T.; Gilman, J.W.; Butler, K.M.; Harris, R.H.; Shields, J.R.; Asano, A. Flame retardant mechanism of silica gel/silica. *Fire Mater.* **2000**, 24, 277–289.

157. Zhu, J.; Uhl, F.M.; Morgan, A.B.; Wilkie, C.A. Studies on the mechanism by which the formation of nanocomposites enhances thermal stability. *Chem. Mater.* **2001**, 13, 4649–4654.

158. Zanetti, M.; Camino, G.; Thomann, R.; Mulhaupt, R. Synthesis and thermal beha-viour of layered silicate–EVA nanocomposites. *Polymer* **2001**, 42, 4501–4507.

159. Zanetti, M.; Kashiwagi, T.; Falqui, L.; Camino, G. Cone calorimeter combustion and gasification studies of polymer layered silicate nanocomposites. *Chem. Mater.* **2002**, 14, 881–887.

160. Kashiwagi, T.; Harris, R.H.; Zhang, X.; Briber, R.M.; Cipriano, B.H.; Raghavan, S.R.; Awad, W.H.; Shields, J.R. Flame retardant mechanism of polyamide-6 nanocomposites. *Polymer* **2004**, 45, 881–891.

161. Morgan, A.B.; Harris, R.H.; Kashiwagi, T.; Chyall, L.J.; Gilman, J.W. Flammability of polystyrene layered silicate (clay) nanocomposites: carbonaceous char formation. *Fire Mater.* **2002**, 26, 247–253.

162. Gilman, J.W.; Kashiwagi, T.; Morgan, A.B.; Harris, R.H.; Brassell, L.; VanLandingham, M.; Jackson, C.L. *Flammability of Polymer–clay Nanocomposites Consortium: Year One Annual Report*. NISTIR (National Institute of Standards and Technology Internal Report) 6531. U.S. Department of Commerce, Washington, DC, 2000.

163. Morgan, A.B.; Kashiwagi, T.; Harris, R.H.; Campbell, J.R.; Shibayama, K.; Iwasa, K.; Gilman, J.W. Flammability properties of polymer–clay nanocomposites: nylon-6 and polypropylene clay nanocomposites, in: G.L. Nelson and C.A. Wilkie, Eds., *Fire and Polymers: Materials and Solutions for Hazard Prevention*. ACS Symposium Series, Vol. 797. American Chemical Society, Washington, DC, 2001, pp. 9–23.

164. Jang, B.N.; Wilkie, C.A. The thermal degradation of polystyrene nanocomposites. *Polymer* **2005**, 46, 2933–2942.

165. Jang, B.N.; Wilkie, C.A. The effect of clay on the thermal degradation of polyamide 6 in polyamide 6/clay nanocomposites. *Polymer* **2005**, 46, 3264–3274.

166. Costache, M.C.; Jiang, D.D.; Wilkie, C.A. Thermal degradation of ethylene–vinyl acetate copolymer nanocomposites. *Polymer* **2005**, 46, 6947–6958.

167. Jang, B.N.; Jiang, D.D.; Wilkie, C.A. The effects of clay on the thermal degradation behavior of poly(styrene-co-acrylonitirile). *Polymer* **2005**, 46, 9702–9713.

168. Jang, B.N.; Costache, M.; Wilkie, C.A. The relationship between thermal degradation behavior of polymer and the fire retardancy of polymer–clay nanocomposites. *Polymer* **2005**, 46, 10678–10687–.

169. Costache, M.C.; Wang, D.; Heidecker, M.J.; Manias, E.; Wilkie, C.A. The thermal degradation of poly(methyl methacrylate) nanocomposites with montmorillonite, layered double hydroxides and carbon nanotubes. *Polym. Adv. Technol.* **2006**, 17, 272–280.

170. Morgan, A.B.; Bundy, M. Cone calorimeter analysis of UL-94 V rated plastics: qualitative correlations and heat release rate understanding. *Fire and Materials*. In review.

171. Sundstrom, B. Fire hazards and upholstery: fire-growth. http://www.sp.se/fire/Eng/Reaction/furniture.pdf.

172. Hu, Y.; Wang, S.; Ling, Z.; Zhuang, Y.; Chen, Z.; Fan, W. Preparation and combustion properties of flame retardant nylon-6/montmorillonite nanocomposite. *Macromol. Mater. Eng.* **2003**, 288, 272–276.

173. Lichtenham, J.D.; Gilman, J.W. Preceramic additives as fire retardants for plastics U.S. Patent 6362279, Mar. 26, 2002.

174. Bourbigot, S.; Le Bras, M.; Flambard, X.; Rochery, M.; Devaux, E.; Lichtenham, J.D. Polyhedral oligomeric silsesquioxanes: application to flame retardant textiles, in: M. Le Bras, C.A. Wilkie, S. Bourbigot, S. Duquesne, and C. Jama, Eds., *Fire Retardancy of Polymers: New Applications of Mineral Fillers*. Royal Society of Chemistry, London, **2005**, pp. 189–201.

175. Fina, A.; Tabuani, D.; Frache, A.; Boccaleri, E.; Camino, G. Octaisobutyl POSS thermal degradation, in: M. Le Bras, C.A. Wilkie, S. Bourbigot, S. Duquesne, and

C. Jama, Eds., *Fire Retardancy of Polymers: New Applications of Mineral Fillers*. Royal Society of Chemistry, London, 2005, pp. 202–220.

176. Fina, A.; Tabuani, D.; Carnaito, F.; Frache, A.; Boccaleri, E.; Camino, G. Polyhedral oligomeric silsesquioxanes (POSS) thermal degradation. *Thermochim. Acta* **2006**, 440, 36–42,

177. Fina, A.; Abbenhuis, H.C.L.; Tabuani, D.; Frache, A.; Camino, G. Polypropylene metal functionalized POSS nanocomposites: a study by thermogravimetric analysis. *Polym. Degrad. Stab.* **2006**, 91, 1064–1070.

178. Kotaki, M.; Wang, K.; Toh, M.L.; Chen, L.; Wong, S.Y.; He, C. Electrically conductive epoxy/clay/vapor grown carbon fiber hybrids. *Macromolecules* **2006**, 39, 908–911.

179. Mishra, S.; Sonawane, S.H.; Singh, R.P.; Bendale, A.; Patil, K. Effect of nano-$Mg(OH)_2$ on the mechanical and flame-retarding properties of polypropylene composites. *J. Appl. Polym. Sci.* **2004**, 94, 116–122.

180. Zhang, Q.; Tian, M.; Wu, Y.; Lin, G.; Zhang, L. Effect of particle size on the properties of $Mg(OH)_2$-filled rubber composites. *J. Appl. Polym. Sci.* **2004**, 94, 2341–2346.

181. Okoshi, M.; Nishizawa, H. Flame retardancy of nanocomposites. *Fire Mater.* **2004**, 28, 423–429.

182. Marosi, G.; Marton, A.; Szep, A.; Csontos, I.; Keszei, S.; Zimonyi, E.; Toth, A.; Almeras, X.; Le Bras, M. Fire retardancy effect of migration in polypropylene nanocomposites induced by modified interlayer. *Polym. Degrad. Stab.* **2003**, 82, 379–385.

183. Szep, A.; Szabo, A.; Toth, N.; Anna, P.; Marosi, G. Role of montmorillonite in flame retardancy of ethylene–vinyl acetate copolymer. *Polym. Degrad. Stab.* **2006**, 91, 593–599.

184. Marosi, G.; Anna, P.; Marton, A.; Bertalan, G.; Bota, A.; Toth, A.; Mohai, M.; Racz, I. Flame-retarded polyolefin systems of controlled interphase. *Polym. Adv. Technol.* **2002**, 13, 1–9.

185. Rice, B.P.; Gibson, T.; Lafdi, K. Development of multifunctional advanced composites using a VGNF enhanced matrix, *International SAMPE Symposium and Exhibition Proceedings*, Long Beach, CA, May 2004.

186. Lafdi, K.; Matzek, M. Carbon nanofibers as a nano-reinforcement for polymeric nanocomposites, presented at the 35th International SAMPE Technical Conference, Dayton, OH, Sept.–Oct. 2003.

187. Utracki, L.A.; Sepehr, M. Private communication.

188. Allan, P.S.; Bevis, M.J.; Zadhoush, A. The development and application of shear controlled orientation technology. *Iranian J. Polym. Sci. Technol.*, **1995**, 4, 50–55.

内 容 简 介

本书系统论述阻燃聚合物纳米复合材料的基本原理、制备方法、性能、现代分子力学计算模型及各类热塑性与热固性聚合物纳米材料,特别是对这类纳米材料的发展前景及未来待研究的领域提出了富有前瞻性和创造性的见解。

本书由全球20位从事阻燃材料研究的专家著述,内容涵盖了他们近年的研究成果,是一本很有价值的专著,可供高分子材料行业的研究、生产人员使用,也可作为高等院校有关专业的参考教材。

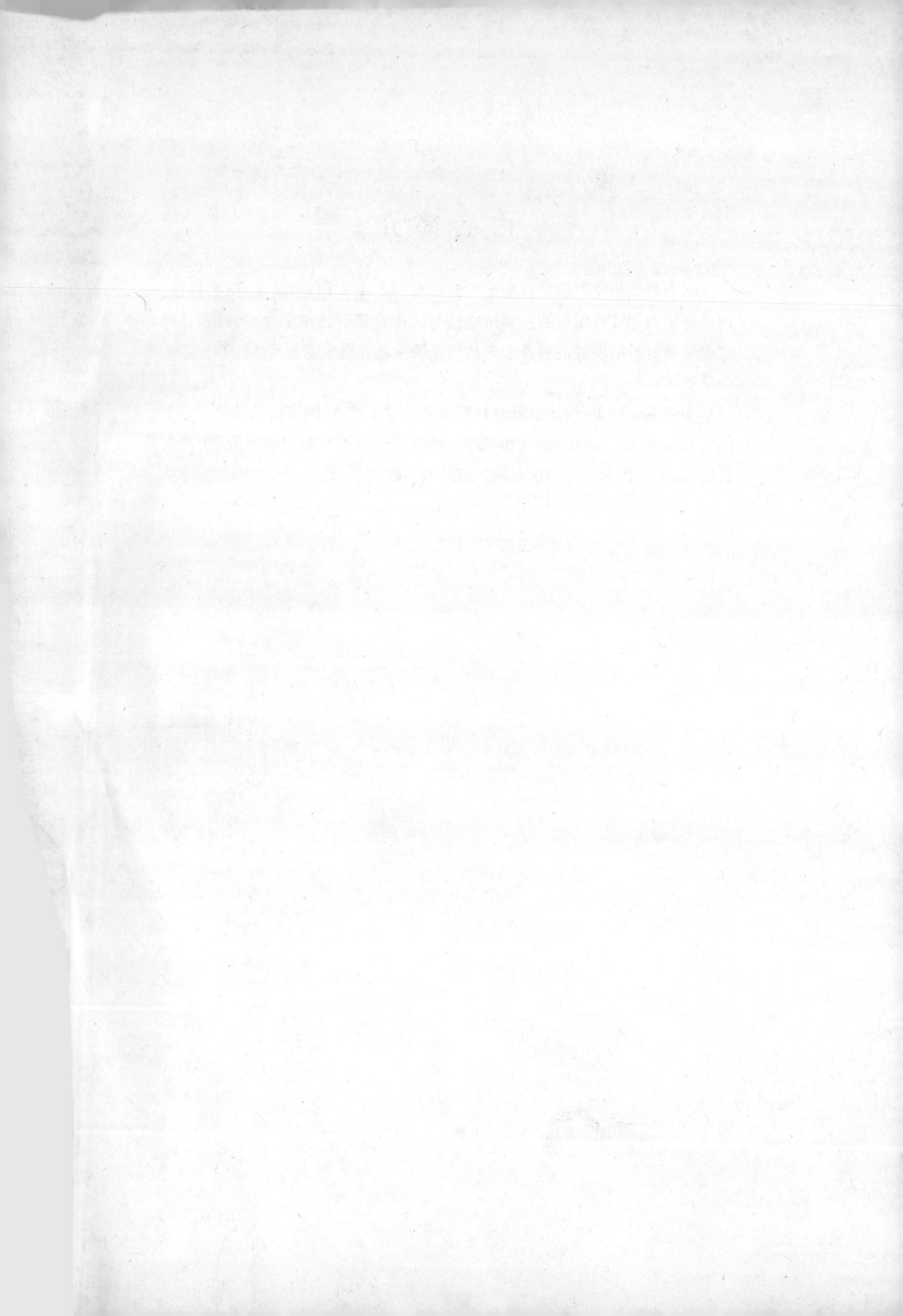